Ihre Arbeitshilfen zum Download:

Die folgenden Arbeitshilfen stehen für Sie zum Download bereit:

– Prozessdarstellung zur Gesundheitsbefragung
– Review zum Forschungsstand Präsentismus
– Krankheitstrichtermodell und andere Modelle aus diesem Buch
– Muster für eine Betriebsvereinbarung zur Durchführung einer Gefähr-
  dungsbeurteilung als Word-Vorlage
– Arbeitshilfen für Führungskräfte
– Wissenschaftlicher Forschungsstand zur Gefährdungsbeurteilung von
  der Bundesanstalt für Arbeitsschutz und Arbeitsmedizin

Den Link sowie Ihren Zugangscode finden Sie am Buchende.

Betriebliches Gesundheitsmanagement –
Neue Erfolgsstrategien für Unternehmen

Thomas Artmann

Betriebliches Gesundheitsmanagement – Neue Erfolgsstrategien für Unternehmen

1. Auflage

Haufe Group
Freiburg · München · Stuttgart

Bibliografische Information der Deutschen Nationalbibliothek

Die Deutsche Nationalbibliothek verzeichnet diese Publikation in der Deutschen Nationalbibliografie; detaillierte bibliografische Daten sind im Internet über http://dnb.dnb.de abrufbar.

Print:	ISBN 978-3-648-12440-6	Bestell-Nr. 17023-0001
ePub:	ISBN 978-3-648-12441-3	Bestell-Nr. 17023-0100
ePDF:	ISBN 978-3-648-12442-0	Bestell-Nr. 17023-0150

Thomas Artmann
Betriebliches Gesundheitsmanagement – Neue Erfolgsstrategien für Unternehmen
1. Auflage, Juni 2019

© 2019 Haufe-Lexware GmbH & Co. KG, Freiburg
www.haufe.de
info@haufe.de

Produktmanagement: Bernhard Landkammer
Lektorat: Peter Böke, Berlin

Inhaltsverzeichnis

1 Einführung: Kernstrategien eines lösungsorientierten Gesundheitsmanagements

Kernbotschaften des Kapitels

Viele Ansätze für ein betriebliches Gesundheitsmanagement (kurz: BGM-Ansätze) entfalten einen blinden, unwirksamen Aktionismus. Es werden Maßnahmen durchgeführt, die einem Kreis von Laienentscheidern sinnvoll erscheinen, basierend auf veralteten oder schlicht falschen Annahmen über Ursachen und Zielsetzungen.

Sport wird als Allheilmittel betrachtet und das Gesundheitsmanagement auf die Primärprävention durch Anmahnung eines gesunden Lebensstils reduziert. Die eigentlichen Ursachen für hohe Krankenstände liegen woanders und sie lassen sich durch Sport kaum beeinflussen. Wir brauchen ein multifaktorielles Verstehen von Krankheitsentstehung.

Ursachenfaktoren für das Krankheitsgeschehen werden systematisch ausgeblendet bzw. die Verantwortlichkeit für diese Themen wird auf andere Institutionen verschoben, die dies aber nicht leisten. Beispiele sind Medikamente als Krankheitsursachen oder eine pharmakonzentrierte Medizin, die nur noch unzureichend diagnostiziert, sich für Patienten zu wenig Zeit nimmt und auf die Unterdrückung von Symptomen abzielt.

Häufig wird Arbeitgebern und Führungskräften einseitig die Schuld zugewiesen. Dabei wird undifferenziert über Arbeitsstress geklagt, ohne zu beachten, dass die Komplexität der einzelnen Schicksale von Mitarbeitern für Führungskräfte schlicht überfordernd ist und die derzeit stattfindende disruptive Veränderung der Arbeitswelt ganze Bevölkerungsteile abhängt. Natürlich müssen Arbeitgeber dieser Entwicklung Rechnung tragen, doch einfache Rezepte (»Der Stress ist schuld«) funktionieren nicht.

Die privat verursachten Überforderungen und Lebenskrisen bedürfen noch größerer Beachtung und Unterstützung durch Arbeitgeber. Hier fehlt es teilweise an Bewältigungskompetenz und Lösungswissen sowie an der Motivation, sich frühzeitig um Lösungen zu bemühen.

Das betriebliche Gesundheitsmanagement (BGM) muss auf Basis einer datengestützten Analyse eine punktgenaue Identifikation von Problemfeldern vornehmen und Lösungen ebenso punktgenau anbieten oder umsetzen.

1.1   Ein neuer BGM-Ansatz – datengestützt, punktgenau, früherkennend

»Wir machen schon BGM« ist der Satz, den wohl jeder Gesundheitsmanagement-Berater von seinen Kunden schon einmal gehört hat. Doch das, was Unternehmen unter Gesundheitsmanagement verstehen, sind meist unverbundene Einzelaktionen, Obstkörbe, Trinkwasserspender, Laufgruppen, Grippeschutzimpfung oder Tagesseminare zur Achtsamkeit in der Führung. So sinnvoll oder oft nur scheinbar sinnvoll diese Maßnahmen sind, so wenig zielführend und so unwirksam sind sie meist.

Es ist eben nicht zielführend, wenn die Quote der Arbeitsunfähigen (AU-Quote) auf psychische Langzeiterkrankungen zurückgeht, im BGM Sportkurse für die Gesunden anzubieten und zu hoffen, dass sich der Krankenstand davon beeindruckt zeigt. Ebenso ist es unsinnig zu glauben, eine Grippeschutzimpfung würde die jährliche Welle von Atemwegsinfektionen und grippalen Infekten eindämmen, wenn die Impfung nur gegen drei bis vier Influenzaviren wirkt (und das auch nur sehr schwach) und die anderen 200 Viren, die grippale Infekte auslösen, davon gar nicht betroffen werden. Da helfen auch keine Obstkörbe, die zweimal im Jahr die Vitaminversorgung der Mitarbeiter sicherstellen sollen.

In diesem Buch geht es um einen in Teilen bekannten und in Teilen neuartigen Ansatz, betriebliches Gesundheitsmanagement in eine zielgerichtete, am Bedarf orientierte Wirkung zu bringen. Der bekannte Teil ist die Notwendigkeit eines analytischen Vorgehens. Hier gibt es zunehmend Anbieter und Unternehmen, die verstanden haben, dass Gesundheitszirkel, Workshops zur Gefährdungsbeurteilung, Gesundheitsbefragungen und Arbeitsplatzbeobachtungen sinnvolle Werkzeuge sind, um eine **möglichst punktgenaue Lokalisierung von spezifischen Problemen** zu erhalten.

!   **Datengestützte, punktgenaue Analyse und Intervention**

Es geht im Kern um eine möglichst präzise Lokalisierung von Problemen bei Mitarbeitern und Teams, in Abteilungen und Gruppen unter Wahrung der Persönlichkeitsrechte und anderer Schutzrechte. Dadurch wird klar, ...
- welche Probleme konkret vorliegen,
- wie die Probleme in einer Abteilung spezifisch ausgeprägt sind,
- wer für die Beseitigung der Probleme verantwortlich ist und
- welche Lösung vermutlich passen könnte.

Erst ein präzises Problemverständnis ermöglicht das Angebot ebenso präziser Lösungen, die nun von den Verantwortlichen, meist der Führungskraft, hürdenfrei angewendet werden können.

Einbindung von Führungskräften
Der erste wesentliche Grund für dieses kleinteilige analytische Vorgehen ist die Einbindung von Führungskräften. Während Führungskräfte allgemein der Sinnhaftigkeit

von Gesundheitsmanagement zustimmen (oftmals eher als Lippenbekenntnis), fällt es ihnen deutlich schwerer, auch konkret etwas zu ändern, wenn sie selbst in der Verantwortung sind. Die genaue Problemlokalisierung dient also auch dazu, Führungskräften direkt und sehr konkrete Hinweise für ihren Verantwortungsbereich zu geben und sie damit zu einer verbindlichen Intervention zu bringen.

Führungskräfte benötigen dafür unbedingt Unterstützung, da sie sich gerade mit fachfremden Themen nicht auskennen. Solche Themen sind etwa der Umgang mit psychisch kranken Mitarbeitern, Elternzeitangelegenheiten oder Pflegethemen. Auch der Umgang mit einem Mobbingfall oder einem schweren Teamkonflikt gehört meist nicht zum geübten Repertoire von Führungskräften. Deswegen ist eine unterstützende Toolbox für Führungskräfte sinnvoll, auf die diese im Bedarfsfall zurückgreifen können. Wie eine solche Einführung in gesundheitsförderliche Führung sowie die Gestaltung einer Toolbox für Führungskräfte aussehen kann, wird in Kapitel 6 ausführlich beschrieben.

Multifaktorielle Krankheitsentstehung

Der zweite wesentliche Grund für die Notwendigkeit eines neuen BGM-Ansatzes ist die multifaktorielle Krankheitsentstehung. Es gibt eine große Vielzahl von krankmachenden Ursachen, die im privaten, persönlichen und im beruflichen Bereich liegen und gegen die sich mit unspezifischen Maßnahmen wenig ausrichten lässt. Andererseits kann das Gesundheitsmanagement diese Komplexität selbst auch nicht bewältigen, weshalb wir ein zwischengeschaltetes Prinzip benötigen: das Prinzip der Früherkennung, der Entwicklung von Gesundheits- und Lösungswissen und der Förderung der Selbstfürsorge bzw. der punktgenauen Lösung von betrieblichen Problemen.

Früherkennung, Lösungswissen und Selbstfürsorge   **!**

Es ist unmöglich, für jede Problemkonstellation eines Mitarbeiters, die zu einer Erkrankung führt oder führen könnte, eine passende Lösung im BGM vorzuhalten. Die Mitarbeiterin, die wegen der Einnahme der Antibabypille regelmäßig Kopfschmerzen hat (eine der häufigsten Nebenwirkungen), sollte darauf nicht durch eine (männliche) Führungskraft hingewiesen werden. Der Mitarbeiter, der in einer Ehekrise steckt und überschuldet ist, kann ebenfalls nicht durch die Führungskraft oder einen HR-Berater paartherapeutisch aufgefangen werden. Führungskräfte nehmen diese Komplexität gerade von privaten Krankheitsursachen wahr und haben teilweise regelrecht Angst davor. Sie ignorieren frühe Anzeichen von Überbelastung, um eine eigene Überforderung zu vermeiden.

Gelänge es uns im Gesundheitsmanagement, mithilfe der in Kapitel 6.5 beschriebenen Toolbox für Führungskräfte und einem Gesundheitswissensangebot für Mitarbeiter die Lösungskompetenz von beiden zu erweitern, könnte das frühzeitige Bemerken von Fehlentwicklungen tatsächlich gelingen. Eine Führungskraft, die weiß, was sie zu leisten hat und was nicht, und die ihr Lösungsrepertoire kennt, ist in der Lage, sensibel hinzuschauen und betroffene Mitarbeiterinnen und Mitarbeiter mitfühlend anzusprechen. Das Ziel dabei ist nicht eine diagnostische oder therapeutische Tätigkeit, sondern lediglich die Motivation zur

Selbstfürsorge (»Kümmere dich jetzt um dich, nicht erst, wenn du ernsthaft krank bist!«) und ein Verweis auf vorhandenes Gesundheitswissen.
Für betriebliche Probleme und deren Lösung ist natürlich die Führungskraft verantwortlich. Hier greift sie auf ihre Toolbox zurück.

Die Kombination aus datengestützter, punktgenauer Intervention und der Fokussierung auf Früherkennung, Lösungswissen und Selbstfürsorge ergeben den in diesem Buch beschriebenen neuen BGM-Ansatz.

1.2   Ursachenanalyse: Die multifaktorielle Krankheitsentstehung erfordert ein neues Ordnungsprinzip

Mit Aaron Antonovskys Salutogenese-Konzept und der positiven Psychologie hielten zwei Ansätze Einzug in das betriebliche Gesundheitsmanagement, die den Fokus auf die Stärkung von Gesundheit legen. Die positive Gesundheit wird qualitativ anders beschrieben als lediglich durch die Abwesenheit von Krankheit. Es geht um Lebensqualität, Energie, intrinsische Motivation und Lust auf persönliche Weiterentwicklung – alles Ziele, die ich unterstreiche und gern anstrebe. Dabei scheint es fast verpönt, sich um die Ursachen von Krankheit zu kümmern – schließlich ist die Ursachenanalyse mit einer gut funktionierenden Arbeitssicherheit im Arbeitsleben gut abgedeckt und es scheint, dass eine solche positive Arbeitswelt nur ganz knapp außer Reichweite ist, wenn da nur nicht der Arbeitsstress (und der ungesunde Lebensstil) wäre.

Nur will sich der Erfolg nicht einstellen. Die Krankenstände steigen seit Jahren und das Thema der psychischen Erkrankungen lässt sich, trotz aller Bemühungen, nicht in den Griff kriegen. Wir sollten einen schonungslosen Blick auf sämtliche Ursachen der Entstehung von denjenigen Krankheiten werfen, die unsere AU-Tage in die Höhe treiben. Damit verlasse ich bewusst den im BGM verbreiteten Fokus auf positive Gesundheit und bringe eine meines Erachtens notwendige **Rückbesinnung auf die pathogenetische Sichtweise** ins Gespräch (vgl. auch Kapitel 4). Die Versuche, ein nur auf Salutogenese basierendes BGM aufzubauen und reine Primärprävention zu betreiben, führt am Ziel vorbei, da wir es mit einer Vielzahl von gesundheitlichen Fehlentwicklungen und schleichend fortschreitenden Krankheitsprozessen zu tun haben, die vielfach gesellschaftlich mitbedingt sind:

* Wir haben es in Teilen mit einem Versagen des Gesundheitssystems zu tun, dem zwar hochentwickelte wissenschaftliche Instrumente zur Verfügung stehen, diese aber für den gesetzlich Krankenversicherten oft nicht zugänglich sind. Die ärztliche Versorgung ist in Teilen veraltet und hängt gesicherten Erkenntnissen oft viele Jahre hinterher, was sich auch durch wirtschaftliche Interessenlagen erklären lässt. Vorhandene Diagnostik wird von Krankenkassen nicht bezahlt. Funktionierende Therapiemethoden der seriösen Naturheilkunde werden ignoriert.

- Die Bevölkerung wird kalorisch überernährt und leidet trotzdem häufig an Nähr-stoff- und Vitaminmängeln. Industriell hergestellte Lebensmittel mit einem über-höhten Zuckergehalt und wissenschaftlich nicht haltbare Ernährungsempfehlun-gen von offizieller Stelle, etwa einer fettarmen Ernährung, führen zu Übergewicht und Folgeerkrankungen.

- Die Schädigungswirkung von Medikamenten wird in ihrer Dimension nicht erkannt und es fehlt an Gesundheitskompetenz in der Bevölkerung, verantwortungsvoll mit Verordnungen und freiverkäuflichen Medikamenten umzugehen.

- Hinzu kommen psychische Fehlbelastungen durch disruptive Veränderungen der Arbeitswelt. Dazu zählen insbesondere Effekte der Vollautomatisierung bzw. Robo-terisierung von Arbeitsplätzen mit menschlicher Zuarbeit und Hilfstätigkeit, Sinn-entleerung von Arbeit sowie fehlende Führungskompetenzen im Umgang mit der veränderten Arbeitswelt.

- Hohes Stressaufkommen durch sogenannte VUCA-Arbeitsplätze. (VUCA steht für die englischen Begriffe **Volatility** = Unbeständigkeit, **Uncertainty** = Unsicherheit, **Complexity** = Komplexität und **Ambiguity** = Mehrdeutigkeit.) Eine wachsende Zahl von Arbeitsplätzen weist diese Attribute auf und fordert ein hohes Maß an Flexi-bilität, Stress und wenig Möglichkeiten zum Abschalten. Auch hier kommt es zu Führungsproblemen, wenn veraltete Führungsstile auf VUCA-Mitarbeiter treffen.

Lesetipps zum Gesundheitssystem   **!**

→ »**Schlechte Medizin: Ein Wutbuch**« von Dr. med. Gunter Frank (Knaus Verlag, 2013)
Der Heidelberger Mediziner zeigt auf, wie unterschiedliche wirtschaftliche Interessen das Gesundheitssystem korrumpieren und in der Folge viele Menschen mit unwirksamen Medi-kamenten und Therapien behandelt werden.

→ »**Die weiße Mafia**« von Frank Wittig (Riva Verlag, 2015)
Der Wissenschaftsjournalist Frank Wittig beschreibt das Zusammenwirken von Ärztege-sellschaften und medizinischen Industrieunternehmen sowie den Auswirkungen auf das Gesundheitssystem und die Therapiequalität.

→ »**Tödliche Medizin und organisierte Kriminalität: Wie die Pharmaindustrie unser Ge-sundheitswesen korrumpiert**« von Prof. Dr. Peter C. Gøtzsche (Riva Verlag, 2014)
Der internationale Bestseller stammt von einem ehemaligen Pharmaforscher und Gründer der Cochrane-Stiftung, die als Gegengewicht zur industriefinanzierten Wirksamkeitsfor-schung von Medikamenten unabhängige Forschung betreibt und damit regelmäßig unwirk-same oder schädigende Medikamente vom Markt nimmt. Das Buch zeigt die Tätigkeit großer Pharmaunternehmen und ihr Einwirken auf wissenschaftliche Publikationen, unerlaubte Werbung und Beeinflussung von Ärzten auf.

Die Komplexität der Realität

Das besondere an unserem Verstehensansatz von Krankheit ist die verschränkte, vernet-zende Betrachtung, um eine möglichst passende, punktgenaue Interventionsplanung leisten zu können. Ich plädiere in diesem Buch dafür, keine unspezifischen, oberflächlichen BGM-Maßnahmen mehr durchzuführen, sondern passgenaue Interventionen zu planen. Die Komplexität des Vorhabens wird an den folgenden drei Beispielen deutlich.

Beispiel 1: Angestellte, 45 Jahre: Vergesslichkeit und Muskelschmerzen, Probleme am Arbeitsplatz wegen hoher Fehlerquoten

Die Bankangestellte wurde im Rahmen einer interdisziplinären Gesundheitsberatung vorstellig. Sie zeigte sich gestresst, weil es im Team und mit der Führungskraft Konflikte wegen häufiger Fehler bei der Arbeit gab. Auffällige Symptome waren eine starke Vergesslichkeit, fehlende Konzentration, Muskelschmerzen und häufiger einschlafende Gliedmaßen. Im Gespräch kam heraus, dass die Mitarbeiterin präventiv seit etwa 15 Jahren Pantoprazol, ein Magensäureblocker, einnahm, auf Empfehlung ihres Hausarztes, weil es in der Familie einen Fall von Magengeschwüren gab. Eine solche Verordnung ist eigentlich nicht zulässig und dem Arzt war die Brisanz und der Zusammenhang mit den Symptomen nicht klar. Mit der pharmakokinetischen Brille betrachtet, wurde in der Beratung schnell klar, dass es sich möglicherweise um einen starken Vitamin-B12-Mangel handeln könnte. Symptome und die Einnahme von Pantoprazol sprachen dafür. Es ist bekannt, dass Magensäureblocker die Aufnahme von B12 blockieren. Die Mitarbeiterin ließ entgegen des Rates ihres Hausarztes, der diesen Zusammenhang ablehnte, einen Labortest durchführen und der B12-Mangel wurde bestätigt. Er war gravierend. Die Mitarbeiterin erhielt mehrere Injektionen des Vitamins und das Pantoprazol wurde über einen Entgiftungsplan langsam abgesetzt. Die Symptome bildeten sich innerhalb weniger Wochen vollständig zurück.

Beispiel 2: Älterer Mitarbeiter, 55 Jahre: gescheiterte Wiedereingliederung nach Prostatakarzinom und Chemotherapie

Der Mitarbeiter wurde ebenfalls im Rahmen einer interdisziplinären Gesundheitsberatung vorstellig. Er war etwa ein Jahr wegen eines Prostatakarzinoms arbeitsunfähig gewesen. Der Tumor wurde mittels Chemotherapie und OP erfolgreich entfernt und der Patient als geheilt entlassen. Etwa eine Woche nach Wiedereingliederungsbeginn wurde der Mitarbeiter vorstellig. Er hatte Angstsymptome, fühlte sich überfordert und der Aufgabe nicht gewachsen. Er war müde, erschöpft und fühlte sich kraftlos. Die fachliche Einarbeitung war zudem nicht gut organisiert. Nachts hatte er Schlafstörungen. Er überlegte, ob er erneut in eine lange Arbeitsunfähigkeit gehen sollte.

Im Gespräch zeigte sich folgendes Bild: Der Vater des Mitarbeiters war im Alter von 45 Jahren an einem Prostatakarzinom verstorben. Der Mitarbeiter hatte also über mehrere Monate wirkliche Todesangst, weil er befürchtete, das gleiche Schicksal zu erleiden. Eine psychoonkologische Begleittherapie war nicht erfolgt. Zudem hatte er ein sogenanntes Chemotherapie-induziertes Fatigue-Syndrom. Das ist ein Erschöpfungsbzw. Müdigkeitssyndrom aufgrund der Schädigung gesunder Körperzellen durch die Chemotherapie. Es tritt bei den meisten Patienten nach einer Chemotherapie auf, wird aber noch nicht von allen Onkologen behandelt. Die dritte Belastungsursache war die mangelhafte fachliche Begleitung bei der Wiedereingliederung.

Beispiel 3: Mitarbeiterin, 33 Jahre: unklare Depression und Erschöpfung, häufige Infekte

Die Mitarbeiterin wurde im Rahmen eines Beratungsangebotes zur Differenzialdiagnostik von Erschöpfungssymptomen vorstellig. Sie berichtete über depressive Stimmungslagen und den Impuls zu weinen, ohne dass sie in der Arbeit oder im Privatleben einen angemessenen Grund erkennen konnte. Zudem war sie häufig erschöpft, müde, kraftlos, litt unter Menstruationsschmerzen und regelmäßigen Kopfschmerzen. Sie hatte häufige Infekte und dadurch viele Fehltage. Team und Führungskraft zeigten sind nicht mehr tolerant. Dabei gab die Mitarbeiterin an, sich sehr gesund zu ernähren. Sie sei Veganerin und esse keine tierischen Produkte. Der Fall konnte sehr leicht gelöst werden, weil bei vegan lebenden Frauen im menstruationsfähigen Alter eine sehr hohe Wahrscheinlichkeit für ein Eisenmangelsyndrom bis hin zur Blutarmut besteht. Diese Blutarmut wird durch einen begleitenden Vitamin-B12-Mangel verdeckt, da im Blutabstrich die Verkleinerung der roten Blutkörperchen aufgrund des Eisenmangels durch eine gleichzeitige Vergrößerung der roten Blutkörperchen bei einem B12-Mangel sich teilweise aufhebt. Zudem ist der (kassenfinanzierte) Laborwert Hämoglobin nicht geeignet, eine rechtzeitige und genaue Aussage über einen Eisenmangel zu machen. Die Mitarbeiterin führte auf eigene Kosten eine Ferritin-/Transferin-Labortest durch und bestätigte den starken Eisenmangel. Nach einer Überweisung der Mitarbeiterin an eine erfahrene Gynäkologin, der die Eisenproblematik bekannt war, wurden mehrere Eiseninfusionen angesetzt, da ein solch schwerer Eisenmangel über die orale Substitution nicht angemessen schnell behoben werden kann. Die Symptome bildeten sich innerhalb weniger Tage vollständig zurück.

> **Wichtig**
> Allen drei Beispielen ist gemeinsam, dass bei ihnen eine Vermischung aus arbeitsbezogenen Problemen, zum Teil hohen Fehlzeiten, psychischen Problemen, Stress und körperlichen Symptomen auftrat, die zuvor nicht in ihrem Gesamtbild betrachtet und verstanden wurden.

Die multifaktorielle Krankheitsentstehung

Das Krankheitstrichtermodell (vgl. Abb. 1) beschreibt den Verlauf der Krankheitsentstehung: Die privaten und beruflichen Entstehungsfaktoren, die sich auf das psychophysiologische Stresssystem des Menschen auswirken, stehen auf der linken Seite des Krankheitstrichtermodells. In diesem System entstehen Krankheitsvorstufen, die noch ohne Krankschreibung auskommen, jedoch zunehmend Leistungsverluste mit sich bringen. Diesen Bereich nennt man **Präsentismus**. Weiter rechts in dem Modell folgen dann zunächst kürzere und dann längere Abwesenheiten, die **Absentismus** genannt werden.

Im Folgenden erläutere ich das Krankheitstrichtermodell von links nach rechts. Dabei führe ich in mehreren Exkursen wichtige Grundbegriffe ein und belege sie mit Studien und Lesetipps.

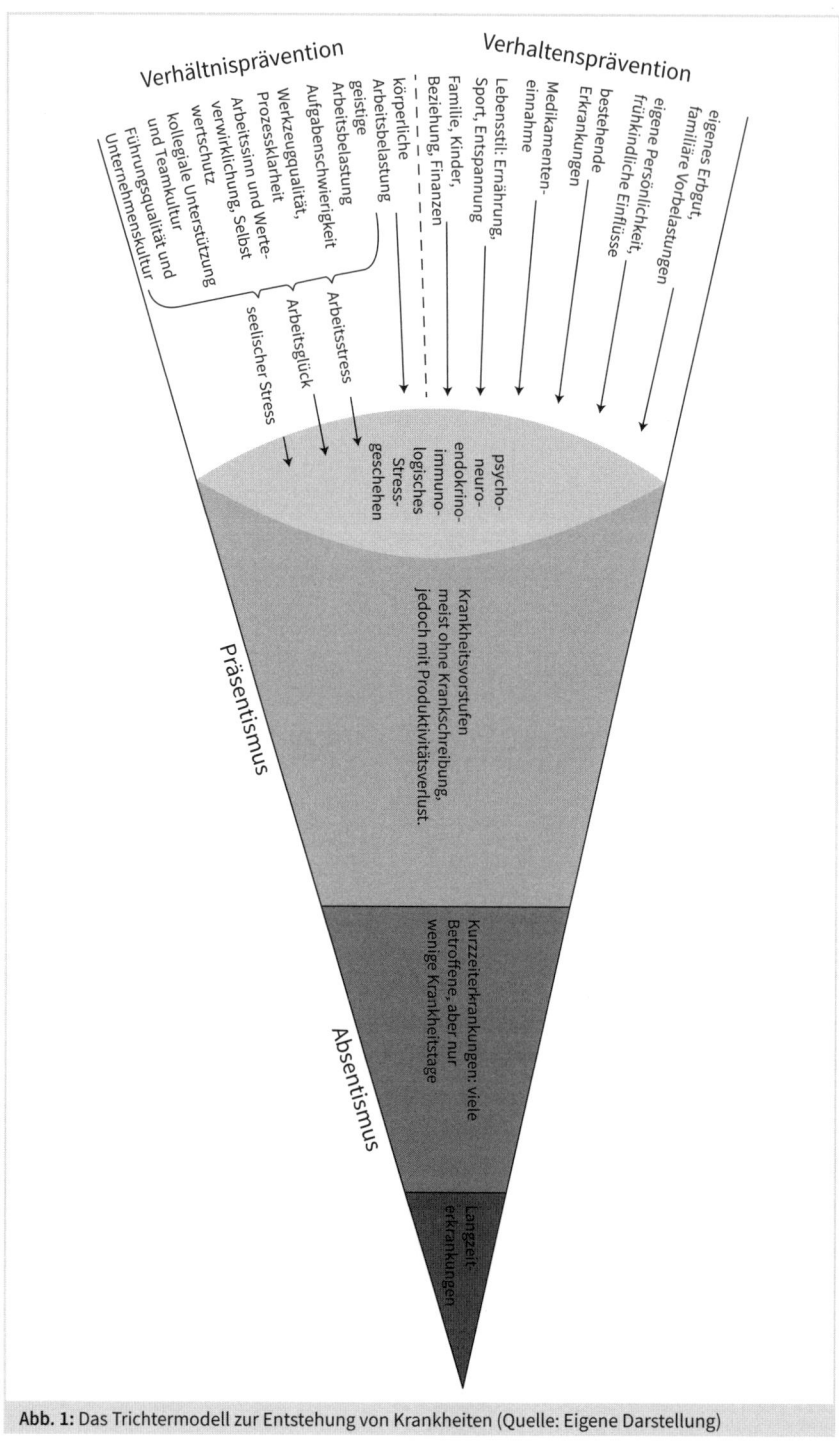

Abb. 1: Das Trichtermodell zur Entstehung von Krankheiten (Quelle: Eigene Darstellung)

1.2.1   Ursachenfaktoren

Die obere Hälfte der Ursachenfaktoren im Krankheitstrichtermodell (Abb. 1) bezieht sich auf private, persönliche Themen:

- **Genetische Einflüsse** bestimmen bei vielen Krankheiten die Wahrscheinlichkeit einer Erkrankung mit, jedoch meist nicht ausschließlich. Ein gesunder Lebensstil kann die Vulnerabilität auch hier deutlich senken. Dennoch sollten Menschen mit familiären Krankheitshäufungen einen besonderen Fokus auf die persönliche Prävention legen.
- **Frühkindliche Einflüsse** fassen die Entwicklung von Vertrauen, von Kontrollüberzeugung und Selbstwirksamkeit sowie die Konstruktion eines stabilen (oder instabilen) Selbstwertes zusammen. Hierunter fallen auch frühkindliche Stress- und Traumaerfahrungen. Die Wirkungen dieser frühkindlichen Prozesse zeigen sich in der Stressverarbeitung. Belastete Menschen zeigen deutlich früher Anzeichen von negativem Stress, Angstreaktionen und Überforderung, während stabile Menschen deutlich höhere Belastungen aushalten und schweren Herausforderungen mit mehr Selbstvertrauen begegnen. Die Auswirkungen von psychischem Stresserleben auf das neuro-endokrino-immunologische System sind enorm, weswegen wir dem Thema den Abschnitt 1.2.2 gewidmet haben.
- **Bestehende Erkrankungen** wirken ins psycho-physiologische Stresssystem hinein. Sie erhöhen die Vulnerabilität des Stresssystems und reduzieren die Leistungsfähigkeit.
- **Medikamente als Krankheitsursache:** Dass Medikamente die Ursache von Krankheiten sein können, erschließt sich vielen Laien zunächst nicht. Bei näherer Betrachtung wird deutlich, dass hier sogar eine häufige Ursache von Krankheiten liegt. Immerhin gelten Medikamente als die dritthäufigste Todesursache weltweit nach Herzinfarkt und Krebs.[1] Die Aufklärung über einen vorsichtigen Umgang mit frei verkäuflichen und verordneten Medikamenten gehört meines Erachtens in den Themenkatalog eines modernen Gesundheitsmanagements.

Filmtipp

3sat brachte in der Sendung Nano einen Bericht über Peter Gøtzsche. Er ist Professor für klinische Studien an der Universitätsklinik Kopenhagen und leitet das Institut zur Bewertung pharmazeutischer Studien Nordic Cochrane Center. Gøtzsche begann seine berufliche Laufbahn bei dem Pharmaunternehmen Astra. In dem Bericht legt er dar, warum die Neben- und Wechselwirkungen von Medikamenten die dritthäufigste Todesursache der Welt sind. Siehe: https://www.youtube.com/watch?v=Cx7_K2Byuzo

---

1   Vgl. http://www.3sat.de/page/?source=/nano/medizin/180931/index.html (Zugriff: 09.01.2019).

! **Lesetipp**

→ »**Krank durch Medikamente**« (Piper Verlag, 2014) von der Wissenschaftsjournalistin Cornelia Stolze erklärt auch für Laien verständlich, welche Gefahren von Medikamenten ausgehen können. Die Analyse bleibt dabei sachlich und zeigt einen vorsichtigen Umgang und die richtige Ansprache beim Arzt auf.

- Die Faktoren **Lebensstil, Ernährung und Sport** dürfen natürlich nicht fehlen. Dort setzt die Gesundheitsförderung an. Dem Thema Ernährung kommt eine größere Bedeutung zu als dem Sport. Gerade für die Themen Gewichtsreduktion und Diabetes zeigen Studien eine schnelle Heilwirkung durch Ernährungsumstellung auf, während Sport allein diesen Effekt nicht zu haben scheint.
- **Familie, Beziehung, Kinder, häusliche Pflege und Finanzen** sind die privaten Stressthemen bei vielen Mitarbeiterinnen und Mitarbeitern. Hier setzen die Employee-Assistent-Programme, Sozialberatungen und psychologischen Mitarbeiterberatungen an, die Menschen bei der Bewältigung ihrer Probleme helfen.

Die untere Hälfte der Ursachenfaktoren im Krankheitstrichtermodell (Abb. 1) befasst sich mit arbeitsbezogenen Themen:

- Die **körperlichen Arbeitsbelastungen** haben starke Auswirkungen etwa auf die Entstehung von Muskel-Skelett-Erkrankungen. Arbeitsschutz und Arbeitssicherheit sowie ergonomische Ansätze werden hier seit Jahre erfolgreich platziert und haben historisch zu einem starken Rückgang der Fehlzeiten geführt. Die Gestaltung ergonomischer Arbeitsplätze muss hier weiter mit hoher Priorität fortgeführt werden, da – wegen des steigenden Altersdurchschnitts der arbeitenden Bevölkerung – die Häufigkeit von Muskel-Skelett-Erkrankungen zunimmt.

Die folgenden Ursachenfaktoren werden durch drei Faktoren vermittelt. Dabei unterscheide ich zwischen **Arbeitsstress** und **Arbeitsglück** sowie dem **privaten oder seelischen Stress**. Während der Arbeitsstress etwa durch die Arbeitsmenge oder Hürden in Prozessabläufen oder unpassenden Werkzeugen entsteht, kommt seelischer Stress auf, wenn z. B. Teamkonflikte vorhanden sind oder die Führungskraft einen nicht-partnerschaftlichen Führungsstil ausübt. Seelischer Stress hat eine deutlich negativere Gesundheitswirkung als Arbeitsstress, sofern Arbeitsstress durch Arbeitsglücksfaktoren wie Sinnerleben bei der Arbeit, Werteübereinstimmung oder einer intrinsischen Motivation abgefangen wird.

- **Geistige Arbeitsbelastungen** ist ein Sammelbegriff für alle Arten von kognitiven und emotionalen Stressoren. Hierunter fallen Anforderungen an die Konzentration, an das Verbergen von Gefühlen, weil man im ständigen Kundenkontakt ist, oder die Anforderungen, die durch die Arbeit mit Kindern oder schwierigen sozialen Gruppen entstehen.

- Der Faktor **Aufgabenschwierigkeit** umfasst die Bedeutung einer guten Aufgaben-passung zu fachlichen und operativen Kompetenzen von Mitarbeiterinnen und Mitarbeitern. Wegen rasanter Technologieentwicklung und disruptiver Geschäfts-prozessveränderungen kommt dem lebenslangen Lernen eine große Bedeutung zu. Führungskräfte müssen auf erlebte Überforderung als Stressor achten, da die-ser mit Versagensängsten, Selbstabwertungen und der Angst vor den Folgen von Scheitern einhergehen.
- **Werkzeugqualität und Prozessklarheit:** Zahlreiche Gefährdungsbeurteilungen zeigen auf, dass Arbeitsorganisationsfaktoren wie Prozesse, Schnittstellen und Werkzeuge häufig als Fehlbelastungen und als Ursachen für Arbeitsstresserleben genannt werden.
- **Sinnverlust:** Die oben eingeführte zunehmende Automatisierung und Roboteri-sierung von Arbeitsplätzen, an denen Menschen nur noch Zuarbeiten leisten, führt zu einem Sinnverlust der eigenen Arbeit. Sinn wird nur noch rudimentär aus der monetären Kompensation gezogen, gelingt aber nicht mehr inhaltlich. Stolz auf die Arbeit und Freude stellen sich nicht mehr ein. Neben seelischem Stress sind Motivationsverluste, Lebenskrisen und leider auch erhöhte motivationsbedingte Fehlzeiten die Folge.
- Der Faktor **Werteverwirklichung** oder auch Wertekongruenz meint die Möglich-keit, eigene Werte auch im Arbeitsleben verwirklichen zu können oder zumindest nicht verletzen zu müssen. Werden werteverletzende Anforderungen gestellt, ent-stehen seelische Krisen und Stress.
- **Selbstwertschutz** ist ein zentrales Motiv und Grundbedürfnis von Menschen. Exis-tieren abwertende und selbstwertverletzende Arbeitskontexte, werden starke seelische Krisen ausgelöst. Motivationsverluste, sozialer Rückzug, Leistungsein-bußen und die Entwicklung psychischer Störungen sind hochwahrscheinlich.
- **Kollegiale Unterstützung und Teamkultur** sind wertvolle Schutzfaktoren und stärken das Arbeitsglück. Die Förderung ist umso wichtiger, je weniger Sinnerle-ben aus dem Arbeitsinhalt gezogen werden kann. Gerade in Teams mit hochauto-matisierten Prozessen sollte die Kollegialität und eine aktive Teamkultur gefördert werden.
- **Führungsqualität** wird wissenschaftlich vor allem über eine partnerschaftliche, situative Führung operationalisiert.
- **Unternehmenskultur.** Die Kulturwahrnehmung orientiert sich stark am Vorbildver-halten der oberen Führungsebene sowie in der Umsetzung von Werten in verbind-liche Regeln, deren Einhaltung überwacht wird. Ein guter Umgang mit Konflikten, gelebte Wertschätzung und die Abwesenheit einer »gläsernen Decke« zwischen Führung und Mitarbeiterschaft sind wesentliche Faktoren. Eine ungute Unterneh-menskultur wirkt vor allem negativ auf Werteverwirklichung und Sinnerleben.

1.2.2   Das psycho-neuro-endokrino-immunologische Stresssystem

Wir nehmen hier die aktuellen Forschungserkenntnisse unterschiedlicher Diszipli-nen mit in die Betrachtung auf, weil sie häufig überraschend genau erklären, wie eine Krankheit oder zunächst Vorstufen einer Krankheit entstehen:

- Die Stressmedizin untersucht die Effekte von Stresshormonen wie Cortisol oder Adrenalin, aber auch die Entstehung von oxidativen und nitrosativen Stressreakti-onen auf den Körper und die Krankheitsentwicklung. So haben dauerhaft erhöhte Cortisol-Level eine Vielzahl von krankheitsförderlichen Effekten.
- Psycho-Neuro-Endokrino-Immunologie, die Wissenschaft von der Interaktion zwi-schen Psyche, Gehirn, Hormon- und Immunsystem
- Ernährungs- und Darmmedizin
- Pharmakologie, Pharmakokinetik und Toxikologie
- Psychologie

> **!** **Lesetipp**
>
> → »**Glück beginnt im Darm: Wie Sie mit der richtigen Ernährung Depressionen, Ängste und mentale Erschöpfung erfolgreich behandeln können**« (Riva Verlag, 2018) von Dr. med. Raphael Kellman
> Das Buch informiert über den Zusammenhang von Psyche, Darm, Mikrobiom und Schild-drüse und schließt damit eine wichtige Lücke in der medizinischen Versorgung, die vor allem Frauen betrifft. Das Buch ist für Laien geeignet und ich empfehle es als Einstieg in die Psycho-Neuro-Immunologie.
>
> → »**Die Darm-Hirn-Connection: Revolutionäres Wissen für unsere psychische und körperli-che Gesundheit**« (Schattauer Verlag, 2019) von Prof. Dr. med. Gregor Hasler
> Der Autor ist Professor für molekulare Psychiatrie und untersucht Darm, Mikrobiom und Ernährung von psychisch kranken Menschen. Das Buch sensibilisiert für die Bedeutung des Darms, den vorsichtig-zurückhaltenden Einsatz von Antibiotika, die Notwendigkeit des Wie-deraufbaus der Darmflora und die Wichtigkeit einer gesunden, natürlichen Ernährung.
>
> → »**Was die Seele essen will: Die Mood Cure**« (Klett-Cotta Verlag, 2017) von Julia Ross ist ein Klassiker. Julia Ross ist Ernährungstherapeutin und heilt psychische Erkrankungen und Essstörungen mit Nahrung. Dabei fokussiert sie auf den unter anderem stressbedingten Serotoninmangel, der durch fehlerhafte Nahrungszusammensetzung verstärkt wird.
>
> → »**Psychoneuroimmunologie und Psychotherapie**« (Schattauer Verlag, 2014) von Dr. med. Christian Schubert. Der Autor ist einer der Vorreiter des Forschungszweiges. Dieses Fachbuch stellt den aktuellen Wissensstand zu den Interaktionen und Abhängigkeiten von Psyche, Gehirn, Immunsystem und sozialem Umfeld dar.
> Schubert untersucht unter anderem die Auswirkung von frühkindlichen Traumatisierungen auf Entzündungserkrankungen im Erwachsenenalter. Das Buch ist für Laien nicht zu empfeh-len.

1.2.3   Vorstufen von Krankheiten

Dem Vorstufenbereich in unserem Krankheitstrichtermodell kommt auch deswegen eine so hohe Bedeutung zu, weil sich durch frühzeitiges Erkennen von gesundheitlichen Fehlentwicklungen Fehltage sogar vollständig vermeiden ließen, vorausgesetzt das Gesundheitswissen führt betroffene Mitarbeiter zu den passenden Ärzten oder Therapeuten. Hier stoßen Gesundheitsmanagement und gelebte Selbstfürsorge an die Qualitätsprobleme in der Versorgung im Gesundheitssystem. Mitarbeiter mit einem geringen Einkommen haben zudem die Hürde, dass eine adäquate Diagnostik oder Therapie oft Selbstzahlerleistungen sind. Eine geringe Gesundheitskompetenz verringert die eigenmotivierte Selbstfürsorge.

Der Vorstufenbereich (vgl. Abb. 1) enthält vielfach Mitarbeiter, die Präsentismus betreiben, also mit Erkrankung oder Beschwerden zur Arbeit gehen. Die Produktivitätsschäden für Unternehmen sind bei Präsentismus um den Faktor 2 bis 6 höher als bei Schäden, die durch Fehltage entstehen.

> **Tipp**   !
>
> **Betriebliche Krankenzusatzversicherungen (bKV)**
> In Kapitel 5.6.4 über ambulante Aufstockungstarife betrieblicher Krankenzusatztarife (bKV) erfahren Sie, wie mittels einer solchen bKV die Hürde von Selbstzahlerleistungen gesenkt werden kann.

1.2.4   Fehlzeiten und Langzeiterkrankungen

Der normale **Fehlzeitenbereich** umfasst Krankheiten, die zu Fehlzeiten führen, aber nicht chronisch sind. Laien gehen häufig davon aus, dass das betriebliche Gesundheitsmanagement auf diesen Bereich abzielt und überschätzt seinen Umfang. Hypothese 3 in Kapitel 1.4.3 zeigt, dass Mitarbeiter mit **Langzeiterkrankungen** mindestens 50 % der Fehlzeiten, vereinzelt sogar deutlich mehr, produzieren. Dabei handelt es sich häufig nur um eine kleine Anzahl von Mitarbeitern. Diese Tatsache ist frustrierend, bedeutet es doch für uns Gesundheitsmanager, dass wir in großen Teilen kaum Einfluss auf das Krankheitsgeschehen haben.

Auf der anderen Seite macht es die Bedeutung der in diesem Buch beschriebenen alternativen Sichtweise auf psychische Erkrankungen deutlich. Denn die psychischen Erkrankungen mit den meisten Fehlzeiten (Depressionen und Angststörungen) sind überwiegend – glaubt man den neuesten Forschungen zur Psycho-Neuro-Endokrino-Immunologie – körperlich bedingt oder mitbedingt. Die langen Fehlzeiten bei Depression und Burnout sind schlicht die Folge einer mangelhaften Diagnostik und Versorgung des gesetzlich finanzierten Gesundheitssystems.

Deswegen möchte ich Ihnen das in Kapitel 4 dargestellte Modell zur Identifikation von körperlichen Ursachen für psychische Erkrankungen besonders ans Herz legen.

> **!** **Tipp: So gewinnen Sie die Geschäftsleitung für das BGM**
>
> Nutzen Sie das Krankheitstrichtermodell im Dialog mit Ihrer Geschäftsleitung. Sie finden das Modell auch bei den Arbeitshilfen online zum Buch. Allein die Darstellung der Ursachenfaktoren und die Einführung der Grundbegriffe Verhaltens- und Verhältnisprävention sowie die Sensibilisierung für die Effekte von Präsentismus erleichtern Ihnen den Weg zu einer positiven Budgetentscheidung ungemein.

1.3 Krankheiten vermeiden – der Vierklang Früherkennung, Selbstfürsorge, Gesundheitswissen und Hürdensenkung

Neben der **Primärprävention** erstens durch die Reduktion beruflicher Krankheitsfaktoren und zweitens durch die Beeinflussung des Lebensstils infolge der betrieblichen Gesundheitsförderung lernen Sie in diesem Kapitel eine zweite Strategie kennen, die vier Elemente umfasst:

- Früherkennung
- Selbstfürsorge
- Gesundheitswissen
- Hürdensenkung

1.3.1 Früherkennung

Aufgrund mangelnder Selbstfürsorge und der menschlichen Neigung, Krankheitssymptome möglichst lange zu ignorieren, entwickeln sich Krankheiten lange im Verborgenen. Meist sind sie jedoch von außen bereits sichtbar oder deuten sich zumindest an. Nun ist der betriebliche Kontext nicht geeignet, Diagnosen zu stellen. Das ist immer noch Aufgabe von Ärzten, Heilpraktikern und Therapeuten. Doch die mit gesundheitlichen Fehlentwicklungen einhergehenden Verhaltensauffälligkeiten sind auch für Laien erkennbar.

In der von mir formulierten Strategie sind Führungskräfte, Gesundheitskoordinatoren und Betriebsräte eine **sensible Kontaktfläche für gesundheitliche Fehlentwicklungen und eine frühzeitige, fürsorgliche Ansprache von betroffenen Mitarbeitern**. Es geht hier – wie gesagt – nicht um eine präzise Diagnose, sondern um ein erstes Aufmerken, ein Hinweisen, ein Nachfragen. Dadurch kann ein Impuls für Selbstfürsorge entstehen.

1.3.2   Selbstfürsorge

In den frühen BGM-Ansätzen hat man die Gesundheitsförderangebote den Mitarbeiterinnen und Mitarbeitern regelrecht aufgenötigt. Es wurden Kurse angeboten, dass man glauben konnte, Unternehmen wollten Fitnessstudios eröffnen. Jahre später stellen wir frustriert fest, dass Menschen immer noch mit einer geringen Selbstfürsorge und selbstschädigendem Verhalten unterwegs sind.

Doch die Selbstfürsorge ist das entscheidende persönliche Motiv, um eine Verhaltensänderung einzuleiten. Sie äußert sich etwa darin, dass man früher einen Arzt aufsucht, mehr Pausen macht, sich besser ernährt oder Stressoren anspricht und abstellt. Selbstfürsorge kann auch durch Gesundheitswissen initiiert werden.

Selbstfürsorge muss insbesondere bei leistungsstarken Mitarbeiterinnen und Mitarbeitern regelrecht »erlaubt« und angestoßen werden. Oft ist erst ein Anstoß von außen, etwa durch ein Fürsorgegespräch, notwendig.

Bei Menschen mit geringer Bildung ist die Einsicht in eine selbstfürsorgliche Verhaltensnotwendigkeit häufig nicht ausgeprägt. Sie erleben verhaltenspräventive Hinweise als Bevormundung und setzen diese nicht um, selbst dann nicht, wenn sie bereits ernsthaft krank sind und die Hinweise von einem Arzt gegeben werden.

Es besteht zu dem bei vielen Mitarbeiterinnen und Mitarbeitern mit einem niedrigen Bildungsstatus und bei ungelernten Tätigkeiten nur eine geringe Bindung zum Unternehmen oder zur Tätigkeit, so dass nur wenig Motivation für eine Vermeidung von Fehltagen vorhanden ist. Hier sind restriktivere Maßnahmen, wie »Krankenschein ab dem ersten Fehltag« oder eine frühzeitige Einladung zu einem Fehlzeitengespräch ab der dritten Krankmeldung oder bei mehr als zehn Fehltagen, sinnvoll.

1.3.3   Gesundheitswissen

Gesundheitswissen ist das dritte Element der formulierten Strategie, denn das ist meist recht schlecht ausgeprägt. Führungskräfte kommen in ihren Fürsorgegesprächen regelmäßig an die Grenze, dass Mitarbeiter eine Krankheit haben, mit der sie im Gesundheitssystem nicht weiterkommen. Die Frage »Waren Sie schon beim Arzt?« hilft hier nicht weiter. Deswegen empfehle ich, das betriebliche Gesundheitsmanagement um Aufklärungskampagnen zu häufigen Krankheitsbildern zu ergänzen. Hierbei sollten neben schulmedizinischen Erläuterungen auch seriöse naturheilkundliche Diagnose- und Therapieansätze und neuere Forschungserkenntnisse einbezogen werden. So kann ein Artikel über Winkelfehlsichtigkeit (minimale Achsverschiebung der Augen) als Ursache für migräneähnliche Kopfschmerzen den entscheidenden Hinweis geben, der zu einer medikamentenfreien Lösung eines Kopfschmerzproblems führt. Auch kann eine Aufklärung über die Wirkung von Vitamin D auf das Immunsystem die Infektionsraten von grippalen Infekten deutlich senken, was die Grippeschutzimpfung aufgrund ihres eingeschränkten Wirkspektrums nicht vermag. Der Hinweis auf menstruations- oder ernährungsbedingten Eisenmangel kann die Lösung bei Erschöpfungs- und Depressionssymptomen von Frauen sein usw. Die im Rahmen des BGM angebotenen Gesundheitswissenskampagnen sollten gut recherchierte Lösungsansätze aufzeigen, sie können sich jedoch nicht auf schulmedizinische Sichtweisen beschränken, so gern das vom Betriebsarzt und von anderen Ärzten gefordert wird.

Gesundheitswissen stellt Lösungswissen für den verhaltenspräventiven Teil des BGMs dar. Hier wird Lösungswissen vermittelt, auf das Führungskräfte im Rahmen von Fürsorgegesprächen verweisen können, ohne dass sie selbst diese Lösungen kennen oder erklären müssen.

1.3.4   Hürdensenkung

Auf dem Weg zur Umsetzung einer besseren Selbstfürsorge sind gesetzlich versicherten Menschen in Deutschland einige Hürden gesetzt, die zwar allseits bekannt sind (gelegentlich werden sie auch verleugnet) und die gerade bei dem Wunsch nach einer ursachenbezogenen Diagnostik und nach naturheilkundlichen Therapien besonders hoch sind. Solche **Hürden** sind (vgl. Kapitel 1.4):
- 4-Minuten-Medizin von Hausärzten, die aufgrund der geringen Gebühren sich keine ausführlichen Arzt-Patienten-Gespräche leisten können
- viel zu geringe Laborbudget-Ausstattung von Ärzten
- gesetzliche Kassen übernehmen sinnvolle Laboruntersuchungen nicht und leugnen ihren medizinischen Nutzen
- naturheilkundliche Therapien werden ebenfalls oft nicht übernommen und ihr Nutzen trotz Wirkbelegen nicht anerkannt (siehe: Vitamin D oder nichtanämischer Eisenmangel)
- lange Wartezeiten bei Fachärzten trotz neuer Gesetzgebung
- sehr lange Wartezeiten bei Psychotherapeuten

Ansätze zur Hürdensenkung
Daher kommt der Hürdensenkung im BGM eine wesentliche Bedeutung zu. Folgende Ansätze zur Hürdensenkung sollten verfolgt werden:
- Beratungsangebote für Mitarbeiter wie *Employee-Assistance*-Programme (EAP), Sozialberatung, interdisziplinäre Gesundheitsberatung usw.
- betriebliche Krankenzusatzversicherungen, die privatärztlich-ambulante Leistungen abdecken (sog. Kostenerstattungstarif bzw. ambulante Aufstockung, vgl. Kapitel 5.6.4).

- hochwertige Gesundheitstage mit Vorsorge-Check-ups
- organisierte Vorsorge-Check-ups

Dieser Vierklang aus Früherkennung, Selbstfürsorge, Gesundheitswissen und Hürdensenkung erreicht insgesamt ein verbessertes Gesundheitsverhalten und zielt damit auf die Vermeidung von Langzeiterkrankungen ab, den Haupttreiber der Fehlzeiten.

1.4   Das dysfunktionale Gesundheitssystem und seine Folgeschäden für Unternehmen

In diesem Abschnitt möchte ich ein Problem adressieren, das eigentlich nicht zum betrieblichen Gesundheitsmanagement gehört, jedoch zunehmend die Aufmerksamkeit von Gesundheitsmanagern erhält, weil die Folgeschäden in den Unternehmen ankommen: das dysfunktionale Gesundheitssystem in Deutschland. Denn Versorgungslücken und die überfällige Adaption von neuen Diagnose- und Therapieansätzen im Gesundheitssystem verursachen lange Fehlzeiten.

Es liegt mir fern, die Leistungen von Ärzten abwerten zu wollen. Ich sehe gerade Ärzte in Folge der Gesundheitsreform und anderer äußerer Einflüsse als Leidtragende und kenne selbst viele hervorragende oder sich ehrlich bemühende Ärzte, denen schlicht im System die Hände gebunden sind, eine gute, ehrliche und menschenzugewandte Medizin zu machen.

Ich werde die Probleme kurz in Form von Hypothesen umreißen, gebe hier jedoch weder eine politische, noch eine wissenschaftliche Abhandlung und verzichte auf detaillierte Belege.

1.4.1   Hypothese 1: Eine pharmakonzentrierte Systemverschleierung tritt an die Stelle von ursachenklärender Diagnostik und wirksamen Haus- und Naturheilmitteln

Die medizinische Therapie ist insbesondere an der vorderen Front in der Hausarztversorgung pharmakonzentriert. Es werden für auftretende Symptome sehr schnell Medikamente verordnet. So kommt es zu einer schädlichen Überversorgung mit Medikamenten insbesondere bei Antibiotika, Magensäureblockern, der Antibabypille (durch den Gynäkologen) und Schmerzmitteln:

a) Antibiotika
Antibiotika werden in etwa 90 % der Fälle unnötig verschrieben und die Folgen sind zunehmende Resistenzen und die Entstehung multiresistenter Keime, die nicht mehr

zu behandeln sind. Hinzu kommt der massive Einsatz von Antibiotika in der konventionellen Tierzucht. Betroffene Landwirte gelten als Risikopatienten und werden in Krankenhäusern in Quarantäne genommen, da sie meist Träger von multiresistenten Keimen sind. In der menschlichen Verordnung werden die Folgeschäden für das Mikrobiom, also die Darmbakterien, völlig unterschätzt und es unterbleiben entsprechende Gegenmaßnahmen, die eine Erholung der geschädigten Darmflora ermöglichen. Mittelfristig wird das Immunsystem dadurch geschwächt und es kommt zu Verdauungsproblemen, Pilzbefall und Nährstoffmängeln.

b) Magensäureblocker

Magensäureblocker werden nach aktuellen Studien etwa jedem zehnten Bundesbürger dauerhaft verordnet und weitere 10 % kaufen freie Präparate. Es ist nachgewiesen, dass es einen engen Zusammenhang zwischen einer längerfristigen Einnahme und Demenzsymptomen gibt[2] und auch der Mechanismus, nämlich die Blockade der Vitamin-B12-Aufnahme, ist geklärt. Es gibt zunehmend auch junge Menschen, denen Pantoprazol langfristig und teils sogar präventiv verordnet wird und die bei sich Einschränkungen der kognitiven Leistungsfähigkeit wahrnehmen.

c) Antibabypille

Das hormonelle Verhütungsmittel verursacht Thrombosen, die bei jungen Frauen zu Lungenembolien führen können. Der Pillenreport[3] der Techniker Krankenkasse ist für Gesundheitsmanager eine Pflichtlektüre. Die Antibabypille blockiert zudem die Aufnahme von Eisen im Darm, so dass insbesondere vegan und vegetarisch essende Frauen schnell einen Eisenmangel entwickeln, der als Depression oder Burnout fehldiagnostiziert wird. Auch ist die Pille häufig die Ursache für Kopfschmerzen und migräneähnliche Kopfschmerzen.

d) Schmerzmittel

Alle Schmerzmittel haben teils starke Nebenwirkungen, insbesondere in der längeren Anwendung über einer Woche. Herzinfarkte und Magenblutungen sind die wichtigsten Schädigungen. Schmerztherapie ist jedoch unerlässlich und hat Vorrang, wenn keine anderen Maßnahmen helfen, die Schmerzen zu senken. Schmerzmittel sind größtenteils aus der Krankenkassenzulassung herausgenommen und können unkontrolliert eingenommen werden. Lediglich Metamizol (wegen erhöhter Sterblichkeit in fast allen Ländern verboten) und Morphine unterliegen der Rezeptpflicht.

Ursachen für einseitige, pharmakonzentrierte Behandlungsformen

Die Ursachen für eine Überbetonung von pharmakonzentrierten Behandlungen sind:

---

2   Vgl. https://www.aerzteblatt.de/nachrichten/65748/Erhoehen-Protonenpumpen-Inhibitoren-das-Demenzrisiko

3   Vgl. https://www.tk.de/tk/aerzte/pillenreport-2015/782350

Naturheilmittel und sanfte Mittel sind häufig nicht patentierbar, weshalb Generika-Hersteller diese Mittel ohne Patentschutz jederzeit billig anbieten können. Es lohnt sich daher wirtschaftlich nicht, für diese Naturheilmittel und Naturheilmethoden Wirksamkeitsnachweise zu erbringen, denn diese müssen von Herstellerfirmen bezahlt werden. Es gibt für die Wirksamkeitsnachweise keine öffentlichen Gelder.

Bei der Erarbeitung von Leitlinien für Krankheitsbilder werden aber wissenschaftliche »Standards« angesetzt. Hier werden also regelmäßig Medikamente bevorzugt, für die es Wirksamkeitsnachweise gibt, obwohl Naturheilmittel bei keinen oder weniger Nebenwirkungen vergleichbar oder besser abschneiden würden. Das kann man gut an der sogenannten Biestmilch, dem Colostrum, sehen. Hier gibt es sogar zwei hervorragende Studien, die nachweisen, dass die Wirkung von Colostrum der Grippeschutzimpfung haushoch überlegen ist. Dennoch wird weiter die Grippeschutzimpfung propagiert, weil die Studienanzahl als nicht ausreichend angesehen wird.

Ärzte, die sich bei ihrer Therapiewahl nicht an Leitlinien halten, haften sehr wahrscheinlich, während leitlinienbasierte Kunstfehler eher haftungsfrei sind.[4] Aufgrund stark gestiegener Schadensersatzsummen steigen die Berufshaftpflichtprämien für Ärzte stetig an.

Viele Autoren von Leitlinien weisen Interessenkonflikte auf. 2016 stellte das Recherchekollektiv correctiv.org eine Datenbank online, die die Zahlungen von Pharmaunternehmen an Ärzte und Fachgesellschaften offenlegt.[5] Dabei kam unter anderem heraus, dass der Arzt mit den höchsten Honoraren von Pharmaunternehmen Vorsitzender der Leitlinienkommission der Deutschen Gesellschaft für Neurologie ist bzw. damals war.[6] Liest man sich die Autorenliste von Leitlinien dieser und anderer Fachgesellschaften durch, so fällt auf, dass viele Autoren Geldmittel von Pharmaunternehmen erhalten. Sie erklären zwar, dass dies ihre Neutralität nicht in Frage stelle, doch zeigt eine Vielzahl von Studien, dass Ärzte, die Gelder von Konzernen erhalten, häufiger auch Arzneimittel dieser Konzerne verschreiben, schreibt Correctiv.org.[7]

Betrug bei Zulassungsstudien kommt etwa bei Psychopharmaka häufig vor, sagt Prof. Dr. Peter C. Gøtsche in seinem Buch »*Tödliche Psychopharmaka und organisiertes Leugnen*«. Auch das staatlich geförderte Institut für Qualität und Wirtschaftlichkeit

---

4   https://www.aerzteblatt.de/archiv/46031/Arzthaftungsrecht-Die-Relevanz-medizinischer-Leitlinien-nimmt-zu

5   https://correctiv.org/aktuelles/euros-fuer-aerzte/2016/07/14/seid-umschlungen-millionen

6   https://www.dgn.org/leitlinien (Zugriff: 11.02.2019)

7   https://correctiv.org/aktuelles/euros-fuer-aerzte/2017/05/29/neue-correctiv-datenbank-zeigt-erstmals-aerzte-in-deutschland-die-kein-geld-von-der-pharmaindustrie-annehmen (Zugriff: 11.02.2019)

im Gesundheitswesen (IQWIG) belegt die Tricks von Herstellerfirmen.[8] Bei anderen Zulassungsstudien wird ebenfalls getrickst. So wurden cholesterinsenkende Medikamente für hochwirksam erklärt, weil sie tatsächlich den Cholesterinwert senkten, es wurde jedoch nicht berichtet, dass dadurch die Anzahl der Herzinfarkte zunahm, die man eigentlich verhindern wollte. Es gibt darüber einen heftigen Streit. Befürworter legen große Studien vor, während Gegner auf statistische Tricks, etwa die Anwendung des relativen Risikos, verweisen.[9] Der Unterschied zwischen relativem und absolutem Risiko wird in Kapitel 5 erläutert.

Niedrige Honorare, geringe Laborbudgets und nicht-sensitive Labortests
Ärzte erhalten pro Patienten in einer durchschnittlichen Praxis – und abhängig von der Region – im Schnitt 22 EUR pro Patienten und Quartal, unabhängig davon, wie oft ein Patient in diesem Quartal in die Praxis kommt. Das durchschnittliche Laborbudget pro Patienten und Quartal lässt sich pauschal nicht so genau berechnen, liegt aber meines Wissens unter 5 EUR. Ärzte müssen sich durch die Minimierung der Behandlung von halbwegs gesunden Patienten Budget ersparen, um Schwerkranke angemessen versorgen zu können. Überziehen sie ihr Laborbudget, sinkt eine Pauschalvergütung, ein sogenannter Wirtschaftlichkeitsbonus gegen 0. Sie verlieren dann im Monat etwa 1.500 bis 2.000 EUR. Es verwundert daher nicht, dass ein Hausarzt nicht bereit ist, einen Ferritin-Eisenspeicher-Labortest für knapp 14,57 EUR aus seinem Laborbudget zu leisten. Lieber untersucht er für 3,50 EUR das Hämoglobin und entdeckt den Eisenmangel mithilfe dieses gering-sensitiven Labortestes eben nicht.

1.4.2   Hypothese 2: Lange Wartezeiten bei Fachärzten und Psychotherapeuten

Trotz vieler Versuche, die langen Wartezeiten auf Facharzttermine zu verkürzen, wird auch das neue Gesetz von Gesundheitsminister Spahn nicht die erwünschte Wirkung bringen, sagen Experten voraus. Zwar müssen die Terminservicestellen der Kassenärztlichen Vereinigung innerhalb von vier Wochen einen Termin bei einem Facharzt in zumutbarer Entfernung anbieten, aber der Patient hat keine Mitsprachemöglichkeit beim Termin und bei der Arztwahl.

Und auch für Menschen mit psychischen Störungen ist die Versorgungslage gerade im ländlichen Raum nicht ausreichend. Wartezeiten von acht bis zwölf Wochen auf einen Therapieplatz und der emotionale Aufwand, der mit der Suche verbunden ist, stellt für psychisch kranke Menschen eine Überforderung dar.

---

8   https://www.iqwig.de/de/presse/pressemitteilungen/pressemitteilungen/antidepressiva-nutzen-von-reboxetin-ist-nicht-belegt.2405.html
9   https://www.ncbi.nlm.nih.gov/pubmed/25672965

Die Hürden sind hier meines Erachtens so hoch, dass Menschen rechtzeitige ärztliche Untersuchungen nicht vornehmen lassen und damit Chronifizierungen und schwere Krankheitsverläufe begünstigen.

Pendler sind in besonderem Maße benachteiligt, sei es durch die tägliche Anfahrt zur Arbeit, die Arzt- und Therapietermine in den Randzeiten unmöglich macht, oder durch tagelange Abwesenheit bei beruflichen Nomaden. Hier fehlen unter anderem Ansätze für eine elektronische Gesundheitsakte, die auch alte Befunde enthält, und die Möglichkeit, außerhalb des Hausarztmodells Ärzte an anderen Orten aufsuchen zu dürfen.

Für Menschen im ländlichen Raum empfehlen sich Telemedizinangebote etwa im Rahmen einer betrieblichen Krankenzusatzversicherung, weil hier die Wege zum Arzt generell weiter sind.

1.4.3   Hypothese 3: Vorhandene Diagnosemöglichkeiten werden von gesetzlichen Krankenkassen nicht erstattet und von Ärzten nicht angewendet

Es gibt Massenphänomene, wie der gesamtgesellschaftliche Vitamin-D-Mangel, der weit verbreitete Eisenspeichermangel(Ferritin) bei Frauen im menstruationsfähigen Alter, Nachweise für die Störung der Darmbarrierefunktion (sog. Sickerdarm-Syndrom, engl. *Leaky gut syndrom*) oder die vollständige Untersuchung der gesamten Bandbreite von Schilddrüsenparametern (sieben statt der gängigen zwei Messwerte), um eine exakte Diagnostik möglicher Subformen der Schilddrüsenunterfunktion zu erkennen. Bei diesen Phänomenen ist eine Kostenübernahme durch die gesetzlichen Krankenkassen längst überfällig und es scheint lediglich an industrieller Interessenpolitik zu liegen, dass dies nicht umgesetzt wird.

Der Nachweis für die gesundheitsförderlichen Wirkungen von Vitamin D ist mittlerweile so überzeugend erbracht und auch die Ergebnisse zu Nachweisen von nichtanämischem (also noch ohne Blutbildungsstörung) Eisenmangel als Ursache für Menstruationsschmerzen, Kopfschmerzen, Erschöpfung und depressiven Symptomen sind so deutlich, dass allein aus volkswirtschaftlichen Gründen eine Aufnahme in die hausärztliche Grundversorgung sinnvoll ist.

Tatsächlich wird ein Vitamin-D-Labortest selbst beim Nachweis einer extremen Vitamin-D-Unterversorgung mit einem Osteoporoseprozess nicht von der Krankenkasse bezahlt, während die Therapie, also die Verordnung eines Vitamin-D-Präparates, auf Rezept dann funktioniert.

Beim Eisenwert wird zwar der nicht-sensitive Hämoglobin-Test bezahlt, nicht aber der genaue und frühzeitig reagierende Ferritin-Test.

Bei der Untersuchung von getreideassoziierten Darmstörungen untersuchen Mediziner auf Zöliakie, während ein Großteil der Betroffenen gar keine allergische Reaktion aufweist, sondern unter einer unspezifischen Gluten- oder Lektinunverträglichkeit leidet. Die vorhandenen Labortests sind jedoch nur als Privatmedizin erhältlich.

Bei den Schilddrüsenwerten werden TSH und T4 untersucht, nicht aber das rT3 und fT3, zwei Werte, um etwa die Konversionsstörung aufzudecken, eine Schilddrüsenunterfunktion, bei der TSH und T4 im Normbereich liegen.

In Anbetracht der Tatsache, dass ein Vitamin-D-Mangel hauptverantwortlich für die saisonalen Häufungen von Atemwegs- und grippalen Infekten ist, dass bei nichterkannten Eisenspeichermängeln und Schilddrüsenunterfunktionen meist Depressionen oder Burnout als Fehldiagnose gestellt und entsprechend behandelt werden, verbunden mit langen Fehlzeiten, ist es nicht nachvollziehbar, warum diese vergleichsweise preiswerte Diagnostik nicht stattfindet, die wirtschaftlichen Folgen für Unternehmen und Gesellschaft im Milliardenbereich liegen. So führt Prof. Dr. Nicolai Worm von der Deutschen Hochschule für Prävention und Gesundheitsmanagement Saarbrücken in seinem Buch (2009) aus:

»Eine internationale Expertengruppe aus den USA, Norwegen, Österreich und Deutschland hat hierzu im März 2009 eine Berechnung veröffentlicht. […] Sie hat für 17 europäische Länder umfassend berechnet, was an Mitteln eingespart werden könnte, wenn die Bevölkerung dieser Länder im Schnitt über das Jahr hinweg ihren Vitamin-D-Spiegel auf 40 ng/ml anheben würde.«

Nach Abzug der Kosten für Substitution und Testung, die sich auf etwa 10 Milliarden Euro beliefen, berechneten die Forscher eine Ersparnis von 187 Milliarden Euro pro Jahr durch konsequente Vitamin-D-Versorgung der Bevölkerung.

2 Handwerkszeug für Gesundheitsmanager

2.1 Zentrale Grundbegriffe

2.1.1 Pathogenese

Pathogenese meint die Entstehung und ursächliche Betrachtung von Krankheiten. Dieser wichtige Ansatz wird vor allem in der Arbeitsmedizin immer noch und zurecht herangezogen, um arbeitsbedingte Krankheitsursachen zu minimieren oder auszuschließen. Im Gesundheitsmanagement wird die Pathogenese zugunsten der Salutogenese verdrängt, was ich nicht für einen Vorteil halte.

2.1.2 Salutogenese

Der wichtige und richtige Ansatz der Salutogenese wurde von dem israelischen Wissenschaftler Aaron Antonovsky (1997) formuliert. Er fordert die Abkehr einer rein krankheitsorientierten Sichtweise auf Gesundheit. Der Satz »Nicht krank ist nicht gleich gesund« beschreibt den neuen Ansatz sehr treffend. Antonovsky ging davon aus, dass jeder Mensch generalisierte Ressourcen gegen alle Arten von Stressoren habe, die im Leben so auf einen einprasseln.

Zentral in Antonovskys Argumentation ist das Kohärenzgefühl. Es ist schwierig, diesen Begriff in wenigen Worten zu erklären. Kohärenz bedeutet so etwas wie Sinnhaftigkeit. Antonovsky sieht drei Aspekte der Kohärenz:
- Die Fähigkeit, Zusammenhänge im Leben zu erkennen und zu verstehen. Dinge, die passieren, sind ergründbar. Er nennt es das Gefühl der **Verstehbarkeit** und beschreibt damit einen Vorläufer dessen, was Klaus Grawe das Grundbedürfnis nach Kontrolle nennt. Der unbedingte Wille zur Durchdringung und Ergründung der Welt ist getragen von der Überzeugung, dass sie zu verstehen ist. Menschen, die darin stark sind, sind häufig sehr leistungsstark, jedoch auch eigensinnig, denn nicht nachvollziehbare Entscheidungen, fehlende Begründungen sind ihnen ein Graus.
- Die Überzeugung, sein Leben in die Hand nehmen und gestalten zu können. Antonovsky nennt es das Gefühl der Handhabbarkeit oder **Selbstwirksamkeitsüberzeugung**. Der Selbstwirksamkeitsüberzeugung kommt eine sehr große Bedeutung im Stresssystem des Menschen zu, denn sie moderiert, ob eine Anforderung als Heraus- oder Überforderung erlebt wird. Hier docken die im Krankheitstrichtermodell (vgl. Abb. 1) beschriebenen frühkindlichen Einflüsse an.
- Der Glaube an eine **Sinnhaftigkeit** im Leben. Hier kommen religiöse oder spirituelle Sichtweisen zum Tragen, die weniger eine chaotisch-zufällige Weltordnung als eine sinnhafte, wenn auch nicht immer einsichtige Ordnung erkennen können.

!

2.1.3 Präsentismus

Der Bereich **Vorstufen von Krankheiten** im Krankheitstrichtermodell (Abb. 1) erläutert den Begriff des **Präsentismus**. Präsentismus beschreibt das Phänomen, mit manifesten Erkrankungen oder Beschwerden zur Arbeit zu gehen. Während viele Führungskräfte und Geschäftsführer noch immer davon ausgehen, dass der Produktivitätszugewinn durch die Anwesenheit eines kranken Mitarbeiters höher sei als der Produktivitätsverlust durch einen abwesenden Mitarbeiter, zeigt die Forschung ein ganz anderes Bild. Sie benötigen für Ihre Argumentation gegenüber der Geschäftsleitung eine Sensibilisierung für das Phänomen Präsentismus:

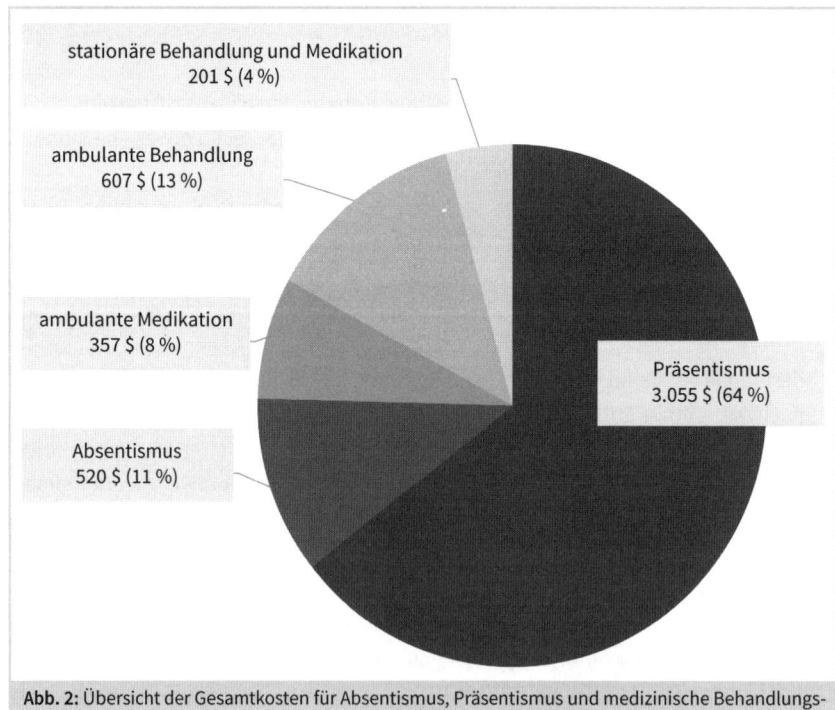

stationäre Behandlung und Medikation
201 $ (4 %)

ambulante Behandlung
607 $ (13 %)

ambulante Medikation
357 $ (8 %)

Absentismus
520 $ (11 %)

Präsentismus
3.055 $ (64 %)

Abb. 2: Übersicht der Gesamtkosten für Absentismus, Präsentismus und medizinische Behandlungskosten pro Person und Jahr in US-$. (Quelle: Nagata et al. 2018, S. e278)

Eine aktuelle japanische Studie (Nagata et al., 2018) untersuchte in vier Großunternehmen insgesamt 13.130 Mitarbeiterinnen und Mitarbeiter hinsichtlich der vollständigen Kosten durch Fehlzeiten (Absentismus), Präsentismus und erfassten auch die Behandlungskosten für ambulante und stationäre Versorgung. Das Ergebnis bestätigt frühere Studien, die im deutschsprachigen Raum und in den USA durchgeführt wurden: Die in Kosten umgerechneten **Produktivitätsverluste** liegen für absente Mitarbeiter bei 520 US-$ pro Jahr. Beim Präsentismus sind es 3.055 US-$ pro Jahr. Im Vergleich zu dieser Summe fallen die ambulanten und stationären Behandlungskosten kaum ins Gewicht, nur trägt die Präsentismuskosten der Arbeitgeber allein.

Die Produktivitätsverluste durch Präsentismus sind durch psychische Störungen und durch Muskel-Skelett-Erkrankungen besonders hoch. Hier entfallen etwa 950 US-$ pro Jahr und Vollzeitstelle allein auf Präsentismus und 850 US-$ auf die muskel-skeletalen Probleme. Damit übersteigen die Kosten für Präsentismus den **Absentismus** um knapp das Sechsfache. Absentismus meint die krankheitsbedingten Fehlzeiten.

Wie gefährlich Präsentismus Unternehmen werden kann, zeigt eine Grafik des BKK-Gesundheitsreports 2010. Dort wurden IT-Beschäftigte gefragt, welche Arten von Beschwerden bei ihnen innerhalb eines 12-Monatszeitraums aufgetreten waren und ob dabei Fehlzeiten auftraten.

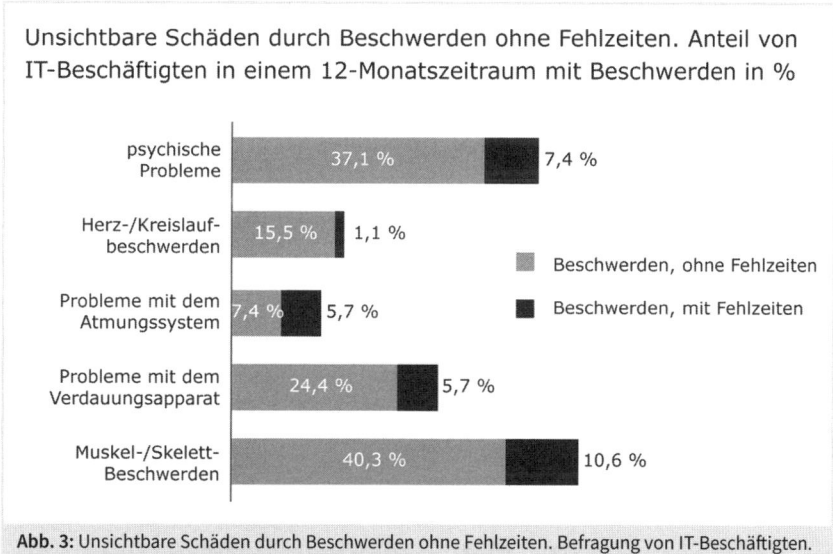

Abb. 3: Unsichtbare Schäden durch Beschwerden ohne Fehlzeiten. Befragung von IT-Beschäftigten. (Quelle: BKK-Gesundheitsreport 2010, S. 73 ff.)

Die »unsichtbaren« Beschwerden, nämlich diejenigen ohne Fehlzeiten, überwiegen deutlich. Während insbesondere die Führungskräfte unsensibel oder ignorant gegenüber Frühanzeichen sind (obwohl keine medizinischen Diagnostikkompetenzen verlangt werden), bleiben Produktivitätsverluste lange Zeit verborgen und werden erst durch chronische oder langfristige Krankheitsverläufe sichtbar.

! **Lesetipp**

→ Einen »**Review zum Forschungsstand Präsentismus**« liefert eine Publikation der Bundesanstalt für Arbeitsschutz und Arbeitsmedizin. Sie finden die Datei in den Arbeitshilfen online zum Buch.

2.1.4 Absentismus

Absentismus bedeutet die **krankheitsbedingte Abwesenheit von der Arbeit**. Die Reduktion von AU-Tagen ist traditionell ein erklärtes Ziel des Gesundheitsmanagements. Kapitel 2.2 widmet sich ausführlicher der Ursachenanalyse von Absentismus, indem wir uns die Gesundheitsberichte der großen Krankenkassen vornehmen.

2.1.5 Gesundheitsförderung

Betriebliche Gesundheitsförderung (BGF) fokussiert die **Verhaltensprävention**. Diese verfolgt das Ziel, gesundheitsriskante Verhaltensweisen zu vermeiden bzw. zu minimieren und gesundheitsgerechte Verhaltensweisen bei Menschen zu fördern. Es hat sich gezeigt, dass dies nicht ausreicht und von den Mitarbeitern, gerade in Unternehmen mit Kulturproblemen, als zynisch empfunden werden kann. Gelegentlich kommt es sogar vor, dass einige Mitarbeiter sich den Gesundheitsförderangeboten gegenüber verweigern, weil sie die Verbesserung der Verhältnisse, also des Umgangs miteinander usw., fordern.

! **Lesetipp**

→ »**Iga.Report 28 – Wirksamkeit und Nutzen betrieblicher Prävention**«
Der Report zeigt eine Sammlung von wissenschaftlichen Wirksamkeitsnachweisen für 2006 bis 2012. Insgesamt ist die Wirksamkeit eher moderat und es wird ein gemischtes Fazit gezogen. Dennoch ist diese Veröffentlichung eine der raren Quellen für Fragen nach einem Return-on-Investment der Geschäftsleitung.

2.1.6 Gesundheitsmanagement

Betriebliches Gesundheitsmanagement (BGM) wird weiter gefasst und fokussiert auch die **Verhältnisprävention**. Badura (2010) definiert BGM als »[…] die Entwicklung betrieblicher Rahmenbedingungen, betrieblicher Strukturen und Prozesse, die die gesundheitsförderliche Gestaltung von Arbeit und Organisation und die Befähigung zum gesundheitsförderlichen Verhalten der Mitarbeiter/innen zum Ziel hat.«

Dies kann durch die Verknüpfung folgender Ansätze geschehen:

- Verbesserung der Arbeitsorganisation und der Arbeitsbedingungen
- Förderung einer aktiven Mitarbeiterbeteiligung
- Stärkung persönlicher Kompetenzen
- Verbesserung der Führungs-, Team- und gelebten Unternehmenskultur

Das betriebliche Gesundheitsmanagement kombiniert Verhaltens- und Verhältnisprävention. Verhältnisprävention verfolgt das Ziel, die Arbeitsumwelt vorbeugend gesundheitsgerecht zu gestalten bzw. gesundheitsförderliche Arbeitsstrukturen zu schaffen.

Lesetipp   !

→ »Sozialkapital: Grundlagen von Gesundheit und Unternehmenserfolg« (Springer Verlag, 2008) von Bernhard Badura, Wolfgang Greiner u. a.
Das Buch ist ein Klassiker der BGM-Literatur. Obwohl schon von 2008, so liefert es doch einen wichtigen Aspekt gelingender Verhältnisprävention: die Entwicklung des Sozialkapitals eines Unternehmens. Während die Investition in das Humankapital bewährte Praxis ist – hier ist die Kompetenzentwicklung und Förderung einzelner Mitarbeiter gemeint –, fokussieren wir noch zu wenig auf die Förderung des Miteinanders. Das »Dazwischen«, also der soziale Raum, macht ein Unternehmen erst erfolgreich und krisensicher. In dem Gedanken, das *Wir* über das *Ich* zu stellen, kommt Antonovsky wieder zum Vorschein.

2.2   Studium und Analyse der Gesundheitsberichte

Jährlich erscheinen Analyseberichte aller großen Krankenkassen. Sie sind eine Pflichtlektüre für Gesundheitsmanager, um zu neuen Themen und der gesellschaftlichen Krankenstandsentwicklung auf dem Laufenden zu bleiben. Die Berichte sind zudem eine wertvolle Informationsquelle für die Überzeugungsarbeit im eigenen Unternehmen und liefern erste Anhaltspunkte für eine sinnvolle Schwerpunktsetzung des eigenen Gesundheitsmanagements, solange Sie noch keine eigenen Daten haben.

Dachverband der Betriebs- krankenkassen	Der Gesundheitsreport enthält alle Daten sämtlicher Betriebs- krankenkassen. Er liefert jährliche Standardauswertungen und wechselnde Schwerpunktthemen. Der Schwerpunkt liegt hier deutlich auf den gut aufbereiteten Krankenkassendaten.

Fehlzeiten-Report der AOK	Gute Tradition hat der Fehlzeiten-Report der AOK. Hier legt die Krankenkasse jährlich ein Schwerpunktthema auf und publiziert Fachartikel sowie aktuelle Beiträge zu diesem Thema. Aus diesem Grund lohnen sich auch frühere Ausgaben. Im zweiten Buchteil werden die Krankenkassendaten aufbereitet.
Gesundheitsreport der Barmer	Weniger umfangreich als die beiden großen Reports ist der Barmer-Gesundheitsreport. Zudem enthalten die Berichte der Barmer keine Schwerpunktthemen.

Tab. 1: Übersicht der wichtigsten Gesundheitsberichte der Krankenkassen

Im Folgenden werden einzelne Aspekte aus den Berichten herausgegriffen und analysiert. Dabei werden sechs Hypothesen aufgestellt, die ein wirksames betriebliches Gesundheitsmanagement auszeichnet:

!

Hypothese 1

Es sind drei große Themen, die ein Gesundheitsmanagement angehen sollte: die Reduktion von Muskel-Skelett-Erkrankungen, eine Verringerung von Fehltagen wegen psychischer Störungen sowie die Minimierung von Schäden durch Atemwegsinfekte.

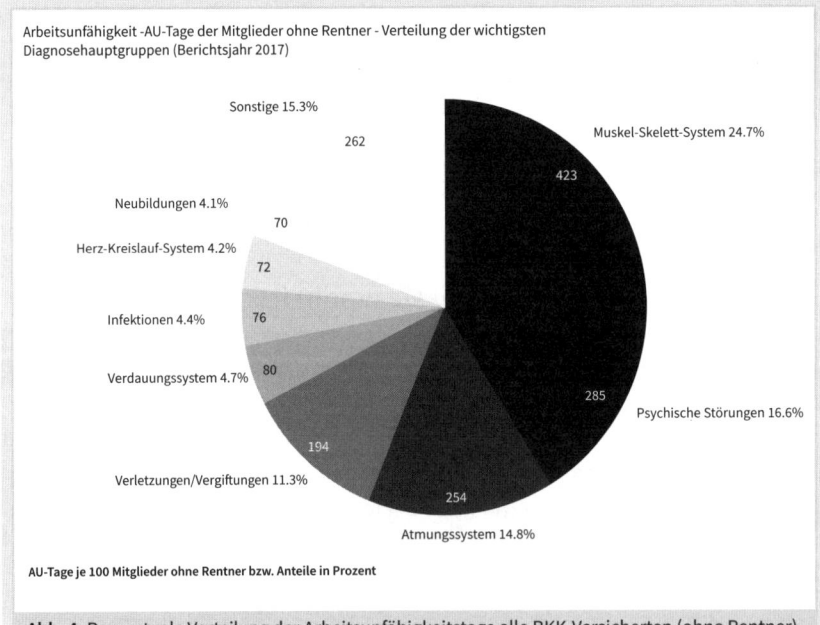

Arbeitsunfähigkeit -AU-Tage der Mitglieder ohne Rentner - Verteilung der wichtigsten Diagnosehauptgruppen (Berichtsjahr 2017)

Sonstige 15.3% — 262
Muskel-Skelett-System 24.7% — 423
Neubildungen 4.1% — 70
Herz-Kreislauf-System 4.2% — 72
Infektionen 4.4% — 76
Verdauungssystem 4.7% — 80
Psychische Störungen 16.6% — 285
Verletzungen/Vergiftungen 11.3% — 194
Atmungssystem 14.8% — 254

AU-Tage je 100 Mitglieder ohne Rentner bzw. Anteile in Prozent

Abb. 4: Prozentuale Verteilung der Arbeitsunfähigkeitstage alle BKK-Versicherten (ohne Rentner) aus dem Jahr 2017 (Quelle: Knieps et al. 2018, S. 44)

Wir werden uns mit diesen drei Themen noch näher befassen. Insbesondere für die psychischen Störungen und die Atemwegsinfektionen stellen wir in diesem Buch neue Lösungen auf Basis der Stressmedizin und Erkenntnissen aus der wissenschaftlich-fundierten Naturheilkunde vor. In diesen Bereichen können konkrete Erfolge erzielt werden, wenn Sie sich für Vorgehensweisen abseits des Mainstreams öffnen können.

Hypothese 2

Die stetige Zunahme der Fehltage seit 2007 geht hauptsächlich auf zwei Diagnosegruppen zurück: die Muskel-Skelett-Erkrankungen (MSE) und die psychischen Störungen. Die Atemwegsinfekte schlagen etwa alle zwei bis drei Jahre durch, wenn erneut eine heftige Infektionswelle auftritt.

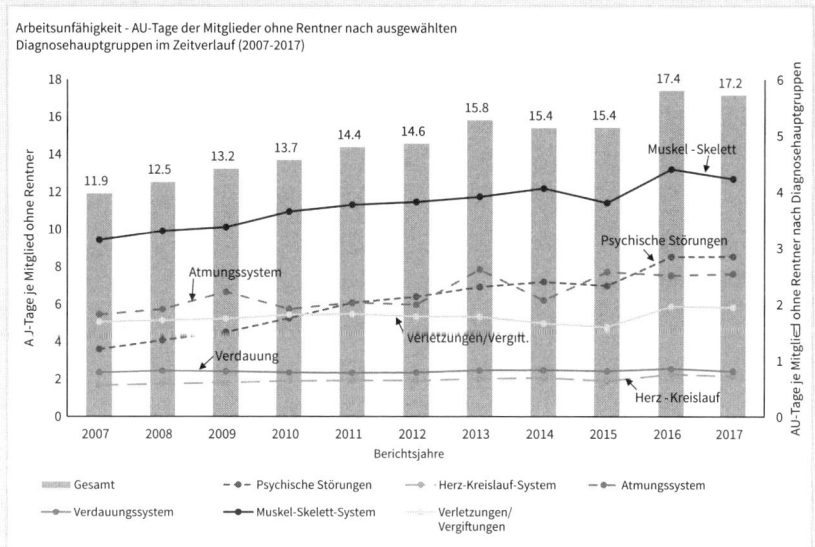

Abb. 5: Arbeitsunfähigkeit – AU-Tage der Mitglieder ohne Rentner nach ausgewählten Diagnosehauptgruppen im Zeitverlauf (2007-2017) (Quelle: Knieps et al. 2018, S. 45)

In der Abbildung fallen die beiden großen Diagnosegruppen Muskel-Skelett-Erkrankungen (MSE) und psychische Störungen besonders auf. Der Anstieg der Muskel-Skelett-Erkrankungen geht vermutlich vornehmlich auf den Anstieg des Durchschnittsalters der arbeitenden Bevölkerung zurück. Ein aktueller Forschungsbericht der Bundesanstalt für Arbeitsschutz und Arbeitsmedizin (Liebers et al., F2255, 2016) macht die sozioökonomische Bedeutung von MSE deutlich. Nach einer Auswertung von Daten aller großen Krankenkassen gehen 22,1 % aller Fehltage auf MSE zurück. Ursächlich sind vor allem die manuelle Lastenhandhabung (Heben, Tragen, Schieben, Ziehen), das Arbeiten in erzwungenen Körperhaltungen (Knien, Beugen, Über-Kopf) und das Arbeiten mit erhöhten Kraftanstrengungen (Hämmern). Allerdings ist auch die muskuläre Unterforderung wegen sitzender Tätigkeiten ein großes Problem.

Historische Fehlzeiten-Entwicklung

Die positiven Auswirkungen guter Arbeitsmedizin und einer funktionierenden Arbeitssicherheit sieht man auch im historischen Vergleich.[10] Im Jahr 1970 lag die AU-Quote
bei 5,70 % und sank zwischenzeitlich auf 3,22 % in 2007. Seitdem steigt sie wieder an
und lag 2016 bei 4,25 %. Der Anstieg lässt sich zurückführen auf den Anstieg der psychischen Störungen, das steigende Durchschnittsalter der Arbeitnehmer sowie eine
sinkende Arbeitslosigkeit. Denn bei höherer Arbeitslosigkeit kommt es zu niedrigeren
Fehlzeiten als in Zeiten des Fachkräftemangels.

> **!** **Hypothese 3**
>
> Ein Großteil der AU-Tage entsteht durch Langzeiterkrankungen. Die beiden Diagnosegrup-
> pen Muskel-Skelett-Erkrankungen und psychische Störungen produzieren die meisten
> Fehltage in der Kategorie »> sechs Wochen Krankschreibungsdauer«. Maßnahmen zur
> Verhinderung von Langzeiterkrankungen können hochwirksam sein. Sie richten sich nur an
> wenige Einzelpersonen.

Eine Gegenüberstellung von Falldauer und Fehltage zeigt auf, dass 2018 ein nur geringer
Prozentsatz von 4,6 % aller Krankschreibungen eine wirklich lange Fehldauer aufwies.
Die dadurch verursachte Menge an Fehltagen ist jedoch enorm. So zeigt sich im Barmer
Gesundheitsreport 2018, dass über 50 % aller Fehltage aus Krankschreibungen über sechs
Wochen Dauer stamme. In Abbildung 6 sind es immerhin 45,2 % bei den BKK-Versicherten.

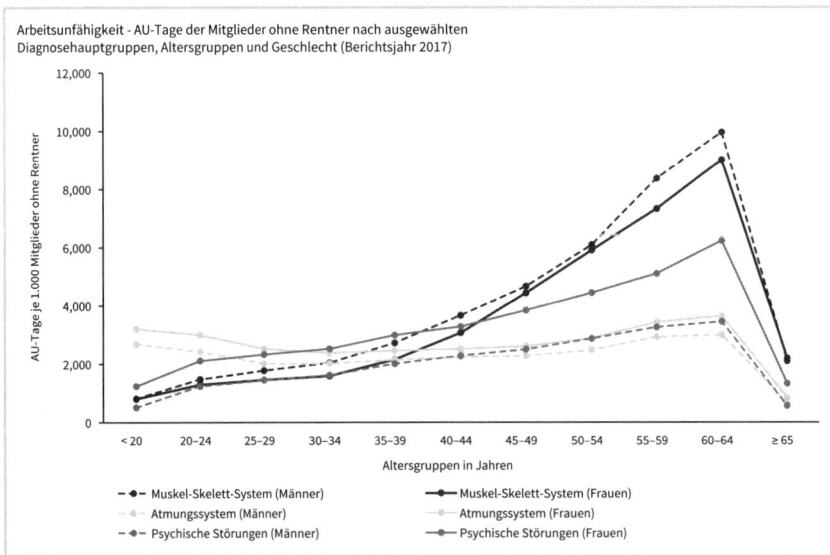

Abb. 6: Prozentuale Verteilung von AU-Fällen und AU-Tagen. Lange Erkrankungsdauern machen den
größten Anteil am AU-Geschehen aus. (Quelle: Knieps et al. 2018, S. 41)

---

10   http://www.sozialpolitik-aktuell.de/tl_files/sozialpolitik-aktuell/_Politikfelder/Arbeitsbedingungen/Daten-
     sammlung/PDF-Dateien/abbV1.pdf (Zugriff: 09.01.2019).

Innerhalb eines AU-Falles (hierzu zählen auch unterbrochene Krankschreibungen, sofern sie vom Arzt als zusammenhängend gekennzeichnet werden) kommt es nach sechs Wochen zur Lohnfortzahlung durch die Krankenkassen. Die prozentuale Verteilung dieser Krankengeldtage in Abbildung 7 zeigt, dass Muskel-Skelett-Erkrankungen und psychische Störungen hier noch mehr dominieren. Auch die Herz-Kreislauf-Erkrankungen und die Neubildungen (Tumore, Krebs) sind hier sichtbarer. Ihnen kommt am gesamten AU-Tage-Aufkommen sonst kaum Bedeutung zu.

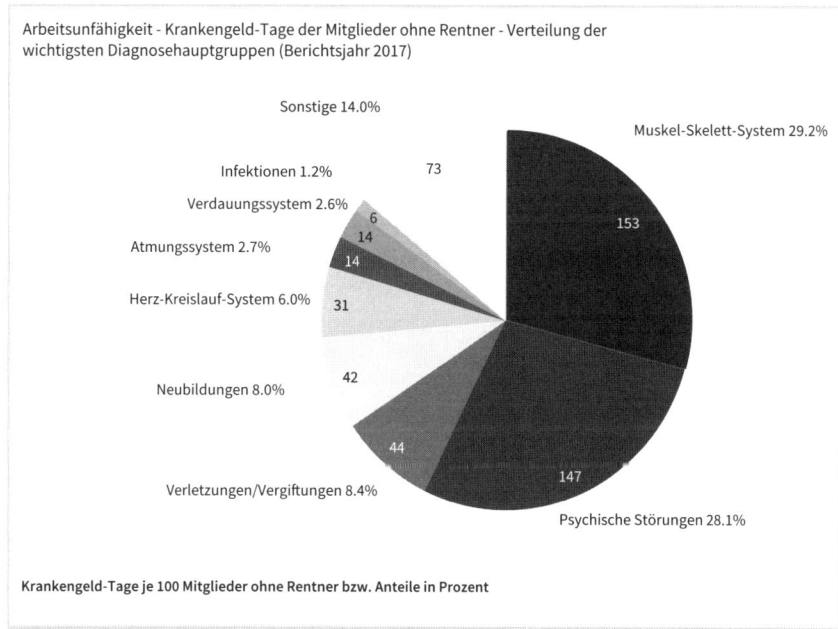

Arbeitsunfähigkeit - Krankengeld-Tage der Mitglieder ohne Rentner - Verteilung der wichtigsten Diagnosehauptgruppen (Berichtsjahr 2017)

Sonstige 14.0%

Infektionen 1.2%

Verdauungssystem 2.6%

Atmungssystem 2.7%

Herz-Kreislauf-System 6.0%

Neubildungen 8.0%

Verletzungen/Vergiftungen 8.4%

Psychische Störungen 28.1%

Muskel-Skelett-System 29.2%

73

153

6

14

14

31

42

44

147

Krankengeld-Tage je 100 Mitglieder ohne Rentner bzw. Anteile in Prozent

Abb. 7: Prozentuale Verteilung von Krankengeldtagen. Beachten Sie die Unterscheidung von den allgemeinen AU-Tagen. Als Krankengeldtage werden diejenigen Fehltage bezeichnet, die entstehen, wenn Mitarbeiter länger als sechs Wochen am Stück krankgeschrieben sind und die Krankenkassen die Lohnfortzahlung übernehmen. Anhand dieser Zahl kann man die Diagnosegruppen erkennen, die die längsten Krankschreibungsdauern verursachen. (Quelle: Knieps et al. 2018, S. 47)

In Abbildung 5 zeigt der BKK-Gesundheitsreport die durchschnittliche Falldauer pro Krankheitsfall auf. Bei den psychischen Störungen kann davon ausgegangen werden, dass hier die schlechte Versorgung im Gesundheitssystem, eine mangelhafte Diagnostik über Ursachen von psychischen Symptomen und falsche Therapieansätze verantwortlich sind. Das wird ausführlich in Kapitel 3 erläutert.

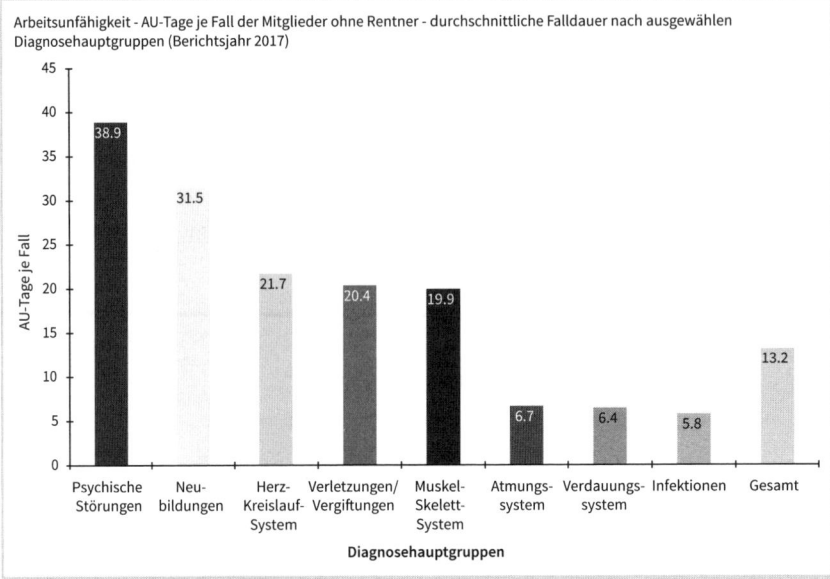

Arbeitsunfähigkeit - AU-Tage je Fall der Mitglieder ohne Rentner - durchschnittliche Falldauer nach ausgewählen Diagnosehauptgruppen (Berichtsjahr 2017)

Abb. 8: Die durchschnittliche Falldauer zeigt auf, wie lange die Ausheilung eines Krankheitsfalls dauert. (Quelle: Knieps et al. 2018, S. 46)

! **Hypothese 4**

Unternehmen mit einem hohen Altersdurchschnitt, der durch lange Betriebszugehörigkeiten kontinuierlich steigt, müssen mit ebenso stetig steigenden Fehltagen im Bereich MSE und Psyche rechnen. Andere Diagnosehauptgruppen sind nicht alterskorreliert. Unternehmen mit einem hohen Frauenanteil werden mehr Fehltage durch psychische Störungen verzeichnen.

Es besteht ein enger Zusammenhang zwischen Fehltagen und dem Durchschnittsalter der Belegschaft. Deshalb gehört eine regelmäßig aktualisierte Altersstrukturanalyse, die abteilungsbezogene Durchschnittsalter ausweist, zum Repertoire des Gesundheitsmanagers.

! **Hypothese 5**

Das Fehltageaufkommen ist eng mit dem Bildungsstatus gekoppelt. Mitarbeiterinnen und Mitarbeiter mit einem niedrigeren Bildungsstatus weisen deutlich mehr Fehltage auf.

Den Zusammenhang zwischen Bildungsstatus und Fehltagen sollten Sie sensibel behandeln, da dieser Aspekt etwa von Führungskräften ohne akademischen Abschluss als abwertend verstanden werden kann. Doch der Einfluss von Bildungsstatus und insbesondere des höchsten Berufsabschlusses auf den sozialen Status, auf das verfügbare Gehalt und damit auf den Zugang zu Ressourcen, wie hochwertiger Nahrung oder Unterstützung im Haushalt, sind relevant. Mitarbeiter mit einem niedrigeren sozialen Status weisen ein geringeres gesundheitsbewusstes Verhalten auf, etwa bei der Ernährung, bei Tabak- und Alkoholkonsum. Zudem weisen die Arbeitsplätze von Mitarbeitern mit einem niedrigeren Berufsabschluss geringere Gestaltungsmöglichkeiten und Freiräume auf und bieten somit wenig Anreiz für eine intrinsische – aus der Arbeitstätigkeit heraus entstehende – Motivation und Freude. Die Tätigkeiten sind häufig körperlich anstrengender und es kommt zu mehr Verschleiß.

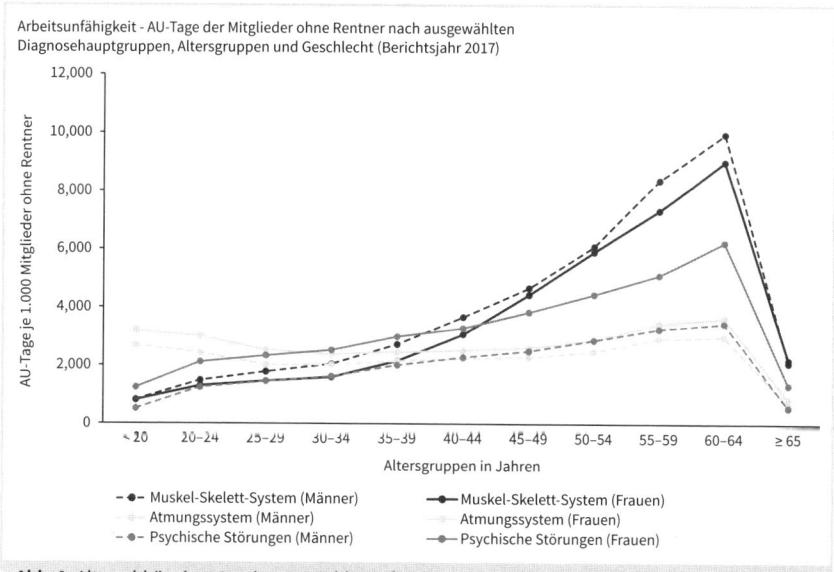

Abb. 9: Altersabhängiger Anstieg von Fehltage für die drei großen Diagnosegruppen. (Quelle: Knieps et al. 2018, S. 52)

Frauen weisen unabhängig vom Bildungsstatus höhere AU-Tage und AU-Fälle auf. Da sie nicht generell krankheitsanfälliger sind, ist dies anders zu erklären. Frauen sind generell körpersensibler, suchen schneller einen Arzt auf. Und – das dürfen wir nicht vergessen – Frauen sind (immer noch) einer größeren Doppel- oder Dreifachbelastung durch Kinderversorgung und Haushaltsarbeit ausgesetzt. Gerade in den unteren sozialen Schichten ist die traditionelle Rollenverteilung meist weiterhin gegeben und Frauen sind durch die Folgen von Scheidungen oder die Alleinversorgung von Kindern sowie geringeren Rentenansprüchen im Alter stärker betroffen. Es gibt drittens eine Reihe von frauenspezifischen Krankheiten, etwa der häufig übersehene menstruationsbedingte Eisenmangel, der durch die Einnahme der Antibabypille noch stark gefördert wird, oder eine starke Häufung von Schilddrüsenunterfunktionen bei Frauen. Auch Erkrankungen in Folge von Hormonumstellungen in der Menopause treten auf.

Die Problematik von hohen Krankenständen bei gering qualifizierten Menschen wird im Zuge der Entwicklung hin zu hochautomatisierten, roboterisierten und digitalisierten Arbeitsplätzen noch zunehmen.

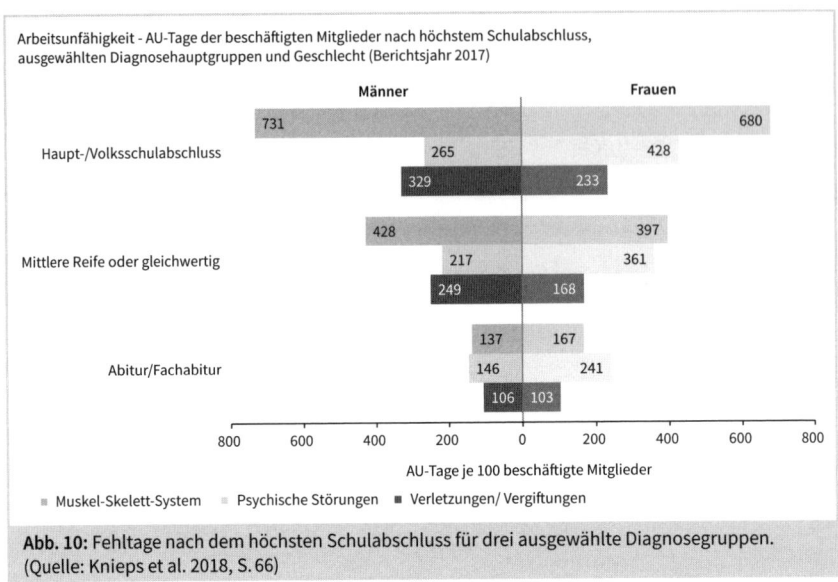

Abb. 10: Fehltage nach dem höchsten Schulabschluss für drei ausgewählte Diagnosegruppen. (Quelle: Knieps et al. 2018, S. 66)

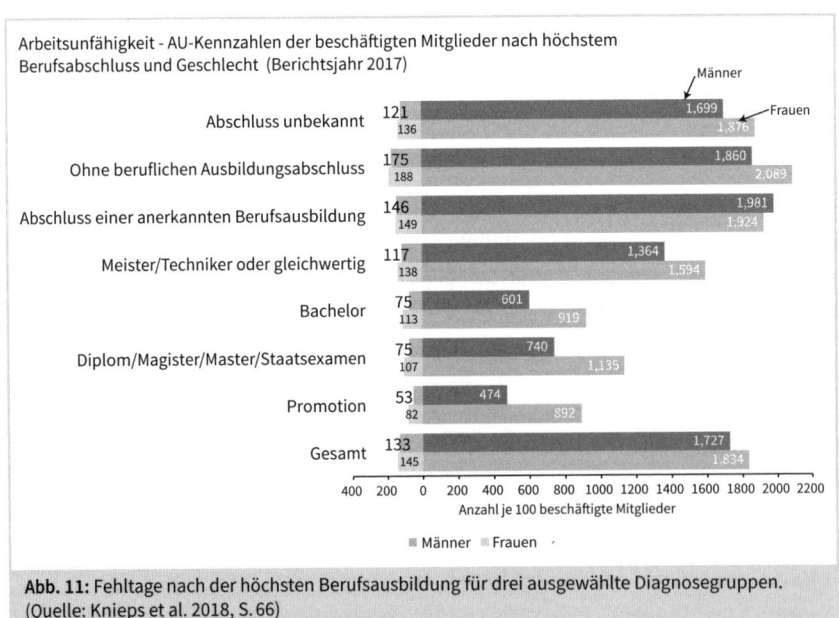

Abb. 11: Fehltage nach der höchsten Berufsausbildung für drei ausgewählte Diagnosegruppen. (Quelle: Knieps et al. 2018, S. 66)

Hypothese 6 !

Wechsel- und Nebenwirkungen von Medikamenten sind mitverantwortlich für den steigenden Krankenstand. Medikamente sollten auch als Ursachen von Krankheiten betrachtet werden, nicht nur als Heilmittel.

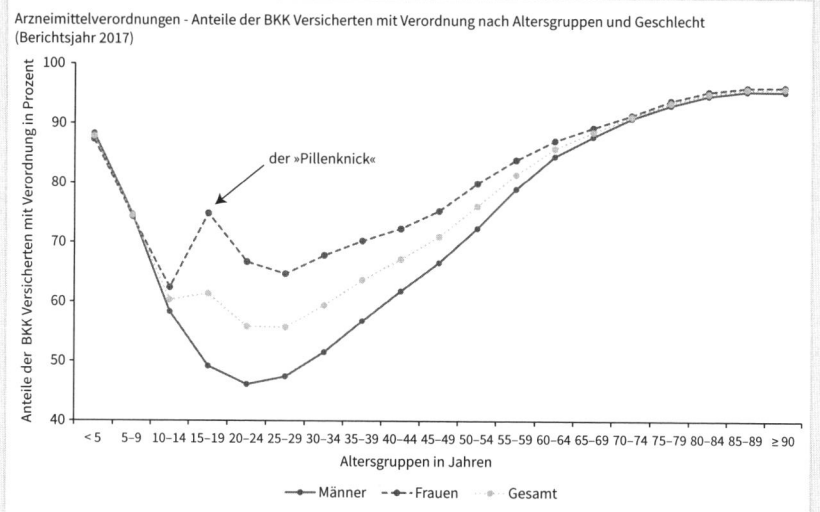

Arzneimittelverordnungen - Anteile der BKK Versicherten mit Verordnung nach Altersgruppen und Geschlecht (Berichtsjahr 2017)

Abb. 12: Die Anzahl der Arzneimittelverordnungen zeigt ab etwa 60 Jahren eine fast vollständige Medikamentlerung der älteren Bevölkerung. Die Spreizung ab 14 Jahren ist großteils auf die Verordnung der Antibabypille zurückzuführen. (Quelle: Knieps et al. 2018, S. 315)

Der Gesundheitsreport der BKK zeigt in dieser Grafik (Abb. 12), wie viel Prozent aller BKK-Versicherten mindestens eine Verordnung erhalten haben. Die hohe Prozentzahl bei den Kindern geht insbesondere auf Impfungen und die häufigeren Arztbesuche mit kleinen Kindern zurück. Das Auseinanderdriften ab dem 15. Lebensjahr zeigt den Pillenknick und macht deutlich, wie viele Frauen die Antibabypille einnehmen. In Kapitel 4 erfahren Sie mehr zum Thema Gesundheitsgefahren durch Medikamentenmissbrauch.

Exkurs: Gesundheitskompetenz !

Eine geringe Gesundheitskompetenz, also wenig Wissen über Krankheiten, über das Gesundheitssystem und die eigenen Patientenrechte, die Gefahren von Medikamentenmissbrauch sowie der richtige Umgang mit Medikamenten sind eine wichtige Ursache von Fehlzeiten. Sie betreffen insbesondere ältere Arbeitnehmer und solche mit einem niedrigen Bildungsstatus. Das Konzept der **Gesundheitskompetenz** soll schon an dieser Stelle eingeführt werden, weil es eine weitere sehr wichtige Erklärung für die hohen Fehlzeiten bei Mitarbeitern insbesondere mit niedrigerem Bildungsstatus bereithält. Die Entwicklung und Förderung von Gesundheitswissen und Gesundheitskompetenz ist meines Erachtens im Gesundheitsmanagement deutlich wichtiger als die rein auf Sport und Bewegung ausgerichteten primärpräventiven Ansätze der Gesundheitsförderung.

Gesundheitskompetenz ist die Fähigkeit, sich um seine eigene Gesundheit gut zu kümmern, Maßnahmen für die eigene Gesunderhaltung zu treffen, etwa durch die Auswahl von Nahrungsmitteln oder den Verzicht auf Alkohol oder Rauchen, aber auch durch den kritischen Umgang mit Angeboten aus dem Gesundheitssystem. Sie umfasst die kritische Auswahl von Gesundheitsinformationen und die Fähigkeit, diese zu lesen und zu verstehen. Sie umfasst die Fähigkeit, passende Ärzte und Therapeuten auszuwählen und zu erkennen, wann ein Wechsel sinnvoll ist. Sie umfasst die Kompetenz, Leistungen von Versicherungen einzuschätzen und diese sinnvoll einzusetzen. Aufgrund der vielfältigen auch wirtschaftlichen Interessen und den teils großen Problemen im Gesundheitssystem sowie einem heftigen Schulenstreit ist der kritische Umgang mit ärztlichen Empfehlungen, Verordnungen und Medikationen sowie dem vielfältigen Informationsangebot an Büchern und Portalen dringend angeraten.

Es gab vor ein paar Jahren eine große europäische Studie zur sogenannten *Health Literacy*. Das ist der wissenschaftliche Begriff für Gesundheitskompetenz. Der Versuch einer Definition von *Health Literacy* ist meiner Ansicht nach bei Sørensen et al. (2012) gut gelungen: »*Health Literacy (Gesundheitskompetenz) erfordert Wissen, Motivation und die Kompetenz von Menschen, Gesundheitsinformationen zu suchen, zu verstehen und hinsichtlich ihrer Qualität einzuschätzen mit dem Ziel, Schlussfolgerungen zu ziehen und Entscheidungen zu treffen für die eigene Gesundheitserhaltung, Krankheitsvorbeugung und Therapie von bestehenden Erkrankungen zur Wiederherstellung und dem Erhalt von Lebensqualität.*« (Übersetzung vom Autor nach Sørensen et al. 2012, S. 3)

Schaeffer et al. (2016) untersuchten in Deutschland die Gesundheitskompetenz in Abhängigkeit verschiedener Merkmale, etwa dem Bildungsniveau, dem Geschlecht oder einem vorliegenden Migrationshintergrund.

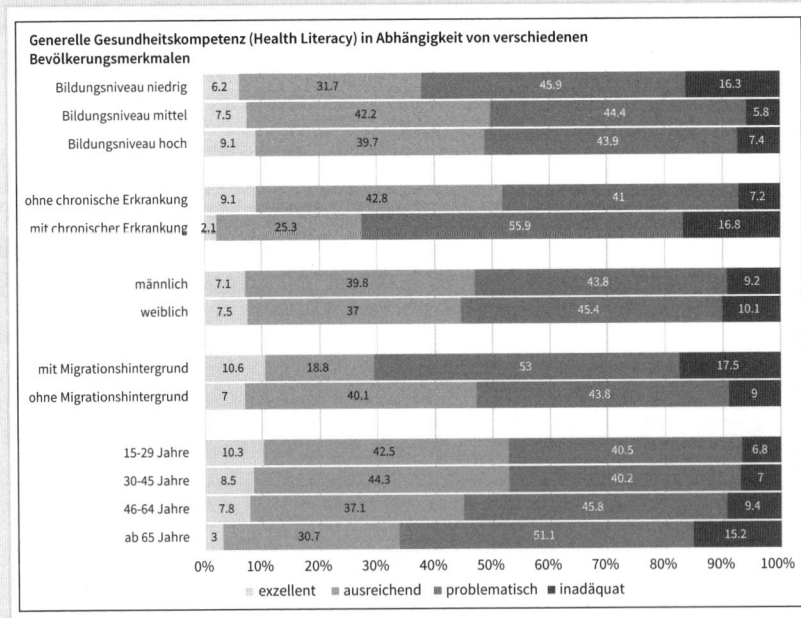

Abb. 13: Die allgemeine Gesundheitskompetenz (»general health literacy«) in Deutschland unterscheidet sich stark in Abhängigkeit verschiedener Bevölkerungsmerkmale. (Quelle: Schaeffer et al. 2016, S. 8)

Die Untersuchung bestätigt, dass die Gesundheitskompetenz vom Bildungsniveau abhängt. Ein stärkerer Faktor ist meines Erachtens aber das Alter und dieser Aspekt ist für eine Planung und Ausrichtung des hier vorgestellten BGM-Ansatzes relevant, denn ältere Menschen scheinen deutlich weniger gesundheitskompetent zu sein als jüngere. Auch der Migrationshintergrund hat einen Einfluss. Es gibt einen kleineren, gut informierten Teil von Menschen mit Migrationshintergrund. Immerhin mit 10,6 % die größte Gruppe mit einer exzellenten Gesundheitskompetenz, doch gleichzeitig tritt hier auch die größte Gruppe mit 17,5 % mit einer inadäquaten Gesundheitskompetenz auf. Wir dürfen hier das Bildungsniveau und andere Faktoren nicht außer Acht lassen. So sind Sprachschwierigkeiten eine große Hürde. Beachten Sie noch, dass es kaum Geschlechtsunterschiede gibt und das gängige Vorurteil, Frauen seien gesundheitskompetenter, hier nicht bestätigt wird.

Die Suche nach dem Zusammenhang zwischen geringer Gesundheitskompetenz und dem Vorliegen einer chronischen Erkrankung führt zu der Frage: Hat die geringe Gesundheitskompetenz durch einen unangemessenen Lebensstil, schlechte Ernährung und andere gesundheitliche Fehlentscheidungen zum Entstehen der chronischen Erkrankung geführt? Anders kann dieses Ergebnis gar nicht verstanden werden, denn eigentlich führt eine chronische Erkrankung dazu, dass man sich mehr mit seiner Gesundheit beschäftigt, liest und nach anderen Informationen sucht.

Führen wir alle Erkenntnisse aus den Gesundheitsreports und den Untersuchungen zur Gesundheitskompetenz zusammen und legen wir ein Profil unserer Mitarbeiterschaft daneben, können wir eine recht adäquate Einschätzung der zu erwartenden Krankheitsschwerpunkte, der Schwierigkeiten im betrieblichen Gesundheitsmanagement machen:

Charakteristik von Mitarbeitern mit erwartbar *hohem* Krankenstand und einer *geringen* Gesundheitskompetenz	Charakteristik von Mitarbeitern mit erwartbar *niedrigem* Krankenstand und einer *hohen* Gesundheitskompetenz
• weiblich • älter • niedriges Bildungsniveau • ggf. in Kombination mit Migrationshintergrund und einem niedrigen Bildungsniveau oder Sprachschwierigkeiten	• männlich • jünger • höheres Bildungsniveau • ohne Migrationshintergrund bzw. mit Migrationshintergrund und einem hohen Bildungsniveau

Tab. 2: Charakterisierung von Mitarbeitern mit einer hohen und geringen Fehltagequote

Diese Tabelle darf keinesfalls als Aufforderung zur Diskriminierung verstanden werden. Dass Arbeitgeber tendenziell Männer bevorzugen oder dass sie Menschen ohne Migrationshintergrund bevorzugen, ist Realität und dürfte auch der Tatsache geschuldet sein, dass Arbeitgeber den Zusammenhang zur AU-Quote selbst gezogen haben.

Meine **Schlussfolgerung** ist eine völlig andere. Arbeitgeber müssen die negativen Folgen verschiedener gesellschaftlicher Entwicklungen auffangen, die sie nicht zu verantworten haben:

- Es findet in der Ausbildung von Kindern und Jugendlichen **keine Gesundheitsbildung** statt. Die Themen Ernährung, gesundes Leben sowie Auswahl, Lesen und Verstehen von Gesundheitsinformationen sind in Schulen zu wenig präsent.
- Die **Gesundheitsinformation ist flächendeckend durchsetzt mit lobbyistischen und werblichen Informationen**, die für Laien nur schwer hinsichtlich ihres Wahrheitsgehaltes auseinanderzuhalten sind. Zudem wird auch die scheinbar wissenschaftliche Information lobbyistisch verzerrt und der Schulenstreit etwa zwischen der etablierten Medizin und der Naturheilkunde wird mit unsachlichen, teils falschen Argumenten und sehr erbittert geführt. Allein der Versuch, Orientierung in den unterschiedlichen Ernährungslehren zu finden, ist für Laien zum Scheitern verurteilt.
- Die **Integration von Menschen mit Migrationshintergrund gelingt gesamtgesellschaftlich nur schlecht** und Gesundheitskompetenz wird nicht gezielt vermittelt. Es ist zu erwarten, dass aufgrund ausländerfeindlicher Erlebnisse von Menschen mit Migrationshintergrund das Commitment zur Gesellschaft und damit auch zum Arbeitgeber nicht immer stark ausgeprägt ist und es deshalb – ich betone – *auch vereinzelt* zu höheren motivationsbedingten Fehlzeiten kommt.
- **Frauen haben frauenspezifische Gesundheitsthemen**, wie die Menstruation, im hohen Maße der dauerhafte Konsum der Antibabypille mit ihrer Schädigungswirkung, stärkere hormonelle Schwankungen und deren Auswirkungen etwa in und nach der Menopause sowie eine deutliche Doppelt- und Dreifachbelastung im Privatleben mit Karrierebrüchen durch Kinder und einer systematischen Diskriminierung etwa bei Beförderung und Entlohnung.

!

Praxistipp

Nutzen Sie die Gesundheitsreports der Krankenkassen sowie andere Quellen dazu, eine Argumentationslinie für die Kommunikation mit der Geschäftsleitung aufzubauen. Analysieren Sie dazu Ihre Mitarbeiterschaft und schätzen Sie Bildungsniveau sowie die anderen genannten Faktoren ein. Leiten Sie daraus erste Schwerpunkte für Ihr BGM-Programm ab. Achten Sie bei der Planung von Gesundheitswissens- und Gesundheitskompetenz-Aktionen auf eine adressatengerechte Sprache und Schwierigkeitsgestaltung.

2.2.1   Gesundheitsberichte von Krankenkassen richtig nutzen

Gesetzliche Krankenkassen bieten Unternehmen den Service an, eine Gesundheitsberichterstattung über versicherte Mitarbeiter zu erhalten. Ein Bericht wird ab 50 Versicherten erzeugt, allerdings ist die Aussagekraft bei kleinen Gruppe gering, da keine Differenzierungen etwa nach Alter oder Geschlecht getroffen werden können.

Es lohnt sich für größere Unternehmen, die drei bis fünf größten Krankenkassen – nach Zahl der versicherten Mitarbeiterinnen und Mitarbeiter – um einen Bericht zu bitten. Die Berichte sind Teil des Datenpools, den Sie als Gesundheitsmanager aufbauen sollten.

Sie werden jedoch eine rechnerische Zusammenführung der Daten vornehmen müssen.

2.2.2   Vorteil und Nutzen

Aus der Zusammenführung der Daten Ihrer versicherten Mitarbeiterinnen und Mitarbeiter lassen sich Aussagen über das Mengengerüst von **Diagnosehauptgruppen** ableiten. Sie können die **AU-Fälle und die AU-Tage nach Falldauern** auswerten und die Verteilung von Lang- und Kurzzeiterkrankungen ablesen.

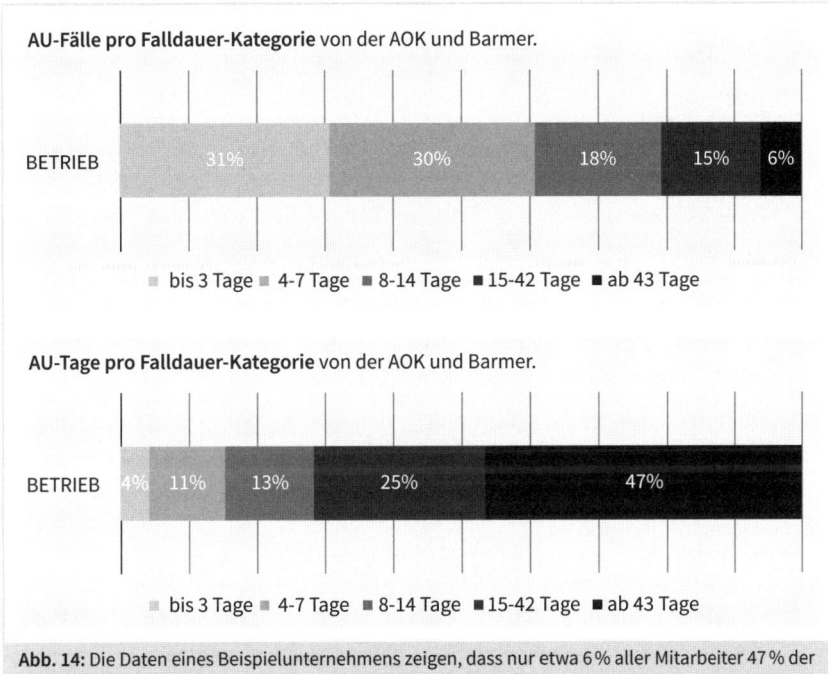

Abb. 14: Die Daten eines Beispielunternehmens zeigen, dass nur etwa 6 % aller Mitarbeiter 47 % der AU-Tage produzieren.

Standardisierte Daten: Schnell übersehen !

Einige Krankenkassen berechnen eine alters- und geschlechtseffektbereinigte Standardisierung der Krankendaten. Die Barmer schreibt dazu in ihrem Gesundheitsreport: »*Üblicherweise unterscheiden sich die Alters- und Geschlechtsverteilung Ihres Unternehmens von denen der Vergleichsgruppen. Um die Kennzahlen verschiedener Gruppen inhaltlich sinnvoll vergleichen zu können – auch wenn sich die Populationen bekanntermaßen hinsichtlich ihrer Alters- und Geschlechtsstruktur unterscheiden – ist eine sog. Standardisierung notwendig.*

Dies bedeutet, dass allen Gruppen rechnerisch eine identische Alters- und Geschlechtsstruktur unterlegt wird. So können Daten unterschiedlicher Jahre oder Gruppen miteinander verglichen werden, ohne dass es zu Verzerrungen aufgrund unterschiedlicher Alters- und/oder Geschlechtsstrukturen kommt.«

Zwar ist die von den Krankenkassen vorgenommene Standardisierung aus deren Sicht sinnvoll, um eine Vergleichbarkeit zu ermöglichen. Allerdings verfälscht es den Blick fürs eigene Unternehmen, weil hier Zahlen – beispielsweise für den Krankenstand – angegeben werden, die nicht den beobachteten Zahlen entsprechen. Wie stark diese Abweichung sein kann, zeigt die folgende Tabelle eines Unternehmens:

	AOK	Barmer	BKK	DAK	Techniker	Gesamt
Krankenstand in % nach Berichtsangaben, standardisiert	5,5 %	4,4 %	6,08 %	4,0 %	6,02 %	5,3 %
tatsächlicher Krankenstand, auf Basis von 250 Arbeitstagen	7,2 %	9,3 %	8,8 %	7,4 %	8,8 %	8,28 %

Tab. 3: Vergleich mehrerer Gesundheitsberichte eines Kundenunternehmens. Verglichen wird der standardisierte Krankenstand, wie er von den jeweiligen Krankenkassen für die bei ihr versicherten Mitarbeiter berechnet wurde, und der reale Krankenstand auf Basis von Fehltagen.

Der Unterschied entsteht zum einen durch die Standardisierung. Zum anderen berechnen Unternehmen den Krankenstand mit einer anderen Formel als Krankenkassen. Es darf Ihnen also nicht der Fehler unterlaufen, standardisierte Daten mit Ihren eigenen Unternehmensdaten zu vergleichen. Krankenkassendaten dienen lediglich der Orientierung. Zur Unterschiedlichkeit der Berechnungsformeln lesen Sie Kapitel 2.3.

2.2.3   Kritik an der Berichtsqualität

Die Berichte der einzelnen Krankenkassen unterscheiden sich deutlich hinsichtlich Aufbau, Umfang und Qualität und weisen teilweise abweichende Berechnungsformeln und Kennzahlen auf. Während einige Krankenkassen hervorragende und ausführliche Berichte erstellten, waren die Berichte anderer auch namhafter Krankenkassen kurz, wenig aussagekräftig und es fehlten relevante Daten.

Leider sind auch die Krankheitsgruppen nicht deckungsgleich. Es fehlen in den Berichten einzelner Krankenkassen demografische Daten über Geschlechter- und Altersverteilung oder schlicht die Angabe, ob ein Wert standardisiert oder beobachtet ist.

Die von Krankenkassen angegebenen Branchenwerte weichen untereinander teils deutlich ab. Die Branchenwerte ergeben sich aus allen Versicherten der jeweiligen

Krankenkasse, von denen die Branchenzugehörigkeit bekannt ist (vgl. Tab. 4). Besser wäre ein vereinheitlichter Gesamtbranchenwert.

	AOK	Barmer	BKK	DAK	Techniker
Branche	Branche Bund; 2017	WZ 8610 DE; 2017	WGRP; 2017	Branche Gesundheits-wesen; 2017	WZ 86; 2017
Branchenwert	4,9 %	5,2 %	4,54 %	4,6 %	4,03 %

Tab. 4: Die Branchenvergleichswerte des Krankenstandes (standardisiert) unterscheiden sich zwischen den einzelnen Krankenkassen deutlich, hier am Beispiel »Gesundheitswesen«. (Quelle: Fünf Gesundheitsreport eines Unternehmens der Gesundheitsbranche. Berichte für das Jahr 2017)

2.3 Formeln für die Berechnung von Krankenstand und wirtschaftlichem Schaden

2.3.1 Berechnung des Krankenstandes durch die Krankenkassen

Bei den Krankenkassen werden die Arbeitsunfähigkeitstage auf ein vollständiges Versicherungsjahr (Vj) bezogen und durch 365 Tage dividiert. Um einen Prozentwert zu erhalten, wird mit 100 multipliziert. Somit ergibt sich folgende Formel:

$$\frac{\text{Anzahl der AU–Tage je Versichertenjahr}}{365 \text{ Tage}} \times 100$$

Krankenkassen erfassen nur die Krankmeldungen, die mit einem Krankenschein erfolgten. Kurzzeiterkrankungen ohne Schein lassen sich nicht erfassen. Dafür werden auch Wochenenden mitgezählt.

2.3.2 Berechnung des Krankenstandes im Unternehmen

Eine Berechnung des tatsächlichen Krankenstandes ohne Bereinigung durch Standardisierungen erlaubt einen Überblick über den tatsächlichen Schaden, der im Unternehmen entsteht. Die Unternehmensformel lautet:

$$\frac{\text{Summe AU–Tage (beobachtet)}}{\text{Summe Beschäftigtentage}} \times 100$$

Auf Basis einer Tabelle, die Sie auf www.schulferien.org/Arbeitstage/ finden, berechnen wir die **Soll-Arbeitstage** zum Beispiel in 2017 mit 250 (schwankt zwischen Bayern = 247 und Berlin = 251) und multiplizieren sie mit der Beschäftigtenanzahl. Bei dieser

Berechnung können **Ungenauigkeiten** auftreten, da die Beschäftigtenanzahl mit Vollzeitäquivalenten (VZÄ) gleichgesetzt wird. Es ist aber davon auszugehen, dass ein Teil der Beschäftigten in Teilzeit arbeitet und an bundesländerübergreifenden Standorten.

2.3.3 Wirtschaftlicher Schaden durch Fehlzeiten – einfache Berechnungsformeln

Mit dieser bekannten Formel kann überschlagen werden, wie hoch der wirtschaftliche Schaden durch krankheitsbedingte Fehlzeiten ungefähr ist.

Sie benötigen:

Anzahl Mitarbeiter	schnelle Formel: Anzahl Köpfe genaue Formel: Anzahl VZÄ
Anzahl Führungskräfte	schnelle Formel: Anzahl Köpfe genaue Formel: Anzahl VZÄ
Anzahl Fehltage pro Mitarbeiter	schnelle Formel: Fehltage pro Kopf genaue Formel: Fehltage pro VZÄ
Anzahl Fehltage pro Führungskraft	schnelle Formel: Fehltage pro Kopf genaue Formel: Fehltage pro VZÄ
Bruttojahreslohn pro Mitarbeiter im Durchschnitt	Jahresbrutto inkl. aller Sonderbezüge im Mittel über alle Mitarbeiter. Sofern Sie mit VZÄ rechnen, muss sich der Bruttolohn auf eine VZÄ beziehen.
Bruttojahreslohn pro Führungskraft im Durchschnitt	Jahresbrutto inkl. aller Sonderbezüge im Mittel über alle Mitarbeiter. Sofern Sie mit VZÄ rechnen, muss sich der Bruttolohn auf eine VZÄ beziehen.
Anzahl der gesetzlichen Arbeitstage pro Kalenderjahr (Urlaub darf nicht abgezogen werden)	Diese Information schwankt zwischen den Bundesländern. Auf www.schulferien.org/Arbeitstage/ finden Sie die jeweils gültige Liste.

Tab. 5: Berechnung des wirtschaftlichen Schadens durch Fehlzeiten

Berechnung des wirtschaftlichen Schadens bei Mitarbeitern

In der Beispielrechnung rechnen wir mit VZÄ. Zunächst berechnen wir die Arbeitgeberkosten pro Mitarbeiter und Fehltag:

Mitarbeiter-Bruttojahreslohn pro VZÄ × 1,25[11] / Anzahl gesetzlicher Arbeitstage
40.000 EUR × 1,25 = 50.000
↓

50.000 / 250 gesetzliche Arbeitstage in Hessen = **200 EUR**
↓

200 EUR Arbeitgeberkosten pro Fehltag

Jetzt berechnen wir alle Fehltage:
Anzahl Fehltage pro VZÄ × Anzahl VZÄ
10,5 Fehltage pro VZÄ × 450 Mitarbeiter = **4.725 Mitarbeiter-Fehltage**

Anschließend werden die Gesamtkosten aller Fehltage pro Jahr berechnet:
4.725 × 200 EUR = **945.000 EUR**

Berechnung des wirtschaftlichen Schadens bei Führungskräften
Die gleiche Rechnung wird nun auch für die Führungskräfte durchgeführt, jedoch mit einem höheren Bruttojahreslohn und meist geringeren Fehltagen pro VZÄ.

Beachten Sie bei der Interpretation die folgenden Hinweise:
- Die 945.000 EUR entsprechen dem Mindestproduktivitätsverlust pro Jahr für alle Mitarbeiter. Hier fehlen die Verluste an Produktivität, die nicht durch das Gehalt gegengerechnet sind. Idealerweise ist ein Mitarbeiter ja produktiver, als er kostet.
- Es fehlen die Kosten für zusätzliches Personal, das benötigt wird, um das kranke Personal zu ersetzen. Diese Kosten sind hier ebenfalls nicht enthalten.
- Es fehlt der schleichende Verschleiß gesunder Mitarbeiter, die die Mehrbelastungen auffangen müssen und dafür später krank werden.
- Sie dürfen nicht die Aussage treffen, dass durch das betriebliche Gesundheitsmanagement eine Kostenersparnis erfolgt, die die Fehlzeitenkosten reduziert. Denn das Unternehmen wird die nichtkranken Mitarbeiter ja weiterhin bezahlen müssen. Es erhält dafür aber die produktive Leistung dieser Mitarbeiter. Durch die angestrebte Senkung der Fehltage erfolgt eine Steigerung der Produktivität der Mitarbeiter und es sinken die Kosten für den Personalersatz.
- Auch sollten Sie nicht annehmen, dass durch das betriebliche Gesundheitsmanagement die Fehltage vollständig oder zu einem großen Teil gesenkt werden können. Unterschiedliche Studien gehen von einem Mindestkrankenstand von 2,5 bis 3 % aus.

---

11   Der Faktor interpoliert die zusätzlichen Arbeitgeberkosten, wie Krankenversicherung und Sozialabgaben.

Berechnung der Produktivitätszugewinne durch Senkung der Fehltage

Für die Berechnung der Produktivitätszugewinne infolge einer Senkung der Fehltage berechnen wir zunächst die Krankenquote aus den oben genannten Angaben. Als Erstes brauchen wir die Gesamtzahl aller Arbeitstage aller Mitarbeiter pro Jahr:

Anzahl VZÄ × Anzahl gesetzlicher Arbeitstage = Arbeitstage pro Jahr

↓

450 VZÄ × 250 Arbeitstage = **112.500** Arbeitstage pro Jahr

Jetzt berechnen wir die Fehltage pro Jahr:
Anzahl VZÄ × Anzahl Fehltage pro VZÄ = Fehltage pro Jahr

↓

450 VZÄ × 10,5 Fehltage pro VZÄ = **4.725** Fehltage pro Jahr

Nun bilden wir den Quotienten aus beidem:
4.725 Fehltage pro Jahr / 112.500 Arbeitstage pro Jahr
= **4,2 % Krankenquote**

Wenn Sie die im Buch beschriebenen Maßnahmen konsequent umsetzen, ist es realistisch, die **Krankenquote innerhalb von zwei Jahren um etwa 0,5 bis 1,5 Prozentpunkte zu senken**. Beachten Sie, dass ich hier von Prozentpunkten spreche. Damit ist gemeint, dass die 4,2 % minus 0,5 % = 3,7 % bzw. 4,2 % minus 1,5 % = 2,7 % Krankenquote ergeben. Zu den Maßnahmen gehören ein konsequentes Gesundheitsmanagement mit einer soliden Führungskräfteentwicklung, die Umsetzung der in diesem Buch beschriebenen Kampagnen sowie eine Gefährdungsbeurteilung psychischer Belastungen.

Mit der folgenden Formel lässt sich der Effekt auf die Gesamtkosten aller Fehltage berechnen:

(0,5 % / 4,2 %) × 945.000 EUR = **112.500 EUR Produktivitätsgewinn**
(1,5 % / 4,2 %) × 945.000 EUR = **337.500 EUR Produktivitätsgewinn**

Diese Rechnung ist hinreichend genau und zudem äußerst konservativ, d. h. sie überschätzt die wirtschaftlichen Effekte keinesfalls. Sie ist sinnvoll im Einsatz bei Geschäftsleitung und Führungskräften, um sich die Dimension und Bedeutung des betrieblichen Gesundheitsmanagements zu verdeutlichen.

2.4   Aufbauorganisation und Rollen des Gesundheitsmanagements

2.4.1   Steuerkreis Gesundheitsmanagement

Der Steuerkreis Gesundheitsmanagement (vgl. Punkt ① in Abb. 15) ist das zentrale Gremium zur Gestaltung des betrieblichen Gesundheitsmanagements. Er ist weder gesetzlich vorgegeben noch in seiner Zusammensetzung reguliert. Die folgende Aufzählung enthält einige Überlegungen zu den Mitgliedern des Steuerkreises und seiner Funktion:

- Der Steuerkreis ist das oberste **mandatgebende Organ**. Er steht über der Arbeitssicherheit und auch über dem Betriebsarzt, auch wenn deren Tätigkeiten durch gesetzliche Vorgaben reguliert und der Steuerkreis dabei nicht weisungsbefugt ist.
- Um dem betrieblichen Gesundheitsmanagement Gewicht zu verleihen, sollte der **Vorsitz durch ein Mitglied der Geschäftsleitung** übernommen wird. Nur zur Not kann der Personalleiter diese Funktion übernehmen. Aufgrund seiner hochrangigen Besetzung genügen **zwei bis drei Sitzungen pro Jahr**.
- Die **Teilnahme von Sicherheitsfachkraft und Betriebsarzt sind nicht bei jeder Sitzung notwendig**. Hintergrund ist, dass gerade bei externen Dienstleistern über den Arbeitsschutzausschuss (ASA) hinaus zusätzliche Sitzungen gesondert berechnet werden. Da das BGM viele Personal-, Führungs-, Kultur- und Arbeitsprozessthemen anspricht, sind Sicherheitsfachkraft und Betriebsarzt nicht notwendig. Sie sollten nur bei Bedarf hinzugezogen werden. Von diesem Vorschlag kann abgewichen werden, wenn die beiden im Unternehmen angestellt sind und maßgeblich zu den oben genannten Themen beitragen können.
- Im Steuerkreis wird nicht operativ gearbeitet, sondern die **Zielsetzung und Strategie festgelegt**. Zudem werden hier verbindliche Qualitätsvorgaben und Standards gesetzt, etwa bei der Bereitstellung von Methoden, Vorgehensweisen und Dienstleistern, denn es sollte kein Wildwuchs entstehen. Der Steuerkreis hat damit auch die **Methodenhoheit**.
- Grundsätzlich ist es empfehlenswert, die **Teilnahme des Betriebs- oder Personalrates im Steuerkreis** vorzusehen. Der Vertreter wird jedoch zu einer Trennung von Betriebsrat und Steuerkreis verpflichtet, darf also Dokumente, die er im Rahmen seiner Steuerkreisarbeit erhalten hat, nicht für die Betriebsratsarbeit einsetzen, solange diese nicht freigegeben sind.
- Zusätzlich sollten **Führungskräftevertreter** paritätisch eingeladen werden. Wählen Sie wohlwollende Schwergewichte.
- Sofern Sie die Rolle der **Gesundheitskoordinatoren** vorsehen, sollten zwei Vertreter der Gruppe am Steuerkreis teilnehmen und danach der übrigen Gesundheitskoordinatorengruppe Bericht erstatten.

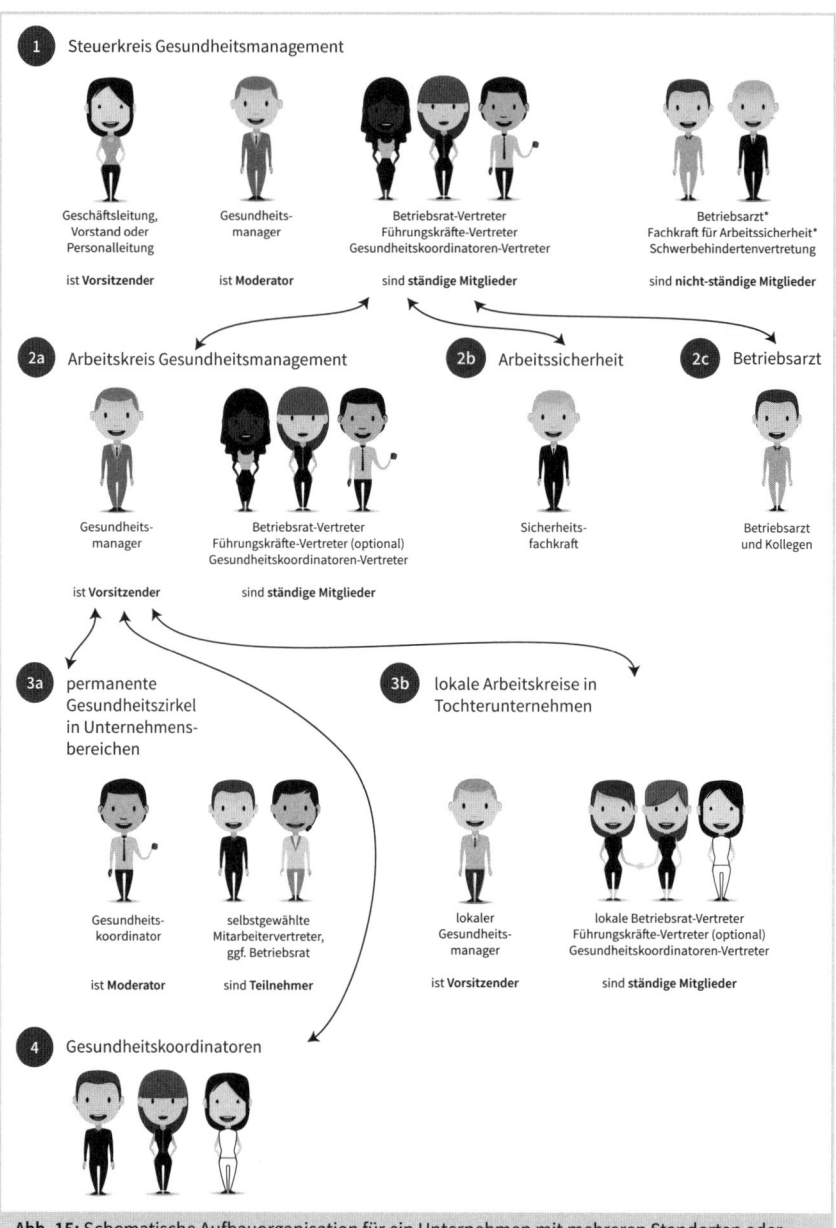

Abb. 15: Schematische Aufbauorganisation für ein Unternehmen mit mehreren Standorten oder Werken (Quelle: eigene Darstellung unter Verwendung von Stockmedien von stock.adobe.com)

Aufgaben des Steuerkreises   !

- Festlegung der strategischen Ausrichtung und Zielsetzung des betrieblichen Gesundheitsmanagements
- Richtlinienkompetenz: Vorgabe von Arbeitsrichtlinien für die BGM-Arbeit in untergeordneten Strukturen
- Methodenauswahl: verbindliche Festlegung von Methoden und Werkzeugen der BGM-Arbeit für untergeordnete Strukturen
- Einberufung von Gesundheitszirkeln oder lokalen Arbeitskreisen in untergeordneten Strukturen
- Initiierung von zentralen Maßnahmen des BGM (z. B. Gesundheitsbefragungen, Gesundheitstage, Führungskräfteprogramme, Akutinterventionsprogramme)
- Aufbau einer Controlling-Instanz zur Budgetverwaltung und Gewährleistung eines angemessenen Mitteleinsatzes
- Wahl und Beauftragung eines Arbeitskreises für die operative Arbeit des Steuerkreises
- Beauftragung der Kommunikation der BGM-Aktivitäten

Die Methoden- und Richtlinienkompetenz des Steuerkreises

Der zentrale Steuerkreis ebenso wie der zentrale Arbeitskreis sollten die Aufgabe der zentralen Methoden- und Richtlinienkompetenz sowie der Anbieterauswahl ernst nehmen, um eine einheitliche Qualität, Qualitätssicherung sowie Theoriekonformität[12] sicherzustellen.

Die Dokumentation kann in einem **zentralen Methodenkoffer** erfolgen. Beispiele für typische Inhalte sind:

- **Problemerfassungsinstrumente**, wie die Materialsammlung »Kein Stress mit dem Stress« oder Vorlagen für die Protokollierung von Gesundheitszirkelsitzungen (→ einheitliche Methoden und Qualitätssicherung).
- Jeder Gesundheitszirkel sollte als erste Sitzung eine Einführung in die Gesundheitszirkelarbeit erhalten. Hierfür sollte ein **standardisiertes Einführungsprogramm** erarbeitet werden (→ einheitliche Methoden und Theoriekonformität).
- Die **Gesundheitszirkelmoderatoren** sollten eine eigene **Schulung** erhalten, die sie auf ihre Rolle vorbereitet (→ einheitliche Methoden und Qualitätssicherung).
- Eine **Gefährdungsbeurteilung psychischer Belastungen wird zentral organisiert und durchgeführt**. Kein Wildwuchs, keine unterschiedlichen Anbieter oder Vorgehensweisen (→ einheitliche Methoden und Qualitätssicherung).
- Das **Kerngerüst von Gesundheitstagen** kann im Vorfeld vom Steuergremium entwickelt und die **Verhandlungen mit externen Anbietern zentral geführt** werden. Die lokalen Arbeitskreise können dieses Kerngerüst auf ihren Bereich anpassen. Hierdurch gibt es starke organisatorische und finanzielle Synergieeffekte.

---

12 Widerspruchsfreiheit von Theorien externer Anbieter von BGM-Maßnahmen, Stichwort: »Paleo oder vegan – was ist gesund?«.

- Ebenfalls sollte das **Marketing für BGM und die Vermittlung von Gesundheitswissen** zentral entwickelt werden. (Corporate-Design-Vorlagen für Poster, Flyer, Broschüren, Rollups usw., welche dann in den lokalen Gesundheitszirkeln nur noch an die Inhalte angepasst werden. Dadurch lassen sich Kosten und Zeit einsparen.)
- Die Form des **Ablaufs von einzelnen Gesundheitszirkelsitzungen**, also die Beschlussfassung, die Protokollierung und die Berichterstattung an das Steuergremium, sollte in einer Prozessbeschreibung vereinheitlicht und systematisiert werden.
- **Vorsorgeuntersuchungen, Impf-Aktionen, Ergonomietage, Beratungstage von Krankenkassen** usw. sind ebenfalls zentral vorzubereitende Werkzeuge.
- **Gesundheitsförderungsangebote** wie Sportkurse, Fitnessclub-Förderung, Ernährungs- und Entspannungskurse, Formate wie die aktive Pause, Betriebssportgruppen usw. sollten zentral mit örtlichen Anbietern vom Arbeitsausschuss verhandelt werden. Es sollten Rahmenverträge ausgehandelt werden, so dass die einzelnen Gesundheitszirkel keine eigenen Verhandlungen führen müssen. Eine lokale Anbietersuche findet nur statt, wenn die Gesundheitszirkel in räumlich voneinander entfernten Niederlassungen verortet sind.

2.4.2   (Zentraler) Arbeitskreis Gesundheitsmanagement

In großen Unternehmen ist der Steuerkreis oft ein Politikum. Jeder wichtige Akteur möchte dort vertreten sein, auch wenn er oder sie nichts beizutragen hat. Steuerkreise sind dann sehr steif und formal und es wird dort nichts Spontanes entwickelt oder erarbeitet.

Daher hat es sich bewährt, dem Steuerkreis einen Arbeitskreis (vgl. Punkt 2a in Abb. 15) zur Seite zu stellen, der aus maximal fünf Mitgliedern bestehen sollte. Hier sollten fähige, mit operativen Kompetenzen ausgestattete Menschen vertreten sein. Achten Sie darauf, ein gutes, arbeitsfähiges Team zusammenzustellen. Folgende **Mitglieder** sollten vorhanden sein:
- Gesundheitsmanager
- Führungskraft mit Rückhalt der Geschäftsleitung (kurzer Draht!)
- Betriebsrat
- Gesundheitskoordinator
- Mitarbeiter aus der Kommunikationsabteilung (bei Bedarf)
- Mitarbeiter aus der IT-Abteilung (bei Bedarf)
- ggf. ein externer Berater, der operative Kompetenzen zur Prozessbegleitung hat (also nicht nur strategisch arbeitet, sondern IT-kompetent, diplomatisch, sozial kompetent und im Unternehmen gut vernetzt ist)

Typische Aufgaben des Arbeitskreises
- Vor- und Nachbereitung der Sitzungen des Steuergremiums
- Entwicklung der strategischen Ausrichtung und Zielsetzung
- Vorbereitung von Richtlinien, Auswahl von Dienstleistern (jeweils vorbereitend)
- diplomatische Vor- und Nachgespräche, Netzwerken
- Umsetzung sämtlicher Aufgaben, für die im Steuerkreis das Mandat erteilt wurde
- Integration von inner- und außerbetrieblichen Experten, die nicht dauerhaft im Steuergremium sind, Kostenverhandlung, Beauftragung von externen Experten und Beratern
- innerbetriebliche Kommunikation: Artikel schreiben, Erfahrungsberichte von Teilnehmern von Maßnahmen erbitten, ein Intranet, eine Sharepoint-Seite oder eine Mitarbeiterzeitung zum Thema entwickeln oder beliefern
- außerbetriebliche Kommunikation und Marketing: Zusammenarbeit mit Marketingabteilung, Marketing zu BGM-Aktionen als Teil des Marketings zur Arbeitgeberattraktivität, Hinzuziehen von Fotografen und Berichterstattern der lokalen oder überregionalen Presse (je nach Größe und Bedeutung des Unternehmens) oder Vertretern der Marketingabteilung mit diesen Aufgaben
- Projektmanagement und Budgetverwaltung

2.4.3   Untergeordnete Strukturen

Je nach Unternehmensgröße und räumlicher Verteilung der Standorte sowie abhängig von der Tätigkeit sind untergeordnete Strukturen notwendig.

Aufgaben von permanenten Gesundheitszirkeln
Permanente Gesundheitszirkel lehnen sich an das Konzept von Qualitätszirkeln an und eignen sich gut für Produktionsbereiche mit gewerblichen Mitarbeitern und für behördliche Strukturen. Gesundheitszirkel treffen sich monatlich für ca. zwei Stunden und arbeiten die bereichsbezogenen Probleme nach dem **einfachen Kreislauf:**
- gezielte Erarbeitung der folgenden Fragestellungen:
    - Welche gesundheitsbezogenen Probleme gibt es bei uns im Bereich?
    - Welche konkreten Ursachen erkennen wir dafür?
    - Welche konkreten Lösungen schlagen wir dafür vor?
- Vorstellung der Ursachenanalyse und der Lösungsvorschläge vor der zuständigen Führungskraft und dem Arbeitskreis
- Wichtig: Bearbeiten Sie nur lokale, bereichsbezogene Problemstellungen. Alles Übergeordnete wird an den Steuerkreis weitergeleitet.

In einem Gesundheitszirkel sind die Freiheitsgrade geringer. Er arbeitet nicht strategisch, sondern sehr konkret an den bereichsbezogenen Themen. **Mitglieder** sind Mitarbeitervertreter des Bereichs, ggf. ein Betriebsrat und ein fachlich versierter Moderator. Letzteres ist unerlässlich, weil es für die Lösungsentwicklung Fachwissen braucht. Zudem sollte die Moderationsfähigkeit gut ausgeprägt sein, weil es auch zu Konflikten kommen kann.

Lokale Arbeitskreise im Gesundheitsmanagement eignen sich für Unternehmen mit regionalverteilten größeren Standorten oder für Unternehmen, die aus Zukäufen unterschiedlicher Unternehmen entstanden sind, die in ihren Standorten unterschiedliche Kulturen haben. Hier sind die Freiheitsgrade größer und die Zusammensetzung erfolgt analog zum übergeordneten Arbeitskreis.

Der lokale Arbeitskreis kann wiederum selbst permanente Steuerkreise organisieren. Er arbeitet größtenteils autonom, ist nur hinsichtlich der Strategie und Zielsetzung, den Arbeitsrichtlinien und Methoden sowie der Anbieterauswahl an die Anweisungen des obersten Steuerkreises gebunden und berichtet an die übergeordnete Arbeitsgruppe.

> **!** **Ausbildung zum betrieblichen Gesundheitsmanager**
>
> Lassen Sie alle Mitglieder des zentralen Arbeitskreises, die Moderatoren der Gesundheitszirkel und alle Mitglieder der lokalen Arbeitskreise in einer gemeinsamen Schulung zu Gesundheitsmanagern ausbilden. Das gemeinsame Theoriefundament trägt maßgeblich zu einer effektiven Arbeitsweise teil.

2.4.4   Der Gesundheitsmanager

Der Gesundheitsmanager – oder auch BGM-Beauftragter – ist der unternehmensinterne Leiter des Steuerkreises. In größeren Unternehmen ist das eine eigene Stelle. Doch auch bei kleinen und mittelständischen Unternehmen kommt dieser Stelle eine wichtige Rolle zu und sie sollte mit etwa 20 bis 25 % Arbeitszeit ausgestattet sein.

Aufgaben des Gesundheitsmanagers
- Koordination, Vor- und Nachbereitung des großen BGM-Steuerkreises
- oberster Projektmanager für alle aus dem BGM-Projekt abgeleiteten Projekte. Jedoch arbeiten ihm die jeweiligen Kollegen aus den Arbeitsgruppen zu.
- Bericht an den Vorstand bzw. die Geschäftsleitung
- Moderation der Steuerkreise
- Budgetverantwortung

Wer ist die ideale Besetzung für eine Position als Gesundheitsmanager?
Aufgrund meiner Erfahrungen in zahlreichen BGM-Projekten möchte ich folgende Anforderungskriterien für einen Gesundheitsmanager ableiten:

- Die Person kann aus der **Personalabteilung** kommen. Es kann jedoch meist nicht die Personalleitung sein, weil diese zu viele andere Aufgaben hat.
- Die Person **sollte kommunikativ, offen und freundlich** sein und keine Angst haben, Gruppen zu leiten.
- Ideal ist eine **Moderationsausbildung**.
- Sie sollte sich umfassend in das Themengebiet Gesundheitsmanagement eingelesen und eingearbeitet haben und eine **Gesundheitsmanagerausbildung** absolviert haben.
- Sie sollte unbedingt **Erfahrungen im Projektmanagement** haben.
- Sie sollte **präsentieren** und **vortragen** können.
- Sie sollte **keine höhere Führungskraft** sein und auch **kein Betriebsrat**. Beide Gruppen werden als nicht neutral angesehen. Obwohl das Gesundheitsmanagement häufig von Betriebsräten vorangetrieben wird, stoßen Projekte, die von einem Betriebsrat geleitet werden, zu oft bei der Geschäftsleitung auf taube Ohren.

Typische Fehler bei der Besetzung der Position des Gesundheitsmanagers
- Der Person kein Zeitbudget geben, sondern die Aufgabe ehrenamtlich *on top* verlangen. → Das führt mit Sicherheit zum Scheitern des Projekts oder zum teuren Einkauf externer Dienstleister.
- Der Person kein finanzielles Budget geben, sondern jede Maßnahme einzeln genehmigen lassen. → Der Prozess verzögert sich deutlich.
- Eine Verlegenheitswahl treffen, d. h. eine Person auswählen, die eigentlich nicht geeignet ist und Angst vor Gruppen, Moderation und Präsentation hat.
- Eine Person auswählen, die sich vorher nicht fortbilden darf, denn betriebliches Gesundheitsmanagement funktioniert nicht (allein) mit dem gesunden Menschenverstand (auch wenn der nicht schadet).

2.4.5 Die Gesundheitskoordinatoren

Gesundheitskoordinatoren sind in Unternehmen die Multiplikatoren von Gesundheit. Sie sind sozusagen der verlängerte Arm des Gesundheitsmanagers. Ihre Ausbildung ist etwas kürzer und sie sind Ansprechpartner für Gesundheitsangebote und für die Mitarbeiter vor Ort.

Arbeitsziele und Selbstverständnis von Gesundheitskoordinatoren
Gesundheitskoordinatoren …
- sind eine Wertschätzung an die Mitarbeiter.
- unterstützen Mitarbeiter bei der Strukturierung ihrer Probleme und suchen gemeinsam nach einem Lösungspartner oder einem Lösungsangebot.
- motivieren und initiieren eine frühzeitige (Selbst-)Fürsorge bei Mitarbeitern, die sie ansprechen.

- unterstützen die Gesundheiterhaltung, ohne zu bevormunden, zu bedrängen oder zu belehren.
- sind Lotsen, keine Therapeuten.

Aufgaben von Gesundheitskoordinatoren
- **Lotse und niedrigschwellige Kontaktfläche** für Kolleginnen und Kollegen zu den vorhandenen Lösungsangeboten. Sie müssen aber selbst keine Lösungen entwickeln.
- **Unterstützung bei Aktionen**
  Gesundheitskoordinatoren unterstützen und begleiten Maßnahmen des BGM.
- **Informationen aktiv weitergeben**
  Gesundheitskoordinatoren informieren den eigenen Bereich über Angebote des BGMs und BGFs.
- **Kenntnisse der Angebote und Lösungspartner**
  Gesundheitskoordinatoren informieren sich regelmäßig über Angebote und Lösungspartner im Intranet und über den GK-Newsletter.

> **!** **Umgang mit vertraulichen Informationen**
>
> Der Umgang mit vertraulichen Informationen kann für Gesundheitskoordinatoren belastend sein. Im Rahmen eines Projekts zur Etablierung der Rolle von Gesundheitskoordinatoren konnte ich erleben, dass vertrauliche Vorab-Informationen von einigen der anwesenden Gesundheitskoordinatoren einer Stadtverwaltung nicht als Vertrauensbeweis verstanden, sondern als Belastung erlebt wurden.
> Da Gesundheitskoordinatoren aus dem Kollegenkreis stammen, sind sie den Umgang mit vertraulichen Informationen nicht gewohnt und erleben Stress, wenn sie nicht offen mit ihren Kolleginnen und Kollegen sprechen können.
> Wir haben im Workshop dafür folgende **Regelung** gefunden:
> Es werden nur diejenigen vertraulichen Informationen mitgeteilt, die für die Arbeit des Gesundheitskoordinators relevant sind. Im monatlichen Newsletter des Gesundheitskoordinators wird ein Farbcode eingeführt, der die Informationen kennzeichnet:
> - Grün = Information darf verteilt werden.
> - Gelb = Information ist noch nicht in allen Details geklärt, es darf aber schon darüber informiert werden. Es muss darauf hingewiesen werden, dass noch nicht alle Details geklärt sind.
> - Rot = Information ist vertraulich und darf noch nicht verteilt werden.

Schutz vor Überforderung in der Rolle des Gesundheitskoordinators
Die Tätigkeit als Gesundheitskoordinator soll und darf nicht zu einer Belastung der eigenen Person werden. Daher empfehle ich folgende Regeln bzw. Schutzvorschriften:
- Bitten Sie die Gesundheitskoordinatoren, bei einer Hilfeanfrage durch eine Mitarbeiterin oder einen Mitarbeiter den Dringlichkeitsgrad abzufragen und die Bearbeitung dann mit den eigenen privaten und Arbeitsanforderungen auszubalan-

cieren. Erst anschließend soll entschieden werden, wann ein Gesprächstermin stattfinden kann.

- Belastet ein Fall den Gesundheitskoordinator sehr, so gibt dieser den Fall so schnell wie möglich ab. Ein Eingeständnis der eigenen Betroffenheit gegenüber der Mitarbeiterin oder dem Mitarbeiter ist völlig in Ordnung.
- Bei Belastungen sucht der Koordinator z. B. im Rahmen einer kollegialen Fallberatung Hilfe bei Kollegen.
- Gesundheitskoordinatoren können jederzeit ihr Ehrenamt beenden, ohne Ansehensverlust.

Beachten Sie dabei die folgenden Punkte:

- Gesundheitskoordinatoren brauchen eine **Grundausbildung**. Ich empfehle einen ein- bis zweitägigen Workshop, der Grundlagenwissen vermittelt, die Rolle klärt, grundlegende Gesprächstechniken und einige »küchenpsychologische« Tipps gibt sowie vor allem ein profundes Wissen um die vorhandenen Angebote und Lösungspartner aufbaut.
- Etwa **vierteljährlich sollte ein vierstündiger Workshop** erfolgen, in dem jeweils neue Lösungsangebote vorgestellt werden und – wichtig – eine Intervisionsrunde (→ kollegiale Fallberatung) durchgeführt wird. Die Kolleginnen und Kollegen brauchen die Möglichkeit einer emotionalen Verarbeitung von schwierigen Gesprächen und dem Erleben des Scheiterns, das in dieser Rolle nicht ausbleibt.
- Richten Sie eine **digitale Plattform** (→ geschützter Bereich im Intranet) ein, auf der die Gesundheitskoordinatoren eine Dokumentation aller Hilfsangebote finden.
- Senden Sie monatlich einen **Newsletter** an die Gesundheitskoordinatoren, in dem Sie vorab über Neuigkeiten informieren.

Nutzen Sie die in diesem Kapitel vorgeschlagenen Aufgaben und Ziele sowie die Regeln zum Schutz vor Überlastung im Rahmen der Einführungsworkshops als Inspiration und passen Sie sie gegebenenfalls an.

3 Die Gefährdungsbeurteilung – Einsatz und Prozessablauf im Unternehmen

Kernbotschaften des Kapitels

Die Gefährdungsbeurteilung bildet die Datenbasis für eine punktgenaue Problemlokalisation und Interventionsplanung im Unternehmen. Die Gefährdungsbeurteilung psychischer Belastungen gilt zwar als Bestandteil der allgemeinen Gefährdungsbeurteilung, gehört aber nicht allein in die Hände von Fachkräften für Arbeitssicherheit. Denn es sind kulturelle und soziale Themen, Themen der Führungsqualifizierung und auch der Prozesssteuerung und Werkzeugausstattung, die als negativ erlebte Belastungsfaktoren wirksam sein können.

In diesem Kapitel lernen Sie die Gefährdungsbeurteilung anhand der Leitlinien der Gemeinsamen Deutschen Arbeitsschutzstrategie (GDA) kennen. Dabei erfahren Sie, welche Schritte notwendig sind, um eine rechtssichere, vollständige Umsetzung der Gefährdungsbeurteilung zu erhalten. Es geschieht in der Praxis leider recht oft, dass die Analyse, etwa die Durchführung einer Befragung, als ausreichend angenommen wird, während der relevante Teil einer wirksamen Maßnahmenableitung und umsetzung vergessen wird.

Zudem erhalten Sie in diesem Kapitel detaillierte Anleitungen für die Vermarktung und Bewerbung, für die didaktische, laienverständliche Berichtgestaltung sowie praxiserprobte Prozesstipps für die Ergebnisaufarbeitung und Maßnahmenableitung.

Darüber hinaus erfahren Sie in Kapitel 6, wie eine vollständige Führungskräfteentwicklung hin zu einer gesundheitsorientierten Führung aussieht und wie Führungskräfte mittels einer Führungskräfte-Toolbox wirksam entlastet werden können.

3.1 Rechtliche Grundlagen der Gefährdungsbeurteilung psychischer Belastungen

Falls Sie schon Profi sind, können Sie diesen Abschnitt überspringen. Hier wird das Grundwissen, etwa die Aufgaben einer Berufsgenossenschaft, die rechtssichere Vollständigkeit sowie die rechtlichen Grundlagen einer Gefährdungsbeurteilung im Unternehmen dargestellt.

3.1.1   Regelungen des Arbeitsschutzgesetzes

Auf Basis dieser Gesetze müssen Sie als Gesundheitsmanager handeln:

- **§ 5 des ArbSchG wurde um den Absatz 3, Punkt 6 ergänzt, der die psychischen Belastungen explizit als Gefährdungsfaktor benennt.** Eigentlich waren die psychischen Belastungen auch vor 2013 schon Bestandteil der Gefährdungsbeurteilung, nur wurden sie kaum beachtet.
- **§ 6 ArbSchG regelt die Dokumentationspflicht des Arbeitgebers und die Pflicht zur Erfassung von Arbeitsunfällen ab einer bestimmten Unfallschwere.** Die Dokumentation ist auch beim psychischen Teil relevant. Sie erfahren, wie Ihnen das differenziert und genau gelingt.
- **§ 7 ArbSchG legt fest, dass die Aufgabenübertragung den Fähigkeiten des Beschäftigten angemessen sein muss.**
- **§ 13 ArbSchG definiert die zuständigen Rollen für die Umsetzung des Arbeitsschutzes und der Gefährdungsbeurteilung psychischer Belastungen.** Leitende Führungskräfte werden explizit benannt und es gibt eine Mitwirkungspflicht bei der Aufarbeitung der Analyseergebnisse. Zudem wird die schriftliche Pflichtenübertragung erläutert.
- **§§ 21 und 22 ArbSchG regeln die Zuständigkeit von Behörden und Unfallversicherern bei der Überwachung der Arbeitssicherheitsgesetzgebung und der entsprechenden Auflagen.** Diese sollten Sie kennen, denn der Aufsichtsperson Ihrer Berufsgenossenschaft stehen einige Rechte zu, die Sie nicht überraschen sollten.

3.1.2   Aufgaben der Berufsgenossenschaften und Unfallkassen

Die Berufsgenossenschaften übernehmen wichtige Sicherungsaufgaben für alle Mitarbeiter eines Unternehmens:

- Vermeidung von Arbeitsunfällen und berufsbedingten Erkrankungen
- Unfallversicherung bei Arbeitsunfällen
- Übernahme von Behandlungskosten bei Arbeitsunfällen
- Herausgabe der Unfallverhütungsvorschriften (UVV)
- Überprüfung der Umsetzung der UVV in Betrieben durch Aufsichtspersonen mit hoheitlichen Befugnissen
- Beratung und (kostenlose) Schulungen zur Arbeitssicherheit
- Wiederherstellung der Leistungsfähigkeit nach einem Arbeitsunfall durch Rehabilitationsmaßnahmen
- Entschädigung von Versicherten und ggf. Hinterbliebenen
- finanzielle Unterstützung zur Wiedereingliederung

Damit sind Berufsgenossenschaften wichtige Partner beim Gesundheitsschutz der Mitarbeiter. Als Gesundheitsmanager sollten Sie in regelmäßigem Kontakt und Austausch mit Ihrer Berufsgenossenschaft stehen, da diese über umfangreiche Fachkompetenzen, Hilfs- und Geldmittel verfügen.

> **Tipp: So finden Sie heraus, in welcher Berufsgenossenschaft Ihr Unternehmen ist**   **!**
>
> Ihre Fachkraft für Arbeitssicherheit weiß in welcher Berufsgenossenschaft Ihr Unternehmen ist und kennt auch die Mitgliedsnummer. Die zuständige Berufsgenossenschaft oder Unfallkasse ist übrigens auch aushangpflichtig. Und wenn Sie keine Sicherheitsfachkraft haben? Dann ist Ihr Unternehmen so klein, dass im Sekretariat oder Personalbüro jemand die Unterlagen der Berufsgenossenschaft hat.
> Für weitere Fragen gibt es die **DGUV-Infoline** unter 0800-60 50 40 4.

3.1.3 Rechte der Berufsgenossenschaften

Die Berufsgenossenschaften haben gemäß §19 SGB VII verschiedene hoheitliche Rechte, auf die Sie vorbereitet sein sollten:

- BG-Aufsichtspersonen dürfen zu den Betriebs- und Geschäftszeiten Grundstücke und Betriebsstätten betreten, besichtigen und prüfen – und dies ohne Vorankündigung.
- Aufsichtspersonen dürfen vom Unternehmer die zur Durchführung ihrer Überwachungsaufgabe erforderlichen Auskünfte verlangen.
- Sie untersuchen, ob und auf welche betrieblichen Ursachen ein Unfall, eine Erkrankung oder ein Schadensfall zurückzuführen ist.
- Sie dürfen die Begleitung durch den Unternehmer oder eine von ihm beauftragte Person verlangen.
- Außerdem sind die Aufsichtspersonen der Berufsgenossenschaften berechtigt, Arbeitsmittel und persönliche Schutzausrüstungen sowie deren bestimmungsgemäße Verwendung zu prüfen.
- Die Aufsichtspersonen dürfen Arbeitsprozesse und Abläufe untersuchen.
- Sie dürfen die Sicherheit von Arbeitsmitteln untersuchen und dafür verlangen, dass Maschinen abgeschaltet werden.
- Sie dürfen Schadstoffmessungen vornehmen.
- Sie sind befugt, das Vorhandensein und die Konzentration gefährlicher Stoffe und Zubereitungen zu ermitteln oder, soweit die Aufsichtspersonen und der Unternehmer die erforderlichen Feststellungen nicht treffen können, auf Kosten des Unternehmens ermitteln zu lassen.

3.1.4 Konsequenzen einer fehlenden Gefährdungsbeurteilung

Die Frage nach den Konsequenzen einer fehlenden Gefährdungsbeurteilung stellt jede Geschäftsleitung, wenn sie eine Entscheidung über ein solches Projekt treffen soll. Die folgende Argumentation für die Durchführung einer Gefährdungsbeurteilung in Ihrem Unternehmen ist einer Ihrer größten Hebel, um eine Genehmigung für dieses Projekt von der Geschäftsleitung zu erhalten. Die negativen Folgen bei Nichtdurchführung einer Gefährdungsbeurteilung betreffen verschiedene Bereiche.

Kontrollwahrscheinlichkeit
Eine belastbare Aussage zur Wahrscheinlichkeit, dass Ihr Unternehmen von Ihrer Berufsgenossenschaft oder der Gewerbeaufsicht kontrolliert und die Gefährdungsbeurteilung verlangt wird, lässt sich nicht treffen. Manchmal erhalten die Behörden den Tipp eines Mitarbeiters oder Betriebsrates. Die Wahrscheinlichkeit hierfür steigt, wenn eine ungünstige Führungs- oder Unternehmenskultur vorliegt.

Meist wird bei Nichtvorliegen der Gefährdungsbeurteilung zunächst eine Frist gesetzt. Doch bevor Sie in Zeitnot geraten, sollten Sie die Gefährdungsbeurteilung besser selbst durchführen.

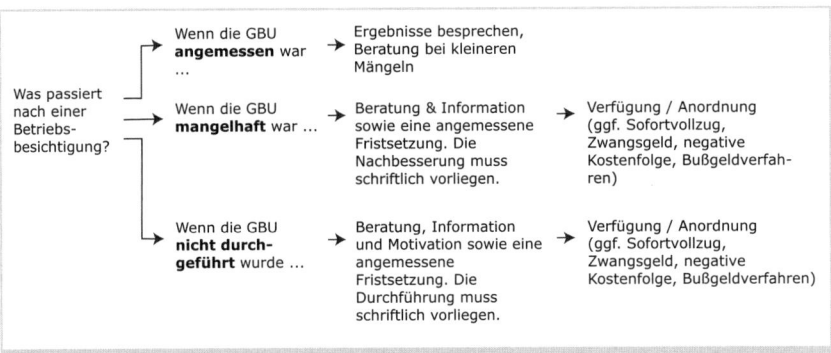

Abb. 16: Konsequenzen einer Betriebsprüfung (Quelle: Leitlinie Gefährdungsbeurteilung und Dokumentation (Nationale Arbeitsschutzkonferenz))

Bußgelder
Die Bußgelder liegen zwischen 5.000 und 50.000 EUR bei vorsätzlichen oder fahrlässigen Verstößen gegen unterschiedliche Verordnungen. Für die Nichtdurchführung einer Gefährdungsbeurteilung psychischer Belastungen dürften die Bußgelder eher im unteren Bereich liegen. Allerdings können bei Zuwiderhandlung einer Anordnung zur Erstellung einer Gefährdungsbeurteilung bis zu 25.000 EUR auferlegt werden.[13]

Ansprüche der Arbeitnehmer
Mitarbeiterinnen und Mitarbeiter haben Anspruch auf eine Beurteilung der Gefahren, die mit einer Beschäftigung verbunden sind. Allerdings steht ihnen bei Fehlen der *psy-*

---

13   Quelle: §§ 25 Abs. 1 Nr. 2 ArbSchG, siehe https://www.gesetze-im-internet.de/arbschg/__25.html

chischen Gefährdungsbeurteilung, wie sie häufig genannt wird, kein Leistungsverweigerungsrecht zu. Man geht hier nicht von einer Gefahr für Leib und Leben aus. Anders sieht das bei der *allgemeinen* Gefährdungsbeurteilung aus. Hier dürfen Mitarbeiter bei wahrgenommenen Gefährdungen die Arbeit verweigern.

Mitarbeiter haben ein Vorschlagsrecht zu Fragen des Arbeitsschutzes und dürfen die Behörde nach einer vergeblichen betrieblichen Beschwerde unterrichten.[14]

Arbeitsrechtliche Nachteile

Es gibt hierzu kaum belastbare Quellen, doch ist davon auszugehen, dass beispielsweise krankheitsbedingte Kündigungen bei fehlender psychischer Gefährdungsbeurteilung deutliche Schwierigkeiten vor einem Arbeitsgericht haben werden. Dies wird in Gesprächen mit Arbeitsrechtsanwälten und Personalmitarbeitern, die mit solchen Prozessen betraut sind, regelmäßig bestätigt.

Regressforderung durch die Berufsgenossenschaft

Leistet die Berufsgenossenschaft etwa bei einem Fall von Frühverrentung aufgrund eines »Burnouts« die Differenz zur vollen Rente und fehlt eine entsprechende psychische Gefährdungsbeurteilung, so kann die Berufsgenossenschaft für ihre Leistungen beim Unternehmen Regress fordern. Bei psychischen Fehlbelastungen ist der Nachweis, dass ein Schaden überwiegend arbeitsbedingt entstanden ist, viel schwieriger als bei körperlichen Schäden. Letztlich ist das finanzielle Risiko hier jedoch einfach zu groß, um es als Unternehmer in Kauf zu nehmen.

3.2   Das Belastungs-Beanspruchungs-Modell

Das Belastungs-Beanspruchungs-Modell ist für das Grundverständnis der Gefährdungsbeurteilung psychischer Belastungen bedeutsam. Deswegen wird es in diesem Abschnitt erläutert. Sie sollten und können dieses Modell auch für Informationsveranstaltungen von Führungskräften und Mitarbeitern einsetzen, da es gut erklärt, was Belastungen sind und was nicht.

Viele Menschen in betrieblichen Kontexten nehmen an, dass die psychische Gefährdungsbeurteilung eine Erfassung der psychischen Gesundheit sei. Doch das ist grundfalsch. Auch die häufig sogar in professionellen Kreisen getroffene Annahme, die Reduktion psychischer Belastungen würde auf die Reduktion psychischer Erkrankungen abzielen, ist ein Missverständnis. Richtig ist, dass die Reduktion psychischer Fehlbelastungen eine Reduktion verschiedener Arten von Stress bewirkt, was weitreichende positive Gesundheitsfolgen hat. Doch zunächst die Grundbegriffe:

---

14   Quelle: § 25 Abs. 1 Nr. 2 ArbSchG, siehe https://www.gesetze-im-internet.de/arbschg/__25.html

3.2.1   Psychische Belastung

Anders als im umgangssprachlichen Gebrauch, wird der Begriff **Belastung** nicht negativ verstanden. Vielmehr umfasst er alle äußeren Faktoren, die in einer Situation auf die Psyche einwirken. Die DIN EN ISO 10075-1 beschreibt den Begriff der Belastung als »*Gesamtheit aller erfassbaren Einflüsse, die von außen auf den Menschen zukommen und diesen psychisch beeinflussen*«.

Jede geistige Anforderung stellt eine Belastung dar. Ob diese als positiv oder negativ wahrgenommen wird, liegt an sehr vielen, größtenteils individuellen Faktoren. Etwa, ob eine Aufgabe im Vergleich zu den eigenen Kompetenzen als bewältigbar wahrgenommen wird oder ob sie Spaß macht. Auch physische Faktoren können als psychische Belastung wirken. So kann es sehr stören, wenn man selbst einen Text lesen will, während der Kollege telefoniert. Hier sinkt die Konzentration und man würde die Belastung als negativ bewerten.

Wichtig: Die Belastung wird unabhängig von ihrer Wirkung auf die Person bewertet.

3.2.2   Psychische Beanspruchung

Als **Beanspruchung** werden die unmittelbaren, also zeitnahen Auswirkungen von Belastungsfaktoren auf eine Person bezeichnet. Hier findet also eine Interaktion zwischen dem Belastungsfaktor am Arbeitsplatz und dem Mitarbeiter statt. Die DIN EN ISO 10075-1 definiert Beanspruchung als »*unmittelbare Auswirkung der psychischen Belastung im Individuum in Abhängigkeit von seinen jeweiligen individuellen Voraussetzungen*«.

Wenn beispielsweise eine Aufgabe zu einfach und sehr monoton ist, entstehen als Beanspruchung bei dem Mitarbeiter etwa Langeweile und Unkonzentriertheit. Das ist die unmittelbare Folge von Monotonie. Bitte verwechseln Sie die Beanspruchung nicht mit den Beanspruchungsfolgen, die im folgenden Absatz definiert werden. Eine solche Folge von Langeweile kann etwa Frustration darüber sein, dass die eigenen Fähigkeiten nicht genutzt werden. Der Mitarbeiter wird unmotiviert und seine Kündigungsabsicht steigt.

Kurz- und langfristige Beanspruchungsfolgen – Gesundheitszustand
Den etwas holprigen Begriff der Beanspruchungsfolgen möchte ich in den Begriff des Gesundheitszustands umbenennen. Die Wissenschaft unterscheidet zwischen kurz- und langfristigen Folgen von positiven und negativen Belastungen.
- Typische **kurzfristige Folgen einer positiven Beanspruchung** sind Aufwärm- bzw. Lern- und Übungseffekte. Diese kurzfristigen Effekte zählen wir noch nicht zum Gesundheitszustand, doch summieren sie sich in messbaren langfristigen Folgen.

- Typische **langfristige Folgen einer positiven Beanspruchung** sind Kompetenz-entwicklung sowie Arbeitszufriedenheit und Arbeitsglückerleben. Daraus folgen verbessertes Engagement und eine Verringerung von Einstellungen der inneren Kündigung oder der Kündigungsabsicht.
- **Negativ werden folgende kurzfristige Folgen** beschrieben: psychische und phy-sische Ermüdung, Monotonie und herabgesetzte Wachheit, Sättigung oder Stress-reaktionen.
- **Langfristig können folgende negativen Folgen** auftreten: Erschöpfungszustand, innere Kündigung oder Kündigungsabsicht.

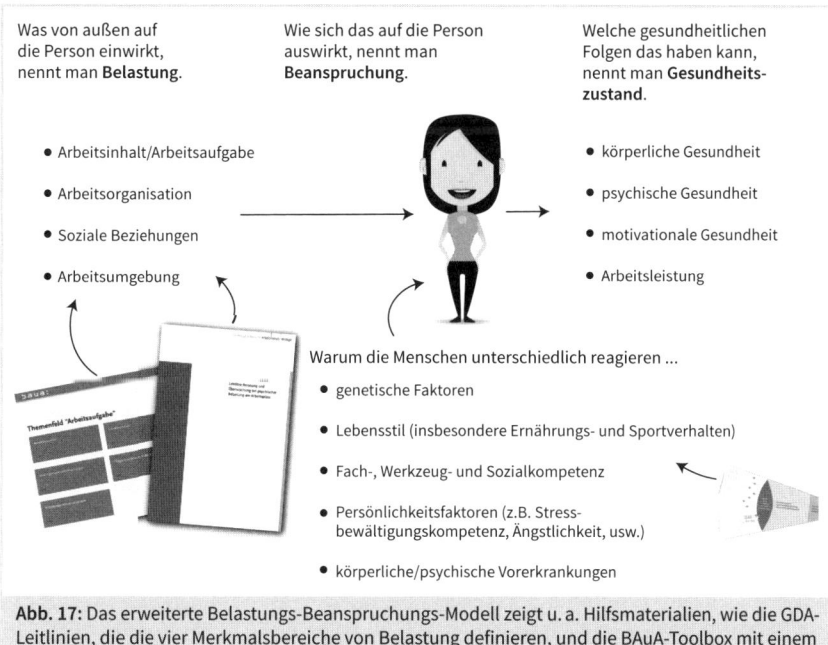

Was von außen auf die Person einwirkt, nennt man **Belastung**.

- Arbeitsinhalt/Arbeitsaufgabe
- Arbeitsorganisation
- Soziale Beziehungen
- Arbeitsumgebung

Wie sich das auf die Person auswirkt, nennt man **Beanspruchung**.

Welche gesundheitlichen Folgen das haben kann, nennt man **Gesundheits-zustand**.

- körperliche Gesundheit
- psychische Gesundheit
- motivationale Gesundheit
- Arbeitsleistung

Warum die Menschen unterschiedlich reagieren …

- genetische Faktoren
- Lebensstil (insbesondere Ernährungs- und Sportverhalten)
- Fach-, Werkzeug- und Sozialkompetenz
- Persönlichkeitsfaktoren (z.B. Stress-bewältigungskompetenz, Ängstlichkeit, usw.)
- körperliche/psychische Vorerkrankungen

Abb. 17: Das erweiterte Belastungs-Beanspruchungs-Modell zeigt u. a. Hilfsmaterialien, wie die GDA-Leitlinien, die die vier Merkmalsbereiche von Belastung definieren, und die BAuA-Toolbox mit einem umfangreichen Forschungsstand zu jedem Belastungsfaktor. Die individuellen Faktoren werden gut durch das in Kapitel 1 (Abb. 1) vorgestellte Krankheitstrichtermodell zusammengefasst. (Quelle: eigene Darstellung)

Das Belastungs-Beanspruchungs-Modell macht deutlich, wie sich arbeitsbezogene Belastungsfaktoren, persönliche Eigenschaften und Voraussetzungen (etwa geneti-sche oder Lebensstilfaktoren) auf Menschen auswirken und bei ihnen einen Gesund-heitszustand hervorrufen, der sich auf die Leistungsfähigkeit auswirkt.

Die **Belastungsfaktoren** werden durch die Leitlinien der Gemeinsamen Deutschen Arbeitsschutzstrategie (GDA) festgelegt und sind durch weitere Belastungsfaktoren der jeweils beurteilten Arbeitssituation zu ergänzen. Diese vier Merkmalsbereiche und ihre jeweiligen Untermerkmale finden Sie in der GDA-Leitlinie (dort im Anhang 3).

Es ist wichtig, diesen Zusammenhang genau zu verstehen: Die GDA-Merkmalsbereiche sind eine Orientierung, aber letztlich entscheiden Sie als Arbeitgebervertreter, welche psychischen Belastungsfaktoren Sie wahrnehmen. Solche **besonderen Belastungs-faktoren** können sein:

- Arbeiten im Homeoffice
- Arbeiten im Mobile Office oder im Außendienst
- Fahrtätigkeit bzw. Reisetätigkeit
- Arbeiten mit Kundenkontakt, Patientenkontakt oder mit Kindern
- Arbeiten mit schwierigen Menschen
- mögliche Gewalt am Arbeitsplatz

> **!**
>
> **Lesetipp**
>
> Zwei wichtige Dokumente sind die *Empfehlungen zur Umsetzung* und die *Leitlinien zur Über-wachung* von der Gemeinsamen Deutschen Arbeitsschutzstrategie (www.gda-portal.de).
>
> → Die **Gemeinsame Deutsche Arbeitsschutzstrategie** schreibt die zu beurteilenden Belastungs-Merkmalsbereiche und ihre Untermerkmalsfaktoren vor, mit der Auflage, dass Unternehmen weitere Belastungsfaktoren aufnehmen, sofern dies die zu beurteilenden Arbeitsplätze, Teams oder Rollen notwendig machen.
>
> → Die **Bundesanstalt für Arbeitsschutz und Arbeitsmedizin** (BAuA) ist ebenfalls ein wichti-ger Ressourcenpartner für Sie. Sie hat für viele Belastungsfaktoren den aktuellen Wissens-stand zusammengetragen. Auf mehr als 3.000 Seiten werden für die meisten Untermerk-malsfaktoren die jeweiligen Wissensstände zusammengetragen.
> Unter diesem Kurzlink können Sie darauf zugreifen: https://bit.ly/2FuKBVs

Menschen reagieren unterschiedlich auf gleiche oder ähnliche Belastungen, weil sie unterschiedliche Voraussetzungen mitbringen. Diese Faktoren bestimmen sehr stark, wie wir eine Belastung verarbeiten. Erleben wir sie als negativen Stress oder als posi-tive Herausforderung? Haben wir körperlich oder psychisch die Kraft, sie zu bewälti-gen?

- Die **Genetik** ist überall mit im Boot und für viele Krankheiten mitverantwortlich. Sie wird im BGM aber nicht beachtet.
- Der **Lebensstil** ist außerordentlich entscheidend für die Bewältigungsfähigkeit von Belastungen. Starkes Übergewicht oder lange Partynächte können die Leis-tungsfähigkeit einschränken (vgl. auch Abb. 1).
- Die **individuellen Kompetenzen** entscheiden, ob man eine Aufgabe als Heraus-forderung oder Überforderung erlebt. Das macht im Stresssystem einen großen Unterschied.
- Die **Persönlichkeit** spielt eine Rolle, weil Menschen aufgrund ihrer Erziehung sehr unterschiedlich von ihrer Selbstwirksamkeit überzeugt sind. Für den einen ist eine neue Aufgabe eine gute Möglichkeit, sich weiterzuentwickeln. Der andere hat Angst, Fehler zu machen.

- Und natürlich beeinflussen **vorhandene Krankheiten** die Bewältigungsfähigkeit. Auch der beste Mitarbeiter kann mit einer Grippe nicht klar denken.

Messung des Gesundheitszustands

Um aus der Gefährdungsbeurteilung sinnvolle Ziele ableiten zu können, brauchen Sie unbedingt eine **Messung des Gesundheitszustands**. Dabei möchte ich zwischen einem körperlichen, psychischen und motivationalen Gesundheitszustand unterscheiden. Die motivationale Gesundheit umfasst etwa die Arbeitszufriedenheit, eine innere Kündigung oder eine Kündigungsabsicht. Die Arbeitsleistung wird übrigens in der Gefährdungsbeurteilung nicht gemessen.

3.2.3 Faktenbasierte Handlungsvorschläge für Gesundheitsmanager

Die Bundesanstalt für Arbeitsschutz und Arbeitsmedizin stellt einen hilfreichen Wissensschatz zur Verfügung. In einem von ihr geförderten Projekt wurden umfangreiche Literaturrecherchen durchgeführt, um den **aktuellen Forschungsstand zu allen Merkmals- und Untermerkmalsbereichen der psychischen Belastungsfaktoren** festzustellen. Daraus entstanden Berichte, in etwa 3.000 Seiten, die Sie nicht zu lesen brauchen. Es lohnt sich aber, zumindest die Zusammenfassung und das Kapitel 1 zu lesen, da dort ein kurzer Theorieabriss über das jeweilige Thema zu finden ist. Manchmal lohnt es sich auch, die Ergebnisse der Recherche, meist das letzte Kapitel, zu überfliegen. Im Folgenden erhalten Sie eine Anleitung, wie Sie dabei als Gesundheitsmanager vorgehen.

> **Beispiel 1**   **!**
>
> Der Merkmalsbereich »Vereinbarkeit von Beruf und Familie« fällt negativ auf. Die Geschäftsleitung möchte nur Maßnahmen ergreifen, deren Wirksamkeit wissenschaftlich belegt ist.

Ihre Vorgehensweise als Gesundheitsmanager

Sie navigieren zur BAuA-Webseite und rufen den Bericht *Work-Life-Balance* auf. Lesen Sie dort zunächst das Abstract. Das ist die Zusammenfassung am Anfang auf den Seiten 4 bis 8. Und schauen Sie sich das Inhaltsverzeichnis an. In Kapitel 7 »Gestaltungsaussagen« finden Sie eine für Laien lesbare Zusammenfassung dazu, was Sie nun Ihrer Geschäftsleitung empfehlen können.

> **Beispiel 2**   **!**
>
> In Ihrem Hotelbetrieb hat die Gruppe der Kellnerinnen und Kellner auf fehlendes Feedback hingewiesen. Der Betriebsrat fordert nun, dass Führungskräfte täglich jeden Mitarbeiter drei Mal loben sollen.

Ihre Vorgehensweise als Gesundheitsmanager

Sie sind sich nicht sicher, ob diese Maßnahme wirklich zum Ziel führt, und öffnen den BAuA-Bericht *Rückmeldung*. Sie lesen in Kapitel 7 »Gestaltungshinweise« auf Seite 65, dass Lob für Routinetätigkeiten als Überwachung wahrgenommen und zu negativen Effekten bei der Leistung und zu einer Verringerung der Arbeitszufriedenheit führen kann. Sie schlagen dem Betriebsrat daraufhin vor, die Lobkultur anders zu verbessern.

> **Beispiel 3**
>
> Ihre Fachkraft der Arbeitssicherheit wundert sich über die hohen psychischen Belastungen durch Lärm. Er hatte doch im Rahmen der normalen Gefährdungsbeurteilungen Lärmmessungen durchgeführt, die alle innerhalb der Grenzwerte lagen.

Ihre Vorgehensweise als Gesundheitsmanager

Sie suchen und finden den BAuA-Bericht *Lärm*. Gleich auf Seite 4 im Abstract finden Sie heraus, dass es bei der psychischen Belastungsanalyse nicht um die Lautstärke, sondern um Sprachschall geht. Offensichtlich werden Konzentration und Arbeitsgedächtniskapazität gestört, wenn man ein Telefonat oder ein Gespräch von Kollegen mithören muss.

3.3   Einsatz der Gefährdungsbeurteilung – Problemerkennung und Maßnahmenplanung

Eigentlich ist das Prinzip der datengestützten, punktgenauen Problemerkennung und Maßnahmenanwendung logisch und nachvollziehbar, denn …

- **Problemausprägungen sind sehr unterschiedlich** und lassen sich mit unscharfen oder oberflächlichen Aktionen oder Maßnahmen nicht lösen. Es braucht präzise Maßnahmen, und die betroffenen Menschen (eines Teams) sind die besten Experten für mögliche Lösungen.
- **viele Unternehmen haben schon ein gutes Lösungs- und Unterstützungsportfolio**, es wird nur nicht genutzt. Durch die punktgenaue Analyse kann die Lösung zum Problem kommen.

Dennoch vergeben viele Unternehmen die Chance, ihre verpflichtende Gefährdungsbeurteilung gleich so zu nutzen, dass auch ein sinnvolles Ergebnis herauskommt.

3.3.1   Beispiele für eine punktgenaue Problemerkennung und Lösungsentwicklung

Anhand von **zwei Beispielen** wird deutlich, warum eine punktgenaue Problemerkennung und eine ebenso passende Lösungsentwicklung notwendig sind:

Beispiel 1 !

In einer Filiale mit Kundenverkehr arbeiten mehrere Verkäuferinnen, die Teilzeitverträge haben und wegen ihrer schulpflichtigen Kinder nur vormittags arbeiten können. Zwar bietet das Kaufhaus flexible Teilzeitmodelle und auch Gleitzeit, allerdings kann letztere im Verkaufsbereich wegen der Öffnungszeiten nicht angewendet werden. Nun gibt es einige Kollegen, die keine Kinder haben und für die Notwendigkeit der Verkäuferinnen mit Kindern, pünktlich nach Hause gehen zu können, kein Verständnis haben. Die kinderlosen Kollegen kommen immer wieder mal zu spät und rechtfertigen dieses Verhalten mit dem Gleitzeitmodell.

Das Problem ist äußerst vielschichtig. Zum einen scheint die Führungskraft hier nicht hinzuschauen, sonst hätte sie das Problem längst lösen können, zum anderen ist die Gleitzeit nicht richtig kommuniziert worden. Zudem scheinen Konflikte im Team vorzuliegen, die die Stimmung verschlechtern.

Die Lösung kann und muss punktgenau auf diese Situation passen und ebenso vielschichtig sein wie das Problem. Erkannt worden ist die Problematik übrigens über die Faktoren Konfliktkultur, Teamzusammenhalt und Vereinbarkeit von Beruf, Familie und Privatleben aus dem *Copenhagen Psychosocial Questionnaire*, dem COPSOQ-Fragebogen.

Belspiel 2 !

In einem Kundenservice-Center fielen die hohe Arbeitsüberlastung und der Zeitdruck auf. Außerdem zeigten sich rote Werte im COPSOQ-Faktor Konzentrations- und Denkstörungen.

Anhand der Ergebnisse der Befragung konnte das BGM-Team das Problem nicht eingrenzen. In den Workshops zur Ergebnisbesprechung brachte das Team dann zur Sprache, dass fehlende Schallschutzmaßnahmen und minderwertige Headsets eine hohe Belastung durch sogenannten Sprachschall verursachen. Damit ist gemeint, dass die Telefongespräche anderer Kollegen so laut zu hören waren, dass man sich selbst nicht gut konzentrieren konnte. Für eine solche punktgenaue Problemerkennung braucht es eine gute, differenzierte Datengrundlage.

Damit ein Unternehmen die Probleme punktgenau registriert, braucht es sogenannte sensible Kontaktflächen, also definierte Sensoriken, wie eine Fehlentwicklung bzw. ein Problem wahrgenommen wird. Das folgende Modell (Abb. 18) zeigt die Strategie der Früherkennung und Lösungsanbringung und den Bezug zur Gefährdungsbeurteilung.

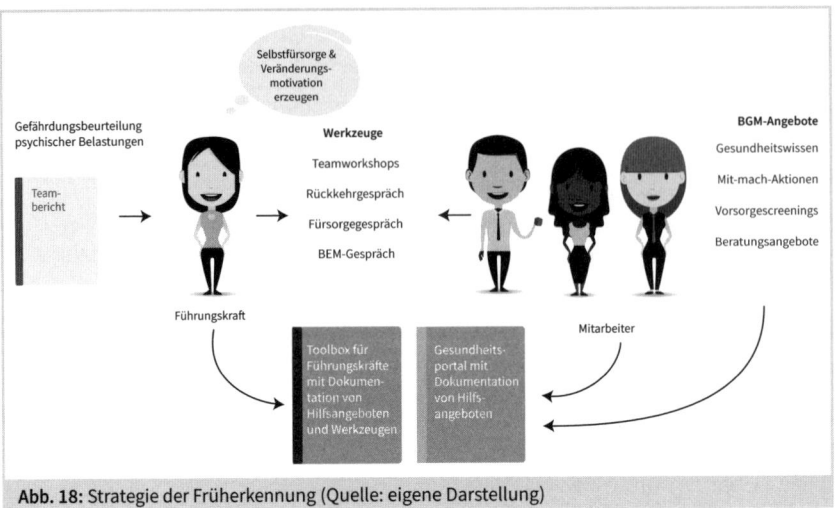

Abb. 18: Strategie der Früherkennung (Quelle: eigene Darstellung)

3.3.2   Die Rolle der Führungskraft bei der Früherkennung von Problemen

Die Führungskraft ist die wichtigste sensible Kontaktfläche für die Früherkennung von Problemen. Ihr stehen dafür verschiedene Werkzeuge zur Verfügung bzw. sie muss in der Anwendung dieser Werkzeuge geschult werden. Das Modell zur Früherkennung von Problemen liest sich so:

- Die Führungskraft nutzt den Teambericht mit den Gruppenergebnissen der Gefährdungsbeurteilung, um sich ein erstes Bild über Themen, Wünsche, Sorgen und Belastungen zu machen.
- Sie hat dann mehrere Werkzeuge, um die Probleme genauer zu verstehen: im Team etwa die Teamworkshops zur Ergebnisaufarbeitung.
- Einige Themen sind so vertraulich, dass sie nicht im Team besprochen werden können. Hier greift dann das Fürsorgegespräch.
- Andere Gesprächsanlässe sind die regelmäßig stattfindenden Rückkehrgespräche oder auch ein gut geführtes Gespräch zur Wiedereingliederung eines Mitarbeiters (BEM-Gespräch). Hier ist allerdings die Führungskraft eher in einer Nebenrolle.
- Bei all diesen Kontaktpunkten kommt die Führungskraft in Berührung mit Probleme privater und persönlicher Natur (im Krankheitstrichtermodell (Abb. 1) die obere Hälfte der Faktoren) oder mit arbeitsplatzbezogenen Problemen (im Krankheitstrichtermodell die untere Hälfte der Faktoren).
- Für die privaten oder gesundheitlichen Themen bleibt der Führungskraft letztlich nur der Appell an die Selbstfürsorge und das Erzeugen von Veränderungsmotivation. Zusätzlich könnten Gesundheitswissensangebote zu bestimmten Krankheitsbildern oder zur Unterstützung bei der Arztwahl helfen, die in einer Art Gesundheitsintranet angeboten werden. Das entlastet die Führungskraft sehr,

weil sie selbst dieses Wissen nicht haben muss und auch nicht in der Rolle ist, es weiterzugeben.

- Für die arbeitsplatzbezogenen Probleme greift die Führungskraft auf eine Toolbox zurück, in der alle nichtfachlichen Führungswerkzeuge beschrieben und das notwendige Wissen vorhanden sind. Die Toolbox kann durch E-Learnings usw. ergänzt und vertieft werden.

In diesem Modell zur Früherkennung von Problemen findet die Synthese aller in diesem Buch bisher beschriebenen und im weiteren Verlauf noch zu beschreibenden BGM-Strategien und -Lösungen statt. Es ist das Gespräch zwischen Führungskraft und Mitarbeiter, etwas abgeschwächt auch das Gespräch mit einem Gesundheitskoordinator, das letztlich den entscheidenden Selbstfürsorgeimpuls und eine Hinlenkung auf eine mögliche Lösung bringt. Nur so kann echte Wirksamkeit im Sinne der Ziele des betrieblichen Gesundheitsmanagements gelingen.

3.4   Die sieben Phasen der GDA-Leitlinie

Die Materialien der Gemeinsamen Deutschen Arbeitsschutzstrategie (GDA) sind maßgeblich für die Überprüfung Ihrer Gefährdungsbeurteilung auf Vollständigkeit. Auch wenn die beiden Broschüren nicht geeignet sind, die praktische Umsetzung der Gefährdungsbeurteilung zu begleiten – dafür fehlt das Praxiswissen – geben sie wichtige Strukturinformationen.

> **Tipp**   **!**
>
> Schauen Sie doch gleich einmal in die Handlungshilfe der GDA hinein. Auf den Seiten 8 bis 15 finden Sie die sieben Phasen beschrieben. Sie werden merken, dass dort einiges fehlt, was hier beschrieben wird.

Die Empfehlungen zur Umsetzung der Gefährdungsbeurteilung werden in den sieben Prozessphasen (vgl. Kapitel 3.4.1 bis 3.4.6) beschrieben. Daran entscheidet sich, ob Ihre Gefährdungsbeurteilung einer rechtlichen Prüfung standhält. Der Prozess wird in Kapitel 3.5 ausführlich dargestellt:

- **Phase 1** erfordert eine Festlegung der zu beurteilenden Gruppen oder Tätigkeitsbereiche. Wie Sie in Kapitel 3.4.1 sehen werden, treffen Sie hier eine grundlegende Entscheidung, die für den Erfolg des Projektes ausschlaggebend ist. Denn die meisten psychischen Belastungsfaktoren sind abhängig von ihrem sozialen Kontext, weniger von der konkreten Arbeitstätigkeit. Eine Untersuchung nach Gruppen, Abteilungen und Teams bietet sich daher an.
- **Phase 2** stellt Ihnen drei Methoden zur Auswahl, mit denen Sie eine Belastungsanalyse durchführen können. Jede Methode hat ihre Vor- und Nachteile für unterschiedliche Unternehmen und kulturelle Gegebenheiten. Auch variieren sie im

Preis, so dass Sie in Kapitel 3.4.2 recht ausführlich erläuterte Entscheidungskriterien finden, um eine gute Methodenwahl zu treffen.

- **Phase 3** ist eigentlich eine Selbstverständlichkeit, denn natürlich müssen Sie die Ergebnisse analysieren. Doch der Teufel steckt im Detail. Denn es kommt sehr darauf an, dass die Ergebnisse grafisch gut aufbereitet werden, damit auch Laien sie einfach verstehen können. Passend dazu finden Sie entsprechende Hinweise und Anforderungen an die Berichtsgestaltung.

- **Phase 4** ist die wohl wichtigste Phase, und Sie sollten sie keinesfalls vergessen. Denn die reine Belastungsanalyse genügt nicht. Erst die Ableitung konkreter Maßnahmen, die auch wirklich umgesetzt werden, erfüllen die Vollständigkeitskriterien der GDA.

- **Phase 5** unterstreicht das noch einmal, denn Sie müssen tatsächlich nachweisen, dass die beschlossenen Maßnahmen auch umgesetzt wurden, und prüfen, ob sie wirksam waren. Wie das geht, erfahren Sie in Kapitel 3.5.18.

- **Phase 6 und 7** sind leicht erklärt. Es geht zum einen darum, dass die Gefährdungsbeurteilung für neu entstehende Belastungen etwa bei neuartigen Arbeitsbedingungen ergänzt werden muss, zum anderen sind genaue Anforderungen an eine vollständige Dokumentation zu erfüllen. Beides wird in Kapitel 3.4.7 erklärt.

Rückwärts gedacht – Ein Perspektivwechsel erleichtert das Verständnis für den Sieben-Phasen-Prozess

Viele Gesundheitsmanager fokussieren stark auf den Vorgang der Befragung, Datenerfassung und Auswertung. Dieser zugegeben technisch schwierigere Part scheint doch ziemlich viel Stress zu verursachen. Auch in der Geschäftsleitung wird der Fehler gemacht, zu glauben, mit der Befragung und einem Bericht sei man fein raus. Das ist ein Irrtum. Und damit Ihnen das nicht auch passiert, lassen Sie uns mal »rückwärts« denken.

Was soll eigentlich am Ende herauskommen? Es geht um die Verbesserung des Gesundheitszustandes bzw. die Verhinderung von Erkrankung durch die Reduktion von negativen Belastungsfaktoren am Arbeitsplatz. Eine Wirkung ist also nur dann zu erwarten, wenn sich tatsächlich etwas ändert, wenn sich also in den Teams und Abteilungen, bei den Führungskräften, bei den Prozessen oder bei der Arbeitsplatzausstattung wirklich etwas tut. Nur dann sind Sie erfolgreich gewesen.

Damit etwas passiert, brauchen insbesondere die Führungskräfte …

1. eine sehr genaue und möglichst nur auf ihr Team bezogene Aufstellung, welche Problembereiche vorliegen (also den Team- oder Gruppenbericht), und
2. es sollte auch gleich schon die Lösung mitgeliefert werden. Denn viele Führungskräfte neigen dazu, das Problem woanders zu suchen und nicht im eigenen Team (deswegen die Teamberichte) und sich an vorhandene Lösungen, die irgendwann einmal kommuniziert wurden, nicht mehr zu erinnern (vgl. Kapitel 6.4).

Damit etwas passiert, sollten die Führungskräfte mit ihren Teams die Ergebnisse *wirklich* besprechen, und das sollten Sie kontrollieren. Daher gilt: Fordern Sie Protokolle an und setzen Sie eine Frist. Und damit aber auch *wirklich* etwas passiert, kontrollieren Sie auch, ob die beschlossenen Maßnahmen umgesetzt wurden. Und schon sind Sie bei den sieben Phasen der GDA-Handlungsempfehlung und ihren geforderten Dokumenten. Es ist doch eigentlich ganz einfach.

3.4.1   Phase 1: Festlegen der zu beurteilenden Tätigkeitsfelder oder Bereiche

Gleich in der ersten Phase müssen Sie eine grundlegende Entscheidung treffen: Beurteilen Sie die Gefährdungen anhand von Tätigkeitsbereichen mit ähnlichen Belastungen oder nach Organisationseinheiten mit einer zusammenhängenden sozialen Struktur.

a) Sortierung der Mitarbeiter nach Tätigkeitsbereichen
Die **erste Sortierungsmöglichkeit** besteht anhand von Arbeitsplatz-, Tätigkeits- oder Berufsgruppen, etwa »Führungskräfte«, »Bürokraft«, »Steuerfachangestellte« oder »Schichtleiter«. Hier werden ähnliche Arbeitsplätze und Tätigkeiten zusammengefasst. Diese Einteilung ist meiner Meinung nach wenig geeignet, um eine hinreichende Beurteilung psychischer Belastungen vorzunehmen. Dafür gibt es drei Argumente:

1. Die meisten Belastungen treten nicht tätigkeitsbezogen auf, sondern sind an Gruppen, Teams, Kollegen und Führungskräfte gekoppelt. Der soziale Kontext geht verloren und es kann nicht an der wirklichen Ursache gearbeitet werden.
2. Für eine punktgenaue Problemlokalisierung ist die tätigkeitsbezogene Beurteilung ebenfalls nicht geeignet, weil keine genaue Aussage über den Problemort gemacht werden kann (Beispiel: »Bürokräfte erleben unvollständige Delegation und deswegen einen zu geringen Handlungsspielraum.« →Diese Aussage stimmt nicht, weil das nur bei einigen so ist, abhängig vom Delegationsstil der Führungskraft).
3. Um Veränderungen zu bewirken, braucht es Führungskräfte, die Verantwortung übernehmen. Bei allgemeinen Aussagen, die für Mitarbeiter desselben Tätigkeitsbereiches aus mehreren Abteilungen gelten, tritt das »Nicht-bei-mir«-Syndrom ein. Führungskräfte wollen nicht tätig werden.

Von der generellen Ablehnung der tätigkeitsbezogenen Belastungsbeurteilung sollten Sie eine **Ausnahme** machen, wenn Sie eine Gruppe mit besonderen Belastungen haben, z. B. »Hausmeister« oder »Mitarbeiter mit Außendiensttätigkeit«. Dabei können Sie wie folgt vorgehen: Sie lassen die Mitarbeiter im Rahmen Ihrer gewählten Vorgehensweise innerhalb ihres sozialen Bezugs (Teamzugehörigkeit) an der Gefährdungsbeurteilung teilnehmen, stellen aber die Fragen zur Außendiensttätigkeit hier nicht, wenn dies die Anonymisierung der Personen aufheben würde (Kombination aus »Mitarbeiter im Team A der Servicetechniker« und »im Außendienst tätig« ergibt weniger als fünf in Frage kommende Mitarbeiter). Im Anschluss führen Sie einen Workshop, z. B. eine Arbeitssituationsanalyse mit mehreren Mitarbeitern des Tätigkeitsbereiches »Außendienst« durch, in dem Sie nur die psychischen Belastungen der Außendiensttätigkeit beurteilen.

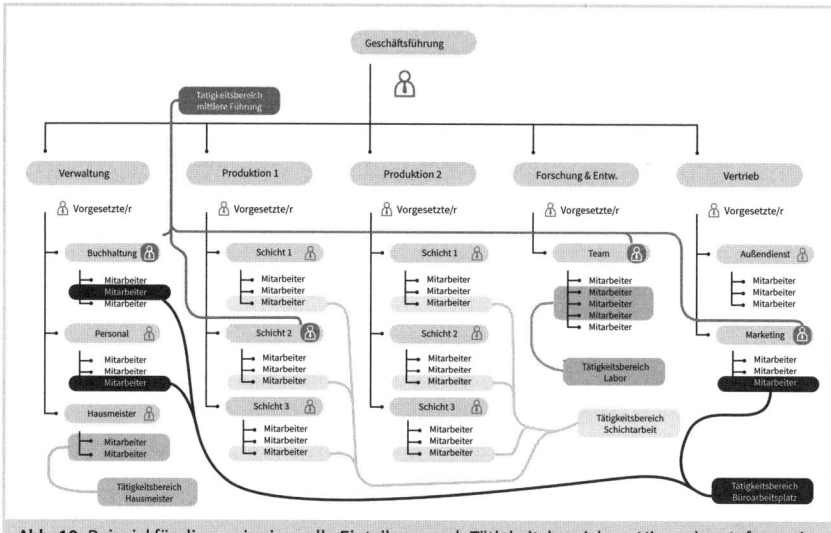

Abb. 19: Beispiel für die wenig sinnvolle Einteilung nach Tätigkeitsbereichen. Hier gehen Informationen über Belastungen, die im sozialen Kontext auftreten, verloren. (Quelle: eigene Darstellung)

Manchmal sind Sie sogar gezwungen, eine Kombination vorzunehmen. Wenn Sie beispielsweise eine Abteilung »Facility Management« und darin eine Gruppe »Hausmeister« und eine Gruppe »Gebäudeplanung und Bauleitung« haben, dann dürfen Sie diese Gruppen nicht mischen, denn ihre Tätigkeit unterscheidet sich zu sehr. Hier wählen Sie bitte ebenfalls die gerade beschriebene Vorgehensweise.

b) Sortierung der Mitarbeiter nach Organisationseinheiten
Die **zweite Sortierungsmöglichkeit** folgt den Organisationseinheiten, etwa »alle Mitarbeiterinnen und Mitarbeiter der Personalabteilung«, »alle Mitarbeiterinnen und Mitarbeiter im Produktionsbereich 1«, »alle Mitarbeiterinnen und Mitarbeiter aus Personal und Buchhaltung« usw. Hier werden die Mitarbeiter einer Abteilung, eines Teams oder einer Gruppe zusammengefasst.

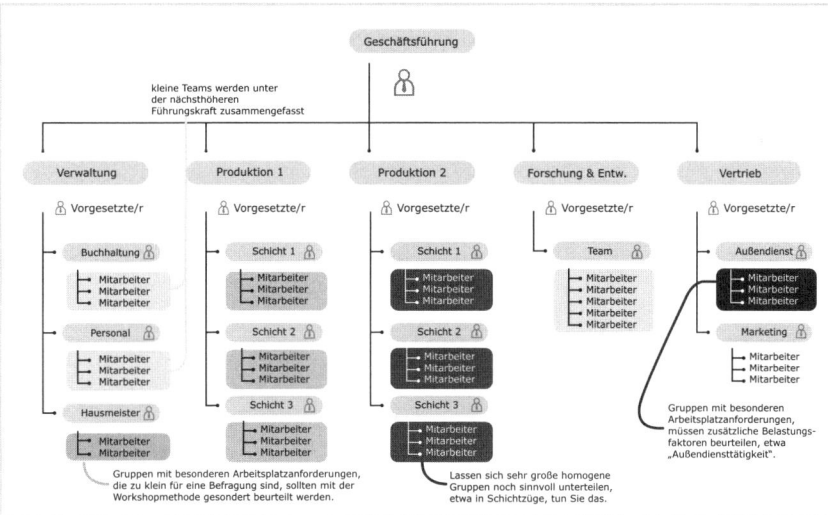

Abb. 20: Beispiel für die sinnvolle Einteilung nach Organisationseinheiten. Beachten Sie die Ausnahmen für kleine Gruppen und für Gruppen mit besonderen Gefährdungen. (Quelle: eigene Darstellung)

Diese äußerst sinnvolle Clusterung ermöglicht:

1. die Beurteilung der Belastungen im sozialen Kontext
2. die punktgenaue Lokalisierung von Problemfeldern
3. eine Verantwortungsübernahme der Führungskräfte für Probleme in ihrem Bereich

Bei sehr großen, homogenen Gruppen, etwa einer Gruppe »Produktion 2«, die sich in drei Schichtzüge mit jeweiligen Schichtleitern unterteilt, ist diese Unterteilung zu wählen, sofern die Mindestgröße für eine Anonymitätswahrung gegeben ist.

Warum führen viele Anbieter dennoch Beurteilungen nach Tätigkeitsbereichen durch?

Die Praxis stammt aus der Tradition der *generellen* Gefährdungsbeurteilung, die dort recht sinnvoll ist. Die Sicherheitsfachkraft beurteilt Gefährdungen physischer Art, die sich aus den Ausführungsbedingungen ergeben, anhand von Arbeitsplatztypen. So ist davon auszugehen, dass Muskel-Skelett-Erkrankungen bei allen sitzenden Tätigkeiten gleichermaßen auftreten, also genügt die Beurteilung von einigen Schreibtischarbeitsplätzen.

Der Gesetzgeber hat bei der psychischen Belastungsbeurteilung die freie Wahl gelassen. Es ist also gesetzlich nicht falsch, den Tätigkeitsbezug zu wählen, auch wenn es für die vom Gesetzgeber intendierte Wirkung nicht sinnvoll ist.

Die Vorgehensweise nach Tätigkeitsbereichen ist deutlich billiger und weniger aufwendig. Sie wird daher von den Anbietern solchen Kunden vorgeschlagen, die »keine Lust« auf einen wirksamen Prozess haben.

3.4.2   Phase 2: Ermittlung der psychischen Belastungen – Wahl der Methodik

Für die Ermittlung psychischer Belastungen sieht der Gesetzgeber (nach EN ISO 10075-3:2004, Seite 8) drei Methoden vor:
- Befragungsmethode
- Workshop-Methode
- Methode: Einzelinterview und Arbeitsplatzbeobachtung

Diese drei Methoden sind jedoch nicht äquivalent, sondern sollten unter Berücksichtigung von Unternehmensgröße, kulturellen Voraussetzungen, dem Bildungsniveau der Mitarbeiterinnen und Mitarbeiter und den Zielsetzungen, die Sie mit der Gefährdungsbeurteilung verfolgen, ausgewählt werden.

Analysetiefen von Beurteilungsverfahren[15]
Alle Verfahren, die Sie zum Einsatz bringen möchten, lassen sich in drei Analysetiefen unterteilen:

a) Orientierende Verfahren
Verfahren auf dieser Stufe ermöglichen dem Anwender, auf einem niedrigen Präzisionsniveau Informationen über die psychische Arbeitsbelastung zu gewinnen. Sie liefern, ohne übermäßig hohen Einsatz von Ressourcen, allgemeine Informationen über die jeweiligen Arbeitsbedingungen, subjektive und psychophysiologische Zustände des Arbeitenden bezüglich psychischer Arbeitsbelastung. Informationen auf dieser Stufe sollten es ermöglichen, negativen Auswirkungen vorzubeugen, indem die jeweiligen Ergebnisse Managemententscheidungen auf einer operativen Ebene zulassen, wie etwa die Veränderung der Arbeitsaufgaben und/oder der Arbeitsverfahren und Arbeitsbedingungen. Messungen auf dieser Stufe sind üblicherweise auf orientierende Messungen beschränkt, bei denen nur sehr grobe Methoden (mit mäßigenden Graden an Zuverlässigkeit, Validität usw.) zur Analyse von Arbeitsaufgaben, der subjektiven Einschätzung der Akzeptanz von Arbeitsbedingungen und des subjektiven Erlebens in Bezug auf alle Aspekte der psychischen Arbeitsbelastung zum Einsatz kommen (aus: EN ISO 10075-3:2004, Seite 8).

---

15   Quelle: Paridon, 2015, S. 23 f.

Orientierende Verfahren[16] sind:

- **Prüfliste Psychische Belastung**: Unfallversicherung Bund und Bahn (www.uv-bund-bahn.de)
- **IAG-Standard** (www.dguv.de/iag)
- **Fragebogen BGW miab, BGW ISAK** (www.bgw-online.de)
- **FIT 2.0**: Fragebogen zum Erleben von Intensität und Tätigkeitsspielraum in der Arbeit (www.fitbefragung.com)
- **KPB**: Kurzverfahren Psychische Belastung (www.springer.com/de/book/9783662548974)

b) Screening-Verfahren

Die Messung auf dieser Stufe entspricht einem mittleren Präzisionsniveau und wird in der Regel dazu verwendet, eine Gesamtübersicht zu gewinnen, die eine höhere Präzision als orientierende Messungen erfordert, z.B. dort, wo Probleme bezüglich der psychischen Arbeitsbelastung zu erwarten sind oder wo den Ursachen einer unangemessenen Arbeitsbelastung nachzugehen ist. Auf dieser Stufe anzuwendende Verfahren haben höhere Zuverlässigkeiten, nachgewiesene Validitäten und sollten in der Lage sein anzuzeigen, ob korrektive Maßnahmen erfolgen sollten (aus: EN ISO 10075-3:2004, Seite 8).

Screening-Verfahren[17] sind:

- **COPSOQ**: Copenhagen Psychosocial Questionnaire, deutsche Standardversion (copsoq.de und andere Anbieter)
- **GPB**: Gefährdungsbeurteilung psychischer Belastungen (Universität Heidelberg)
- **IMPULS-TEST|2**: Bewertung psychischer Belastung (www.impulstest2.info)
- **KFZA**: Kurz-Fragebogen zur Arbeitsanalyse (www.fragebogen-arbeitsanalyse.at)
- **SPA**: Screening psychischer Arbeitsbelastungen: SPA-S (Situation), SPA-P (Person) und SPA-W (Wirkungen) (www.uni-potsdam.de/db/psycho/)
- **Salsa**: Salutogenetische Subjektive Arbeitsanalyse (www.salsabefragung.com)

c) Experten-Verfahren

Der Zweck der Erfassung der psychischen Arbeitsbelastung auf dieser hohen Präzisionsstufe ist es, zuverlässige und gültige Angaben über die Art der Ursache von Unter- bzw. Überforderung zu erhalten, um eine Optimierung der Arbeitsbedingungen vornehmen zu können. Die Verfahren auf dieser Stufe sind sehr wahrscheinlich nur von Fachleuten anwendbar, z.B. Psychologen, Arbeitswissenschaftlern, Arbeitsmedizinern und Arbeitsphysiologen sowie sonstigen arbeitsmedizinischen Fachkräften mit

---

16   https://www.haufe.de/personal/haufe-personal-office-platin/grenzwertbestimmung-in-der-gefaehr-dungsbeurteilung-psychi-2-methoden-und-instrumente-zur-erfassung-und-bewertung-psychischer-belastungen_idesk_PI42323_HI10529438.html

17   Ebd.

einer angemessenen Ausbildung in den theoretischen Grundlagen und der Anwendung dieser Verfahren sowie in der Interpretation der Ergebnisse (aus: EN ISO 10075-3:2004, Seite 8).

Experten-Verfahren[18] sind:
- **AVEM**: Arbeitsbezogenes Verhaltens- und Erlebensmuster (www.testzentrale.de/shop/arbeitsbezogenes-verhaltens-und-erlebensmuster.html)
- **TBS**: Tätigkeitsbewertungssystem (Bestellung bei Prof. Dr. W. Hacker, Prof. Dr. P. Richter, Technische Universität Dresden Fachbereich Psychologie)
- **WAI**: Work Ability Index (www.wainetzwerk.de)

Die Analysetiefe ist für Sie relevant, weil die alleinige Durchführung orientierender Verfahren nicht ausreicht, wenn keine vertiefende Analyse nachgeschoben wird. Viele orientierende Verfahren sind zwar kurz (ein häufiger Wunsch der Geschäftsführung), decken jedoch nicht die Merkmalsbereiche und Untermerkmalsbereiche der Gemeinsamen Deutschen Arbeitsschutzstrategie (GDA) ab.

Die Aufzählung der Verfahren ist nicht vollständig. Zudem sind die hier dargestellten Verfahren nicht alle gleich gut. Einige der hier aufgeführten Verfahren sind sogar so alt, dass man sie nicht online einsehen oder bestellen kann. Zwar mögen sie hinsichtlich ihrer Testgütekriterien (Validität, Reliabilität) wissenschaftlich vorbildlich sein – unter anderem das fordert die EN ISO 10075-3 – aber in der Praxis sind **Einsatztauglichkeit** (Prozessablauf der Befragung) und **Ergebnisdarstellung** (Berichtsqualität, Verständlichkeit, Übersichtlichkeit) wesentlich wichtiger.

Die Auswahl eines für Sie günstigen Verfahrens würde ich anhand der Fragen und Skalen treffen, die in den einzelnen Tests vorkommen, und auch davon abhängig machen, ob die Verwendung des Tests (nicht die Auswertung) kostenlos ist.

Methode 1: Gesundheitsbefragung
Eine Gesundheitsbefragung ist als Basis für die Gefährdungsbeurteilung – unter Berücksichtigung einiger Voraussetzungen – das ideale Instrument, um die Strategie der punktgenauen Problemlokalisierung und Lösungsintervention umzusetzen. Sie ist zudem die kostengünstigste Methode, wenn Sie anhand des Organigramms beurteilen wollen.

Ohne externe Unterstützung lässt sich eine Befragung nicht effektiv und kosteneffizient umsetzen. Es gibt viele Fehlerquellen, etwa bei der Datenaufbereitung und Berichterstellung. Und die Datenlogistik, d. h. die Aufbereitung der Daten für die verschiede-

---

18   Ebd.

nen Datennutzer, nimmt viel Zeit in Anspruch und gelingt selbst in Eigenregie nicht ansprechend und laienverständlich.

Eine ausführliche Prozessbeschreibung der Befragungsmethode finden Sie in Kapitel 3.5).

Methode 2: Workshop
Die Workshop-Methode eignet sich vor allem für kleine Unternehmen oder Organisationen. Wenn Sie nach Organisationseinheiten und nicht nach Tätigkeitsfeldern vorgehen, liegt die Obergrenze für Workshops bei etwa acht Gruppen. Diese Zahl können Sie natürlich überschreiten, wenn Sie bereit sind, die Kosten zu tragen.

Um in kleinen Unternehmen aussagekräftige Ergebnisse zu erhalten, sollten Sie anstreben, **möglichst alle Mitarbeiter zur Teilnahme an den Workshops** zu bewegen. So werden kleine Teamentwicklungseinheiten daraus.

Eine ausführliche Prozessbeschreibung der Workshop-Methode finden Sie in Kapitel 3.6.2.

Methode 3: Einzelinterview und Arbeitsplatzbeobachtung
Grundsätzlich sollten Sie vor der Durchführung einer Gefährdungsbeurteilung eine Begehung der Arbeitsplätze durchführen. Dabei schauen Sie sich recht grob orientierend diejenigen Arbeitsplätze an, die Sie noch nicht kennen. Dies ist nicht gleichzusetzen mit der hier beschriebenen dritten Methode.

Einzelinterviews und Arbeitsplatzbeobachtungen gelten von der Analysetiefe als Expertenverfahren. Sie sollten von einem Arbeitspsychologen durchgeführt werden. Es braucht viel Erfahrung, vor allem wenn es um Arbeitsplätze mit besonderen Anforderungen geht. Diese Methode ist für den Ersteinsatz überdimensioniert. Nutzen Sie zunächst eines der anderen Verfahren, um Belastungsschwerpunkte zu identifizieren. Setzen Sie dann als Intervention diese vertiefende Analyse ein für …
  a) **auffällige Belastungsbereiche**,
  b) **Arbeitsplätze mit besonders hohen Risiken** oder mit **besonders exotischen Arbeitsbedingungen** und
  c) **sicherheitsrelevante Arbeitsplätze** – etwas Messwarten oder Überwachungsplätze von technischen Anlagen mit Gefahrenpotenzial (Chemie, Atomkraft usw.).

Es gibt nur eine Veröffentlichung, in der Sie zu dieser Methode etwas finden. Die »Gefährdungsbeurteilung psychischer Belastungen« der Bundesanstalt für Arbeitsschutz und Arbeitsmedizin. Im Infoteil B finden Sie eine Anleitung für Einzelinterviews.

Zusammenfassende Bewertung der drei Methoden

In der folgenden **Übersicht** werden verschiedene Aspekte, wie Kosten, Unternehmensgröße und Marketingaufwand, miteinander verglichen. Sie sind damit in der Lage, die für Sie passende Methode auszuwählen.

	Befragung	Workshop	Einzelinterview
Unternehmensgröße	Für Unternehmen ab 50 Mitarbeiter geeignet. Sofern die Beurteilung nach Organisationseinheiten erfolgt, ist die Befragungsmethode ab 100 Mitarbeitern das einzige sinnvolle Verfahren.	Für kleine Unternehmen geeignet. Ausweichmethode, wenn die Kultur eines Unternehmens eine Befragung nicht zulässt. Unabhängig von der Unternehmensgröße ist dieses Verfahren bei der Beurteilung von Tätigkeitsfeldern eine Alternativmethode.	Einzelinterviews und Begehungen werden eigentlich nicht als Einstiegsmethode angewendet, sondern erst bei Auffälligkeiten. Unter kulturell sehr schwierigen Umständen kann das Einzelinterview für die Beurteilung von Tätigkeitsfeldern angewendet werden.
Kommunikations- und Vertrauenskultur	Herrscht großes Misstrauen zwischen Unternehmensleitung und Mitarbeitern, wird die Befragungsmethodik meist abgelehnt. Dabei ist sie das genaueste Verfahren, das die größte Anonymität gewährleistet.	Gerade von Betriebsratsseite werden Workshops bevorzugt, in der Hoffnung, dort kämen »die Dinge auf den Tisch«. Die Erfahrung zeigt, dass die Anonymität und Vertraulichkeit in Workshops am geringsten ist. Es braucht gute Vorarbeit, um hier eine offene Atmosphäre zu schaffen. Es ist sicherzustellen, dass die Protokollierung keine Rückschlüsse auf die teilnehmenden Personen zulässt. Die Teilnehmerlisten sind (in einem Klima des Misstrauens) in der Personalabteilung unter Verschluss zu halten.	Einzelinterviews werden in einer Atmosphäre von sehr großem Misstrauen und Angst auch als Ersterhebungsmethodik eingesetzt. Die Ergebnisse sind nicht repräsentativ und hängen sehr von der Auswahl der Teilnehmenden ab. Es ist sicherzustellen, dass die Interviewpartner anonym bleiben und die Protokollierung keine Rückschlüsse auf die Person zulässt.

	Befragung	Workshop	Einzelinterview
Kosten	Wird nach Organisationseinheiten beurteilt, ist die Befragungsmethode ab etwa 100 Mitarbeitern am kostengünstigsten. Bei Beurteilung nach Tätigkeitsfeldern macht sie bei größeren Organisationen Sinn, um Reisekosten und Aufwand zu reduzieren.	Bei der Beurteilung nach Tätigkeitsfeldern und bei kleinen Unternehmen unter 100 Mitarbeitern ist die Workshop-Methode am kostengünstigsten. Sie kann bei sehr kleinen Unternehmen mit etwas Vorbereitung auch ganz ohne externe Hilfe durchgeführt werden.	Die Einzelinterviewmethode ist keine Ersterhebungsmethode. Wird sie als solche verwendet, ist sie mit Abstand die teuerste Methode.
Marketingaufwand	Bei der Befragung kommt es auf hohe Teilnahmequoten an. Daher ist der operative Aufwand hier höher, fällt kostentechnisch aber kaum ins Gewicht.	Der Aufwand hängt von dem Auswahlprozess der Workshopteilnehmer ab. Da die Teilnahme grundsätzlich freiwillig ist, wird Werbung für die Workshopteilnahme notwendig sein, jedoch nicht in dem Umfang, wie bei der Befragung.	Der Aufwand ist sehr gering, weil die Teilnehmer meist direkt angesprochen und um die Teilnahme gebeten werden.
Wirkung im Unternehmen	Eine echte Verhältnisprävention gelingt mit dieser Befragungsmethodik am besten, insbesondere bei größeren Unternehmen. Allerdings hängt das stark vom nachgelagerten Aufarbeitungsprozess ab.	Bei kleinen Unternehmen ist die Wirkung mit der Befragung gleichzusetzen. Bei größeren Unternehmen hängt die Wirkung davon ab, wie gut die Ergebnisse kommuniziert und die Maßnahmen wirklich umgesetzt werden.	Als Methode der Beurteilung von speziellen Arbeitsplätzen ist eine sehr gute Wirkung gegeben, sofern die abgeleiteten Maßnahmen umgesetzt werden. Als Ersterhebungsmethodik schätze ist die Wirkung als gering einzuschätzen, weil die Stichprobe sehr klein ist und die meisten Mitarbeiter gar nicht mitbekommen haben, dass eine Gefährdungsbeurteilung abläuft.

Tab. 6: Bewertung der drei Beurteilungsmethoden

3.4.3   Phase 3 und 4: Analyse der Ergebnisse und punktgenaue Ableitung von Maßnahmen

In der dritten und vierten Phase der GDA-Leitlinie wird die Notwendigkeit der Ergebnisanalyse und der Ableitung von Maßnahmen beschrieben. In Kapitel 3.7 werden diese beiden Phasen ausführlich dargestellt.

3.4.4   Phase 5: Umsetzungskontrolle und Wirksamkeitsüberprüfung

Die Umsetzungskontrolle und Wirksamkeitsüberprüfung der GDA-Leitlinie finden in vielen Gefährdungsbeurteilungen nicht statt.

- **Umsetzungskontrolle** bedeutet, dass Sie dokumentieren müssen, welche Maßnahmen wann umgesetzt wurden. Das kann beispielsweise in Form eines Sitzungsprotokolls geschehen oder in Form einer Maßnahmenliste mit Verantwortlichem und einer Notiz, wann es umgesetzt wurde. Die GDA-Leitlinie fordert zudem, dass ein Umsetzungstermin gesetzt wurde.
- Die **Wirksamkeitsüberprüfung** geht sehr viel weiter. Dabei soll geprüft werden, ob die psychische Belastung sich durch die Maßnahme(n) verringert hat. Wenn Sie mit einem Fragebogen gearbeitet haben, empfiehlt sich eine erneute Durchführung der Befragung nach einem gewissen Zeitraum (siehe Phase 6).

Die **Umsetzungskontrolle** soll hier kurz erläutert werden. Der ausführliche Prozess wird in Kapitel 3.5 beschrieben. Die Umsetzungskontrolle schließt a) an die in den Einzelprotokollen der Teamworkshops beschlossenen Maßnahmen und b) an die zentrale Beschlussfassung über Maßnahmen aller ausgewerteten Protokolle an.

Die Führungskräfte oder Moderatoren der Teamworkshops müssen etwa sechs Monate nach den Teamworkshops in einer Teamsitzung dokumentieren, welche der im Team beschlossenen Maßnahmen umgesetzt wurden. Dieses Protokoll ist der Arbeitsgruppe BGM zuzusenden, es gehört in die Dokumentation.

Verwenden Sie für die Abschlussdokumentation einfach die »Beschlussfassung über Maßnahmen« (vgl. Abb. 21). Notieren Sie, was umgesetzt wurde, bestätigen Sie es mit Unterschriften und drucken Sie es für die Ablage aus.

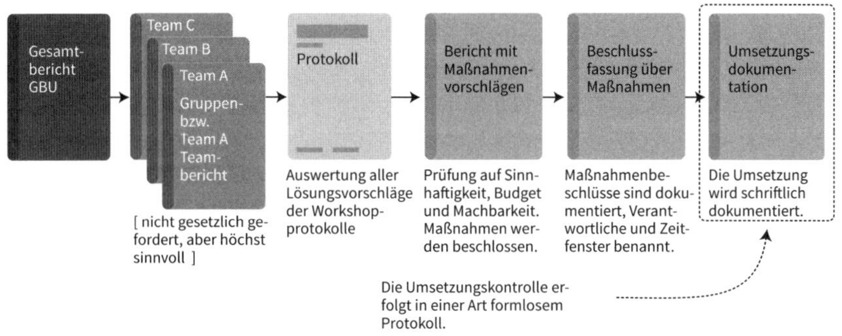

Abb. 21: Das ist der Dokumenten-Fluss einer GBU, vom Gesamtbericht über die Workshop-Protokolle bis zur Umsetzungsdokumentation (Quelle: eigene Darstellung)

3.4.5   Phase 6: Wiederholung und Fortschreibung

Phase 6 fordert eine Fortschreibung der Gefährdungsbeurteilung. Damit ist gemeint, dass der Arbeitgeber und seine Vertreter verpflichtet sind, fortwährend nach neuen Gefährdungen Ausschau zu halten, etwa wenn neuartige Arbeitsbelastungen hinzugekommen sind. Beispiele sind Restrukturierungen, neuartige Tätigkeiten oder neue Maschinen.

Eine zeitliche Vorgabe dafür gibt es nicht. Ein Berufsgenossenschaftsmitarbeiter sagte dazu einmal, dass der Arbeitgeber jährlich die Gefährdungsbeurteilung durchschauen und auf Aktualisierungsnotwendigkeit prüfen sollte. Kommen Gefährdungen hinzu, so ist zeitnah eine Gefährdungsbeurteilung spezifisch für diesen Bereich bzw. diese Tätigkeit nachzureichen.

> **Tipp**   !
> Führen Sie bereits direkt beim **Eintritt einer Neuerung** eine kurze Beurteilung durch:
> »Welche psychischen Fehlbelastungen sind hier zu erwarten?« Erstellen Sie eine schriftliche
> Einweisung, in der Sie die Mitarbeiter auf die wahrgenommenen Fehlbelastungen hinweisen
> und wie damit umzugehen ist.
> Wenn die Mitarbeiterinnen und Mitarbeiter nach ein paar Wochen erste Erfahrungen mit der
> neuen Situation gesammelt haben, führen Sie einen kurzen Workshop durch, in dem Sie die
> Belastungen, Fehlbelastungswahrnehmungen und deren Folgen abfragen und gemeinsam
> nach adäquaten Lösungen suchen.

3.4.6   Phase 7: Dokumentation

Die Dokumentation ist in § 6 des ArbSchG vorgeschrieben. Die zweite GDA-Leitlinie Gefährdungsbeurteilung und Dokumentation fordert als Bestandteile der Dokumentation ...

* den **Bericht über die Beurteilung der psychischen Belastungen**, darin sind der Gesamtbericht und alle Team-/Gruppen- oder Abteilungsberichte enthalten,
* die **erarbeiteten Maßnahmenvorschläge**, die **Beschlussfassung** über die durchzuführenden Maßnahmen, mit Verantwortlichem und verbindlichen Terminen,
* den **Nachweis der Maßnahmendurchführung**,
* einen **Nachweis über die Überprüfung der Wirksamkeit**,
* und das **Datum der Erstellung**.

Übertragen auf die beiden Hauptmethoden Befragung und Workshop ergeben sich folgende Dokumente, die Sie ausgedruckt als Dokumentation bereithalten:

Dokumentations- und Berichtsanforderungen für die Befragungsmethode
* **Gesamtbericht:** Der Bericht über die Belastungsanalyse basiert auf den Befragungsdaten. Der Bericht sollte eine *Management Summary* mit Hypothesen zu übergeordneten Themen enthalten, eine Red-Flag-Analyse, die Ursache-Wirkungs-Beziehungen sowie alle Faktoren in der Einzeldarstellung.
* **Vorstandsbereichsberichte** oder auch Geschäftsbereichsberichte enthalten die Daten des jeweiligen Vorstands- oder Geschäftsbereiches und eine Aufschlüsselung aller zugehörigen Teams und Abteilungen. →*kein Pflichtbestandteil*
* **Team- oder Abteilungsberichte:** Lassen Sie Teamberichte erstellen, die bereits Lösungswissen enthalten und von Laien lesbar sind. Ideal ist eine individuelle Interpretation durch das BGM-Team mit einer schriftlichen Schwerpunktsetzung und Empfehlung an das Team.
* **Team- oder Abteilungsergebnisse als PowerPoint®:** Das spart den Führungskräften eine Stunde Arbeit und wird als toller Service erlebt. Lassen Sie die wichtigsten Ergebnisse als PowerPoint®-Datei erstellen. Vorteil: So kommen die Führungskräfte nicht in Versuchung, den Teambericht für alle Mitarbeiter auszudrucken. Da sind nämlich auch Infos enthalten, die nicht für das Team bestimmt sind. →*kein Pflichtbestandteil*
* **Protokolle der Teamworkshops/Gesundheitszirkel:** Die Protokolle der Teamworkshops sowie der Gesundheitszirkel fassen alle beschlossenen Maßnahmen zusammen. Diejenigen Maßnahmen, die in Eigenregie vom Team beschlossen und umgesetzt werden können, müssen vom Verantwortlichem unterzeichnet und mit einem Umsetzungsdatum versehen sein. Es sollte dokumentiert sein (etwa sechs Monate später), was davon auch wirklich gemacht wurde.

Dokumentations- und Berichtsanforderungen für die Workshop-Methode

- **Gesamtbericht:** Dies ist der Bericht über die Belastungsanalyse. Er basiert auf den Workshop-Protokollen und enthält auch Hypothesen über größere Themenkomplexe. Im Prinzip sollten alle relevanten Informationen darin enthalten sein.
- **Workshop-Protokolle aller Gruppen:** Die Protokolle enthalten die Einschätzung der Workshopteilnehmer, idealerweise mit der dargestellten Nohl-Matrix. Darin sind die Stressor-Nennungen samt Beispielen und die Lösungsideen enthalten.
- **Maßnahmenableitung:** Sie sollten aus allen Workshop-Protokollen die beschlossenen Maßnahmen zusammenfassend darstellen.
- **Umsetzungsdokumentation:** Die umgesetzten Maßnahmen müssen per Protokoll schriftlich bestätigt werden.

3.5 Der Prozess der Gesundheitsbefragung

In diesem Abschnitt lernen Sie den vollständigen Schritt-für-Schritt-Prozess für den Ablauf der Gefährdungsbeurteilung mit der Befragungsmethodik kennen. Sie finden die gesamte Prozessdarstellung als PDF in den Arbeitshilfen online zum Download.

Die Zahlen hinter den Überschriften in diesem Abschnitt verweisen auf die hellgrauen Kreise mit Nummern in der Abbildung 22.

3.5.1 Fragebogenauswahl und Anonymisierungsverfahren ①

Zunächst müssen Sie einen Fragebogen auswählen. Wie das geht, steht gleich im ersten Punkt. Einige Fragebögen werden im Buchtipp vorgestellt. Der COPSOQ-Fragebogen (Copenhagen Psychosocial Questionnaire) scheint sich am Markt gerade durchzusetzen.

a) Befragungsinstrumente
Es gibt viele Befragungsinstrumente und das Angebot ist unübersichtlich und nicht nur für Laien schwer zu beurteilen. Die Auswahl sollte sich an folgenden Kriterien orientieren:

- Wie alt ist der Fragebogen? Versionen vor 2013 sollten nicht verwendet werden, weil sie die gesetzlichen Vorgaben häufig nicht berücksichtigen.
- Wird der Fragebogen weiterentwickelt? Viele Instrumente sind einmalige Entwicklungen einer Universität und werden nicht fortgeführt. Doch die Arbeitsplätze ändern sich und damit auch die Gefährdungen.
- Deckt der Fragebogen die vorgeschriebenen Merkmalsbereiche (GDA-Leitlinie) ab? Das ist häufig nicht der Fall. Prüfen Sie, ob der Fragebogen alle für Sie notwendigen Belastungsfaktoren enthält.
- Weist das Instrument mindestens die Analysetiefe *Screening-Verfahren* auf (siehe Kapitel 3.4.2)?

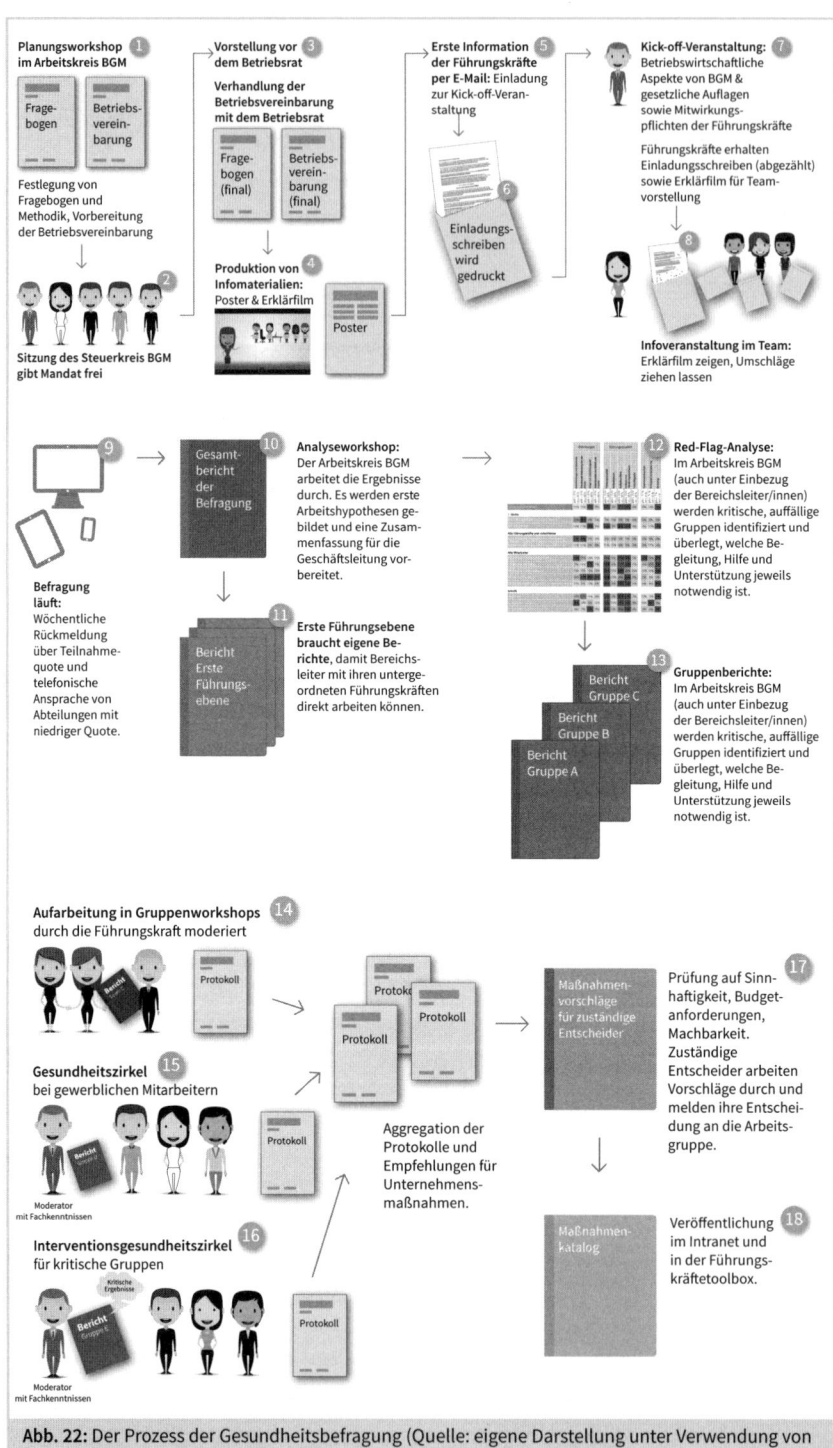

Abb. 22: Der Prozess der Gesundheitsbefragung (Quelle: eigene Darstellung unter Verwendung von Stockmedien von stock.adobe.com)

Lesetipp   **!**

→ »Gefährdungsbeurteilung psychischer Belastungen« ist das Standardwerk der Bundesanstalt für Arbeitsschutz und Arbeitsmedizin. Dort finden Sie im Infoteil B eine ausführlich erläuterte Liste der Erhebungswerkzeuge. Sie ist nicht vollständig, aber hilfreich, um eine erste Orientierung zu bekommen.

Der COPSOQ-Fragebogen

In den letzten Jahren hat sich der COPSOQ-Fragebogen (Copenhagen Psychosocial Questionnaire) durchgesetzt. Die Entwicklung des Fragebogens ist durch Forschungsgelder finanziert, und er steht **kostenfrei zur Verfügung** (siehe: www.copsoq-network.org/guidelines). Die reine Verwendung des Fragebogens darf nicht kostenpflichtig angeboten werden, lediglich Zusatzservices, wie die Prozessunterstützung durch eine Onlinebefragung, Papierbefragung, Datenaufbereitung, Analyse und Berichterstellung, darf durch Anbieter mit Kosten verbunden werden.

Es gibt mehrere Anbieter auf dem Markt, die mit dem COPSOQ-Fragebogen arbeiten. Die Qualität der Ergebnisberichte und die Aufbereitung der Daten sind äußerst unterschiedlich, daher sollten Sie sich die Ergebnisberichte vor Vertragsabschluss zeigen lassen.

Um Rechen- und Interpretationsfehler zu vermeiden, sollten Sie den Fragebogen nicht ohne professionelle Hilfe anwenden.

Braucht man Branchenvergleichswerte?   **!**

Bei einigen Befragungsverfahren – etwa dem COPSOQ-Fragebogen – werben Anbieter mit dem Vergleich Ihres Unternehmens mit Branchenwerten. Diese stammen aus Befragungen anderer Unternehmen derselben Branche und werden häufig insbesondere von der Geschäftsführung geschätzt, in ihrem Nutzen jedoch überschätzt. Folgende Argumente sollten Sie berücksichtigen:

* Branchenvergleichswerte bergen die Gefahr, dass ein Belastungsfaktor im Vergleich zur Branche positiv ausgeprägt ist und dennoch in den Absolutwerten großer Handlungsbedarf besteht.
* Umgekehrt kann ein Faktor im Branchenvergleich schlecht ausfallen und dennoch kein Handlungsbedarf vorliegen.

Letztlich ist die Auswertungs- und Berichtsqualität entscheidender als das Vorliegen von Branchenwerten, da Entscheidungen über Maßnahmen nicht anhand des Branchenvergleichs getroffen werden, sondern anhand der vorliegenden Betroffenheit in den einzelnen Gruppen.

Der COPSOQ-Fragebogen fragt zu Beginn demografische Daten für wissenschaftliche Zwecke ab, die eine Auswertung auf Gruppenebene verhindern, da dies ein Verstoß gegen das Anonymitätsgebot darstellt. Die Kombination aus Geschlecht, Alter, Gruppenzugehörigkeit und möglicher weiterer Merkmale wie Teilzeit- oder Vollzeitanstellung unterschreiten bei Gruppenauswertungen meist die Mindestgröße von fünf Personen.

Anhand des folgenden Schemas (Tab. 7) wird deutlich, warum wir so wenige demografische Daten wie möglich abfragen sollten. Die *Kombinationszelle* aus z. B. den vier Angaben a) Geschlecht, b) Altersgruppe, c) Teil- vs. Vollzeit und d) Gruppenzugehörigkeit muss die Mindestgröße von fünf Personen umfassen. Das Schema zeigt, wie groß die Gruppen sein müssten:

	weiblich						männlich					
	<30		30-50		>50		<30		30-50		>50	
	Teil-zeit	Voll-zeit	Teil-zeit	Voll-zeit	Teil-zeit	Voll-zeit	Teil-zeit	Voll-zeit	Teil-zeit	Voll-zeit	Teil-zeit	Voll-zeit
Gruppe A	>5	>5	>5	>5	>5	>5	>5	>5	>5	>5	>5	>5
Gruppe B	>5	>5	>5	>5	>5	>5	>5	>5	>5	>5	>5	>5
Gruppe C	>5	>5	>5	>5	>5	>5	>5	>5	>5	>5	>5	>5

Tab. 7: Kombinationstabelle zur Feststellung der notwendigen Gruppengrößen. In der kleinsten Zelle müssen mehr als fünf Personen enthalten sein.

Für die Anwendung der Methodik der punktgenauen Problemlokalisierung und Interventionsplanung sind die Angaben a) bis c) jedoch nicht von Belang. Meine Empfehlung: Verzichten Sie darauf zugunsten möglichst kleiner Gruppen.

Work-Ability-Index (WAI)
Der Arbeitsfähigkeitsindex misst die *gesundheitsbezogene Arbeitsfähigkeit relativ zu den Arbeitsanforderungen*. Die Arbeitsfähigkeit ist dabei eine wesentliche Grundlage für das Wohlbefinden von Mitarbeitern sowie für die Produktivität von Unternehmen, schreiben Hans Martin Hasselhorn und Dr. Gabriele Freude in ihrem lesenswerten Leitfaden (vgl. Lesetipp). Der ursprüngliche Entwickler das WAI ist Juhani Ilmarinen aus Finnland. Er beschreibt die Arbeitsfähigkeit als die Fähigkeit eines Menschen, eine gegebene Arbeit zu einem bestimmten Zeitpunkt zufriedenstellend ausführen zu können.

Damit wird die Arbeitsfähigkeit unabhängig vom konkreten Beruf und vom konkreten Gesundheitszustand einer Person beschrieben. Ein querschnittsgelähmter Physiker kann zu 100 % arbeitsfähig sein, da er seine Beine für die Lehr- und Forschungstätigkeit nicht benötigt. Als Kellner in einem Restaurant wäre diese Person nur gering arbeitsfähig, weil er die Anforderungen nicht erfüllen könnte.

Es ist gerade diese Besonderheit der relativen Arbeitsfähigkeit, die den WAI so wertvoll macht. Denn es ist mit ihm möglich, Menschen unterschiedlicher Berufsgruppen zu vergleichen und gleichzeitig eine Messung der Wirksamkeit von Gesundheitsmanagement vorzunehmen. Mein Tipp: Nutzen Sie den WAI-Gesamtunternehmenswert als Marker für die Wirksamkeit Ihres BGMs. Diese Kennzahl ist wesentlich besser, als ausschließlich die Krankenquote zu betrachten. Diese ist aufgrund ihrer Abhängigkeit von wenigen Langzeitkranken extrem volatil und teilweise durch das betriebliche Gesundheitsmanagement nicht beeinflussbar. Zudem verschleiert sie die Produktivitätsverluste im Präsentismusbereich.

Lesetipp   !

→ Der »**Work-Ability-Index – ein Leitfaden**« von Prof. Dr. med. Hans Martin Hasselhorn und Dr. rer. nat. Gabriele Freude ist ein übersichtliches Einführungswerk in den Nutzen des Arbeitsfähigkeitsindexes.
Link: www.wainetzwerk.de

Der Work-Ability-Index (WAI) stellt zehn Fragen und lässt das Vorhandensein mehrerer Krankheitsgruppen einschätzen. Aus diesen Angaben werden sieben Dimensionen errechnet, die im Folgenden in ihrem jeweiligen Aussagenutzen dargestellt werden:

1. derzeitige Arbeitsfähigkeit im Vergleich mit der besten jemals erreichten Arbeitsfähigkeit	Diese Dimension gibt an, wie sehr sich Menschen als »abbauend« erleben.
2. derzeitige Arbeitsfähigkeit in Bezug auf die körperlichen und psychischen Anforderungen der Arbeit	Hier wird das subjektive Empfinden der Bewältigungsfähigkeit abgefragt.
3. aktuelle Zahl ärztlich diagnostizierter Krankheiten	Über die vorhandenen Krankheitsgruppen ist eine sehr wichtige und differenzierte Auswertung möglich. Sie zeigt deutlich besser als die Krankenkassenberichte, welche Krankheitsgruppen im Unternehmen vorhanden sind.
4. Ausmaß von Arbeitseinschränkungen aufgrund von Erkrankung/Verletzung	Hier wird nach der erlebten Arbeitseinschränkung und nach Präsentismusverhalten gefragt.
5. krankheitsbedingte Ausfalltage während der letzten 12 Monate	Den tatsächlichen Krankenstand können Sie einer Befragung ja nicht zuordnen, weil Sie die Befragungsteilnehmer nicht kennen. Deswegen ist diese Angabe hilfreich, um Ursache-Wirkungs-Analysen machen zu können.
6. eigene Einschätzung der Arbeitsfähigkeit in den kommenden zwei Jahren	Hier schätzen die Mitarbeiter ein, ob sie diesen Job noch in zwei Jahren ausführen können. Diese Dimension kann einen vorzeitigen Berufsausstieg oder eine Langzeiterkrankung ziemlich gut vorhersagen (TUOMI, 1997).

7. mentale Ressourcen und Befindlichkeiten	Das ist ein Optimismusfaktor. Er hat eine gute Aussagekraft über die Motivationslage und die Sicht auf die Zukunft.

Tab. 8: Die sieben Beurteilungsdimensionen des WAI-Fragebogens und ihr Aussagenutzen

Aus den sieben Dimensionen wird ein Punktwert zwischen 7 und 49 Punkten errechnet. Die folgende Tabelle zeigt die Einordnung der Punktwerte:

44-49	sehr gut	Arbeitsfähigkeit erhalten	Referenzpunkt
37-43	gut	Arbeitsfähigkeit unterstützen	-4,9 %
28-36	mäßig	Arbeitsfähigkeit verbessern	-12,0 %
7-27	schlecht	Arbeitsfähigkeit wiederherstellen	-26,6 %

Tab. 9: Kategorien des WAI und Handlungsempfehlungen aus dem WAI-Leitfaden. In der letzten Spalte steht der mittlere Produktivitätsverlust relativ zum Referenzpunkt nach einer Studie von Tilja Van den Berg (2010).

Van den Berg (2010[19]) untersuchte 10.500 Arbeitnehmer hinsichtlich des mittleren Produktivitätsverlustes in Abhängigkeit zu ihrem WAI-Punktwert. Ihre Ergebnisse finden sich ebenfalls in Tabelle 9 in der letzten Spalte. Zwei wichtige Ergebnisse ihrer Untersuchung sind: Der Produktivitätsverlust scheint besonders mit einem niedrigen Optimismusfaktor (Dimension 7) zu korrelieren und der Produktivitätsverlust kann teilweise durch größeren beruflichen Handlungsspielraum kompensiert werden.

!   **Tipp**

Werten Sie nicht nur den Unternehmens-WAI aus, sondern berechnen Sie auch die mittleren WAI für jede Abteilung und Gruppe. Legen Sie eine graduelle Färbung darüber, wie im folgenden Beispiel. Hier fällt sofort auf, dass die Gruppe *Verwaltung* im WAI niedriger liegt. Der mittlere Produktivitätsverlust ist eine Berechnung auf Basis der erwähnten Studie von Van den Berg (2010).

	WAI-Index	mittlerer Produktivitätsverlust
Gesamtunternehmen	38,3	-7,0 %

F1-Ebene	WAI-Index	mittlerer Produktivitätsverlust
Betriebsorganisation	38,1	-7,4 %

---

19   https://www.ncbi.nlm.nih.gov/pmc/articles/PMC3141843/

Untergruppen 1a	WAI-Index	mittlerer Produktivitätsverlust
Informationstechnologien	39,8	-5,9 %
Projekte und Steuerung	38,0	-6,4 %
Prozessorganisation	38,3	-7,1 %
Verwaltung	36,7	-10,3 %

b) Anonymisierungsverfahren

Die Teilnahmequote von schlecht durchgeführten Befragungen liegt bei etwa 30 %. Das ist natürlich inakzeptabel. Eine der Hauptursachen ist das **mangelnde Vertrauen in die Anonymität der Befragung** seitens der Mitarbeiterinnen und Mitarbeiter, selbst wenn viele Ängste überzogen sind und Mitarbeitern nicht klar ist, dass ein Workshop wesentlich weniger anonym ist als eine Befragung. Und hier gilt ein wichtiger Leitsatz:

> **Wichtig**   !
>
> Es kommt auf die **wahrgenommene Anonymität** an. Die Mitarbeiterinnen und Mitarbeiter müssen sehen, verstehen und fühlen können, dass die Befragung wirklich anonym ist.

Die Erfahrung aus vielen Beratungs- und Befragungsprojekten ist in die folgende Vorgehensweise eingeflossen:

* Erheben Sie **keine sozio-demografischen Daten**, außer der Teamzugehörigkeit. Die Angaben zum Alter oder Geschlecht sind nicht zwingend erforderlich. Viele Anbieter möchten die Befragungsdaten für ihre wissenschaftliche Forschung nutzen und versuchen Unternehmen davon zu überzeugen, dass diese Angaben wichtig seien.
* Die minimale Gruppengröße sollte **acht Mitarbeiter, besser zehn** betragen. Die Datenschutzrichtlinien geben eine Mindestgruppengröße von fünf an, doch das »fühlt sich zu klein an«.
* Alle **Fragen sollten** bei Onlinebefragungen **freiwillig sein**. Richten Sie keinen technischen »Antwortzwang« ein, sonst haben Sie zu viele Abbrecher.
* Der **Befragungsserver sollte nicht über das Intranet**, sondern über das Internet erreichbar sein. So können auch private Geräte eingesetzt werden (kein IP-Tracking). Unterschätzen Sie diesen Aspekt nicht.
* Die Einladung erfolgt als **Brief**, nicht elektronisch. Hier ein Beispiel:

Sehr geehrte Damen und Herren,

mit diesem Schreiben erhalten Sie die Unterlagen zur Gefährdungsbeurteilung »Psychische Belastung am Arbeitsplatz«. Die Teilnahme an der Mitarbeiterbefragung ist freiwillig und nimmt ungefähr 30 Minuten Ihrer Zeit in Anspruch.

Die Aussagekraft des Fragebogens ist natürlich dann am größten, wenn alle im Fragebogen enthaltenen Fragen beantwortet werden. Dies ist jedoch keine Voraussetzung für Ihre Teilnahme an der Gesundheitsbefragung. Sollten Sie einzelne Fragen nicht beantworten können oder wollen, so beantworten Sie bitte einfach die verbleibenden Fragen.

Ihre gesamten Angaben werden vollständig anonym erhoben und ausgewertet. Deshalb können Sie den Zugangsschlüssel innerhalb Ihrer Befragungsgruppe problemlos mit einer/m Kollegin/en tauschen, da diese Codes nicht einer Person zugeordnet sind.

Um an der Onlinebefragung teilzunehmen rufen Sie die folgende Internetadresse auf. Sie können dafür **jedes internetfähige Gerät verwenden**, einen PC, ein Tablet oder ein Smartphone. Dabei ist es unerheblich, ob Sie ein berufliches oder privates Gerät verwenden:

www.befragungsserver.de/unternehmenszugang/

Ihr anonymer Zugangsschlüssel: **hkP23**

Der anonyme Code stellt sicher, dass keine fremden Personen die Befragung stören können und dass jeder nur einmal an der Befragung teilnehmen kann

Wir freuen uns, wenn Sie an der Befragung teilnehmen und bedanken uns bereits im Voraus für Ihre Mitarbeit.

Mit freundlichen Grüße,

Personalleiter   Betriebsrat   BGM-Manager

Abb. 23: Einladung zu einer Gesundheitsbefragung (Beispiel)

- Im Anschreiben wird der **Link zum Befragungsserver** und ein **anonymer Zugangsschlüssel** genannt. Dieser ist individuell und wird jeweils nur einmal vergeben. Über den Zugangsschlüssel stellen Sie sicher, dass eine Person nicht mehrfach teilnimmt und auch keine unbefugten Personen an der Befragung teilnehmen.
- Sie können nun entweder die **Gruppenzuordnung** dem Teilnehmer selbst überlassen und geben ihm eine entsprechende Auswahl vor. In der Vorbereitung und Logistik aufwendiger, dafür mit weniger Fehlern behaftet, ist die Vorregistrierung der Zugangsschlüssel auf die von Ihnen festgelegte Gruppeneinteilung. Eine Gruppe mit zehn Mitarbeitern erhält also zehn Einladungsschreiben mit je einem Code. Diese zehn Codes sind vorab auf diese Gruppe registriert worden. Sie müssen dann aber sicherstellen, dass jede Gruppe die für sie gedachten Codes erhält.
- Die Erlaubnis, den Fragebogen online auch **mit einem privaten Gerät ausfüllen** zu können, löst die Angst vor dem IP-Tracking, weil selbst böswillige Unternehmen keinen Zugriff auf die IP-Adressen von privaten Internetanschlüssen haben.
- Die Erlaubnis, sich ein Einladungsschreiben zufällig ziehen zu dürfen bzw. es innerhalb der eigenen Gruppe zu tauschen, löst die Angst, dass der Mitarbeiter sich anhand des Codes identifizieren lässt.

3.5.2   Sitzung des Steuerkreises BGM ②

In dieser Steuerkreissitzung wird das Mandat für die Durchführung der Gefährdungsbeurteilung erteilt sowie das Konzept genehmigt. Legen Sie daher in Ihrer Präsentation dar, in welchen Projektschritten (etwa orientiert an diesem Buchabschnitt) Sie
vorgehen. Händigen Sie allen Anwesenden den vollständigen Fragenkatalog aus und
möglichst alle bereits fertigen Dokumente.

Folgende Erfahrungen habe ich in diesen Steuerkreissitzungen gemacht:
- Es muss deutlich gemacht werden, dass es nicht um die Beurteilung von psychi-
schen Erkrankungen geht. Erläutern Sie das Belastungs-Beanspruchungs-Modell.
- Sie sollten klar darlegen, dass die eigentliche Arbeit erst nach der Beurteilung
stattfindet, nämlich im Aufarbeitungsprozess. Stellen Sie diesen detailliert dar.
- Machen Sie bei der Begründung Ihrer Wahl der Befragungsmethodik deutlich, dass
dies die anonymste und repräsentativste Methode ist.
- Sofern im Steuerkreis auch ein Betriebsrat anwesend ist, sollten Sie bereits im
Vorfeld kurz mit dem Kollegen darüber sprechen, dass direkt im Anschluss eine
Projektvorstellung vor dem Betriebsrat erfolgt.
- Stimmen Sie die GBU mit der Geschäftsleitung vor dem Steuerkreis ab. Im Prinzip
brauchen Sie das Okay vorher.

3.5.3   Projektvorstellung vor dem Betriebsrat und Verhandlung
einer Betriebsvereinbarung ③

a) Projektvorstellung
Jedem Gesundheitsmanager kann ich nur anraten, den Betriebs- oder Personalrat am
Steuer- und Arbeitskreis zu beteiligen. Es sollte also mindestens ein BR-Vertreter in
diesen Kreisen vertreten sein. Sie kommen dennoch nicht umhin, eine Gesundheits-
befragung und eine Gefährdungsbeurteilung vor dem Gesamtbetriebsrat vorzustel-
len, da es hier Mitbestimmungsrechte gibt. Folgendes gilt es dabei zu beachten:
- Legen Sie dem Betriebsrat den vollständigen Fragebogen im Wortlaut vor. Hier
geht es auch um die An- und Abmoderationstexte wie das Anschreiben oder die
Begrüßung auf dem Befragungsserver.
- Stellen Sie dem Betriebsrat den vollständigen Prozess vor (etwa so, wie in diesem
Abschnitt beschrieben) und händigen Sie eine schriftliche Prozessbeschreibung aus.
- Legen Sie dem Betriebsrat Musterberichte für die Gesamtauswertung und die
Gruppenberichte vor.
- Legen Sie den Vertrag zur Auftragsdatenverarbeitung sowie die DSGVO-Erklärung
des externen Dienstleisters vor, in der auch die Löschfristen für Rohdaten geregelt
ist. Diese sollten allerdings nicht unter sechs Jahren liegen, damit Sie mindestens
über zwei Befragungszeiträume rückblickend Vergleiche anstellen können.

!   **Tipp**

Die Rohdaten von Gesundheitsbefragungen sollten Sie mindestens sechs Jahre verfügbar halten, sofern Sie, dem Vorschlag entsprechend, regelmäßig alle drei Jahre eine Befragung durchführen möchten. So können Sie über jeweils zwei zurückliegende Befragungszeitpunkte vergleichen. Die Papierfragebögen können jedoch nach der digitalen Erfassung sofort vernichtet werden.

- Alle Änderungen des Ablaufs und des Fragebogens (auch wortweise) sind dem Betriebsrat mitzuteilen.
- Treffen Sie eine Regelung über die Geheimhaltung bzw. Veröffentlichungsrechte von Berichten und anderen Daten. Der Betriebsrat, der Mitglied des Steuer- bzw. Arbeitskreises BGM ist, darf nicht automatisch die ihm zugänglichen Informationen im Betriebsrat mitteilen und dieser darf darauf nicht eine unabgestimmte Veröffentlichung durchführen.
- Regeln Sie im Vorfeld, welchen Bericht der Betriebsrat später offiziell überreicht bekommt. Meine Empfehlung ist ein Gesamtunternehmensbericht, der die Daten vom Gesamtunternehmen und den Bereichen enthält, nicht aber heruntergebrochen auf Abteilungs- oder Teamebene.
- Bitten Sie den Betriebsrat bzw. den/die Vorsitzende/n um aktive Beteiligung bei der Bewerbung der Befragung.

!   **Beispiel**

In einem Kundenprojekt unterstützte der Betriebsrat die Bewerbung der Gesundheitsbefragung bzw. Gefährdungsbeurteilung mit folgenden Maßnahmen:
- Am Schwarzen Brett sowie im BR-Bereich des Intranets wurde eine abgestimmte Veröffentlichung getätigt.
- Das Anschreiben, auf dem der Onlinezugang zur Befragung mitgeteilt wurde, war auch von der Betriebsratsvorsitzenden mitunterschrieben.
- Es wurde im Vorfeld ein Erklärfilm erstellt, in dem ein Vorstand und die Betriebsratsvorsitzende mit kurzen Statements für die Befragung warben.
- Bei Mitarbeiterversammlungen stellt der Betriebsrat das Projekt ebenfalls vor bzw. vergab dafür ein Zeitfenster, in dem es vom Gesundheitsmanager vorgestellt werden konnte.

Diese Empfehlungen sind keine Pflichtvorgaben, sondern Erfahrungswerte, die zeigen, wie eine gute Zusammenarbeit mit dem Betriebsrat zu erzielen ist.

b) Betriebsvereinbarung

Das folgende Muster einer Betriebsvereinbarung beschreibt den in diesem Buch vorgeschlagenen Befragungsprozess sowie die Aufarbeitungen im Nachgang.

Muster für eine Gesamtbetriebsvereinbarung   **!**

Gesamtbetriebsvereinbarung zur
Durchführung einer Gefährdungsbeurteilung psychischer Belastungen
Die Vereinbarung wird getroffen zwischen der Firma

…

und

den Betriebsräten der …
gemäß § 87, Absatz 1, Punkt 7 des BetrVG.

1. Präambel

Es soll eine Gefährdungsbeurteilung psychischer Belastungen im Gesamtunternehmen durchgeführt werden. Ziel ist – neben der Erfüllung der gesetzlichen Vorschriften – das Erkennen, Ergründen und sofern möglich das Beseitigen oder Verringern von psychischen Belastungsfaktoren am Arbeitsplatz, die bei Mitarbeiterinnen und Mitarbeitern zu langfristigen negativen Beanspruchungsfolgen und gesundheitlichen Folgeschäden führen können. Zusätzlich soll die gesundheitsbezogene Arbeitsfähigkeit gemessen werden, um die strategische Ausrichtung und die Maßnahmen des betrieblichen Gesundheitsmanagements zielgerichteter planen zu können.

2. Geltungsbereich

Die Vereinbarung gilt für alle Mitarbeiterinnen und Mitarbeiter des Unternehmens an allen Standorten in Deutschland.

3. Beschreibung des Verfahrens

3.1 Eingesetzte Erhebungswerkzeuge

1. Die Gefährdungsbeurteilung psychischer Belastungen (im Folgenden: PsychGef) wird mittels der Fragebogenmethodik durchgeführt. Fallen mit diesem Screeningverfahren einzelne Bereiche mit besonderen Belastungen auf, kann dort ein bereichsbezogener und zeitlich beschränkter Gesundheitszirkel eingesetzt werden.
2. Zum einen wird der **COPSOQ-Fragebogen** eingesetzt. COPSOQ steht für Copenhagen Psychosocial Questionnaire und ist ein wissenschaftlich validierter Fragebogen zur Erfassung der psychischen Belastungen am Arbeitsplatz und wird von der Bundesanstalt für Arbeitsschutz und Arbeitsmedizin als Instrument empfohlen.
3. Daneben kommt der **Work-Ability-Index** (Arbeitsfähigkeitsindex, abgekürzt = WAI) zum Einsatz. Mit dem WAI lassen sich die Möglichkeiten eines Menschen in einem bestimmten Lebensalter in Bezug auf eine bestimmte Arbeitsanforderung beschreiben. Der WAI beschreibt die aktuelle Arbeitsfähigkeit des untersuchten Arbeitnehmers, erlaubt aber auch Vorhersagen über seine Gesundheitsgefährdung.
4. Zusätzlich werden einige **Fragen zum Lebensstil** und **zu Wünschen an das betriebliche Gesundheitsmanagement** gestellt.
5. Des Weiteren werden **Zusatzfragen zur Homeoffice-Tätigkeit** gestellt und **Fragen zur Außendiensttätigkeit**.
6. Die Fragen wurden dem Betriebsrat vollständig zur Kenntnis gegeben.

3.2 Datenerhebung

1. Die Teilnahme ist anonym und freiwillig.
2. Die Teilnahme an der Befragung zur psychGef findet in der Arbeitszeit statt.

3. Die Fragen werden über ein Onlinebefragungsserver der ... dargeboten, außerhalb des Unternehmensnetzwerkes. Der Befragungsserver ist von jedem internetfähigen Gerät (Computer, Tablet oder Smartphone) erreichbar. Die Befragung ist »responsive« angelegt, passt sich also in ihrer Darstellung und Lesbarkeit den Bildschirmgrößen an. Für die Teilnahme an der Onlinebefragung ist es nicht erforderlich, den Arbeitsplatz-PC zu verwenden.

4. Die Mitarbeiterinnen und Mitarbeiter können in der Zeit vom 4.10. bis 25.10. an der Befragung teilnehmen. Je nach Teilnahmequote kann eine Nachverlängerung bis zum 31.10. erfolgen.

5. Mitarbeiter können einzelne Fragen nicht beantworten. Der Befragungsserver toleriert die Nicht-Beantwortung von Fragen.

3.3 Sicherstellung der Anonymität

1. Zur Sicherung des Zugangs zur Befragung, d. h. um zu verhindern, dass unberechtigte Dritte ebenfalls an der Befragung teilnehmen, ist ein Login am Befragungsserver notwendig. Dieser verhindert zudem, dass ein Mitarbeiter die Befragung mehrfach ausfüllt.

2. Die Firma ... erstellt in Abstimmung mit Geschäftsleitung und Betriebsrat ein Anschreiben, in dem die Internetadresse (URL) zum Befragungsserver und eine Benutzername- / Passwortkombination enthalten sind. Benutzername und Passwort enthalten keine laufende Nummer, sondern bestehen aus einer kurzen Buchstaben-Zahlenkombination. Das Anschreiben wird nicht personalisiert, enthält also keine namentliche Adressierung. Die Anschreiben werden in neutrale weiße Briefumschläge kuvertiert und durchmischt. Es werden Anschreiben in Anzahl der Mitarbeiter erstellt. Niemand weiß, welcher Benutzername in welchem Umschlag enthalten ist.

3. Jede Führungskraft erhält eine zufällige Auswahl an weißen Briefumschlägen in der Anzahl seiner Mitarbeiter sowie eine Namensliste seiner Abteilung. Die Umschläge dürfen von der Führungskraft nicht geöffnet werden. Er bzw. sie ermöglicht es jedem Mitarbeiter sich aus diesen Briefumschlägen einen Umschlag willkürlich zu ziehen, so dass eine Kenntnis, welcher Mitarbeiter welchen Benutzernamen hat, ausgeschlossen ist.

4. Auf der Namensliste vermerkt die Führungskraft, welcher Mitarbeiter einen Umschlag erhalten hat. Sind einzelne Mitarbeiter einer Abteilung krank, im Urlaub oder aus sonstigen Gründen abwesend, übergibt die Führungskraft die übrigen Umschläge dem Betriebsrat mit der Liste der noch fehlenden Mitarbeiter. Der Betriebsrat schickt den weißen Umschlag – willkürlich ausgewählt und ungeöffnet – dem oder der Mitarbeiterin nach Hause.

3.4 Verhinderung der Aufhebung der Anonymität

1. Es werden keine demografischen Daten, wie Geschlecht, Alter, Dauer der Betriebszugehörigkeit usw. erhoben.

2. Jeder Mitarbeiter muss zu Beginn angeben, zu welchem Bereich, welcher Abteilung oder welchem Team er gehört, sofern diese Gruppe mindestens 8 Personen umfasst. Diese Bereichszuordnung ist die einzige Pflichtfrage, die beantwortet werden muss. Kleinere Teams, die die Mindestgröße unterschreiten werden sinnvoll mit einem anderen Team zusammengefasst. Bei der Gruppenbildung wird der Betriebsrat aktiv mit eingebunden und er muss der Gruppenbildung final zustimmen.

3. Die Rohdaten der Befragung verbleiben bei der Firma ... und werden auch auf Verlangen niemandem ausgehändigt. Die Rohdaten werden gespeichert, um bei einer Folgebefragung einen Vergleich zur Vorbefragung ziehen zu können.

3.5 Auswertung

1. Ein Beispielbericht vom Typ »Unternehmensgesamtbericht« wurde dem Betriebsrat zur Einsicht überlassen. Der Betriebsrat hat die Art der Auswertung und Berichtsinhalte geprüft und ist mit der Berichtsform einverstanden.

2. Der Unternehmensgesamtbericht verbleibt in der Arbeitsgruppe BGM und wird dem Vorstand ausgehändigt. Er wird nicht im Haus veröffentlicht und nicht den Führungskräften ausgehändigt. Grund ist, dass der Bericht Bereichsunterschiede in den Ergebnissen aufzeigt und es keine sozialen Vergleichsprozesse zwischen den Bereichen und zwischen Führungskräften geben soll.

3. Es wird ein verkürzter Unternehmensgesamtbericht erzeugt, dessen Auflösung nur auf Bereichsebene heruntergeht, jedoch die Abteilungen und Teams nicht einzeln darstellt. Dieser wird im Unternehmen allen Mitarbeitern und Führungskräften zur Einsicht freigegeben. Daten zur Krankheitshäufungen aus dem WAI sind auszuschließen.

4. Der Unternehmensgesamtbericht dient der Planung des BGM-Prozesses und der strategischen Schwerpunktsetzung für Maßnahmen und Aktionen.

5. Aus der Ergebnissen werden in mehreren Formaten Ergebnisdarstellungen für die gesamte Belegschaft erstellt, etwa in Form eines Intranetartikels oder in Form eines Informationsfilms. Die Inhalte der Ergebnisdarstellungen werden in der Arbeitsgruppe BGM und mit Kommunikation abgestimmt.

6. Desweiteren werden sog. Bereichs- und Gruppenberichte erstellt. Ein Beispielbereichsbericht wurde dem Betriebsrat ausgehändigt. Dieser hat die Berichtsform vom Typ »Bereichsbericht« geprüft und ist einverstanden.

7. Bereichs- bzw. Gruppenberichte bereiten die Ergebnisse der psychGef für jeden differenzierten Bereich, eine Abteilung oder ein Team gesondert auf. Dabei sind folgende Daten im Bericht enthalten:
   a) Ergebnisse des Bereichs
   b) Ergebnisse eines möglichen übergeordneten Bereichs
   c) Ergebnisse des Gesamtunternehmens

8. Die Bereichsberichte werden von der Arbeitsgruppe BGM einzeln durchgearbeitet und kommentiert. Sie enthalten einen Arbeitsauftrag an die Führungskraft oder das zuständige Führungsteam des Bereichs.

9. Die Führungskräfte erhalten eine Einweisung, wie mit den Ergebnissen im Sinne des BGMs verfahren werden sollte. Die Bereichsergebnisse sollen in einer Reihe von Teamworkshops aufgearbeitet werden.
   a) Die Teilnahme an den Teamworkshops ist verpflichtend.
   b) Die Führungskräfte werden in einem E-Learning-Modul auf die Durchführung dieser Teamworkshops vorbereitet. Sie können sich die oben genannten Unterstützungen einholen.
   c) Ziel der Teamworkshops ist ein genaueres Verständnis der auffälligen Gefährdungen, eine Ergründung von deren Ursachen und eine Lösungsfindung.
   d) Die Führungskraft ist dazu verpflichtet ein ausführliches Ergebnisprotokoll über die Teamworkshops zu führen und dieses Protokoll dem Arbeitskreis BGM auszuhändigen. Dies ist Teil der gesetzlichen Vorschrift zur Dokumentation der psychGef.
   e) In den Protokollen werden die Beiträge der Mitarbeiter so dokumentiert, das kein Rückschluss auf die Person möglich ist.

f) Am Ende der Teamworkshops steht ein Maßnahmenkatalog den das Team zusammen mit der Führungskraft beschlossen hat. Darin sind diejenigen Maßnahmen enthalten, die das Team in Eigenverantwortung umsetzen darf. Zudem sind Maßnahmen, die über den Teambereich hinausgehen, weil sie z. B. andere Bereiche betreffen oder das ganze Unternehmen angehen, zu dokumentieren. Sie werden von der jeweiligen Führungskraft in das übergeordnete Führungsgremium hineingetragen.

g) Die Protokolle werden vom Arbeitskreis BGM gesichtet und diejenigen Maßnahmenideen, die in den Zuständigkeitsbereich des Arbeitskreises gehören, diskutiert, geplant, budgetiert und der Geschäftsleitung oder dem zuständigen Entscheidungsgremium vorgelegt.

h) Der BGM-Arbeitskreis gibt allen Mitarbeitern über eine Intranetdarstellung Feedback über den Fortschritt der BGM-Maßnahmen aus den Teamworkshops.

i) Gesetzlich vorgeschrieben ist auch die Kontrolle der Umsetzung der beschlossenen Maßnahmen. Hierzu werden die jeweiligen Bereichsleiter verpflichtet.

10. Fällt im Arbeitskreis BGM ein Bereich auf, der besonders auffällige Gefährdungen oder besonders viele Krankheitssymptome oder andere Problemstellungen aufweist, kann durch den Arbeitskreis BGM und in Abstimmung mit dem Betriebsrat ein Interventionsgesundheitszirkel eingesetzt werden. Dieser besteht aus mehreren etwa zweistündigen Terminen mit einem externen Moderator und dem Team bzw. gewählten Vertretern des Teams, eine Betriebsratsvertretet und – je nach Problemstellung – mit oder ohne Führungskraft. Ziel eines solchen Interventionsgesundheitszirkels ist es, zu ergründen, was die genauen Ursachen für die Gefährdung oder die vorhandene Problemstellung ist. Die Teilnahme an diesem Gesundheitszirkel ist freiwillig.

11. Ein Teil der Ergebnisse soll von der Führungskraft nicht im Team besprochen werden. Dazu gehören Angaben über Krankheitshäufungen aus den Fragen des WAI, Angaben zur Burnoutgefährdung, zum Suchtfaktor, zum missbräuchlichen Alkoholkonsum, zur Arbeits- und Lebenszufriedenheit.

4 Schlussbestimmung

Diese Betriebsvereinbarung tritt mit Wirkung zum 15.09. in Kraft.

Sie gilt für zunächst drei Jahre. Sie kann mit einer Frist von 3 Monaten erstmals zum [TT.MM.JJJJ] gekündigt werden.

Sind eine oder mehrere Bestimmungen dieser Betriebsvereinbarung unwirksam oder nichtig, berührt dies die Wirksamkeit der übrigen Bestimmungen nicht. Die unwirksame oder nichtige Bestimmung wird in einem solchen Fall durch eine wirksame Bestimmung ersetzt, die dem Sinn und Zweck der unwirksamen oder nichtigen Bestimmung möglichst nahekommt.

5 Anlagen

- vollständiger Fragenkatalog
- Beispielberichte

Geschäftsleitung   Betriebsrat

3.5.4 Internes Marketing für die Gesundheitsbefragung ④

a) Toilettenposter

Eine wirksame Methode – kostengünstig und treffsicher – sind Toilettenposter. Der Name ist Programm. Die Poster hängen tatsächlich in den Toiletten. Wir haben uns die Vorgehensweise von den Autobahnraststätten abgeschaut. Die Poster sind DIN A3 groß und lassen sich leicht selbst herstellen.

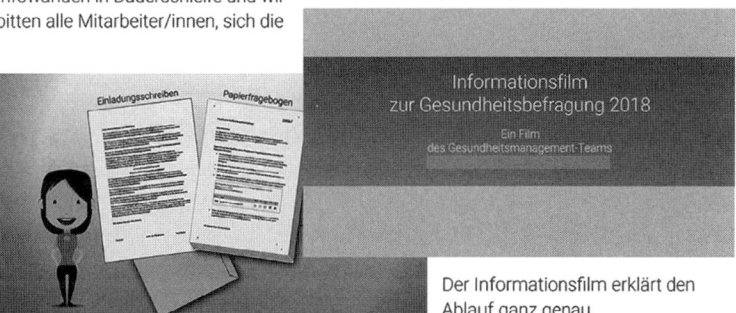

GESUNDHEITSBEFRAGUNG STARTET ENDE OKTOBER

Wir bei ... möchten unser betriebliches Gesundheitsmanagement weiterentwickeln und vor allem bedarfsorientierter ausrichten.

Die Gesundheitsbefragung ist ein Instrument, mit dem wir den Bedarf gut messen können. Gleichzeitig erfüllen wir damit unseren Arbeitsschutzauftrag und beurteilen die psychischen Arbeitsbelastungen.

In den kommenden Wochen wird Ihr/e Vorgesetzte/r Ihnen mit Hilfe eines Erklärvideos erläutern, warum wir die Gesundheitsbefragung machen, wie wir mit den Daten umgehen, wie Vertraulichkeit und Anonymität sichergestellt sind und wie die Auswertung im Unternehmen erfolgt.

Im Produktionsbereich läuft der Film an den Infowänden in Dauerschleife und wir bitten alle Mitarbeiter/innen, sich die

8 Minuten Zeit zu nehmen, den Film einmal vollständig anzuschauen (!).

Sie erhalten von Ihrem/Ihrer Vorgesetzten einen neutralen Briefumschlag. Darin finden Sie einen Zugangscode für die Onlinebefragung und den Papierfragebogen. Sie können selbst entscheiden, ob Sie online oder in Papierform teilnehmen möchten.

Die Teilnahme darf und soll in der Arbeitszeit stattfinden. Falls Sie dem Onlineverfahren nicht vertrauen, können Sie ein privates Gerät, etwa ein Smartphone oder eines der Terminals in den Pausenräumen nutzen oder den Papierfragebogen ausfüllen.

Die Fragebögen können an 10 Stellen im Unternehmen in bereitstehende Urnen eingeworfen werden.

Der Informationsfilm erklärt den Ablauf ganz genau.

TEILNAHME IN DER ARBEITSZEIT: SO LÄUFT ES AB

In Verwaltungsabteilungen erhalten Sie den Briefumschlag mit Zugangscode und Papierfragebogen. Sie können selbstständig bestimmen, wann Sie den Fragebogen ausfüllen, spätestens bis zum 16. November.

Im Produktionsbereich gehen wir aufgrund der Schichtarbeit und zur Sicherstellung der Produktionsabläufe anders vor:

» Das Ganze wiederholt sich wochenweise, so dass alle Mitarbeiter/innen jeweils in der Frühschicht die Gelegenheit bekommen, teilzunehmen.

» Mitarbeiter/innen, die Urlaub haben, können ihren Fragebogen jederzeit unabhängig von diesem Verfahren ausfüllen und in eine der Urnen einwerfen.

DIE BEFRAGUNG LÄUFT BIS FREITAG, 16.11.2018

» Jeweils in der Frühschicht begleitet Ihr/e Vorgesetzte/r etwa ein Drittel aller Mitarbeiter/innen in einen der Pausenräume, wo Sie Zeit haben, den Fragebogen auszufüllen.

» Jeweils im Stundentakt folgen dann im Laufe des Tages die übrigen Drittel.

» Mitarbeiter/innen in Langzeiterkrankungen erhalten den Fragebogen per Post nach Hause geschickt, inkl. eines Freiumschlags für die Rücksendung.

Abb. 24 und 25: Beispiele für Toilettenposter zur Gesundheitsbefragung

Sie erreichen auf diese Weise innerhalb von zwei Stunden wirklich die gesamte Belegschaft. Poster in Aushangkästen oder im Eingangsbereich, wo die Mitarbeiter durchgehen, sich aber nicht natürlicherweise ein bis zwei Minuten aufhalten, werden übersehen.

b) Erklärfilm

Erklärfilme haben sich in vielen meiner Projekte sehr bewährt. Sie sind häufig ein entscheidender Garant für eine hohe Teilnahmequote. Es gibt zwei Argumente für ihren Einsatz:

- Einheitliche Informationsqualität
  Nicht alle Führungskräfte stehen einer Gefährdungsbeurteilung offen und positiv gegenüber. Sie haben beispielsweise Angst vor einer schlechten Bewertung ihrer Führungsqualität. Dementsprechend schlecht ist die Erklärqualität, wenn sie die Gefährdungsbeurteilung in ihrem Team vorstellen – wenn sie es überhaupt tun. Als Gesundheitsmanager haben Sie keine Hoheit über die Dinge, die eine Führungskraft in einer solchen Sitzung sagt.
- Um die Informationsqualität zu gewährleisten, arbeite ich mit digital animierten Erklärfilmen. Diese Filme sind etwa acht bis zwölf Minuten lang. Das ist eine Länge, die für das selbstmotivierte Anschauen im Intranet nicht mehr geeignet ist. Vielmehr muss ein solcher Film im Rahmen eines Teammeetings von der Führungskraft gezeigt werden. Dies ist über eine entsprechende Arbeitsanweisung sicherzustellen.
- Verkürzung der Vorbereitungs- und Durchführungszeit
  Will eine Führungskraft eine gute Teaminformation erzielen, bräuchte sie etwa zwei Stunden Vorbereitungs- und Durchführungszeit. Multiplizieren Sie beispielsweise 80 Führungskräfte mit zwei Stunden und einem Arbeitgeberkostensatz von etwa 35 EUR pro Stunde, dann belaufen sich die Arbeitgeberkosten auf 5.600 EUR. Durch den Einsatz des Films, in Verbindung mit einem FAQ-Dokument, verkürzt sich die Vorbereitung auf ca. 15 Minuten und die Durchführung auf etwa 30 Minuten. Diese Zeit kostet dann nur noch 2.100 EUR (zzgl. der verringerten Mitarbeiterzeit). Also ist schon rein rechnerisch der Einsatz eines Erklärfilms sinnvoll.

Kostengünstige Erstellung eines animierten Erklärfilms

Schritt 1: Schreiben Sie ein **Drehbuch**, das den gesprochenen Text des Hintergrundsprechers wortwörtlich wiedergibt. Ein Beispiel, wie so ein Drehbuch mit einer einfachen Word-Tabelle strukturiert werden könnte, finden Sie hier:

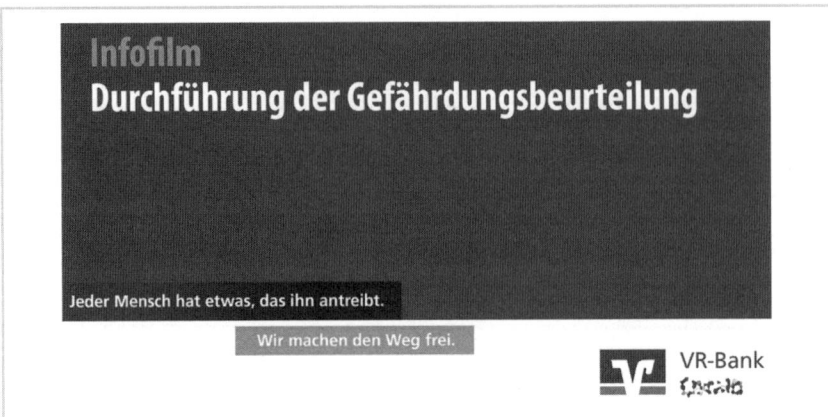

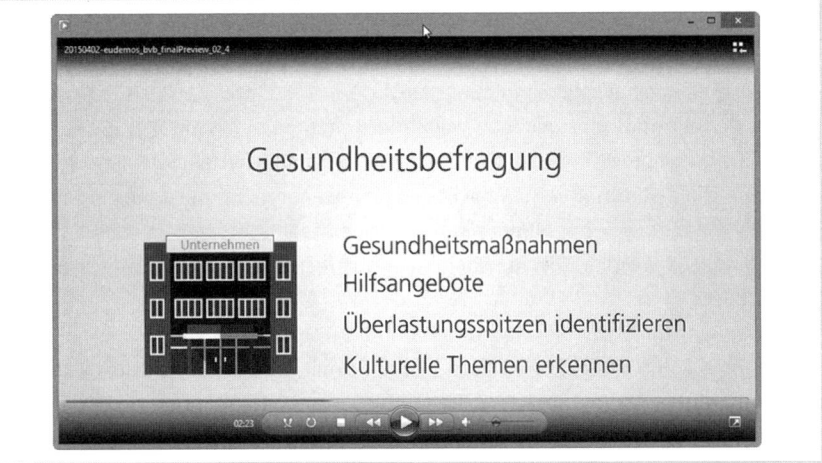

Abb. 26 bis 28: Beispielausschnitte aus einem Erklärfilm zur Gefährdungsbeurteilung (Quelle: Eudemos)

Lfd. Nr.	Sprechertext	Visualisierungsanweisungen
1	Intromusik (ca. 7 Sekunden)	Animiertes Logo
2	»Herzlich Willkommen zu diesem Erklärfilm zur Durchführung einer Gefährdungsbeurteilung psychischer Belastungen bei uns im Unternehmen.«	Heller Hintergrund, Texteinblendung: **Herzlich Willkommen. Durchführung einer Gefährdungsbeurteilung psychischer Belastungen.**

Je besser Ihre Visualisierungsvorstellungen sind, desto weniger Zeit braucht ein externer Dienstleister für die Animation.

Schritt 2: Wählen Sie etwa bei https://stock.adobe.com ein **Figurenset**, das vektorbasiert ist. Dazu arbeiten Sie mit den Filtern (Suchanfrage) »Business Figuren« oder »Business Männchen« und dem Filter »Vektor«. Ein solches Set kostet wenige Euro und erspart dem Dienstleister, eigene Figuren zu erstellen. Schauen Sie auch nach einem geeigneten **Icon- und Symbolset**.

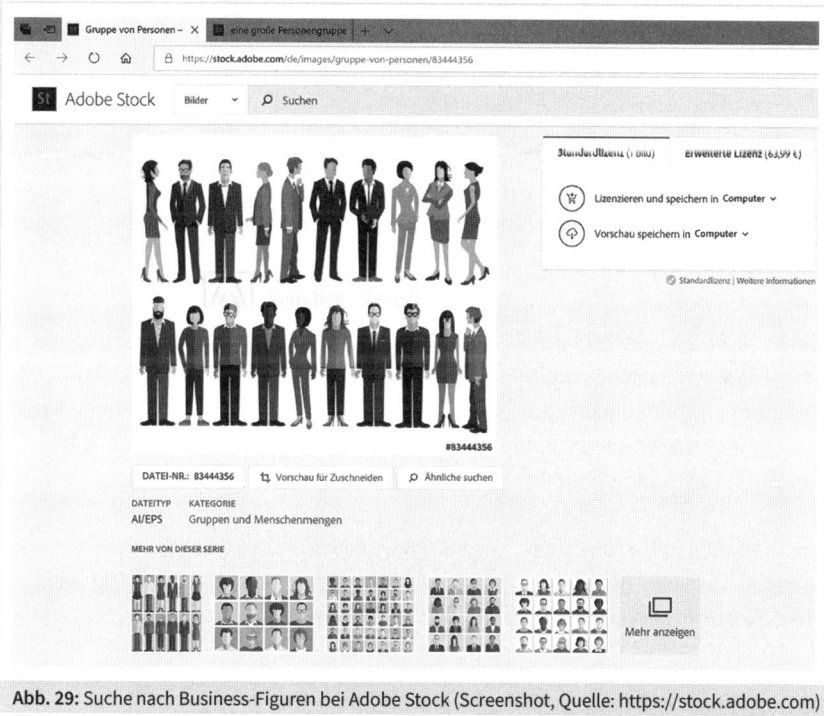

Abb. 29: Suche nach Business-Figuren bei Adobe Stock (Screenshot, Quelle: https://stock.adobe.com)

Schritt 3: Suchen Sie einen **Profisprecher** aus. Ein Erklärfilm gilt als »Schulungsfilm ohne Timingcode für die interne Nutzung ohne Verwendung im Internet und nicht als Werbefilm«. Für etwa zehn Minuten Film zahlen Sie ca. 600 Euro im regulären Preis. Es gibt auch

Anbieter (z. B. Zapp Media), mit einer guten Sprecherqualität, die zehn Minuten für 250 EUR anbieten. Diese arbeiten mit stark automatisierten Prozessen, etwa mit einem Projektportal, wo Dokumente hochgeladen und Sprecherdateien heruntergeladen werden können.

Schritt 4: Lizenzfreie **Hintergrundmusik** und kurze Jingles zur Logoanimation können Sie beispielsweise bei www.audioblocks.com einkaufen. Allerdings sollte nur am Anfang und am Ende Musik eingesetzt werden, weil sonst der Sprecher oder die Sprecherin nicht gut zu verstehen ist.

Geben Sie nun folgende Materialien an einen externen Dienstleister:
a)   das Drehbuch
b)   das Figuren- und das Icon-Set
c)   die Tondateien des Sprechers
d)   die Musik-Tondateien
e)   Ihr Logo möglichst als Vektordatei oder hochauflösend
f)   die Unternehmensschriftarten, die eingesetzt werden sollen
g)   die Farbangaben in RGB-Farbraum für Überschriften und Texte sowie die Einfärbung der Icons und Symbole
h)   sofern vorhanden: Ihr Corporate-Design-Manual

Das verwendete Programm, das der Dienstleister einsetzen sollte, heißt **Adobe After Effects**.

Schritt 5: Vermeiden Sie Realfilmaufnahmen. Diese sind unverhältnismäßig teuer, wenn Sie eine annehmbare Qualität erhalten möchten.

Schritt 6: Planen Sie im Vorfeld, **auf welchen Bildschirmen die Videos später zu sehen sind**. Ich hatte in einem Projekt das Problem, dass an einer Videowand Bildschirme nur im 4:3-Seitenverhältnis und ohne Ton möglich waren, so dass wir letztlich zwei Filme gemacht haben, einen im 16:9-Verhältnis in HD-Qualität und mit Ton und einen im 4:3-Verhältnis ohne Ton, dafür mit Untertitel.

Für die Filmdigitalisierung sollten Sie bei einem komplett neu zu erstellenden Film mit Kosten für den externen Dienstleister in Höhe von etwa **2.000 bis 2.500 EUR** rechnen. Agenturen sind hier meist zu teuer.

3.5.5   Ankündigung des Projekts: Erste Führungskräfte-E-Mail ⑤

Mit einer E-Mail an die Führungskräfte kündigen Sie das Projekt etwa zwei Monate im Vorfeld an. Hier ein Textbeispiel:

Beispiel: Führungskräfte-E-Mail

Liebe Führungskräfte,

im Rahmen unseres gesetzlichen Auftrags führen wir im dritten und vierten Quartal des Geschäftsjahres eine sogenannte Gefährdungsbeurteilung psychischer Belastungen durch. Dies ist eine Ergänzung der normalen Gefährdungsbeurteilung, bei der physische Gefährdungen und Fehlbelastungen erfasst und abgestellt werden. Die psychischen Belastungen erfassen wir in Form einer Gesundheitsbefragung.

Ihre aktive Mitwirkung ist dabei nicht nur gewünscht, sondern auch notwendig. Denn die Analyseergebnisse werden im Anschluss zusammen mit Ihnen und durch Sie mit den Mitarbeiterinnen und Mitarbeitern besprochen und vertieft. Zudem sind Sie in der Pflicht, geeignete Maßnahmen zur Lösung von Stressoren und Fehlbelastungen zu finden, natürlich nur solche Maßnahmen, die Sie auch selbst durchführen können. Lösungsideen, die das Unternehmen betreffen werden ebenfalls aufgenommen und bearbeitet.

Es findet am [Datum] eine Informationsveranstaltung mit Teilnahmepflicht statt. Dort wird uns Herr/Frau Mustermann von der Firma NN den Sinn und Nutzen der Gefährdungsbeurteilung erläutern. Es sei schon so viel verraten, dass es sich nicht um eine sinnlose Pflichtveranstaltung handelt, sondern wir diese Gesundheitsbefragung nun in regelmäßigen Abständen durchführen werden. Es geht darum, vermeidbare kulturelle, prozessuale und andere Schwierigkeiten frühzeitig zu entdecken und abzustellen.

Sie erhalten alle relevanten Informationen an der Informationsveranstaltung. Die Befragung läuft vom [Datum] bis [Datum]. Auch hierzu erhalten Sie alle Informationen am [Datum].

Mit freundlichen Grüßen

Geschäftsführer/in   *Personalleiter/in*   *Gesundheitsmanager/in*

3.5.6 Produktion des Einladungsschreibens für die Gesundheitsbefragung ⑥

Das Einladungsschreiben enthält einen Zugang zum Befragungsserver sowie einen anonymen Zugangscode. Die Produktion sollte durch einen externen Dienstleister erfolgen. Dabei sollten Sie der Produktion die folgenden Hinweise geben:

- Das Anschreiben beinhaltet den Link zum Befragungsserver. Dieser sollte nicht kryptisch sein und möglichst kurz. Zur Not kann hier auch ein sogenannter URL-Shortener eingesetzt werden.
- Das Anschreiben braucht auch den eindeutigen und pro Mitarbeiter individuellen, anonymen Zugangsschlüssel. Dabei handelt es sich nicht um einen Schlüssel für alle Mitarbeiter, sondern jeweils um einen eigenen Zugangsschlüssel pro Mitarbeiter. Jeder Schlüssel kann nur einmal verwendet werden.
- Das Anschreiben wird neutral adressiert, also nicht einem Mitarbeiter zugeordnet (!) und kuvertiert.
- Es werden abgezählte Päckchen mit den jeweiligen Stückzahlen für jede Führungskraft vorbereitet.

113

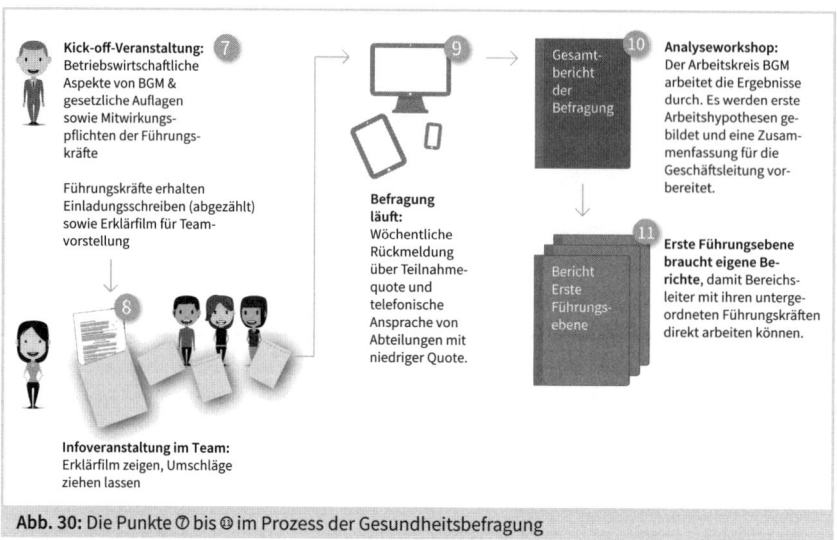

Abb. 30: Die Punkte ⑦ bis ⑪ im Prozess der Gesundheitsbefragung

3.5.7 Führungskräfte-Kick-off ⑦

Das Kick-off ist ein wichtiger Startpunkt im Prozess, denn ab jetzt sind alle Führungskräfte im Boot. Ich empfehle, dieses Kick-off genau zwei Wochen vor dem offiziellen
Beginn des Befragungszeitraums anzusetzen. Die Führungskräfte haben dann diese
zwei Wochen Zeit, ihre Informationsveranstaltung mit ihrem Team durchzuführen. Ich
rate dringend dazu, die Onlinebefragung aber schon zum Zeitpunkt des Kick-offs frei-
zuschalten, weil es sehr oft vorkommt, dass Führungskräfte die Mitarbeiterinnen und
Mitarbeiter direkt am nächsten Tag informieren, die Umschläge austeilen und Mitarbeiter dann frustriert anrufen, wenn der Befragungsserver noch nicht freigeschaltet ist.

Der Kick-off-Vortrag
Nach dem nüchternen Anschreiben (vgl. Punkt ⑤) dient der einleitende Vortrag dazu,
einerseits die Notwendigkeit zu verdeutlichen, zum anderen aber auch die Ängste
abzubauen. Sie werden merken, dass es viel Anspannung im Raum gibt. Folgende Botschaften und Inhalte könnten daher in diesem Vortrag vermittelt werden:

- **Warum BGM? Zahlen, Daten, Fakten** aus Kapitel 2.2 sowie die Krankenquote und
  die Produktivitätsverlustberechnung aus Kapitel 2.4.3.
- **Das Krankheitstrichtermodell** aus Kapitel 1.2 (Abb. 1).
- **Die rechtlichen Grundlagen zur Gefährdungsbeurteilung** aus Kapitel 3.1.
- **Das Belastungs-Beanspruchungs-Modell** aus Kapitel 3.2.

Wichtig ist die Botschaft, dass die Führungsqualität bewertet wird, es jedoch nicht die
Absicht ist, Führungskräfte bloßzustellen oder zu bedrohen. Vielmehr geht es darum,
frühzeitig Probleme zu entdecken und die Führungskräfte bei der Lösung zu unterstützen.

Aushändigung des Erklärfilms sowie der Umschläge für das Einladungsschreiben

Der Erklärfilm wird auf dieser Veranstaltung gezeigt und die abgezählten Einladungsschreiben werden den Führungskräften ausgehändigt.

FAQ

Es empfiehlt sich, ein Frequently-Asked-Questions-Dokument zu erstellen. Sie finden ein Beispiel dafür in den Arbeitshilfen online zum Buch. Dieses Dokument bereitet Führungskräfte auf typische Fragen von Mitarbeiterinnen und Mitarbeitern vor und gibt ihnen direkt die richtigen Antworten mit.

FAQ-Informationsblatt für Führungskräfte Gefährdungsbeurteilung "Psychische Belastung am Arbeitsplatz"

Was ist eine psychische Gefährdungsbeurteilung?

Die psychische Gefährdungsbeurteilung ist eine gesetzlich vorgeschriebene Ergänzung der allgemeinen Gefährdungsbeurteilung. Hierbei sollen Gefahren für die Gesundheit, die durch psychische Belastungsfaktoren ausgelöst werden, nach Möglichkeit abgestellt oder minimiert werden.

Die Gefährdungsbeurteilung ist vorgeschrieben und bedarf der Mitwirkung der Führungskräfte. Eine Nichtdurchführung birgt Haftungsgefahren für das Unternehmen. Die Durchführung kann und wird zunehmend durch die Berufsgenossenschaft und die Gewerbeaufsichtsämter geprüft.

Eine psychische Gefährdungsbeurteilung ist aber darüber hinaus ein sehr sinnvolles Instrument und wird bei uns so durchgeführt, dass auch tatsächlich eine positive Wirkung zu erwarten ist.

Begleitet wird sie durch das Beratungsunternehmen ..., welches in schon über 30 Unternehmen die psychische Gefährdungsbeurteilung durchgeführt hat. Zudem wird die Aufarbeitung der Ergebnisse durch Berater unserer Berufsgenossenschaft begleitet.

Was ist die COPSOQ-Befragung?

Die COPSOQ-Befragung ist eine Methode, mit der die psychischen Belastungen erhoben werden kann. Die Gefährdungsbeurteilung beinhaltet aber darüberhinausgehende Analyse- und Lösungsentwicklungsschritte aus denen Maßnahmen zur Verbesserung der Arbeit abgeleitet werden können.

Mittels des COPSOQ-Fragebogens werden die Belastungen per Mitarbeiterbefragung erhoben und ergeben in der Summe der Antworten ein repräsentatives zählbares Ergebnis, das mit anderen Befragungsgruppen verglichen werden kann. Über die Verteilung der Antworten auf den Antwortskalen können Belastungen aber auch Ressourcen gut erkannt werden.

Wofür steht eigentlich COPSOQ?

COPSOQ ist die Abkürzung für „Copenhagen Psychosocial Questionnaire".

Seite 1 von 5

Abb. 31: Beispielseite aus einem FAQ-Dokument für Führungskräfte. Sie finden ein vollständiges FAQ-Beispiel in den Arbeitshilfen online zum Buch.

3.5.8   Infoveranstaltung in den Teams ⑧

Diese Veranstaltungen werden in der Regel von der Führungskraft selbst durchgeführt. Hier wird der Erklärfilm gezeigt und die Führungskraft beantwortet Fragen
anhand der FAQ. Im Anschluss händigt die Führungskraft die Umschläge aus bzw. lässt
diese ziehen.

3.5.9   Befragung läuft – der Befragungszeitraum ⑨

Die Befragung sollte regulär über einen Zeitraum von drei Wochen laufen und grundsätzlich außerhalb von längeren Ferienzeiten liegen. Einwöchige Ferien sind unprob-
lematisch. Planen Sie von vornherein eine einwöchige Verlängerung ein.

Erhöhung der Teilnahmequote während des Befragungszeitraums
Lassen Sie sich von Ihrem Dienstleister wöchentlich eine **gruppengenaue Rückmeldung über die Teilnahmequoten** geben. Gruppengenau deswegen, weil Sie so schnell
sehen, welche Führungskraft ihre Infoveranstaltung vergessen hat. Nach zwei Wochen
telefonieren Sie Gruppen mit niedrigem Teilnahmestand ab. Bitten Sie die Führungskräfte, nochmal an die Befragung zu erinnern bzw. die Infoveranstaltung schnellst-
möglich nachzuholen.

3.5.10   Zentrale Analyse und Aufarbeitung der Ergebnisse ⑩

Die Ergebnisse werden immer zuerst im BGM-Arbeitskreis, möglichst ohne Geschäfts-
leitung, besprochen. Erarbeiten Sie erste Arbeitshypothesen zu übergeordneten
Punkten, die Sie in den Daten sehen.
- **Präsentation vor der Geschäftsführung:** Erst diese interpretierte Fassung geben
  Sie zusammen mit ersten Ideen und Vorschlägen zu übergeordneten Maßnahmen
  in die Geschäftsleitung.
- **Präsentation vor dem Betriebsrat:** Der Betriebsrat erhält den vorab festgelegten
  Bericht erst nach Freigabe durch die Geschäftsleitung. Der Bericht sollte fachkun-
  dig erläutert werden.
- **Präsentation vor den Führungskräften:** Nach dem Betriebsrat gibt es eine erste
  Präsentation für alle Führungskräfte. Es werden *keine* Gruppenvergleiche gezeigt!
  Allenfalls auf Bereichsebene ist eine Darstellung möglich, sofern dadurch nicht
  eine Führungskraft bloßgestellt wird.
- **Interne Ergebniskommunikation:** Die erste Kommunikation von Ergebnissen
  sollte einen Tag nach der Führungskräftepräsentation erfolgen. Hier können Sie
  Toilettenposter oder auch Postkarten nutzen.

Betriebliches Gesundheitsmanagement & Arbeitssicherheit

Wir haben »Rücken«!

60 % von uns leiden unter Rücken- und Nackenschmerzen. Besonders betroffen sind alle, die überwiegend körperlich arbeiten. Rückenprobleme führen mit zunehmendem Alter zu vielen Fehlzeiten und Frühverrentungen.

Rückenschmerzen – oder die offizielle Bezeichnung: Muskel-Skelett-Erkrankungen – sind ein echtes Problem.

Überrascht hat uns der Befund nicht, denn die körperlichen Herausforderungen sind bei uns da.

Wir werden dieses Thema auf Betriebsebene angehen, mit Ihnen darüber sprechen, wo Sie an Ihrem Arbeitsplatz Verbesserungspotenziale sehen.

Es gibt viele Möglichkeiten, Belastungen im Muskel-Skelett-System zu reduzieren. Mit Hilfe von Experten werden wir Möglichkeiten erarbeiten und Ihnen geeignete Maßnahmen vorstellen.

Bitte nutzen Sie dieses Angebot!

Abb. 32: Beispiel für ein Toilettenposter mit ersten Ergebnissen

3.5.11   Berichte für die erste Führungsebene ⑪

In größeren Organisationen hat es sich als hilfreich erwiesen, auch für die oberste Führungsebene (Vorstandsresorts oder Bereichsleiter) eigene Berichte zu erstellen, die neben dem Gesamtunternehmen und dem jeweiligen Resort/Bereich auch die zugehörigen Abteilungen und Teams aufgeschlüsselt darstellen.

3.5.12   Red-Flag-Analyse ⑫

Die Red-Flag-Analyse wird in Kapitel 3.7.2 ausführlich beschrieben. Sie sollte im BGM-Arbeitskreis durchgeführt werden. Alternativ ist auch die Beteiligung des Bereichsleiters sinnvoll. Er nimmt an der intensiven Diskussion über die Daten und ihre Interpretation teil und ist damit bestens vorbereitet, mit seinen Führungskräften weiterzuarbeiten.

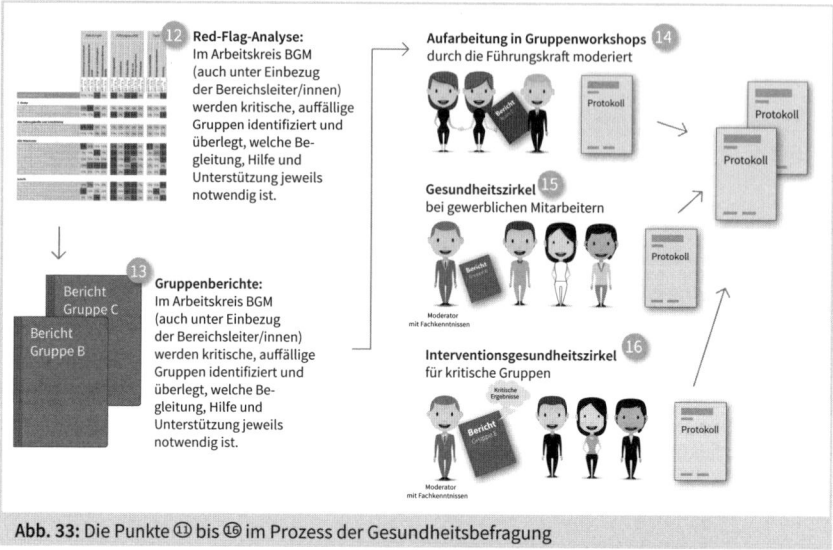

Abb. 33: Die Punkte ⑪ bis ⑯ im Prozess der Gesundheitsbefragung

3.5.13   Gruppenberichte ⑬

Die Gruppen- und Teamberichte werden mit einer deutlich reduzierten Informationsdichte erstellt. Sie sollten didaktisch aufbereitet sein, so dass ein Laie ohne Nachfragen damit zurechtkommt. Viele Informationen, die im Gesamtbericht enthalten sind, machen hier keinen Sinn, weil sie eher verwirren.

3.5.14   Ergebnisdiskussion, Stressoren-Analyse und Lösungsentwicklung in den Teams ⑭

Geben Sie den Führungskräften etwa zwei Wochen Zeit, sich mit dem Bericht vertraut zu machen. Eine Anleitung für die Teamworkshops wäre sinnvoll. Die Teams bearbeiten ihr Gruppenergebnis unter Leitung der Führungskraft. Nur im Ausnahmefall braucht es hier externe Unterstützung, etwa wenn die Führungsqualitätsbewertung sehr schlecht ausgefallen ist.

Protokollierung
Protokolle müssen einheitlich in einem von Ihnen vorgegebenen Template erfolgen und aussagekräftig sein. Beachten Sie bei größeren Unternehmen, dass es sehr viel

Arbeit ist, Protokolle zu aggregieren und die einzelnen Lösungsvorschläge zu katego-risieren und weiterzuverarbeiten. Deswegen schlage ich ein Protokoll auf Excelbasis vor, das später die Zusammenfassung in einer großen Excelliste erleichtert. Lassen Sie keine handschriftlichen Protokolle und keine Protokolle ohne Template verfassen!

3.5.15   Gesundheitszirkel bei gewerblichen Mitarbeitern ⑮

Im gewerblichen Bereich, etwa in der Produktion, eignen sich solche Teamverfahren wie in Punkt ⑭ nicht. Hier schlage ich vor, einen temporären Gesundheitszirkel über etwa vier Monate anzusetzen und mit Mitarbeitervertretern aus mehreren Bereichen zu besetzen. Mittels eines BGM-erfahrenen Moderators werden hier die Ergebnisse der Befragung als Grundlage klassischer Gesundheitszirkelarbeit verwendet.

3.5.16   Interventionsgesundheitszirkel bei kritischen Teamergebnissen ⑯

Gruppen mit kritischen Ergebnissen, etwa bei Teamkonflikten, bei einer schlechten Führungsqualitätsbewertung oder bei einem sehr hohen Krankenstand, können nicht durch die Führungskraft aufgefangen werden, insbesondere wenn diese in der Kritik steht. Um der Gruppe etwas mehr Zeit zu geben, empfehle ich hier ebenfalls einen temporären Gesundheitszirkel über vier Monate, um im Detail Probleme zu erörtern und Lösungen erarbeiten zu können. Das geht nur mit professioneller Begleitung.

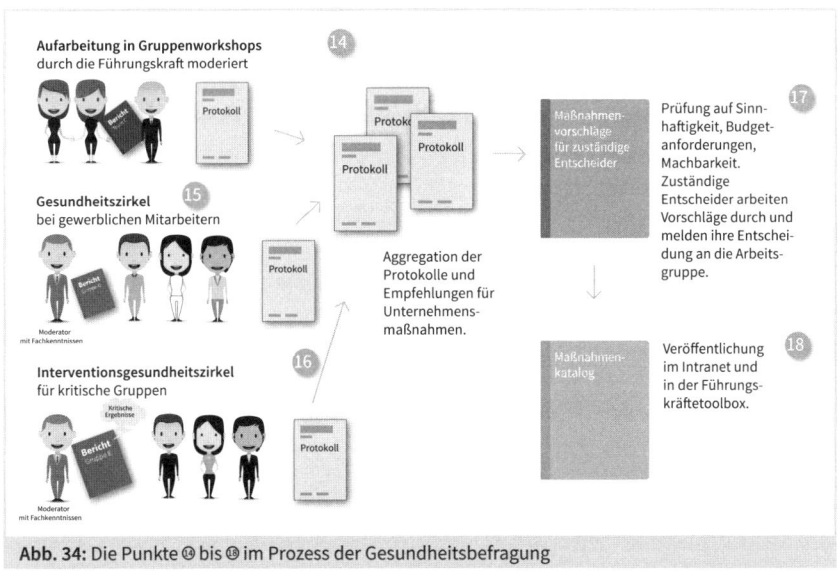

Abb. 34: Die Punkte ⑭ bis ⑱ im Prozess der Gesundheitsbefragung

3.5.17 Aggregation der Protokolle ⑰

Dieser Schritt wird im Moment noch kaum umgesetzt, ist aber für die nachhaltige Wirkung enorm wichtig. Denn in den Aufarbeitungsworkshops können die Teams und Gruppen nur diejenigen Lösungen und Maßnahmen zur Belastungsreduktion beschließen, die sie auch selbst umsetzen können. Der größere Teil an möglichen Lösungen oder Maßnahmen muss jedoch an einer anderen Stelle entschieden und budgetiert werden. Damit diese überwiegend hilfreichen Lösungsideen aus den Workshops nicht verpuffen, bitten wir die Protokollanten, alle Lösungsideen als »nicht in der Gruppe lösbar« zu kennzeichnen.

Zusammenführung der Lösungsvorschläge
Die Zusammenführung der Lösungsvorschläge erfolgt anhand von Kategorien und Zuständigkeiten. Dafür müssen alle Protokolle manuell gesichtet und die Zuordnung zu Kategorien und möglichen Zuständigkeiten ggf. korrigiert werden. Anschließend erfolgt eine Umsetzung in sogenannte **Arbeitspakete**. Damit ist die Übersetzung von Lösungsvorschlägen, die einen ähnlichen Bereich ansprechen, zu einem Arbeitsauftrag gemeint.

! **Beispiel**

In einem Kundenprojekt kamen aus vielen Abteilungen Verbesserungsvorschläge zum Thema IT. Das ist nicht ungewöhnlich, zählt doch eine nichtfunktionierende IT zu den bedeutendsten Stressoren. Hier einzelnen Nennungen aus den Protokollrückläufern. Die Nummerierung identifiziert die Nennung, so dass der Gruppenbezug erhalten bleibt:

- **Laufwerkkapazität erhöhen** (zeitnah), damit Absicherung bzw. Speicherung über Nacht für das gesamte Laufwerk gewährleistet ist (1.e.B) (5.f.D).
- **Internetportal für Fahrgemeinschaften** einrichten (siehe Arbeitspaket 3b) (1.d.D) (1.e.C)
- **Lösungen suchen für wiederkehrende Probleme, die die Arbeit unnötig erschweren** (Formulare, Tickets, Hotline, Verständigung, Programmierung, Schnittstellen für Scan) (1.f.A&B)
- **Bei Freigabekette automatisch eingebaute Erinnerungsfunktion** an die Freigeber einführen (vergleichbar wie bei Rechnungen) z. B. bei Orga sehr relevant, (6.c.A)
- Bei **Mitarbeiter-Neuzugängen schneller Berechtigungen und Ausstattungen** geben (1.f.A)
- **Hardware bzw. Systemperformance für Videokonferenzen** verbessern (1.f.C)
- **W-LAN** auf dem kompletten Werksgelände (5.f.A)
- Lösung dafür finden, dass es zurzeit **keine ausreichenden Lizenzen für Softwaretools** gibt. (6.c.B)
- **Excel-Dateien werden von mehreren Kollegen** gepflegt, kein gleichzeitiger Zugriff möglich (6.c.B) →Office 365 und Sharepoint
- zentrale **Belegungen für Besprechungsräume** (6.c.D), Office 365 und Outlook mit Ressourcenplanung

- **Ablagesystem verbessern bzw. vereinfachen**: Selbsterklärendes System, insbesondere Suchfunktion (9.b.D)

Sie sehen: Das ist wirklich Kraut und Rüben. Es wurden dann einfach alle IT-bezogenen Vorschläge in ein Dokument zusammengefasst und der Arbeitskreis BGM besprach die Themen mit dem IT-Leiter. Nach dieser Besprechung war klar: Einige Lösungsvorschläge waren schon in Arbeit, andere mussten in Arbeit genommen werden und wiederum andere konnten anders gelöst werden, etwa weil das ganze Unternehmen auf Office 365 mit Cloud umgestellt werden sollte.

Sind alle Lösungsvorschläge mit den zuständigen Entscheidern besprochen, leiten wir über zu Punkt ⑲ im Prozess zur Gesundheitsbefragung.

3.5.18   Veröffentlichung der Maßnahmenbeschlüsse ⑱

Es ist empfehlenswert, beschlossene Lösungen öffentlichkeitswirksam innerhalb des Unternehmens zu kommunizieren. Dies kann auf den bekannten Wegen erfolgen.

3.6 Prozessbeschreibung: Papierbefragung und Workshop-Methode

3.6.1   Papierbefragung

Papierbefragungen bereiten nur einen geringfügig größeren Aufwand als eine reine Onlinebefragung, sind aber zwingend erforderlich bei Mitarbeiterinnen und Mitarbeitern ohne täglichen Computerzugang. Selbst wenn diese Zugang zu einem Terminal im Pausenraum haben, bricht ohne Papieralternative die Teilnahmequote ein.

Bei einer Papierbefragung sollten Sie die folgenden, notwendigen Faktoren beachten:
- Um Druck- und Produktionskosten zu minimieren, sollte im Vorfeld *verbindlich festgelegt* werden, welche Unternehmensbereiche bzw. Mitarbeitergruppen online oder an einer Papierbefragung teilnehmen. Eine völlige Wahlfreiheit ist zwar auch möglich, erzeugt jedoch unnötige Druckkosten.
- Papierfragebögen müssen automatisiert erfasst werden können. Hierzu empfiehlt sich die Zusammenarbeit mit einem Datenerfassungscenter. Die Bögen werden nach deren Vorgaben mit Scanmarkierungen versehen.
- Das Einsammeln der Fragebögen ist ein Kostenfaktor. Kostengünstig sind sogenannte Wahlurnen aus Pappe. Diese können mit Plomben versehen werden und dienen gleichzeitig als Versandkarton. Sie können auch mit frei frankierten Rückumschlägen arbeiten. Hier empfiehlt sich der DHL-Service »Entgelt zahlt Empfänger« mit 1,45 EUR pro Brief.

Class-Room-Methode

Woher der Begriff »Class-Room-Methode« stammt, ist nicht bekannt. Diese Methode ist eine Vorgehensweise, die sich gerade bei der Befragung von gewerblichen Mitarbeitern und Schichtarbeitern bewährt hat. Es muss die Forderung erfüllt werden, dass Maschinen und Bänder nicht gestoppt werden müssen und die erforderliche Mindestbesetzung gewährleistet ist. So gehen Sie vor, wenn *keine Schichtarbeit* gegeben ist:

- Sprechen Sie mit dem Meister oder Vorarbeiter einer Gruppe über die erforderliche Mindestbesetzung. Meist kann man ein Drittel der Mitarbeiterinnen und Mitarbeiter für die Befragung abziehen.
- Legen Sie dann mit ihm (bei Drittelung der Gruppe) drei Termine fest, etwa »Montag von 8:00-9:00 Uhr, 10:15-11:15 Uhr und 11:30-12:30 Uhr«.
- Bitten Sie den Meister, für die erste Gruppe gezielt Leute einzuteilen, die der Befragung positiv gegenüberstehen. Hierdurch entsteht ein positiver Gruppeneffekt, der den Zweiflern und Zögerern die Ängste nimmt.
- Der Meister informiert im Vorfeld über die Befragung (unter Verwendung des Erklärfilms). Dort wird die Freiwilligkeit der Teilnahme *einmal* dargestellt. Der Meister erklärt das Class-Room-Verfahren und teilt die drei Gruppen ein.
- Die erste Gruppe geht geschlossen in den Befragungsraum, etwa die Kantine. Dort wird ihnen der Fragebogen erklärt und die Mitarbeiter können Verständnisfragen stellen. Ich empfehle sehr, dass es leckere Getränke gibt.
- Anschließend gehen die zweite und die dritte Gruppe.
- Gibt es eine hinreichende Menge von Mitarbeiterinnen und Mitarbeitern mit einer anderen Muttersprache (etwa: türkisch), dann schließt man diese Gruppe zusammen und lässt einen Dolmetscher die Fragen vor Ort übersetzen. Das ist günstiger als eine schriftliche Übersetzung.

So gehen Sie bei *Schichtarbeit* vor:
- Sie wenden dasselbe Verfahren an, wie zuvor dargestellt, für die Frühschicht jedoch mit leicht nach vorn gezogenen Zeiten.
- Führen Sie das Verfahren an drei Wochen hintereinander durch, so dass jeder Schichtzug die Befragung in ihrer Frühschichtwoche durchführen kann.

Mit dieser Vorgehensweise sind Teilnahmequoten um die 95 % möglich.

3.6.2   Workshop-Methode

Die Workshop-Methode fragt Belastungen in einem Mitarbeiterworkshop ab und erarbeitet gleichzeitig erste Lösungsideen. Aufgrund der geringen Quantifizierbarkeit und der ebenfalls schlechten Vergleichbarkeit sowie der geringen Übertragbarkeit, halte ich die Workshop-Methode nur für die zweite Wahl. **Lediglich unter bestimmten Umständen ist ihr Einsatz sinnvoll:**

- Bei sehr kleinen Unternehmen (unter 80 Mitarbeitern) ist der Einsatz wirtschaftlicher als die Durchführung einer Befragung.
- Wenn aufgrund von kulturellen Schwierigkeiten und mangelhaftem Vertrauen eine Befragung nicht möglich ist, müssen Sie auf die Workshop-Methode zurückgreifen.
- Wenn die Geschäftsleitung nur nach Tätigkeitsfeldern analysieren möchte (vgl. dazu Kapitel 3.4.1).

Auch bei Betriebsräten ist die Workshop-Methode beliebter als eine Befragung, obwohl bei Befragungen die Teilnahme anonym ist, bei einem Workshop nicht. Häufig wird die Hoffnung geäußert, in einem Workshop würde »mal so richtig die Meinung gesagt«, was jedoch nach meiner Erfahrung nicht passiert. Ich habe inzwischen viele solcher Workshops durchgeführt und es ist eine hohe Kunst, als Moderator eine Atmosphäre zu schaffen, bei der sich die Teilnehmerinnen und Teilnehmer so sicher fühlen, dass sie Fehlbelastungen und Schwierigkeiten offenlegen.

Nachteil der Workshop-Methode !

In den Workshops lassen sich lediglich gruppenfähige Belastungsfaktoren erfragen. Einzelmeinungen werden aufgrund der fehlenden Anonymität meist nicht geäußert, obwohl gerade diese auf Probleme hinweisen könnten. Zudem lässt sich mit der Workshop-Methode nicht der Gesundheitszustand zu messen, was wir im Fragebogen mit dem Work-Ability-Index umsetzen. Gerade der Gesundheitszustand zeigt aber den Handlungsbedarf auf.

Um wenigstens eine gewisse Aussagekraft zu erhalten, sollten möglichst viele Mitarbeiter an solchen Workshops teilnehmen. Bei Workshops mit Mitarbeitervertretern ist die Auswahl entscheidend. Wird auf diese arbeitgeberseitig oder durch den Betriebsrat Einfluss genommen, hat man als Moderator entweder nur zufriedene oder nur unzufriedene Mitarbeiter im Workshop sitzen und erhält ein verfälschtes Bild. In beiden Fällen werden die Ergebnisse später nicht akzeptiert werden.

Lesetipps: Hier finden Sie Workshop-Anleitungen !

→ »**Gefährdungsbeurteilung psychischer Belastungen**« von der Bundesanstalt für Arbeitsschutz und Arbeitsmedizin. Im Infoteil B ab Seite 256 finden Sie eine Workshop-Anleitung.

→ »**DGUV-Information 206-006: Arbeiten: entspannt, gemeinsam, besser**«
Leitfaden für ganz kleine Unternehmen.

→ »**DGUV-Information 206-007: So geht's mit Ideen-Treffen**«
Leitfaden für ganz kleine Unternehmen.

Bei **tätigkeitsbasierter Gruppierung** können Sie Mitarbeiter direkt ansprechen und einen Querschnitt durch das Unternehmen bilden, allerdings immer nur *innerhalb* eines Tätigkeitsprofils, oder Sie lassen die Abteilungen einer Tätigkeitsgruppe jeweils einen Vertreter wählen.

Bei **organigrammbasierter Gruppierung** sollte eine freie Wahl der Mitarbeitervertreter erfolgen.

> **! Tipp**
>
> Vermutlich werden die Workshops von einem Dienstleister durchgeführt. Schauen Sie sich im Vorfeld das Protokoll-Template an. Es muss die Merkmalsbereiche der GDA-Handlungsempfehlung umsetzen. Eine freie Moderation ist nicht zu empfehlen, weil die vollständige Beurteilung aller Merkmalsbereiche durch die Gruppendynamik behindert wird. Die Gruppen beißen sich an einem Thema fest, während die Zeit davonrennt.

a) Arbeiten mit der Risikomatrix nach Nohl in Workshop-Situationen

Die Risikomatrix nach Nohl ist ein Maß der Risikobeurteilung (vgl. Abb. 35). Sie zählt zu den Standardinstrumenten des Risikomanagements. Anhand der Risikomatrix kann der Schadenerwartungswert eingeschätzt werden, durch die Multiplikation der Ausprägung und des Schädigungspotenzials eines Risikos.

Abweichend von der Beurteilung physischer Risiken habe ich bei den psychischen Belastungen auf der **vertikalen Achse** die von den Teilnehmern **subjektiv wahrgenommene Ausprägung der jeweiligen Belastung** abgebildet. Auf der **horizontalen Achse** erfolgte eine **Einschätzung der Schädigung**. Damit ist der Beurteilung gemeint, als wie schädlich der Faktor wahrgenommen wird.

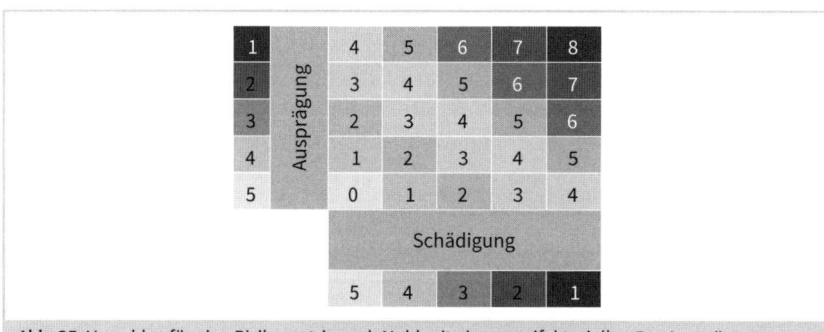

Abb. 35: Vorschlag für eine Risikomatrix nach Nohl mit einer zweifaktoriellen 5er-Ausprägung.

Aus der Kombination der zwei Achsen ergibt sich eine 5×5-Feldermatrix. Die Zahlen und korrespondierenden Farben (von grün über gelb nach rot) ergeben die Risikoeinschätzung. Daraus abgeleitet ergeben sich klare Handlungsempfehlungen für die jeweilige Beurteilungsdimension (sprich: Belastung) und den jeweiligen Tätigkeitsbereich.

- Matrixausprägungen von **6 bis 8** erhalten eine **Muss-Empfehlung**, d. h. das Unternehmen *muss* hier Maßnahmen ergreifen, um unzumutbare Belastungen zu minimieren.
- Ausprägungen von **3 bis 5** erhalten eine **Kann-Empfehlung**. Das Unternehmen *kann* hier vorgeschlagene Maßnahmen umsetzen, weil diese aus Expertensicht sinnvoll sind, aber keine unzumutbare Belastung darstellen.

- Ausprägungen von **0 bis 2** ziehen in der Regel *keine Maßnahmen* nach sich.

Jede **Beurteilungsdimension** wird mit den Workshopteilnehmern anhand von Beispielen und Items besprochen. Die Teilnehmer geben ihre Einschätzung hinsichtlich Ausprägung und Schädigung ab. Die Schädigung wird auch durch eine Expertenbeurteilung beeinflusst, bei der vorliegende wissenschaftliche Erkenntnisse die Einschätzung der Workshop-Gruppe überstimmen können. Das ist wichtig, wenn eine Gruppe nicht repräsentativ ist und davon auszugehen ist, dass die Teilnehmer eine Schädigung nicht korrekt einschätzen.

> **Beispiel**
>
> In einem Workshop bei einer großen Rechtsanwaltskanzlei waren alle Teilnehmerinnen und Teilnehmer ledig, kinderlos und unter 35 Jahre alt. Der Faktor »Vereinbarkeit von Beruf, Familie und Privatleben« war erwartungsgemäß dunkelrot ausgeprägt und die Arbeitsstunden pro Woche entsprachen dem Bild, dass man aus amerikanischen Anwaltsserien kennt. Dennoch wurde die Schädigungswirkung dieses Faktors als nur mittelschwer eingeschätzt, da ein Vorankommen in der Karriere für wichtiger erachtet wurde. Aufgrund valider Daten zu der tatsächlichen Schädigungswirkung überstimmte der Moderator die Einschätzung und setzte sie ebenfalls auf dunkelrot.

Die Nohl-Matrix stellt eine Pseudoquantifizierung dar, d.h. es kommt sehr auf die Repräsentativität der Teilnehmerstichprobe an, ob die Ergebnisse irgendwie valide sind.

b) Elektronische Abstimmungswerkzeuge

In den GBU-Workshops zeigt sich häufig das Unbehagen von Teilnehmerinnen und Teilnehmern, sich mit ihrer Meinung und der Bewertung von Belastungen zu zeigen. Deswegen empfehle ich den Einsatz eines elektronischen Abstimmungssystems. Das sind – je nach Anbieter – elektronische Abstimmungsinstrumente, die das Abstimmungsergebnis der befragten Gruppe live (via Projektion) in einer PowerPoint-Datei anzeigen.

Es gibt mehrere elektronische Abstimmungssysteme auf dem Markt, sowohl kostenlose wie kostenpflichtige. Das Grundprinzip ist: Sie stellen eine Frage und Ihre Workshopteilnehmer stimmen auf ihren Smartphones oder Notebooks online ab. Sie erhalten die Ergebnisse live in Ihre Präsentation eingespielt.

Einige Anbieter sind:
- www.ombea.com
- www.votingtech.de
- www.voting-partner.de

c) Protokollierung und Hypothesenbildung in Workshops

Protokollstruktur

Wie lässt sich ein Workshop-Protokoll sinnvoll strukturieren? Wichtig sind die Lösungsvorschläge der Teilnehmerinnen und Teilnehmer und deren Zuordnung zu den genannten Stressoren durch die Nummern in der ersten Spalte (vgl. Abb. 36).

Beschreibung der Stressoren:

1	Tw. gibt es strenge Terminvorgaben.
2	Es gibt unvorhergesehene Belastungsspitzen, die nicht steuerbar sind.
3	Es gibt fehlerhafte Planungsprozesse, bzw. es mangelt an rechtzeitiger Kommunikation von Veränderungen. Hier könnte eine bessere Ressourceneinschätzung frühzeitig erfolgen, wenn man vorab informiert ist. Beispiel:
4	Die Belastungsspitzen sind in einigen Abteilungen hausgemacht, weil andere Abteilungen oder Führungskräfte sich nicht an Terminvorgaben für z.B. Abrechnungen halten.
5	Zwar großer Gestaltungsspielraum, aber kein Einfluss auf die Menge. Die Arbeitsmenge (i.S. von Anzahl Projekte) sind allerdings fast immer zuviel für die vorhandenen Kapazitäten.
6	Es kommt sehr häufig zu kleinen Störungen und alltäglichen Aufgaben, die Projektarbeit stören.
7	Sehr heterogene Techniklandschaft macht die zentrale Steuerung schwierig. Verteilung von Vorlagen z.B. braucht 25 Systeme, die zu bedienen sind.
8	Vorhandene Anleitungen und Erklärfilme gibt es tw., sie werden aber nicht genutzt. Aufgrund des hierarchischen Gefälles können die ZD nicht durchsetzen, dass Anrufe abgelehnt werden können.

Lösungsvorschläge:

Stressor-Nr.	Lösungsbeschreibung	**Arbeitspaket** (wird später ausgefüllt, nicht im Workshop)
1	z. B. Emails bei Veränderungen. Die Fachabteilungen müssen früher informiert werden, weil es sonst zu Engpässen kommt.	
4	Es braucht hier eine Arbeitsanweisung, die verbindlich umgesetzt wird, dass Rechnungen an Kunden zum Monatsende abgerechnet werden sollen.	
5+6	Tw. zusätzliches Personal	

Abb. 36: Beispiel für in einem Workshop dokumentierte Stressoren für den Merkmalsbereich »Arbeitsverteilung, Arbeitsmenge«. Im Stressorenbereich werden die einzelnen Stressoren nummeriert und bei den Lösungsvorschlägen wird darauf Bezug genommen. (Quelle: eigene Darstellung)

Protokolltemplate

Die Protokollierung sollte innerhalb eines Workshops live an eine Leinwand projiziert werden. Viele Moderatoren fühlen sich mit handschriftlichen Moderationstechniken wohler, doch dadurch haben die Teilnehmer keine Kontrolle über die exakten Inhalte des Protokolls. Gerade bei Teilnehmerinnen und Teilnehmer mit einem höheren Bildungsgrad besteht oft der Wunsch zu sehen, was aufgeschrieben wird.

Daher sollte der Moderator ein vorbereitetes Protokolltemplate verwenden, das die zu beurteilenden Merkmalsbereiche (GDA-Leitlinien) und Untermerkmalsbereiche beschreibt und mit operationalisierten Beispielen erläutert. Es ist zu beachten, dass **Beispiele so neutralisiert werden**, dass keine Rückschlüsse auf den Beispielgeber möglich sind.

Belastungsindex

Jeder Merkmalsbereich, also jeder Belastungsfaktor, wird anhand der Abstimmungsergebnisse der Gruppe und der Nohl-Matrix bewertet und erhält einen **Belastungsindexwert** zwischen 0 und 8. Je höher dieser Belastungsindex ist, desto mehr Aufmerksamkeit bekommt dieser Faktor bei der Lösungsentwicklung und später bei der Darstellung in einem Unternehmensbericht.

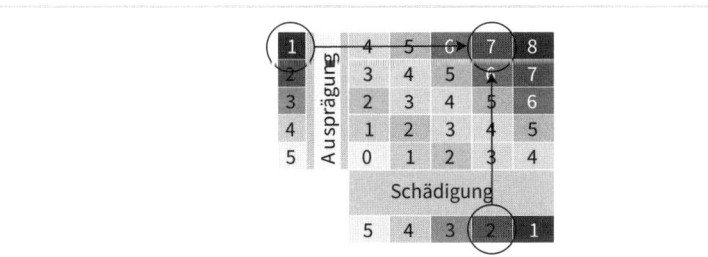

Abb. 37: Berechnung des Belastungsindex anhand der Bewertung der beiden Faktoren »Ausprägung« und »Schädigung«.

Arbeitshypothesen und Arbeitspakete

Analog zum Gesundheitsbefragungsprozess ist im Nachgang eine Zusammenfassung in Arbeitshypothesen sinnvoll. Dazu werden aus den besonders auffälligen Belastungsfaktoren und den Beispielen Ableitungen entwickelt. Hier zwei Beispiele für solche Arbeitshypothesen:

Hypothese 1

Unvollständige Delegation führt zu Überlastung der Partner und Frustration untergeordneter Mitarbeiter.

!

Problemstellung
- Die Delegation wird häufig mit einer reinen Übertragung von Aufgaben gleichgesetzt. Tatsächlich geht es genauso um die Übertragung von Verantwortung und fallabschließender Entscheidungskompetenz.
- Wird »schief« delegiert, werden zwar Aufgaben, aber keine Entscheidungskompetenzen übertragen.
- Gleichzeitig ist der Kontrollaufwand und die zu bewältigende Komplexität bei den Partnern zu hoch.

Psychische Fehlbelastung und die Folgen
- Die Mitarbeiterinnen und Mitarbeiter in Ihrer Branche sind karriereorientiert und leistungswillig. Ein zu geringer Verantwortungsrahmen wird als Unterforderung und als Ausdruck für mangelndes Vertrauen interpretiert.
- In der Folge fühlen sich kompetente Mitarbeiterinnen und Mitarbeiter unzufrieden. Sie erleben, dass ihre Fähigkeiten nicht zum Einsatz kommen. Ihr Bedürfnis nach – psychologisch gesprochen – Selbstwertsteigerung wird befriedigt. Selbstwertsteigerung ist eines der stärksten menschlichen Motive überhaupt.

Lösungsvorschläge
- Soweit noch nicht geschehen, sollte die Arbeitsplanung – sofern vorhanden – von den Vorständen auf die Bereichs- und Abteilungsleiter vollständig übertragen werden.
- Die Einhaltung der Hierarchie sollte von beiden Seiten erfolgen. Das bedeutet: Möglichst keine »Durchgriffe« von oben auf Mitarbeiter, wenn es dazwischen Vorgesetzte gibt.
- Vorstände sollten klare, möglichst schriftliche Rollenbeschreibungen und Aufgabenübertragungen für die Führungsebenen einfordern.
- Es sollte eine Arbeitsanweisung mit Zeichnungsrechten geben sowie Stellen- und Befugnisanweisungen. Der Verantwortungsrahmen, auch die Budgetverantwortung, sollten schriftlich fixiert und kommuniziert werden.
- Die Mitarbeiter sollten auch im Vorfeld von Entscheidungen einbezogen werden, nicht nur bei der Ausgestaltung, nachdem eine Entscheidung gefällt wurde.

Erwartete Effekte der Maßnahmen
- stark steigende Motivation und Mitarbeiterzufriedenheit
- Entlastung des Vorstands bei Arbeitsmenge und Zeitdruck
- Verbesserung der Vereinbarkeit von Beruf und Familie bei allen Führungskräften
- Verringerung von Stressfolgeschäden bei Vorständen und höheren Führungskräften
- Steigerung des Selbstwertgefühls und des wahrgenommenen Vertrauens bei Mitarbeitern sowie bei Führungskräften eine verbesserte Arbeitsplanung

> **Hypothese 2**   !
> Die Vereinbarkeit von Beruf, Familie und Privatleben ist bei vielen Tätigkeitsfeldern in einem
> kritischen Zustand. Das führt zu Burnout und Fluktuation. Der Fachkräftemangel wird
> verstärkt.

Problemstellung

- Die Gestaltung der Arbeit insbesondere von Bereichsleitern und Unternehmens-
  beratern ist bezüglich der Vereinbarkeit mit dem Familien- und Privatleben aus
  gesundheitlichen und Arbeitszufriedenheitsgründen unangemessen. Die Auswirkungen davon sind im Unternehmen unseres Erachtens sichtbar.
- Aussagen solcher Art fielen in den Workshops:
  »Wenn ich in die Familienplanung einsteige und Kinder bekomme, kündige ich
  hier.«
  »Ich sehe meine Kinder manchmal nur samstags und sonntags, weil ich abends so
  spät nach Hause komme.«
  »Wenn ich nach Hause komme, schlafen meine Kinder schon. Wir sehen uns nur
  morgens kurz beim Frühstück.«
  »Das Verhältnis zu meinen Kindern ist dadurch gestört.«
- Mitarbeiter geben an, dass sie negative Konsequenzen für Karriere, Gehalt, Bonus
  und Beurteilung erwarten, wenn sie auf die Einhaltung ihrer Arbeitszeiten drängen
  würden.

Psychische Fehlbelastung und die Folgen

- Übereinstimmend wird in zahlreichen Untersuchungen immer wieder herausge-
  arbeitet, dass die Vereinbarkeit von Beruf, Familie und Privatleben der wichtigste
  Faktor zur Vermeidung von Burnout und Kündigung ist. Zudem wirkt er stark auf
  die Arbeitszufriedenheit und sorgt im Idealfall für eine gute Regeneration des
  Stresssystems.
- Aufgrund der Vernetzung der Fachkräfte werden in der Branche (d. h. in den Kreisen, in denen sich potenzielle Mitarbeiter austauschen) die Arbeitsbedingungen
  Ihres Unternehmens deutlich negativ wahrgenommen. Die Chancen, Fachkräfte
  zu finden und zu binden, sind deutlich verringert. Der Effekt ist bereits jetzt spür-
  bar. Die Besetzung von Vakanzen gelingt teilweise nicht mehr.
- Arbeitsbedingte Konflikte mit der Familie führen sehr schnell zu Sinnlosigkeits-
  erleben, einer rasanten Erschöpfungsentwicklung und einer Gefährdung durch
  Kompensation mit Alkohol oder Drogen.
- Häufig kommt es zur Zerrüttung der Beziehung und zur Scheidung.

Lösungsvorschläge

Folgende Lösungsvorschläge sollten in Erwägung gezogen werden:

- Keine Sonntagsanreise. Änderung der An- und Abreise bei Kundenprojekten, auch
  in Hochleistungsphasen. Wir regen an, die Anreise am Sonntag grundsätzlich zu

vermeide und den Arbeitsbeginn bei Kundenprojekten auf beispielsweise 11 Uhr oder 12 Uhr zu verschieben.

- Frühes Arbeitsende am Freitag. Ebenso sollte die Heimreise je nach Entfernung so angetreten werden können, dass Mitarbeiter am Freitag gegen 17 Uhr zu Hause eintreffen.
- Arbeit im Büro an festen Wochentagen mit pünktlichem Feierabend. In anderen Häusern hat es sich gut bewährt, bestimmte Wochentage, z. B. Mittwoch und Freitag, zu pünktlichen Feierabenden zu ernennen. An diesen Tagen gehen alle Mitarbeiter z. B. um 17 Uhr, um Sportkurse zu besuchen oder etwas zu erledigen.
- Konsequente Einführung von Gleitzeit mit verkürzter Kernanwesenheit. Die Kernanwesenheit sollte z. B. auf 10 bis 15 Uhr angesetzt werden. Die Arbeit sollte selbstgesteuert zwischen 7 Uhr und 20 Uhr durchgeführt werden, jedoch unter Wahrung der 8-Stunden-Regel (§ 3 ArbZG).
- Arbeitsvertragliche und kulturelle Ermöglichung von Teilzeit auch bei Beratern.

Die Hypothesenbildung, wie sie hier exemplarisch durchgeführt wurde, ist längst kein Standard. Vielmehr sind viele Gefährdungsbeurteilungen ohne Aussagekraft und führen zu keinerlei Veränderungen. Dies ist vor allem dem Umstand geschuldet, dass Gesundheitsmanager in Unternehmen oft nicht wissen, welche Qualitätsansprüche sie stellen können und dürfen. Eine solche Hypothesenbildung ist meines Erachtens geboten. Sie sorgt für die nötige Verdichtung, um Vorstand, Geschäftsleitung und Führungskräften einen Handlungsrahmen zu geben.

Aus diesem Handlungsrahmen müssen anschließend konkrete Maßnahmen abgeleitet werden. Dies kann nur intern erfolgen. Hier sind Personalleitung und Personalentwicklung mit Unterstützung durch den Geschäftsführer in der Pflicht.

3.7 Die Auswertung der Gesundheitsbefragung

3.7.1 Datenaufbereitung

Falls Sie noch nie mit einer Gesundheitsbefragung zu tun hatten, ist Ihnen dieses Thema vielleicht nicht so nah. Doch regelmäßig scheitern solche Prozesse genau daran, dass die Berichtsqualität und die Aufbereitung für Laien unverständlich sind und zu falschen Schlussfolgerungen führen.

!

Tipp

Fordern Sie unbedingt im Vorfeld von den zur Auswahl stehenden Dienstleistern **Berichtsbeispiele** an, die zeigen, wie Ihre Ergebnisse abgebildet werden.

Warum Mittelwertdarstellungen nicht geeignet sind

Die Darstellung von Faktorwerten in Form von Mittelwerten ist in der wissenschaftlichen Tradition häufig zu finden. Dort ist sie sinnvoll, weil dazu Berechnungen zur Signifikanz erstellt werden, die Veränderungen abbilden sollen. Auch der Vergleich mit Normstichproben (häufig: Branchenvergleichswerte genannt) ist hier sinnvoll, um Unterschiede sichtbar zu machen.

Was für wissenschaftliche Fragestellungen sinnvoll ist, macht für die Nutzung der Ergebnisse durch BGM-Arbeitsgruppen, Führungskräfte und Teams keinen Sinn, denn hier kommt es auf die Einzelfälle an.

Eine Darstellung wie in Abbildung 38 ist daher für die Praxis des betrieblichen Gesundheitsmanagements nicht zu gebrauchen. Hier sind die beiden Mittelwerte der beiden Geschäftsbereiche A und B für den obersten **Faktor Emotionale Erschöpfung/ Burnoutgefährdung** identisch, obwohl – wie weiter unten gezeigt wird – die Situation in den beiden Bereichen sehr unterschiedlich ist.

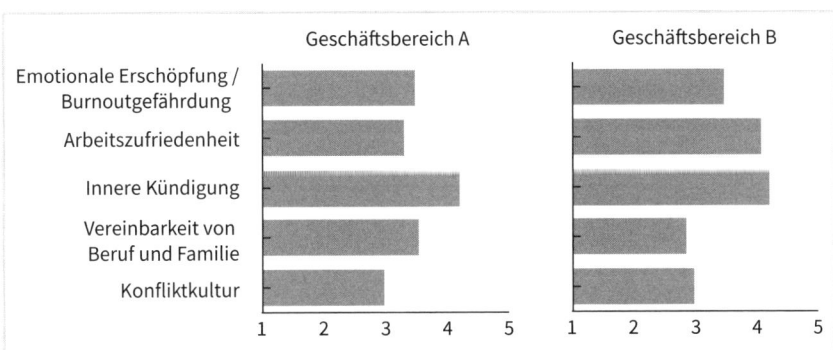

Abb. 38: Warum Mittelwertvergleiche unsinnig sind. Die Aussagekraft ist gering. Die Skalierung ist 1 = schlechte Faktorausprägung, 5 = gute Faktorausprägung. Die Mittelwerte sind nicht standardisiert, sondern Rohwerte.

Unterschiedliches Antwortverhalten wird durch eine Mittelwertbetrachtung unsichtbar. Dies zeigt Abbildung 39. Der Faktor »Burnoutgefährdung« aus dem COP-SOQ-Fragebogen kommt zum rechnerisch gleichen Mittelwert (= 3,48), obwohl die Darstellung nach Antwortkategorien zwei völlig unterschiedliche Situationen aufdeckt.

Geschäftsbereich A hat ein großes Problem, denn hochrote Werte in der Burnoutgefährdung weisen auf ausfallgefährdete Mitarbeiter mit Langzeiterkrankungspotenzial hin. Hier sind 19 sehr stark betroffen und 65 immerhin noch im roten Bereich. Der Mittelwert wird aber aufgrund vieler unkritischer Fälle nicht ins Negative verschoben. Im Geschäftsbereich B gibt es dagegen gar keine kritischen Fälle, eher ein leichter Trend in diese Richtung, weil viele Mitarbeiter im mittleren Bereich liegen.

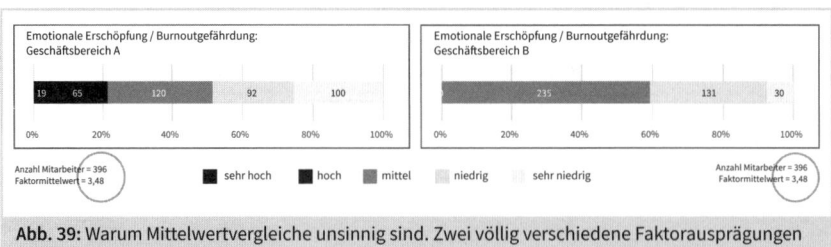

Abb. 39: Warum Mittelwertvergleiche unsinnig sind. Zwei völlig verschiedene Faktorausprägungen erzeugen denselben Mittelwert.

Standardisierung von Faktormittelwerten

Ein weiteres Problem bei der undifferenzierten Arbeit mit Mittelwerten auf Rohdaten ist die unterschiedliche Streuung. Wir schauen uns in Abbildung 40 fünf Faktoren eines Geschäftsbereichs an, die in der linken Darstellung Mittelwerte auf Basis der Rohdaten zeigt. Rechts wurden die Rohdaten am Unternehmensmittel standardisiert, weil in diesem Beispiel keine Branchenvergleichswerte vorlagen. Die linke Darstellung zeigt den Unternehmensmittelwert eines Faktors auf der Null-Linie und die Abweichung eines Geschäftsbereichs davon bei standardisierter Streuung.

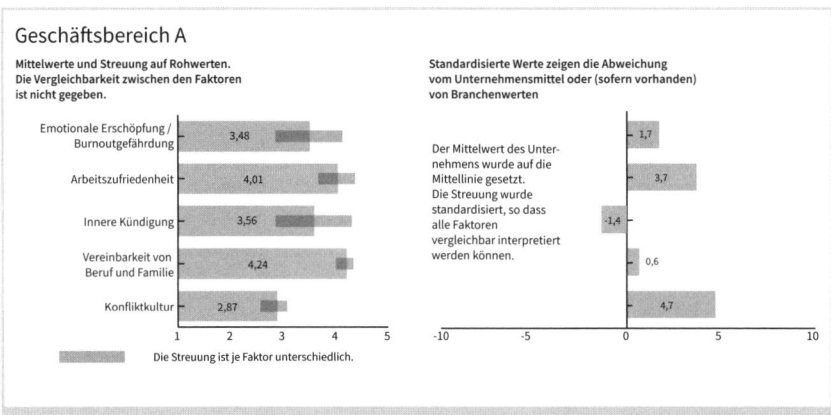

Abb. 40: Warum Mittelwertvergleiche unsinnig sind. Die Vergleichbarkeit von Faktoren mit unterschiedlicher Streuung ist nicht gegeben und führt bei Laien zu Interpretationsfehlern. Die Normierung oder Standardisierung von Faktorwerten ist *State of the art*.

Als Laie würden Sie nun – sofern Sie nur die linke Darstellung haben – interpretieren, dass die Konfliktkultur sehr schlecht ausgeprägt ist, während der Faktor »Innere Kündigung« ganz okay aussieht. Im Vergleich zum Unternehmensmittel fällt in der standardisierten Darstellung rechts aber auf, dass die Konfliktkultur in Geschäftsbereich A deutlich besser ist als im Gesamtunternehmen, dafür aber der Faktor »Innere Kündigung« schlechter (wenn auch nur gering). Die Methode der Standardisierung kann nur für Geschäftsbereiche und Gruppen verwendet werden, weil der Gesamtunternehmenswert als Bezugspunkt herangezogen wird.

Normierung anhand der Branchenwerte

Sofern statistisch verwertbare Branchenwerte vorliegen, kann man die Daten auch normieren. Dabei wird nicht der Unternehmensmittelwert verwendet, sondern eben Branchenvergleichswerte. Hier kann auch der Gesamtunternehmenswert der Faktoren im Vergleich zur Branche dargestellt werden.

Vorschlag für eine laienverständliche Darstellung von Faktorergebnissen

Ich schlage eine Darstellung des Antwortverhaltens nach Köpfen vor. In Abbildung 41 ist eine Gruppe dargestellt und deren Antwortverhalten beim Faktor Arbeitsmenge und Zeitdruck aus dem COPSOQ-Fragebogen.

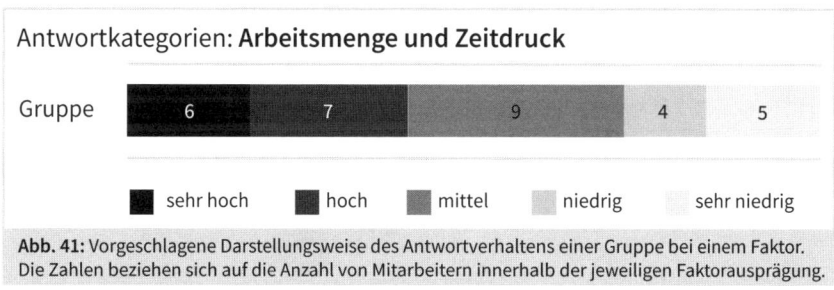

Abb. 41: Vorgeschlagene Darstellungsweise des Antwortverhaltens einer Gruppe bei einem Faktor. Die Zahlen beziehen sich auf die Anzahl von Mitarbeitern innerhalb der jeweiligen Faktorausprägung.

Wir sehen auf einen Blick, dass sechs Mitarbeiter der Gruppe eine sehr hohe Belastung in diesem Faktor haben und immerhin noch sieben weitere eine hohe Belastung. Insgesamt ist dieser Faktor damit zu 40 % im roten Bereich, was als bedenklich einzustufen ist.

3.7.2   Red-Flag-Analyse

Die *Red-Flag* bedeutet rote Flagge und meint eine komprimierte Darstellung von Daten für einen schnellen Gesamtüberblick. Andere Bezeichnungen sind etwa Ampel-Darstellung oder Heat Map. Die hier gewählte Darstellung ist eine von mehreren möglichen. Sie ist gewählt worden, weil durch eine graduelle Färbung mehr Informationen anschaulich vermittelt werden als durch drei Farben und Sie zudem die Anzahl betroffener Mitarbeiter erfahren. Aufgrund der unterschiedlichen Gruppengrößen wird hier der Prozentwert verwendet.

Eine mögliche Darstellung ist der prozentuale Anteil von Mitarbeitern mit einer roten und dunkelroten Ausprägung an der Gruppengröße. Am Beispiel der Gruppe Facility Management in Abbildung 42 können Sie sehen, dass hier 13 Mitarbeiter von insgesamt 32 Mitarbeitern der Gruppe im roten oder dunkelroten Bereich liegen. Das entspricht 40 % der Gruppe.

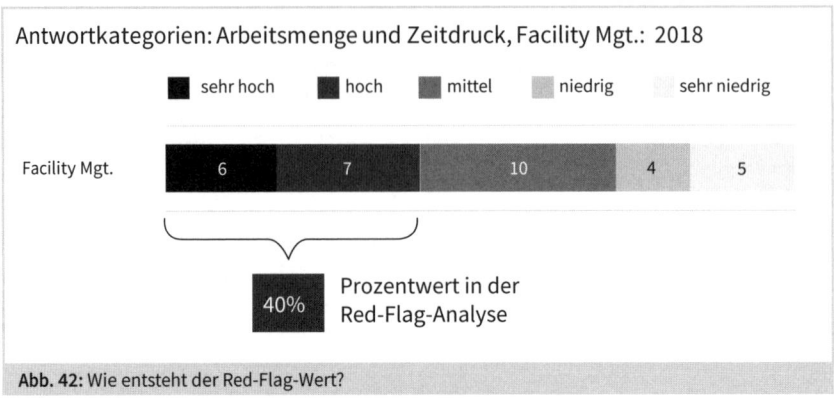

Abb. 42: Wie entsteht der Red-Flag-Wert?

In der Übersichtsdarstellung der Red-Flag-Analyse kann das beispielsweise so aussehen:

	Belastungen				Führungsqualität					Team		
	Arbeitsmenge und Zeitdruck	Emotionale Belastung bei der	Angst vor Arbeitslosigkeit	Vereinbarkeit von Beruf und Familie	Führungsqualität	Rollenklarheit	Rollenkonflikte	Einfluss und Handlungsspielrau	Freiheitsgrade	Teamzusammenha lt	Kollegiale Unterstützung	Mobbing
	gelb = 15 % rot = 30 %	gelb = 15 % rot = 30 %	gelb = 15 % rot = 30 %	gelb = 15 % rot = 30 %	gelb = 15 % rot = 30 %	gelb = 15 % rot = 30 %	gelb = 15 % rot = 30 %	gelb = 15 % rot = 30 %	gelb = 15 % rot = 30 %	gelb = 15 % rot = 30 %	gelb = 15 % rot = 30 %	gelb = 1 % rot = 2 %
Gesamtunternehmen	44%	21%	10%	22%	9%	1%	19%	18%	12%	2%	6%	4%
1. Ebene												
Führungskräfte	73%	32%	3%	24%	6%	0%	25%	0%	0%	0%	0%	0%
Betrieb	34%	14%	5%	9%	11%	0%	17%	23%	3%	5%	9%	4%
Vertrieb	47%	25%	15%	30%	9%	1%	20%	18%	20%	1%	5%	4%
Auszubildende	13%	7%	0%	0%	0%	7%	13%	13%	7%	0%	7%	0%
Führungskräfte												
Geschäftsleitung	67%	42%	0%	25%	17%	0%	8%	0%	0%	0%	0%	0%
Abteilungs- und Bereichsleiter	83%	25%	8%	25%	0%	0%	33%	0%	0%	0%	0%	0%
Gruppen- / Teamleiter / Meister	69%	31%	0%	23%	0%	0%	33%	0%	0%	0%	0%	0%
Verwaltung												
Recht/Beauftragtenwesen/Betriebsrat	33%	22%	0%	0%	0%	0%	33%	33%	0%	0%	22%	0%
Revision	40%	40%	0%	20%	20%	0%	40%	60%	0%	60%	40%	40%
Controlling /Rechnungswesen	25%	0%	0%	0%	0%	0%	0%	13%	0%	0%	0%	0%
Orga/It/Projektmanagement	24%	6%	0%	6%	0%	0%	12%	6%	0%	0%	0%	6%
Facilitymanagement	40%	20%	20%	0%	60%	0%	0%	40%	20%	0%	20%	0%
Personal	0%	0%	0%	33%	0%	0%	33%	33%	0%	0%	0%	0%

Abb. 43: Red-Flag-Darstellungsbeispiel

Wenn Sie jetzt in der ersten Spalte *Arbeitsmenge und Zeitdruck* nachschauen und dort fast nach unten in die Zeile *Facility Management* gehen, finden Sie den Wert 40 %. In einer solchen aggregierten Darstellung mit unterschiedlichen Gruppengrößen ist eine Darstellung nach Köpfen nicht sinnvoll, sondern es sollten Prozentwerte abgebildet werden.

Tipp !

Für eine intuitive Interpretation kann man die Prozentwerte mit einem Rot-Gelb-Grün-Farbverlauf einfärben. Beachten Sie, dass einige Faktoren bereits bei sehr kleinen Prozentwerten als kritisch zu betrachten sind, wie im Beispiel der Abbildung 43 die ganz rechte Spalte *Mobbing*. Dies lässt sich so lösen, dass die Programmierung für die Einfärbung bereits ab 2 % ein Rot vorgibt, während es bei anderen Faktoren erst ab 15 % ins Gelbe kippt und ab 30 % Rot angezeigt wird. Sie können selbst entscheiden, welche Grenzen Sie setzen, abhängig davon, wie die Schädigungswirkung ist.

Testen Sie Ihr Verständnis der Red-Flag-Analyse

Wenn Sie mögen, testen Sie Ihr Verständnis der Red-Flag-Analyse und beantworten Sie die folgenden Fragen. Sie sind den nummerierten Punkten in Abbildung 43 zugeordnet:

1. 44 % aller Mitarbeiterinnen und Mitarbeiter im Unternehmen klagen über eine zu hohe Arbeitsmenge und Zeitdruck. **Aber welche Gruppe leidet besonders darunter?**
2. Die Vereinbarkeit von Beruf, Familie und Privatleben ist bei 22 % aller Mitarbeiterinnen und Mitarbeiter im roten Bereich. **Welches Team in der Verwaltung hat besonders große Probleme damit?**
3. Oje, gleich 60 % der Abteilung Facility Management beklagt sich über eine schlechte Führungsqualität. **Ist das generell ein großes Problem in diesem Unternehmen?**
4. Wenn wir mal alle fünf Führungsfaktoren betrachten, **welche Abteilung ist wohl am zufriedensten mit der Führungsqualität?**
5. Wenn der eine Hüh und der andere Hott sagt, nennt man das einen Rollenkonflikt. **Welche Aussage stimmt wohl in Bezug auf die drei Führungskräfteebenen?**

Wichtig: Eine Red-Flag-Analyse darf nicht in die falschen Hände gelangen! !

In der Red-Flag-Analyse werden Gruppen und damit Führungskräfte miteinander verglichen. Sie gehört nicht in Gruppenberichte, sondern nur in den Gesamtbericht, der nicht öffentlich ausliegt. Vermeiden Sie Rankings unter Führungskräften.

Lösungen

1. Innerhalb der Führungskräfte ist es die Gruppe der Abteilungsleiter, von denen 83 % eine Überforderung bei der Arbeitsmenge angeben.
2. Es ist der Bereich Personal. Hier schaffen 33 % keine gute Vereinbarkeit.

3. Nein, nur 9 % aller Mitarbeiter beklagen eine schlechte Führungsqualität. Das ist wenig.
4. Es ist die Abteilung Controlling/Rechnungswesen.
5. Die Geschäftsleitung hat kaum Rollenkonflikte, wohl aber ein Drittel der übrigen Führungskräfte. Könnte das vielleicht an der Geschäftsleitung liegen?

3.7.3   Darstellungsformen von Ursache-Wirkungs-Beziehungen

Die Notwendigkeit für die Darstellung von Ursache-Wirkungs-Beziehungen oder zumindest von Korrelationen wird in den BGM-Arbeitskreisen meist erst bei der Analyse der Berichte deutlich, also wenn die Berichte schon fertig sind. In der Logik des Belastungs-Beanspruchungs-Modells (vgl. Kapitel 3.2) gibt es einen Ursache-Wirkungs-Zusammenhang zwischen den Belastungsfaktoren (auch: Einflussfaktoren) und den Gesundheitszustandsfaktoren (auch: Ergebnisfaktoren).

Für Gesundheitsmanager ist das genaue Verständnis des Unterschiedes sehr wichtig. Sehr häufig kommt es nämlich zu einer falschen Zielableitung, wie die folgende Herleitung zeigt.

Gesundheitszustand
Der Gesundheitszustand ist der Faktor, der den wirtschaftlichen Schaden verursacht. Eine niedrige Arbeitszufriedenheit führt zu geringer Motivation und senkt damit die Produktivität und erhöht das Kündigungsrisiko. Ein erhöhtes Kündigungsrisiko führt zur Abwanderung leistungsstarker Mitarbeiter, während die leistungsschwachen Mitarbeiter in die innere Kündigung abwandern. Ein erhöhtes Burnoutrisiko steht für Langzeiterkrankungen usw.

! **Wichtig**

Aus den **Gesundheitszustandsfaktoren** werden die Ziele abgeleitet!

Belastungsfaktoren
Die Belastungsfaktoren sind die Ursachen des Gesundheitszustandes. Eine schlechte Führungsqualität oder eine schlechte Konfliktkultur, geringes Vertrauen oder mangelnde Wertschätzung führen zu einer niedrigen Arbeitszufriedenheit. Vielfach erlebe ich das Missverständnis, man müsse Belastungsfaktoren per se verbessern, wenn sie negativ ausgeprägt sind. Es wird dann wild »drauflosgestürmt«, wenn ein Faktor rot ist. Doch – etwas überspitzt formuliert – wenn ein Belastungsfaktor gar keine negative Auswirkung hat, also mit keinem Gesundheitszustandsfaktor korreliert, dann ist es auch wenig sinnvoll, an diesem Faktor zu arbeiten. Wir machen betriebliches Gesundheitsmanagement ja nicht »aus Spaß an der Freude«, sondern verfolgen natür-

lich wirtschaftliche Ziele, auch wenn das BGM gern humanistisch begründet wird. Es geht um Produktivität. Dass diese mit gesunden und glücklichen Mitarbeitern leichter und besser zu erreichen ist, ist ein angenehmer Nebeneffekt. Das bedeutet: Es werden keine Ziele aus Belastungsfaktoren abgeleitet, sondern Maßnahmen.

> **Wichtig**   **!**
>
> Aus den **Belastungsfaktoren** werden Maßnahmen abgeleitet!

Noch einmal: Ziele werden aus Gesundheitszustandsfaktoren abgeleitet, Maßnahmen aus den Belastungsfaktoren. Warum? Ausgehend von dem Ziel der Verbesserung der Produktivität wollen wir beispielsweise die *Burnoutgefährdung* senken. Das ist unser Ziel. Da die Faktoren *Arbeitsmenge und Zeitdruck* sowie *Vereinbarkeit von Beruf und Familie* hier den höchsten korrelativen Zusammenhang aufweisen, sollten wir aus diesen beiden Belastungsfaktoren Maßnahmen ableiten.

Korrelationsanalysen

Die einfachste Darstellung eines Zusammenhanges ist eine Korrelationsmatrix. Eine Korrelation gibt wieder, wie eng der Zusammenhang zwischen zwei Faktoren ist. Die Werte können zwischen +1 und -1 schwanken:

* Eine Korrelation von 0 bedeutet, dass – gleichgültig wie Faktor A ausgeprägt ist – keinerlei Zusammenhang zur Ausprägung von Faktor B besteht.
* Eine Korrelation von 1 bedeutet, dass es einen perfekten Zusammenhang zwischen zwei Faktoren gibt. Hier könnte man das Beispiel aus Gewicht und Volumen von Wasser bei 20 °C als Beispiel nehmen. Je mehr Volumen von Wasser ich nehme, desto schwerer ist es. Dieser perfekte Zusammenhang gilt bei Körpergröße und Gewicht von Menschen nicht. Zwar gibt es eine gewisse Korrelation, dass größere Menschen auch schwerer sind, aber es gibt eben auch große Dünne und kleine Dicke.
* Eine Korrelation von -1 bedeutet einen negativen Zusammenhang, je mehr von dem, desto weniger von jenem. Das wäre etwa beim Zusammenhang von Shopping und Kontostand der Fall.
* Je größere eine Stichprobe ist, bei der man eine Korrelation berechnet, desto kleiner dürfen Korrelationen sein, um trotzdem statistisch bedeutsam zu sein. So gilt eine Korrelation bei 10 Personen von 0.3 als nicht sehr groß, bei 1.000 Personen wäre das aber eine sehr signifikante Korrelation. Für die Praxis ist das bei uns nicht relevant, es erklärt nur, warum man nicht auf Gruppenebene Korrelationen berechnen sollte. Es genügt völlig, eine solche Matrix auf Unternehmensebene oder bestenfalls noch auf Bereichsebene zu berechnen, wenn ein Bereich größer als 100 Personen ist.

	Belastungsfaktoren				Führung und Arbeitsorganisation					Team				Verbundenheit	
	Arbeitsmenge und Zeitdruck	Vereinbarkeit von Beruf und Familie	Emotionale Belastung bei der Arbeit	Angst vor Arbeitslosigkeit	Führungsqualität	Rollenklarheit	Rollenkonflikte	Einfluss und Handlungsspielraum	Freiheitsgrade	Teamzusammenhalt	Kollegiale Unterstützung	Mobbing	Gegenseitiges Vertrauen	Commitment / Verbundenheit	Sinnerleben bei der Arbeit
Körperliche Gesundheit															
Arbeitsfähigkeitsindex (WAI-Gesamtwert)	0,21	0,40	0,35	0,41	0,31	0,25	0,27	0,33	0,29	0,32	0,17	0,20	0,28	0,36	0,33
Arbeitsfähigkeit in zwei Jahren	0,24	0,32	0,26	0,19	0,22	0,16	0,22	0,11	0,15	0,22	0,14	0,16	0,23	0,22	0,21
Geistige Arbeitsfähigkeit	0,22	0,27	0,26	0,21	0,20	0,16	0,21	0,14	0,12	0,15	0,07	0,26	0,20	0,28	0,22
Körperliche Arbeitsfähigkeit	0,15	0,19	0,13	0,16	0,11	0,13	0,11	0,15	0,14	0,16	0,06	0,15	0,10	0,20	0,15
Geschätzter Krankenstand	-0,07	0,08	0,02	0,19	0,06	0,05	0,03	0,25	0,27	0,01	-0,01	0,04	0,07	0,14	0,15
Psychische Gesundheit															
Emotionale Erschöpfung / Burnoutgefährdung	0,40	0,56	0,49	0,43	0,30	0,23	0,37	0,28	0,18	0,28	0,12	0,20	0,29	0,33	0,26
Konzentrations- und Denkprobleme	0,30	0,39	0,32	0,34	0,24	0,28	0,30	0,20	0,12	0,20	0,10	0,18	0,23	0,27	0,25
Aktivitätsniveau und Zuversicht (psychische Leistungsreserven)	0,25	0,38	0,35	0,40	0,44	0,32	0,36	0,39	0,17	0,34	0,24	0,18	0,37	0,54	0,49
Motivationale Gesundheit															
Arbeitszufriedenheit	0,19	0,33	0,29	0,27	0,51	0,35	0,40	0,46	0,24	0,42	0,31	0,19	0,46	0,57	0,62
Innere Kündigung	-0,13	0,01	-0,06	0,09	0,07	0,15	0,07	0,22	0,09	0,10	0,03	0,04	0,07	0,20	0,31
Kündigungsabsicht	0,15	0,18	0,13	0,10	0,24	0,13	0,15	0,12	-0,01	0,15	0,07	0,28	0,24	0,26	0,21

Abb. 44: Korrelationsmatrix zur Identifikation von Wirkhebeln bei negativ ausgeprägten Ergebnisfaktoren.

Betrachten wir folgendes Beispiel in Abbildung 44: In der linken Spalte finden Sie die Gesundheitszustandsfaktoren eines Kundenbeispiels, in der oberen Zeile stehen die Belastungsfaktoren. Weil in diesem Buch keine farbigen Darstellungen möglich sind, unterschlage ich die Einfärbung von negativen Korrelationen (die werden hier einfach auch weiß dargestellt) und wir schauen uns nur die positiven Korrelationen an (je dunkler desto höher).

Beantworten Sie die folgenden **Fragen**:
1. Sie möchten die *emotionale Erschöpfung/Burnoutgefährdung* reduzieren. Welche Belastungsfaktoren müssten Sie dafür am besten verändern?
2. Sie haben nicht so viel Budget und möchten nur einen Belastungsfaktor verändern, der die *Arbeitszufriedenheit* besonders beeinflusst. Welcher wäre das?
3. Eigentlich sagt die Korrelationsmatrix, dass Commitment den höchsten Einfluss auf *Aktivitätsniveau und Zuversicht* hat. Nun lässt sich das nicht so einfach verändern. Welcher andere Faktor, den man vermutlich einfacher verändern kann, müsste angepackt werden?

Antworten
1. Es sind gleich die ersten vier Faktoren von *Arbeitsmenge* und *Zeitdruck* bis *Angst vor Arbeitslosigkeit*. Besonders wichtig ist der Faktor *Vereinbarkeit von Beruf und Familie*.

2. Die höchste Korrelation von Arbeitszufriedenheit hat das *Sinnerleben bei der Arbeit*. Sofern Sie also in der Lage sind, Arbeitsinhalte anzubieten, die das Sinnerleben Ihrer Mitarbeiter stimulieren, haben Sie damit eine gezielte Maßnahme gefunden. Falls das nicht geht, suchen Sie den nächsten Faktor, der sich besser beeinflussen lässt.

3. Die richtige Antwort wäre *Führungsqualität*, weil dieser Faktor deutlich leichter zu verändern ist, als *Sinnerleben* oder *Commitment*.

Sie sehen, wie sinnvoll und wichtig eine solche Korrelationsmatrix für die Ziel- und Maßnahmenableitung ist.

Pfadanalysen

Der versierte Statistiker wird nun einwenden, dass Korrelationsmatrizen keine Ursache-Wirkungs-Beziehung darstellen können (das stimmt nicht ganz, denn wir legen ja ein Ursache-Wirkungs-Modell zugrunde, nämlich das Belastungs-Beanspruchungs-Modell) und dass Korrelationen eine recht unsaubere Berechnung darstellen (ich erspare Ihnen die korrekte statistische Bezeichnung). Der statistische Gral ist eine Pfad- bzw. Regressionsanalyse. Hier wird der reine, einzigartige Effekt eines Faktors auf einen anderen Faktor berechnet. Diese Effekte sind erst bei einer größeren Stichprobe sichtbar. Ich würde mindestens 1.000 befragte Personen voraussetzen, um hier belastbare Daten zu erhalten.

Sofern Sie also mit solchen Datenmengen arbeiten, bitten Sie Ihren externen Dienstleister, Ihnen eine Pfadanalyse mitzuliefern, die aussagt, welche Belastungsfaktoren besonders deutlich auf die Gesundheitszustandsfaktoren einwirken.

Extremgruppenvergleiche

Für Laien besser nachvollziehbar sind Extremgruppenvergleiche. Dazu wird eine Frage wie z. B. die folgende gestellt: »Wie unterscheidet sich die Arbeitszufriedenheit bei Menschen mit hohen Burnoutwerten und solchen mit niedrigen?« Man vergleicht also die Extremgruppen miteinander und schaut, wie andere Faktoren sich zwischen diesen beiden Gruppen unterscheiden.

In einem Beispiel aus der Volksbank-Studie, die ich mit meinem Team 2019 veröffentlich habe, untersuchten wir Einzel-Items, also nicht Faktoren, sondern einzelne Fragen.

Das Fragebogen-Item →»Meine Arbeit erzeugt Stress, der es schwierig macht, privaten oder familiären Verpflichtungen nachzukommen« teilten wir in zwei Extremgruppen auf.

Insgesamt untersuchten wir 9.463 Datensätze. 21,9 % dieser Stichprobe antworteten bei diesem Item mit rot oder dunkelrot. 57,5 % antworteten hellgrün oder dunkelgrün.

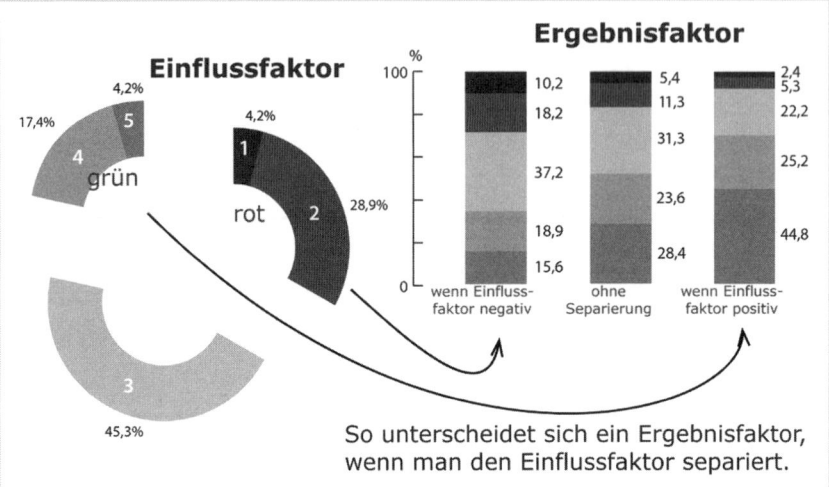

Abb. 45: So wird eine Stichprobe in Extremgruppen separiert. Die roten (2) und dunkelroten (1) sind die negative Gruppe und die hellgrünen (4) und grünen (5) sind die Positivgruppe. Dann legt man einen Ergebnisfaktor daneben und schaut, was passiert. (Quelle: Eudemos)

Wir untersuchten dann, wie sich diese beiden Gruppen in ihrem Gesamtpunktwert beim Work-Ability-Index unterscheiden. Sie erinnern sich an den Arbeitsfähigkeitsindex als wichtiges Gesundheitsmaß mit einer Spanne von 7 bis 49 Punkten (vgl. Kapitel 3.5.1, Abschnitt »Work-Ability-Index«). **Die beiden Extremgruppen unterschieden sich um 10,3 Punkte, eine unfassbar große Differenz.** Während die *grüne* Gruppe knapp 43 Punkte hatte, also knapp eine sehr gute Arbeitsfähigkeit aufwies, war der Indexwert bei der *roten* Gruppe bei knapp 33 Punkten und lag damit in der mäßigen Arbeitsfähigkeit.

Auch bei der Burnoutgefährdung war der Unterschied zwischen den Extremgruppen riesig. In der *grünen* Gruppe treten lediglich **4,1 % hoch Burnoutgefährdete** auf, während es in der *roten* Gruppe **48,9 % hoch Burnoutgefährdete** waren!

Der Lerneffekt aus einem solchen Extremgruppenvergleich ist auch für Laien eindrucksvoll, weshalb ich solche Beispiele aus der Praxis in Kick-off-Vorträgen für Führungskräfte verwende.

Einfluss des Items „Meine Arbeit erzeugt Stress, der es schwierig macht, privaten oder familiären Verpflichtungen nachzukommen" auf „emotionale Erschöpfung/ Burnoutgefährdung" und „Aktivitätsniveau und Zuversicht"

Spitzenreiter in unserer Studie hinsichtlich des Einflusses auf den WAI „Gesamtwerte" ist die Frage „Meine Arbeit erzeugt Stress, der es schwierig macht, privaten oder familiären Verpflichtungen nachzukommen".

Einfluss-Item: Meine Arbeit erzeugt Stress, der es schwierig macht, privaten oder familiären Verpflichtungen nachzukommen

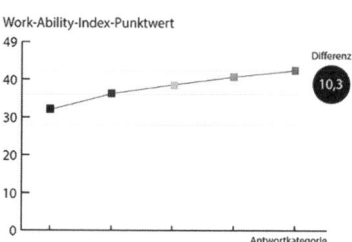

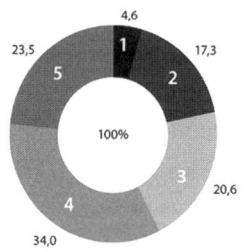

Ergebnisfaktor: Work-Ability-Index

Der Einfluss des Items ist sowohl nach unten als auch nach oben hochsignifikant. Im negativen Fünftel liegt der WAI-Gesamtwert bei nur 32,1 während er im oberen Fünftel 42,4 beträgt.

Ergebnisfaktor „emotionale Erschöpfung / Burnout-Gefährdung

Wenn der Arbeitsstress das Privatleben stark beeinflusst, wirkt sich dies dramatisch auf den Faktor „emotionale Erschöpfung / Burnout-Gefährdung" aus. Der Anteil der durch Burnout gefährdeten Personen ist bei denen mit einer hohen Belastung zwanzig Mal so groß gegenüber jenen, deren Privatleben nicht deutlich beeinflusst wird. In der Gruppe derer, die ihr Privatleben als gering belastet sehen, liegt die emotionale Erschöpfung dagegen zu 80 % im positiven oder teilweise positiven Bereich.

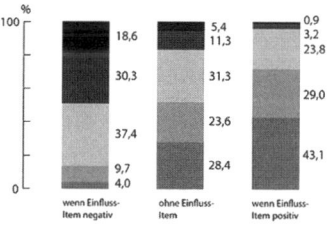

Abb. 46: Ausschnitt aus der Volksbank-Studie von Eudemos (2019). Es wird ein Item zur Vereinbarkeit von Beruf und Familie untersucht. Dabei fällt auf, dass die beiden Extremgruppen sich außerordentlich stark im WAI-Gesamtwert unterscheiden.

3.7.4 Berichtsinhalte

Zur Auswertung der Gesundheitsbefragung gehört ein Reporting bzw. Bericht, der die folgenden Abschnitte enthalten sollte:

a) Einleitung und Erläuterungen im Gesamtbericht

Idealerweise enthält der Gesamtbericht zur Gesundheitsbefragung im Unternehmen eine Einleitung für Laien, etwa Basiswissen zu Items, Faktoren, Mittelwerten, Korrelationen und den verwendeten Fragebögen.

b) Management-Summary mit Hypothesen

Nicht zwingend erforderlich, aber hilfreich sind zusammenfassende Hypothesen aus einer Datenmusteranalyse. Welche Faktoren hängen mit welchen anderen zusammen und welche Schlüsse lassen sich daraus für das Unternehmen ziehen? Solche stark verdichteten Hypothesen sind bei Vorständen und Geschäftsführern beliebt, denn diese lesen keine langen Berichte.

c) Beschreibung der Belastungsfaktoren

Faktorenbeschreibungen sind sinnvoll. Die Belastungsfaktoren sollten in einem Bericht ausführlich beschrieben sein. Projekterfahrungen haben gezeigt, dass die Leser gern die Fragen kennen möchten, die den Mitarbeiterinnen und Mitarbeitern in dem Fragebogen gestellt wurden.

d) Befragung: Einfache Diagramme

Leicht verständliche Diagramme sind wichtig zur Vermeidung von Interpretationsfehlern. Ich möchte hier die Balkendarstellung nach Köpfen vorstellen. Sie ist die einzige Form der Darstellung, die eine Identifikation mit den Menschen »dahinter« ermöglicht, eben weil keine anonymen Prozentwerte, sondern Köpfe ausgezählt werden.

Die folgende Darstellung macht das deutlich:

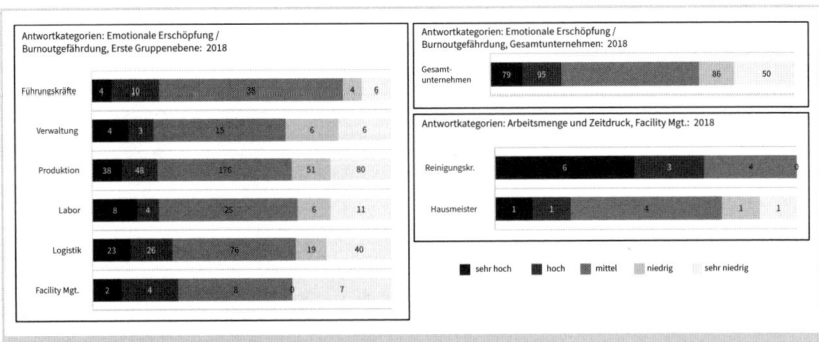

Abb. 47: Darstellungsbeispiel einer Balkendarstellung nach Köpfen für mehrere Gruppen im Vergleich. Im Original werden die Farben von Rot nach Grün dargestellt.

3.7.5   Lösungsentwicklung und Maßnahmenplanung

Bei einer **Gesundheitsbefragung** erfolgt die Lösungsentwicklung und Maßnahmenplanung in zwei Schritten: den Teamworkshops und einer gebündelten Auswertung der Protokollrückläufer aus diesen Workshops sowie schließlich die Umwandlung in Arbeitspakete.

Bei der **Workshop-Methode** und bei den Einzelinterviews und der Arbeitsplatzbeobachtung (Kapitel 3.6.2) sollten die Lösungsideen bereits während der Belastungserfassungs-Workshops oder -Interviews entstehen und mit den Teilnehmerinnen und Teilnehmern diskutiert und dann protokolliert werden. Hier erfolgt nur noch ein Schritt, nämlich die Ableitung von Arbeitspaketen aus allen Workshop-Protokollen.

Schritt 1: Protokolle auswerten
- Sammeln Sie alle Protokolle ein.
- Übertragen Sie alle Lösungsideen, die nicht von den jeweiligen Teams selbst gelöst werden, in eine Excel-Datenbank. Vermerken Sie, aus welcher Gruppe der Vorschlag stammt, und vergeben Sie eine Kategorie und ggf. eine Priorität. Falls dieselbe Lösungsidee mehrfach genannt wird, vermerken Sie die Häufigkeit.
- Das bereiten Sie für das BGM-Team vor.

Schritt 2: Arbeitspakete zusammenstellen
- Rufen Sie eine BGM-Steuerkreissitzung ein. Je nach Anzahl der Protokollrückläufer dauert eine solche Sitzung ein oder sogar zwei Tage.
- Clustern Sie die Lösungsideen nach Themen bzw. fassen Sie sie in Arbeitspaketen zusammen. Ein Arbeitspaket ist eine inhaltliche Klammer um mehrere Lösungsideen.
- Benennen Sie einen Verantwortlichen für jedes Arbeitspaket.

Schritt 3: Maßnahmen entscheiden lassen
- Übergeben Sie nun jedes Arbeitspaket an die zuständige Person im Unternehmen. IT-Themen an den IT-Leiter, Personalentwicklungsthemen an den PE-Leiter und einiges sicherlich auch gleich an die Geschäftsführung.
- Sobald Entscheidungen getroffen wurden, kommunizieren Sie diese im Haus und erstellen ein Maßnahmen-Entscheidungs-Protokoll.

3.8   Zusammenarbeit mit externen Partnern

3.8.1   Einkauf von Prozessbestandteilen

Abhängig von Größe und Komplexität sowie von der gewählten Methode für die Gefährdungsbeurteilung werden Sie um den Einkauf einzelner Bestandteile der Gefährdungsbeurteilung nicht umhinkommen. In welcher Phase des Prozesses sich eine externe Unterstützung lohnt bzw. wo Sie selbst tätig werden können, erfahren Sie in dieser Tabelle:

Prozessbestandteile	Einkaufen oder selbst machen?
Vorbereitung, Durchführung und Auswertung von Online- oder papiergebundener Befragung	**Empfehlung:** Einkaufen Typische Fehlerquellen bei eigener Durchführung: • Auswertungsfehler bei der Berechnung von Faktoren und Items • Fehler in der grafischen Darstellung von Daten, die zu Interpretationsfehlern führen • Unterschätzung des Arbeitsaufwandes einer Berichterstellung (zum Vergleich: Hauptbericht umfasst 80 bis 150 Seiten)
Team-Workshops zur Ergebnisaufarbeitung bei unauffälligen Teams	**Empfehlung:** Größtenteils selbst machen Erfolgsfaktoren: • gute Vorbereitung der Führungskräfte • kleine Freiheitsgrade und hohe Verbindlichkeit gegenüber Führungskräften, z. B. bei der Protokollierung oder den Umsetzungszeiträumen • Teams mit auffällig negativen Ergebnissen brauchen erweiterte Begleitung
Workshop-Methode zur Gefährdungsbeurteilung	**Empfehlung:** Bei ganz kleinen Unternehmen selbst machen, sonst einkaufen. Typische Fehlerquellen: • Es werden nicht alle Merkmalsbereiche abgedeckt. • Die Moderation erfordert Neutralität und teilweise Expertenwissen, etwa wenn Verstöße gegen Gesetze erkannt werden oder Arbeitssicherheitsthemen aufkommen.
Kommunikationsposter und Erklärfilm erstellen	**Empfehlung:** Das ist von Ihren Fähigkeiten abhängig. Umsetzungstipps: • Poster erstellen Sie einfach in PowerPoint (DIN A3, Hochformat). • Einen Erklärfilm kann man mit bestimmter Software selbst erstellen, etwa indem man eine PowerPoint-Präsentation abfilmt und dazu den Text einspricht. • Einfacher ist es, den Film von einem Dienstleister erstellen zu lassen (Kosten: ab 1.000 EUR).

Prozessbestandteile	Einkaufen oder selbst machen?
Auswertung der Ergebnisse auf Basis von Ergebnisberichten, die Sie vom Dienstleister erhalten	**Empfehlung:** Größtenteils selbst machen Erfolgsfaktoren: • Wenn Sie gute Ideen für die Lösung haben, geht die Auswertung leicht. • Ein häufiger Fehler besteht allerdings darin, dass man zu sehr in Einzellösungen für Einzelprobleme denkt, statt übergeordnete Muster zu erkennen. • Es braucht das Umsetzungswissen von Personalentwicklern. Entsprechend kompetente Berater können hier u. U. nützlich sein.
Team-Workshops zur Ergebnisaufarbeitung und Intervention bei stark auffälligen Teams oder bei schlechter Führungsqualitätsbewertung	**Empfehlung:** Einkaufen Hinweise: • Teams mit kritischen Ergebnissen brauchen eine besondere Betreuung bei der Aufarbeitung ihrer Ergebnisse. • Machen Sie das besser nicht allein, denn es braucht Neutralität, Fachwissen und Moderationskompetenz bis hin zu Mediationserfahrungen.

Tab. 10: Für welche Prozessbestandteile lohnt sich die Unterstützung durch externe Dienstleister?

3.8.2   Auswahl externer Partner

Qualitätskriterien für die Anbieterauswahl

Letztlich haben Sie die Qual der Wahl, in einem weitgehend unregulierten Markt aus der Vielzahl von Anbietern einen auszuwählen. Die Kriterien, die hier aufgeführt werden, können keine Garantie geben, aber sie sollen Ihren Blick schärfen und Ihnen helfen, die richtigen Fragen zu stellen.

Negativkriterien	Positivkriterien
• Versucht der Anbieter Sie zur Workshop-Methode zu überreden, kann er die Befragungsmethodik meist nicht bieten. • Kann der Anbieter keine Beispielberichte vorlegen, ist er vermutlich unerfahren. • Sind die Beispielberichte nicht aussagekräftig und können ohne Zusatzwissen nicht von Laien (etwa Führungskräften) interpretiert werden? Dann hilft es auch nicht, wenn der Anbieter sagt, er erkläre alles in einem Workshop. • In den Auswertungen der Befragung werden nur Mittelwerte berechnet. • Kann der Anbieter keine Beispiele für Werbemittel (Filme, Poster) zeigen, hat er das bisher noch nicht gemacht.	• Der Anbieter kann Sie dazu beraten, welche der drei Methoden (Befragungsmethode, Workshop-Methode, Einzelinterview bzw. Arbeitsplatzbeobachtung) zu welchen kulturellen Voraussetzungen und zu welchen Zielgruppen passt. • Die Belastungsfaktoren werden an die Arbeitsplatzanforderungen angepasst, sofern notwendig. • Die Beispielberichte sind aussagekräftig, gut designt und für Laien lesbar. • Die Beispielberichte sind ohne Hilfsmittel für Laien verständlich. Die notwendigen Erklärungen sind in den Berichten enthalten. • Die Diagramme sind aussagekräftig und in Farbe.

Negativkriterien	Positivkriterien
• Fordern Sie Einzelberichte für die Gruppen und Teams an und sagt der Anbieter »Das ist aber ungewöhnlich«, hat er das bisher noch nicht gemacht. • Schauen Sie sich die Empfehlungen aus Beispielberichten an. Bleiben diese sehr allgemein und unkonkret, wird das vermutlich auch in Ihrem Projekt so sein. Hat der Anbieter Organisationsentwicklungs- und Personalentwicklungskompetenzen?	• Es sind Beispiele für Werbemittel (Filme, Poster) vorhanden. • Der Anbieter kann Sie durch den ganzen Prozess leiten und zeigt auch Prozessbestandteile auf, die Sie gut selbst durchführen können. • Die Interpretation und die Maßnahmenvorschläge aus Projektbeispielen sind aussagekräftig und unternehmensspezifisch.

Tab. 11: Negativ- und Positivkriterien für die Auswahl von externen Dienstleistern zur Unterstützung bei der Durchführung einer Gesundheitsbefragung bzw. Gefährdungsbeurteilung psychischer Belastungen

! **Link-, Buch- und Downloadtipps zu Kapitel 3**

→ **»Lärm-Stress am Arbeitsplatz: Die Bedeutung von Sprachlärm«**
Sprachschall ist ein bedeutender Stressor in Bürosituationen. Diese Broschüre erklärt alles, was Sie dazu wissen sollten. Link: https://bit.ly/2HdQIPS

→ **»Kein Stress mit dem Stress: Handlungshilfe Führungskräfte«**
Hervorragendes Material von INQA. Neben dem Leitfaden für Führungskräfte gibt es Arbeitshefte für Mitarbeiter und Betriebsräte und einen Materialordner zum Download. Link: https://bit.ly/2FwtaEn

→ **»Psychische Gesundheit in der Arbeitswelt«**
Auf der PsyGa-Webseite finden Sie weitere branchenspezifische Handlungshilfen. Link: http://psyga.info/kleinbetriebe/

→ **»INQA: Integration der psychischen Belastungen in die GBU«**
Die Initiative Neue Qualität der Arbeit stellt eine Broschüre zur Gefährdungsbeurteilung vor. Link: https://bit.ly/2VUgnQX

→ **»Gefährdungsbeurteilung psychischer Belastungen«**
Das Buch zur Gefährdungsbeurteilung von der BAuA ist ein wichtiges Standardwerk. Link: https://bit.ly/2x1v1ZK

→ **»Psychische Gesundheit in der Arbeitswelt«**
Projektwebsite von der Bundesanstalt für Arbeitsschutz und Arbeitsmedizin. Link: https://bit.ly/2FuKBVs

→ **Website der Deutsche Gesetzliche Unfallversicherung.** Sie enthält eine Liste aller Berufsgenossenschaften und Unfallkassen. Link: https://bit.ly/2VWo6xH

4 Körperliche Ursachen von psychischen Symptomen – eine pathogenetische Sichtweise

Kernbotschaften des Kapitels

In diesem Kapitel wird eine dezidiert pathogenetische Sichtweise eingenommen und der Schwerpunkt auf die körperlichen Ursachen von psychischen Symptomen, insbesondere chronischer Stress, gelegt. Konkret geht es darum, mit Stress- und Ernährungsmedizin sowie der Somatopsychologie den psychischen Erkrankungen, Lebensstilerkrankungen sowie den Atemwegsinfektionen effektiv zu begegnen.

Stress ist in unserer modernen Gesellschaft ein wohl bekannter Begleiter. Seit 15 Jahren verzeichnen Krankenkassen eine Zunahme stressbedingter Krankschreibungen. In einer Befragung mit einer repräsentativen Stichprobe geben ca. 60 % der Deutschen an, »manchmal« bis »häufig« gestresst zu sein. Dabei scheint Stress vor allem in den mittleren Lebensjahren präsent zu sein, ausgelöst durch …

1. Job, Schule, Studium,
2. eigene hohe Ansprüche,
3. Termine und Verpflichtungen in der Freizeit.

Zudem zeigt sich ein Zusammenhang zwischen subjektiv berichteter physischer und psychischer Gesundheit sowie subjektiv erlebten Stress: Menschen, die angeben, gestresst zu sein, geben auch häufig an, unter körperlichen oder psychischen Problemen zu leiden. Einige wünschen sich, Stress in ihrem Alltag zu reduzieren, andere wiederum sprechen davon, dass Stress sie erst richtig in Höchstform bringt. Um diesen Zusammenhängen nachzugehen, ist es wichtig, zunächst zu verstehen, was Stress bedeutet.

Was ist Stress?

Stress ist ein Zustand, in dem der Körper durch externe (z. B. Streit, Mobbing, Umweltgifte, Bakterien etc.) interne (z. B. Hunger, Durst, Veränderungen des pH-Werts, Sauerstoffmangel (Hypoxie) etc.) oder als präsent wahrgenommene Gefahrensituationen (z. B. Erwartungen, soziale Ängste, Zeitdruck) aus dem Gleichgewicht (Homöostase) gebracht wird. Dies erfordert eine Anpassungsleistung des Organismus an die momentane Gefahrensituation und die Wiederherstellung des Gleichgewichts.

Dieser Prozess – zum Wiedererlangen der Homöostase – geht einher mit einer Reihe an Reaktionen auf emotionaler, kognitiver und physiologischer Ebene sowie auf der Verhaltensebene. Dabei spielen besonders unsere Stresssysteme eine große Rolle. Diese befinden sich sowohl im zentralen Nervensystem (ZNS) als auch in den Nebennieren.

4.1   Einführung: körperlicher Stress

Wird ein Stressor wahrgenommen, so führen zunächst nervale Verbindungen vom **Sympathikus** (ein Teil des ZNS: locus coeruleus) zum Nebennierenmark zu einer Freisetzung der Botenstoffe (Hormone) Adrenalin und Noradrenalin (engl.: sympathetic adrenom eduhary system; SAM-Achse). Diese Hormone führen zu körperlichen Reaktionen beim Körper wie z. B. erhöhte Herzfrequenz, Blutdruck, Verengung der Pupillen, Erhöhung des Muskeltonus und Hemmung der Verdauung.

Etwas zeitlich versetzt reagiert ein weiteres Stresssystem: die Hypothalamus-Hypophysen-Nebennierenrinden-Achse (engl.: hypothalamus-pituitary-adrenal axis; HPA-Achse). Die HPA-Achse sorgt dafür, dass die Nebennierenrinde das Hormon Cortisol ausschüttet. Mithilfe von Cortisol können Energiereserven mobilisiert werden. Kurz gesagt: Der Blutzucker steigt, um den Körper jetzt in der Stresssituation mit ausreichend Energie zu versorgen.

Darüber hinaus verändert der Stresszustand und die damit einhergehenden Reaktionen oft den gesamten Organismus von Gedanken, Gefühlen, unbewussten Vorgängen im Gehirn über das Hormonsystem (neuroendokrine System), das Abwehrsystem (Immunsystem), Funktionsweisen von Organen und Geweben sowie Prozessen auf Zelllebene inklusive dem Ablesen von Genen (Genexpression), um den Körper stressreaktionsbereit zu machen. Je schneller wir in der Lage sind, den Ausgangszustand wieder zu erreichen (adaptogene Kapazität), mit dem Ziel, das Gleichgewicht wiederherzustellen, desto gesünder können wir auf Stressoren reagieren. Stressoren können dabei unterschiedlichste Einflussfaktoren darstellen. Sie unterscheiden sich in ihrer Größe und Dauer.

4.1.1   SAM-Achse

Die **SAM-Achse** beginnt im Gehirn in einem Areal, das Hypothalamus genannt wird. Der Hypothalamus sitzt ganz unten in der Mitte unseres Gehirns und ist nur wenige Millimeter groß. Hier ist eine wichtige Schaltzentrale des Stresses. Der Stressimpuls geht in Sekundenbruchteilen über Nervenverbindungen zum Hirnstamm und von dort aus über sogenannte Sympathikusnerven durch das Rückenmark bis in die Nebennieren.

Die **Nebennieren** sind zwei kleine Drüsen, die neben bzw. oben auf den Nieren sitzen. Sie haben nichts mit der Urinproduktion zu tun, sondern produzieren etwa 20 verschiedene Hormone und andere Botenstoffe. Trifft ein Nervenimpuls in den Nebennieren ein, werden zwei Stoffe in die Blutbahn entlassen: **Adrenalin** und das chemisch sehr ähnliche Noradrenalin. Die Wirkung setzt nahezu sofort ein.

- Das Herz schlägt schneller. Dadurch werden Nährstoffe und Sauerstoff schneller an ihren Bestimmungsort transportiert.
- Die Leber stellt Glukose – also Energie für Gehirn und Muskeln – bereit.
- Die Verdauungsfunktion und andere Organprozesse werden eingestellt, da sie bei akutem Stress nur unnötig Energie binden würden und für eine Kampf- oder Fluchtreaktion nicht benötigt werden.
- Die Blutgefäße verengen sich, wodurch der Blutdruck steigt. So können Nährstoffe und Sauerstoff ebenfalls schneller zirkulieren.
- Und die Lunge nimmt mehr Sauerstoff auf.

Die SAM-Achse wird immer aktiviert, wenn wir uns einem akuten Gefahrenreiz gegenübersehen.

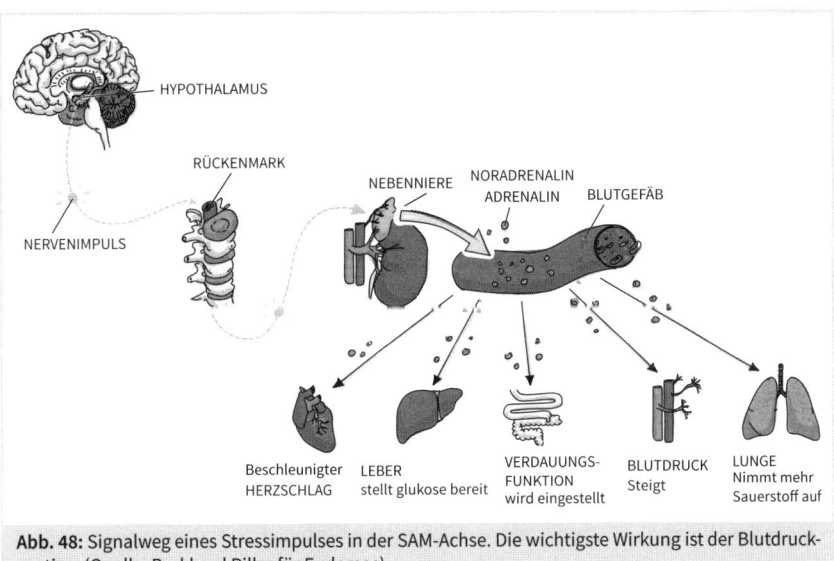

Abb. 48: Signalweg eines Stressimpulses in der SAM-Achse. Die wichtigste Wirkung ist der Blutdruckanstieg. (Quelle: Burkhard Piller für Eudemos)

4.1.2   HPA-Achse

Neben der SAM-Achse gibt es eine zweite Stressachse, die etwas später als die erste reagiert und deren Wirkung begrenzt. Sie wird **Hypothalamus-Hypophysen-Nebennierenrinden-Achse** (HPA-Achse) genannt.

Wird die HPA-Achse aktiviert, schüttet der Hypothalamus einen Botenstoff namens CRH aus, welcher die Hypophyse aktiviert. Diese wiederum schüttet einen Botenstoff namens ACTH aus. Dadurch werden die Nebennieren benachrichtigt, dass ein Stresssignal vorliegt. Parallel gehen von der Hypophyse auch andere Botenstoffe zu anderen Drüsen aus. Spannend ist die Wirkung dieser Hormonkaskade auf die Nebenniere.

Hier wird nämlich das wichtigste Stresshormon, das **Cortisol**, produziert und ausgeschüttet, dessen Langzeitwirkungen in **Kapitel** 4.2 dargestellt werden.

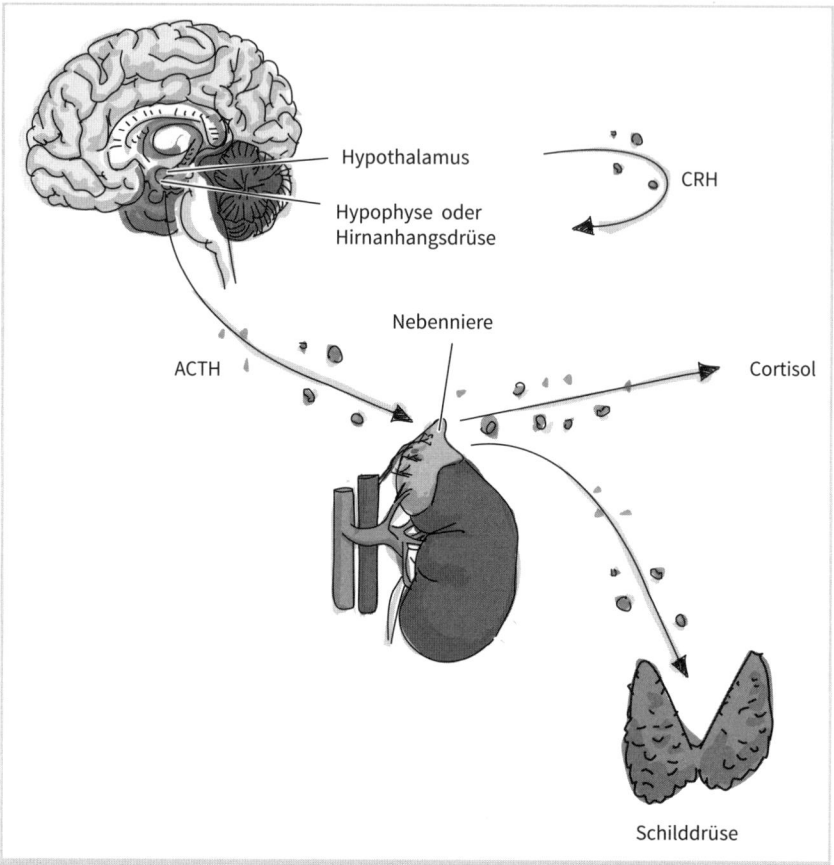

Abb. 49: Signalweg eines Stressimpulses in der HPA-Achse, an deren Ende die Ausschüttung des Stresshormons Cortisol steht. (Quelle: Burkhard Piller für Eudemos)

Diese beiden Achsen stellen zunächst keine gesundheitliche Fehlfunktion dar, sondern sind Reaktionssysteme zur Anforderungsbewältigung und Rückkehr zur Homöostase. Doch in der heutigen Welt wirken eine Vielzahl von Stressoren dauerhaft auf uns ein und führen zu Dauerstress.

Dessen negative Gesundheitsfolgen werden in **Kapitel** 4.2 beschrieben, in dem das Stresshormon Cortisol im Mittelpunkt steht. Es dürfte Sie überraschen, dass es nicht etwa der psychische Stress ist, der den Dauerstress bewirkt. Es sind vielmehr **Lebensstilfaktoren**, also unsere »moderne« Lebensweise, die zu erhöhte Cortisolausschüttungen führen. Es dreht sich in diesem Abschnitt viel um »Entzündungen«. Damit sind entzündliche Prozesse innerhalb des Körpers gemeint. Diese sind häufig schmerzfrei, haben jedoch ungeheure Auswirkungen auf Körper und Psyche.

Ein Großteil dieser Entzündungsprozesse entsteht durch unsere industrielle Ernährungsweise. Deswegen habe ich der modernen Ernährungsforschung das **Kapitel** 4.3 gewidmet. Ich möchte dort mit überholten Ernährungslehren aufräumen und Ernährungsansätze vorstellen, die etwa die postprandialen Entzündungsreaktionen, die nach den Mahlzeiten auftreten, abnehmen helfen und sogar Diabetes heilen können.

In einem Gastbeitrag in **Kapitel** 4.4 beschreibt **Prof. Dr. Erich Kasten**, wie Depressionen, Angst und Erschöpfung als Folge solcher Entzündungsprozesse entstehen können.

Und in **Kapitel** 4.5 liste ich die häufigsten körperlichen Ursachen für psychische Erkrankungen, besser Symptome, auf. Ja, Sie haben richtig gelesen: Es handelt sich um *körperliche* Ursachen von psychischen Symptomen. Ich gehe davon aus – und stehe damit nicht allein – dass der größte Teil der psychischen Erkrankungen ausschließlich oder überwiegend körperliche Ursachen hat.

4.2   Lebensstil, das Stresshormon Cortisol und die krankheitsförderlichen Effekte eines dauerhaft erhöhten Stresslevels

Evolutionär betrachtet war akuter Stress ein notwendiges und wichtiges Mittel zum Zweck, um in Gefahrensituationen kurzfristig Höchstleistungen vollbringen zu können. Unsere Vorfahren waren episodischen und zeitlich begrenzten Stressoren in Form von Hitze, Kälte, Hunger, Durst, Wunden oder Infektionen ausgesetzt. Eine Stressreaktion sorgte dafür, den Körper auf Flucht oder Kampf vorzubereiten, Viren und Bakterien (Pathogene) durch eine Entzündung zu bekämpfen oder in Hunger- und Durstperioden zu überleben.

Stressoren waren also schon immer präsent. Werden diese allerdings zum Dauerzustand, der nicht mehr von ausreichenden Erholungsphasen abgelöst wird, verlieren die positiven Effekte von Stress ihre Wirkung. Betrachtet man die moderne Industriegesellschaft, so fällt auf, dass »alte Stressoren« durch neue ersetzt wurden. Präsent sind **Lebensstilfaktoren** wie mangelnde Bewegung, dauerhaftes Sitzen (»sedentary lifestyle«), kohlenhydratreiche Nahrung, hohe Mahlzeitenfrequenz und ein gestörter Biorhythmus. »Neue« Stressoren zeigen sich zudem durch langanhaltende soziale Einflüsse, etwa in Form von Termin- und Leistungsdruck, dem Balanceakt zwischen Familie und Beruf oder dem Einfluss des sozioökonomischen Status.

So wie akuter Stress positive Effekte auf den unterschiedlichen Ebenen des Organismus zeigt, so wirkt chronischer Stress negativ auf verschiedene Systeme im Körper. Dazu gehören unter anderem das Immunsystem, die Darmflora, Fruchtbarkeit, Schilddrüse und Stresssysteme.

Das Stresshormon Cortisol nimmt beim Dauerstress eine zentrale und schädigende Rolle ein. Es reguliert vor allem den **Zucker-Fett-Stoffwechsel**. Genauer gesagt erhöht Cortisol die Fettsäuren im Blut, den Blutdruck und den Blutzuckerspiegel. Dadurch wird dem Körper im Stressfall schnell Energie zur Verfügung gestellt. Gleichzeitig hat Cortisol aber auch eine **schmerzstillende und entzündungsunterdrückende Wirkung**. Das alles sind sinnvolle Reaktionen des Körpers auf einen akuten Stressor: Wenn der Körper unter akutem Stress steht, braucht er Kraft und Energie und darf sich nicht von Schmerzen oder Krankheitssymptomen ablenken lassen. Doch bei Dauerstress gerät der Körper aus dem Gleichgewicht. Manchmal sind die Veränderungen graduell und werden zunächst nicht bemerkt, später führt Dauerstress jedoch zu gravierenden Beeinträchtigungen und Erkrankungen.

Die **Langzeitfolgen** eines dauerhaft überhöhten Cortisolspiegels lesen sich wie die Hitliste der häufigsten Krankheiten.
- **Muskelschwund** durch erhöhten Eiweißabbau zur Glukosegewinnung
- **überhöhter Blutzuckerspiegel** mit Trend zum Übergewicht
- Bauchfettansammlung, auch **Stammfettsucht** genannt, bei der die Arme und Beine immer dünner werden und sich das Fett im Bauchraum sammelt
- Insulinresistenz und in der Folge **Diabetes Typ 2**
- dünne und brüchige Haut
- schlechte Wundheilung und eine erhöhte **Infektanfälligkeit**
- **Osteoporose**
- **Bluthochdruck**
- **Depressionen, Schlafstörungen** und **Gedächtnisstörungen**
- **Libidostörungen** bis hin zur Impotenz
- **Menstruationsstörungen** (entweder das Ausbleiben der Monatsblutung oder extrem starke Blutungen)
- und nicht zuletzt **Schilddrüsenstörungen**

Doch warum ist das so? Das Modell der Lebensstileinflussfaktoren (Abb. 50) zeigt im unteren Teil einige Folgen von Dauerstress auf, im oberen Teil zeigt es, welche Faktoren Dauerstress und damit einen hohen Cortisolspiegel begünstigen. Zunächst soll es jedoch um die **Folgen von Dauerstress** gehen, also um die Zusammenhänge zwischen hohem Cortisolspiegel und verschiedenen Erkrankungen.

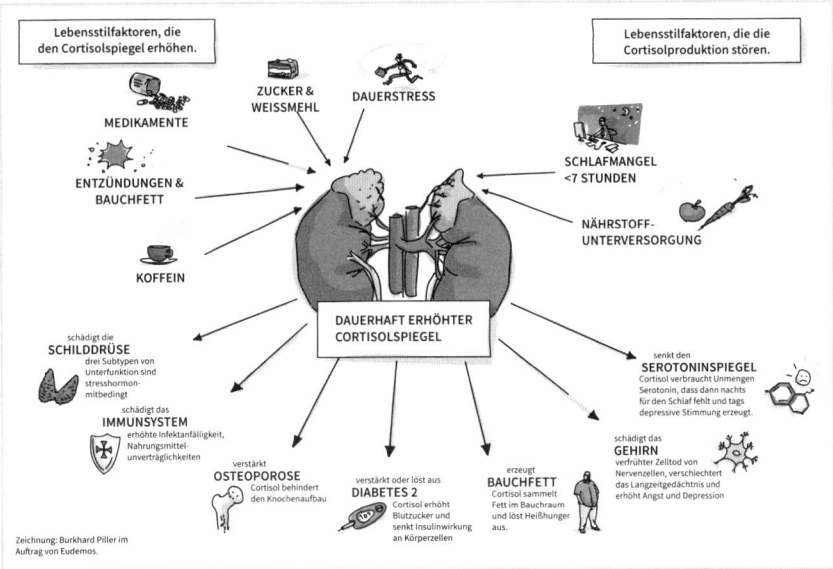

Abb. 50: Modell der Lebensstileinflussfaktoren auf den Spiegel des Stresshormons Cortisol und dessen Auswirkungen auf die Entstehung von Lebensstilkrankheiten (Quelle: Burkhard Piller für Eudemos)

4.2.1   Lebensstilfaktoren, die auf der Stressachse wirken

a) Lebensstilfaktor: Ernährung

Die westliche Ernährung zeichnet sich durch hohe Anteile von verarbeiteter Stärke, Industriezucker, gesättigten Fettsäuren sowie Transfetten aus. All diese Nahrungsbestandteile begünstigen entzündliche Prozesse, welche den Körper stressen. Gleichzeitig mangelt es der westlichen Ernährung an gesunden Omega-3-Fetten als auch natürlichen Antioxidantien aus Faserstoffen von Früchten und Gemüse. Beide haben eine anti-entzündliche Wirkung. Durch dieses Missverhältnis werden sogenannte stille bzw. niedriggradige Entzündungen im Körper begünstigt, bei denen das Immunsystem ständig in geringem Maße aktiviert ist (Kiecolt-Glaser, 2010). Dabei zeigt sich, dass stille Entzündungen mit einer Reihe von Krankheiten wie Gefäßverkalkung (Arteriosklerose), Herzinfarkt, Schlaganfall, der Zuckerkrankheit (Diabetes Mellitus Typ 2), chronisches Ermüdungssyndrom, Nahrungsunverträglichkeiten, Leber- und Nierenerkrankungen zusammenhängen (Moutsopoulos et al., 2006; Danesh et al., 2000; Beyer et al., 2012).

Des Weiteren führen niedriggradige Entzündungen über proentzündliche Botenstoffe (Zytokine; z. B. TNF-Alpha, IL-6) zu einer vom Immunsystem gesteuerten Insulinresistenz (Hotamisligil, 1999). Insulinresistenz bedeutet, dass Energie nicht mehr so gut in insulinabhängige Zellen gelangt. Es entsteht also ein Energiemangel in den Zellen, was wiederum das Stresssystem aktiviert, um Energiereserven zu mobilisieren. Nicht nur die Zuckerkrankheit Diabetes Mellitus Typ 2 steht hierbei im Zusammenhang mit einer Insulinresistenz. Auch Krankheiten wie Bluthochdruck, Zysten an den Eierstöcken, nichtalkoholische Fettleber und Übergewicht zeichnen sich durch eine Insulinresistenz aus (Pollare et al., 1990; Ehrmann, 2005; Adiels et al., 2008; Marchesini et al., 1999).

> **! Wichtig**
>
> **Insulinresistenz** ist der Einstieg in Diabetes Typ 2, Bluthochdruck, ovariale Zysten, die Entwicklung einer nichtalkoholischen Fettleber und Übergewicht.

Dabei zeigt sich, dass erhöhte Cortisol-Level die beste Vorhersage für eine entzündungsbedingte Insulinresistenz liefern, gefolgt vom Entzündungsmarker IL-6 und dem Sättigungshormon Leptin. Das bedeutet, dass das Immunsystem einerseits mithilfe von Cortisol Energiereserven mobilisiert und andererseits durch das Herstellen einer Insulinresistenz dafür sorgt, dass andere Körpergewebe nicht auf die »bestellte Energie« zurückgreifen können (Lehrke et al., 2008). Eine aufrechterhaltene Insulinresistenz geht dementsprechend mit dauerhaft erhöhten Cortisolspiegeln einher.

Eine Insulinresistenz kann nicht nur durch stille Entzündungen ausgelöst werden, sondern auch die Folge einer hohen Mahlzeitenfrequenz sein. Eine ungewöhnlich hohe Mahlzeitenfrequenz sowie der Zeitpunkt, wann gegessen wird, sind zudem Lebensstilfaktoren, welche den Körper aus dem gesunden Gleichgewicht bringen können. Alles, was Kalorien enthält, ist eine Mahlzeit für unseren Körper. Und außer Wasser, Tee und schwarzen Kaffee hat alles einen Einfluss auf unseren Blutzuckerspiegel und gilt als Mahlzeit.

Dabei zeigt sich, dass eine geringe Mahlzeitenfrequenz das Risiko für Krebs, Diabetes Mellitus Typ 2, Herz-Kreislauf-Erkrankungen und neurodegenerativen Erkrankungen verringern kann (Mattson, 2005). Zwei bis drei Mahlzeiten pro Tag werden hierbei als geringe Mahlzeitenfrequenz angesehen. Ebenso zeigt sich, dass das Essen von größeren Mahlzeiten spät am Tag die Entwicklung von Übergewicht begünstigt. Der Grund dafür ist, dass unser Körper einem Biorhythmus von Phasen stärkerer und geringerer Aktivität unterliegt. Zum Ende des Tages nimmt die Stoffwechselaktivität ab, wodurch schlechter verdaut wird und die Fetteinlagerung steigt (Hutchison et al., 2016).

b) Lebensstilfaktor: Entzündungen durch Bauchfett
Adipositasforscher, wie Dr. med. Achim Peters, weisen auf den wichtigen Unterschied zwischen Unterhautfettgewebe und dem viszeralen Bauchinnenraumfett hin. Letzteres setzt sich im Bauchraum zwischen die Organe und erzeugt den prallen »Bierbauch«. Das viszerale Fett gilt als das größte endokrine Organ des Menschen.[20] Es

---

20 Es produziert über 100 Stoffe, insbesondere Zytokine und Hormone, die Entzündungen verursachen. https://www.pharmazeutische-zeitung.de/ausgabe-292006/groesstes-endokrines-organ-des-koerpers/

produziert über 100 Stoffe, wie Hormone und Zytokine, und ist eine der häufigsten Ursachen für das chronische Entzündungsgeschehen im Körper, das der Beginn der meisten Lebensstilerkrankungen und von vielen Erkrankungen des Formenkreises Depression, Angst und Erschöpfung ist.

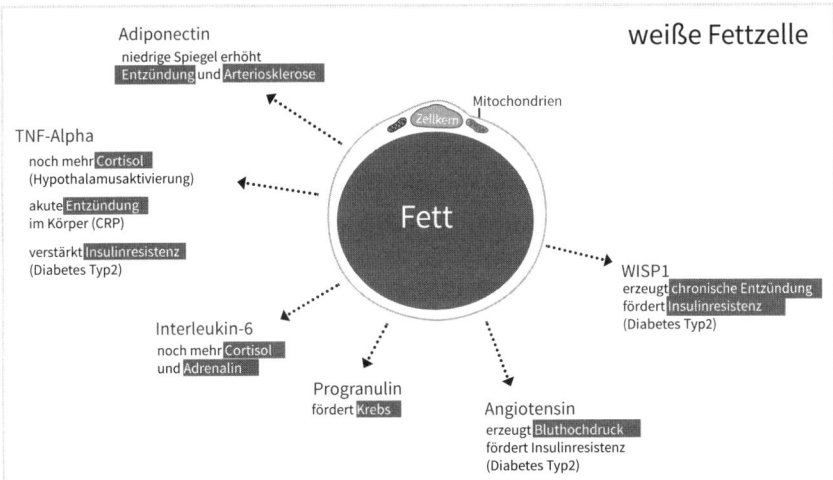

Abb. 51: Zytokinproduktion durch viszerales (weißes) Bauchinnenraumfett. Hier schließt sich der Kreis zwischen Ernährungsfehlern, Industrienahrung, Zucker, falschen Mahlzeitenfrequenzen und hohen Cortisol-Leveln zu allen Lebensstilkrankheiten, Depression, Angst und Erschöpfung sowie einer weiteren Aufschaukelung des Cortisol-Levels.

In der Abbildung 51 werden nur einige wenige Zytokine und ihre Wirkungen aufgelistet. Folgendes wird deutlich:

- Das viszerale Fettgewebe erhöht den Cortisolspiegel weiter, so dass hier eine sich selbst verstärkende Spirale entsteht. Cortisol löst nämlich seinerseits Fett aus Muskeln und erhöht damit den Triglyceridspiegel im Blut. Dort wird das Fett als Energielieferant aber gar nicht gebraucht und wieder abgelagert, nur nicht mehr am Ursprungsort, sondern im Bauchinnenraum. Das nennt man **Stammfettsucht**. Betroffene haben dünne Gliedmaßen und einen festen, prallen »Bierbauch«.
- Einige Stoffe erhöhen den **Blutdruck**.
- Viele Stoffe erzeugen eine Insulinresistenz in den Körperzellen. Das nennt man **Diabetes Typ 2**.
- Viszerales Bauchfett ist auch dann schon schädlich, wenn von außen **nur eine kleine Wölbung** zu sehen ist und der BMI kein Übergewicht anzeigt. Insbesondere jungen Männern ist die Gefahr nicht bewusst.
- Viszerales Bauchfett ist ungleich gefährlicher als das Unterhautfettgewebe.

Im Gesundheitsmanagement kommt daher dem Thema Ernährung eine große Bedeutung zu, eine wesentlich größere als dem Thema Sport. Zwar kann Sport den Triglyceridgehalt von Fettzellen verbrennen, doch ohne eine Zufuhränderung wird sich kein Erfolg einstellen.

c) Lebensstilfaktor: Schlafverhalten

Bereits ein geringer Schlafmangel (Reduktion von acht auf sechs Stunden pro Nacht) kann über einen Zeitraum von nur einer Woche schon zu erhöhten Entzündungsmarkern, größere Müdigkeit, schlechtere Aufmerksamkeitsleistung und geringerem Cortisol am Morgen führen (Vgontzas et al., 2004).

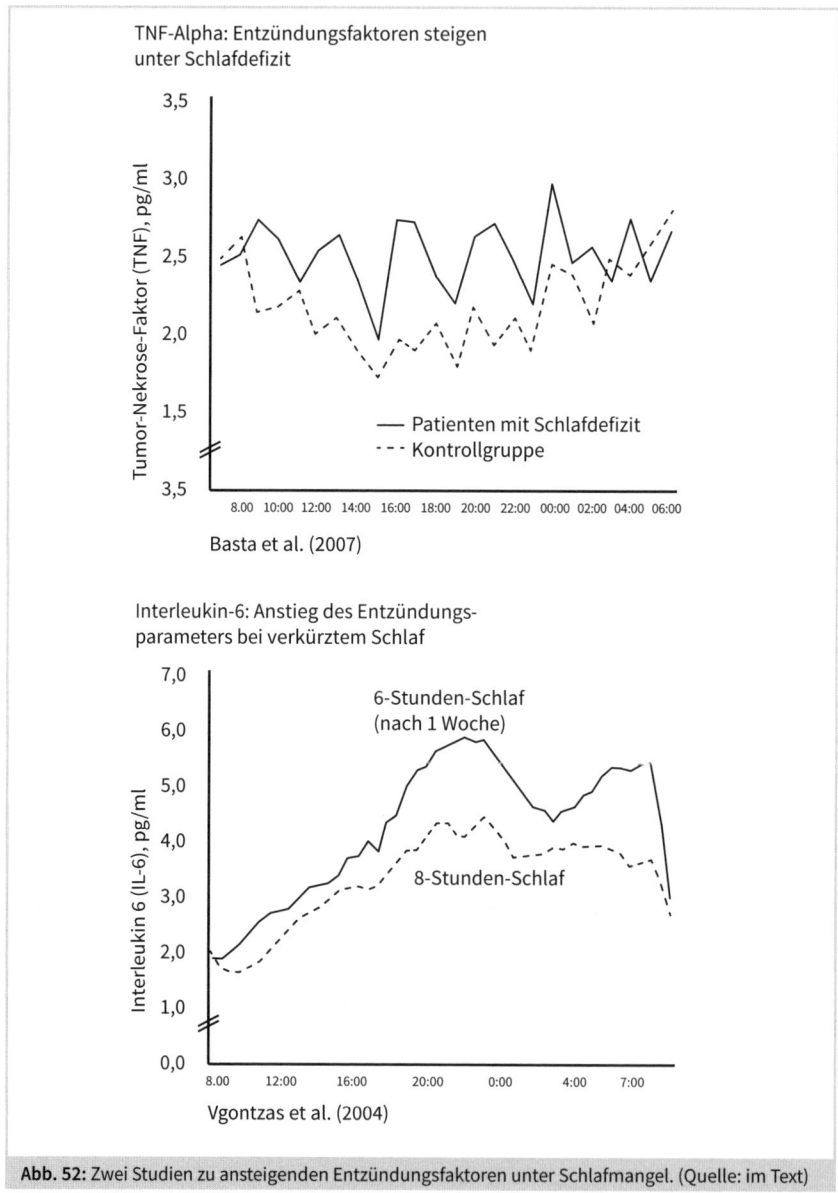

Abb. 52: Zwei Studien zu ansteigenden Entzündungsfaktoren unter Schlafmangel. (Quelle: im Text)

Schlafmangel bringt zudem eine chronisch erhöhte HPA-Achsen-Aktivität mit sich. Das kann in einem selbstverstärkenden Teufelskreislauf gipfeln, weil diese erhöhte Aktivität erneut Einschlafprobleme, häufiges Wachwerden während der Nacht, weniger Tiefschlafphasen sowie eine verkürzte Schlafzeit mit sich bringen kann (Buckley, 2005). Auch Basta et al. (2007) wiesen erhöhte Entzündungsparameter (hier: TNF-Alpha) bei Schlafdefizit nach.

Nicht nur die Schlafdauer, sondern auch Veränderungen im Biorhythmus z. B. durch Schichtdienst haben einen Einfluss auf die Gesundheit: Schlechte Schlafqualität, mentale Müdigkeit, Erschöpfung sowie Stimmungsveränderung gehen hiermit einher (Matheson et al., 2014).

Problematisch ist die Rückkopplung von Entzündungsparametern auf den Anstieg des Stresshormons Cortisol, das über den übermäßigen Verbrauch von Serotonin, dem nun folgenden Serotoninmangel, die Schlafstörungen noch verschlimmert.

Wichtig   !

Schlafqualität ist ein bisher unterrepräsentiertes, wichtiges Gesundheitsförderthema.

---

d) Lebensstilfaktor: Koffein

Zudem scheint auch der in der modernen Gesellschaft weit verbreitete Koffeinkonsum einen gesundheitsschädigenden Einfluss zu haben. Auch wenn Koffein vielen Menschen hilft, den Alltag zu meistern und gegen die Morgenmüdigkeit anzukämpfen, so zeigt es dennoch negative Konsequenzen: Bereits nach einer kurzen Periode von gering dosiertem täglichen Koffeinkonsum ist eine Abhängigkeit feststellbar, welche mit gestörtem Schlaf und Tagesschläfrigkeit assoziiert ist (Roehrs et al., 2008).

Dabei hat Koffein zwei Wirkungen:

1. Es **hemmt die Müdigkeitswahrnehmung** im Gehirn. Diese Botschaft ist wichtig, denn es hemmt nicht die Müdigkeit, sondern lediglich die Müdigkeits*wahrnehmung*, so dass man bei nachlassender Wirkung plötzlich sehr müde ist.
2. Die zweite Wirkung läuft über einen **Eingriff in die Cortisolausschüttung** an der Nebenniere, so dass Koffein als Notfallmechanismus den Blutzuckerspiegel erhöht. (Übrigens: Intelligenter steigert man den Blutzuckerspiegel durch ein gutes Frühstück im Paleo- oder LOGI-Modus mit Lebensmitteln mit niedrigem glykämischen Index, vgl. dazu Kapitel 4.3.2.)

Koffein ist – auch weil Genuss ein wichtiger Punkt im BGM ist – nicht zu verdammen. Vielmehr lässt sich mithilfe von didaktischen Elementen – etwa der Koffeinanstiegskurve (Abb. 54), die den Unterschied zwischen Kaffee und grünem Tee deutlich macht – der Konsum von Kaffee etwas zurückdrängen und dafür grüner Tee etwas stärker »bewerben«.

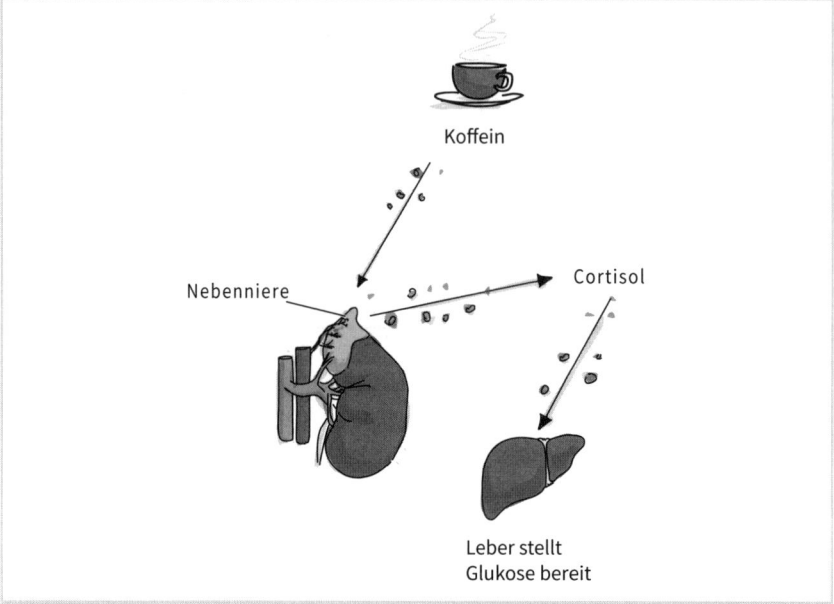

Abb. 53: Signalweg des Koffeins von der Nebenniere zur Blutzuckerausschüttung (Quelle: Burkhard Piller für Eudemos)

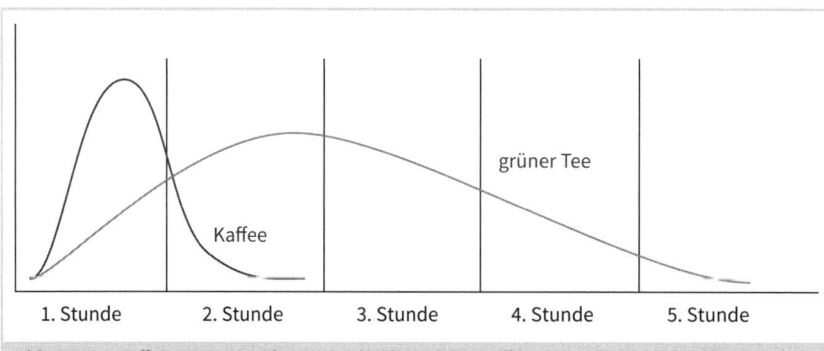

Abb. 54: Der Koffeinanstieg im Blut unterscheidet sich bei Kaffee und grünem Tee (Quelle: didaktische Darstellung von Eudemos auf Basis von https://www.gruenertee.com/koffein/)

e) Lebensstilfaktor: Blauspektrumlicht

Neben Koffein ist auch Blaulicht ein weiterer »neuer« Stressor: Damit ist vor allem das künstliche Licht gemeint, dem wir besonders in den Abendstunden ausgesetzt werden, wie z. B. durch LEDs, Laptops, Smartphones und Fernseher. Künstliches Licht am Abend und in der Nacht führt zu einer verringerten Ausschüttung des Schlafhormons Melatonin. Damit gehen Einschlafschwierigkeiten und erhöhte Wachheit einher. Durch diesen Mechanismus werden zudem negative Effekte auf das Herz-Kreislauf-System, psychologische und Stoffwechselfunktionen angenommen (Cho et al., 2015).

Entsprechende Funktionen der Farbverschiebung (*Night-Shift*) ins rot-orangestichige Licht in Abhängigkeit von der Tageszeit bieten mittlerweile alle Smartphones und es gibt entsprechende Zusatzprogramme für Computer. Allerdings ist das abendliche Medienfasten eine bessere Lösung.

f) Lebensstilfaktor: Bewegung

Gemäß allgemeiner Gesundheitsempfehlungen sollte man sich täglich mindestens 10.000 Schritte bewegen, um seine Gesundheit zu erhalten (Tudor-Locke, 2004). Denn ein sogenannter sitzender Lebensstil stellt ein erhöhtes Risiko für Herz-Kreislauf-Erkrankungen, wie Gefäßverkalkung, dar. Der Grund dafür ist, dass durch die hauptsächliche Inaktivität der Muskeln ein vermehrtes Vorkommen von freien Radikalen (oxidativen Stress) festzustellen ist. Diese beschädigen unter anderem das Gefäßsystem in unserem Körper. Interessant ist, dass allein acht Wochen hochintensives Training diese negativen Effekte verringern können (Lessiani et al., 2016).

g) Risikofaktor: Medikamente

In den letzten 20 Jahren haben sich die Arzneimittelausgaben gesetzlicher Krankenversicherungen mehr als verdoppelt.[21] Das geht nicht nur zum Leidwesen der Krankenversicherungen, die nun höhere Ausgaben haben, sondern auch der Patienten, welche mehr Medikamente einnehmen. Denn die regelmäßige Einnahme von Medikamenten verschlechtert unsere Mikronährstoffaufnahme. Diese Mikronährstoffe, wie Mineralien und Vitamine, sind jedoch wichtige Antioxidantien, welche als Gegenspieler zur Beseitigung von freien Radikalen benötigt werden.

Folgende **Beispiele** veranschaulichen die negativen Auswirkungen:
* **Antibiotika** sind nicht nur gut im Abtöten »schlechter« Bakterien, sondern hemmen ebenfalls das Wachstum der »guten« Bakterien, die unter anderem B-Vitamine produzieren. Dadurch gerät die natürliche Darmflora ins Wanken und die Verfügbarkeit sämtlicher B-Vitamine, Vitamin C und Vitamin K2 wird beeinflusst.
* Ebenso wird durch die Einnahme von **Acetylsalicylsäure** (ASS®, Aspirin®), die oftmals eine Komponente von Schmerzmitteln ist, die Vitamin-C-Ausscheidung verdreifacht. Auch die Antibabypille und einige Antibiotika verursachen einen Vitamin-C-Mangel. Es kommt zu einem Vitamin-C-Mangel, der im schlimmsten Fall zu Skorbutsymptomen führen kann. Dieser tritt übrigens auch bei Diabetikern häufig auf.[22]
* Etwa jeder zehnte Erwachsene erhält Magenschutzmedikamente vom Typ **Protononempumpenhemmer** (PPI) verordnet.[23] Als Folge können Mängel an Vitamin

---

21 https://de.statista.com/statistik/daten/studie/152841/umfrage/arzneimittelausgaben-der-gesetzlichen-krankenversicherung-seit-1999/, Zugriff: 19.02.2019.
22 https://www.netdoktor.at/krankheit/vitamin-c-mangel-8043, Zugriff: 22.02.2019.
23 https://www.zi.de/fileadmin/rxtrends/Thema_im_Fokus/RxTrend_TiF_Protonenpumpeninhibitoren_1703.pdf, Zugriff: 22.02.2019.

B12 entstehen, wodurch Krankheiten wie Blutmangel (Anämie) und insbesondere Demenzsymptome begünstigt werden. Eine Studie der AOK von 2015 belegt einen Zusammenhang zwischen einer mehrjährigen Einnahme von PPI und der um 44 % erhöhten Wahrscheinlichkeit einer Demenzentwicklung (Gomm et al., 2016), die übrigens auch schon bei jungen Patienten mit langfristiger PPI-Verordnung auftreten kann.

- Die **Antibabypille** ist ein besonderer Nährstoffräuber. Der Pillenreport der Techiker Krankenkasse[24] und zahlreiche Publikationen weisen auf die Gesundheitsgefahren durch die Pille der dritten und vierten Generation hin, die bei jungen Frauen zu Trombosen und Lungeninfarkten führen kann. Weniger bekannt ist die Blockade der Eisen- und Vitamin-B12-Aufnahme im Darm (Gröber, 2009).
- Viele weitere Medikamente wie **Antidiabetika, Diuretika**, **Statine** oder **Abführmittel** entziehen dem Körper ebenso wichtige Nährstoffe (Gröber, 2009). Diese werden in übersichtlicher und anschaulicherweise in dem Buch »Interaktionen – Arzneimittel und Mikronährstoffe« von Uwe Gröber dargestellt.

Erwähnenswert ist auch, dass durch Nahrung alleine Unterversorgungen dieser Art häufig nicht ausgeglichen werden können, da die Nahrung oft zu wenig Vitamine, Mineralien, Spurenelemente und Bioflavonoide enthält. Um Störungen sämtlicher Funktionen des Organismus zu verhindern, sollten demnach mit fortschreitendem Alter und vor allem bei Medikamenteneinnahme Nährstoffmängel gezielt betrachtet und durch Ergänzungen behandelt werden (Gröber, 2009).

Fazit

Es wird deutlich, dass Stress bei weitem nicht nur durch die Psyche, sondern auch durch Lebensstilfaktoren im Körper ausgelöst wird. Neben den oben beschriebenen stressinduzierenden Lebensstilfaktoren in unserer Gesellschaft kommen zusätzlich langandauernde Stressoren dazu. Wechselwirkungen zwischen externen und internen Stressoren können sich entwickeln. Ein Teufelskreislauf entsteht, wodurch permanente Stressreaktionen aufrechterhalten werden. Diese permanenten Stressreaktionen zeigen krankheitsfördernde Wirkungen auf verschiedene Systeme im Körper.

4.2.2 Folgewirkungen von Dauerstress

Die mittel- und langfristigen Folgen von Dauerstress sind enorm. Auf den folgenden Seiten lernen Sie die wichtigsten Aspekte kennen:

---

24 https://www.tk.de/centaurus/servlet/contentblob/992336/Datei/94785/Pillenreport-2015.pdf (Zugriff: 22.02.2019).

a) Schädigung des Immunsystems

Ein dauerhaft erhöter Cortisolspiegel kann das Immunsystem beeinträchtigen. Chronischer Stress kann im Immunsystem eine gedrosselte Wundheilungsgeschwindigkeit, größere Anfälligkeit gegenüber Infektionen, Viren und Autoimmunerkankungen, eingeschränkte Antikörperbildung nach Impfungen und eine reduzierte Anzahl an natürlichen Killerzellen bewirken (Glaser et al., 2005; Marketon, 2008). Sogar kurzzeitig auftretende Stressoren können das Immunsystem beeinträchtigen.

Zwar kann beispielsweise akademischer Stress und Prüfungen die Abwehr extrazellulärer Erreger wie Bakterien erhöhen (Th2-Dominanz), jedoch wird die Abwehr intrazellulärer Erreger wie Viren unterdrückt (Th1-Mangel). Neben einem guten Schutz gegen bakterielle, aber einer schlechten Immunabwehr gegen virale Infekte stehen folgende Krankheiten mit einer Th2-Dominanz bzw. einem Th1-Mangel im Zusammenhang: eine **verschlechterte Immunabwehr, verschlechterte Wundheilung, höhere Empfänglichkeit für Virenerkrankungen**, wie **Influenza, grippale Infekte** und **Magen-Darm**.

Assoziierte Krankheiten mit einer Th2-Pathologie sind beispielsweise **Asthma, Allergien** und **Schwangerschaftsvergiftung** (Präeklampsie) (Redecke et al., 2004; Amarnani et al., 2014; Saito et al., 2010; Romagnani, 2004).

Lesetipp   **!**

Weitere interessante Zusammenhänge werden in dem Taschenbuch → »**Das Autoimmunbuch, Band 1: Biologie des Immunsystems**« (Books on Demand, 2018) von Andrea Kamphuis dargestellt.

Wirkmechanismus. Nicht nur durch Infektionen, sondern auch durch psychosoziale Stressoren (z. B. konfliktreiche Familienverhältnisse) werden Stresshormone wie Cortisol und entzündungsfördernde Botenstoffe (Zytokine) ausgesandt. Dadurch werden Immunzellen aktiviert, um so den Körper vor potenziellen Krankheitserregern zu wappnen. Ich verweise auf den Gastbeitrag in Kapitel 4.4 von Erich Kasten zum Zusammenhang von Depression und Immunsystem.

Zytokine bewirken ebenfalls über das Gehirn ein »Krankheitsverhalten«. Das Krankheitsverhalten äußert sich in vermehrtem Schlafbedürfnis, Appetitlosigkeit, depressiver Verstimmung, Niedergeschlagenheit, sozialem Rückzug und Fieber (Chrousos, 2009). Um den Körper allerdings vor einer zu starken Entzündungsreaktion zu schützen, stimulieren Zytokine erneut die Stress-Achse, wodurch das freigesetzte Cortisol entzündungshemmend wirkt (Chrousos, 2009; Rensing et al., 2006). Ist Cortisol durch langandauernde Stressoren jedoch permanent und nicht nur episodisch erhöht, wird die Vermehrung von schützenden Immunzellen und Substanzen zum Abtöten virus- und bakterienbefallener Körperzellen gehemmt. Solch einen Zustand nennt man Cortisolresistenz, da Immunzellen nun nicht mehr sensibel auf das Signal durch das Cortisol reagieren können (Segerstrom et al., 2004). Viren können sich nun beispielsweise optimal in den Zellen ausbreiten, da Immunzellen nicht mehr angreifen.

b) Schädigung der Schilddrüse

Die normale Schilddrüsenfunktion wird durch chronische erhöhte Cortisol-Level beeinträchtigt, was zu einer Schilddrüsenunterfunktion führen kann (Cremaschi, 2000). Da die Schilddrüse eine Vielzahl an Aufgaben, wie die Regulation des Energiestoffwechsels und des Körpergewichts, Wachstums- sowie Reparaturprozesse, im Organismus übernimmt, können mit einer Schilddrüsenunterfunktion eine Reihe an Folgeerscheinungen einhergehen (Zoeller, 2007). Zu diesen gehören unter anderem Ermüdung, Gewichtszunahme, Kälteintoleranz, muskuläre Schwäche, verringerte Leistungsfähigkeit, Verstopfung, Depression sowie menstruelle Unregelmäßigkeiten (Drake, 2018).

Wirkmechanismus. Chronische Stressreaktionen gehen mit erhöhten Entzündungsmarkern einher. Diese wiederum haben einen direkten Einfluss auf Prozesse der Schilddrüse: Zum einen wird der Botenstoff TSH, der vom Gehirn ausgesendet wird und die Produktion des Schilddrüsenhormons T4 anregt, durch Entzündungsmarker wie IL-1 und TNF-alpha gehemmt. Da T4 die inaktive Form des Schilddrüsenhormons darstellt, wird es unter normalen Umständen mithilfe eines Enzyms (5-Deiodinase 1) in die aktive Form T3 umgewandelt. Auch auf diesen Prozess hat vor allem der Entzündungsmarker IL-6 einen hemmenden Einfluss. Ist dieser anwesend, findet eine verringerte Umwandlung in T3 statt, dafür erfolgt allerdings eine vermehrte Umwandlung in rT3 (reverse T3). rT3 blockiert Andockstellen (Rezeptoren) für T3, wodurch Schilddrüsenhormone nur noch eingeschränkt wirken können.[25] Der Körper fährt dadurch in einen Sparmodus, was über einen langen Zeitraum mit Gesundheitseinbußen einhergeht.

c) Schädigung des Mikrobioms

Unter dem Begriff Mikrobiom wird die Gesamtheit der Bakterien und anderer Mikroorganismen in unserem Körper zusammengefasst, mit denen wir in symbiotischer Beziehung leben. Symbiotisch bedeutet, dass beide – also Mensch und Mikroorganismen – einen Vorteil voneinander haben. Der Darm bietet konstante Temperaturen und regelmäßige Nahrung für Mikroben. Gleichzeitig hilft das Mikrobiom bei der Verdauung, bei der Bildung von Vitaminen und Hormonen, und ist darüber hinaus entscheidend bei der Bildung der Darmschleimhaut beteiligt. Diese stellt einen Schutz gegen Krankheitserreger dar.

---

25   https://www.ncbi.nlm.nih.gov/books/NBK279139/ (Zugriff: 20.02.2019).

Chronischer Stress kann auch zu negativen Veränderungen im Darm führen. Dabei erhöhen dauerhaft gesteigerte Cortisol-Level die Durchlässigkeit (Permeabilität) in der Darmwand und können damit zu einer sogenannten niedrig-gradigen Entzündung führen (De Punder et al., 2015; Dinan et al., 2012). Außerdem verringert chronischer Stress die Vielfalt des Mikrobioms (Dinan et al., 2012). Dabei wurde in Tierexperimenten beobachtet, dass bei einem veränderten Mikrobiom (keimfreie Mäuse) eine stärkere Stressreaktion als bei Mäusen mit einem normalen Mikrobiom gezeigt wurde (Bailey, 1999).

Wirkmechanismus. Unter chronischem Stress kommt es zur Veränderung der Vielfalt des Mikrobioms. Nimmt zusätzlich die Permeabilität (Löchrigkeit des Dünndarms, engl.: *leaky gut* oder Sickerdarm-Syndrom) unter Stress zu, können Bakterien die Darmbarriere leichter überwinden. Das wiederum führt zur Aktivierung des Immunsystems im Darm, was erneut in einer negativen Veränderung des Mikrobioms resultiert. Wird das Immunsystem dadurch permanent aktiviert, spricht man von einer niedriggradigen Entzündung. Diese stille Entzündung und das veränderte Mikrobiom hängen unter anderem mit Krankheiten wie Asthma bronchiale, Neurodermitis, allergische Rhinokonjunktivitis, entzündliche Darmerkrankungen, Diabetes, Übergewicht und Krebs zusammen (Dinan et al., 2012; Bischoff et al., 2014). Über Probiotika (Bifidobacterium infantis), die durch Nahrungsergänzungsmittel aufgenommen wurden, zeigt sich in Tierstudien, dass das Mikrobiom positiv verändert und dadurch sogar die Stressreaktivität der HPA-Achse gemindert werden kann (Bailey et al., 1999).

d) Schädigung des Gehirns

Chronischer Stress verändert auch die Neuroanatomie. Zum einen zeigt sich ein Wachstum des Emotionszentrums **Amygdala**. Zum anderen kommt es zum Abbau des **Hippocampus** und des **präfrontalen Kortex**, wodurch diese Hirnregionen buchstäblich an Größe einbüßen (Doom et al., 2013; McEwen, 2004). Der Hippocampus ist wesentlich an der Gedächtnisbildung und an Lernprozessen beteiligt. Unter chronischem Stress zeigen Menschen folglich schlechtere Lernleistungen und benötigen mehr Zeit beim Abruf von Erinnerungen (Wolf, 2003). Der präfrontale Kortex wiederum ist für exekutive Funktionen (z. B. das Planen eines Handlungsablaufs), Emotionsregulation, beim Arbeitsgedächtnis und der Immunisierung gegenüber Stress beteiligt. Über positive Vorerfahrung mit einem Stressor kann der präfrontale Kortex Stressareale hemmen (Immunisierung) (Amat, 2006). Schrumpft der präfrontale Kortex jedoch, gelingt diese Inhibierung folglich schlechter.

Wirkmechanismus. Es zeigt sich, dass erhöhtes Cortisol die Neubildung von Nervenzellen (Neurogenese) im Hippocampus hemmt. Dabei wird angenommen, dass eine dauerhafte Aktivierung des Emotionszentrums Amygdala zum Wachstum dieses Gehirnareals führt. Diese Veränderung wird unter anderem bei Depressionen und Angststörungen beobachtet (McEwen, 2004; Wiggins et al., 2013).

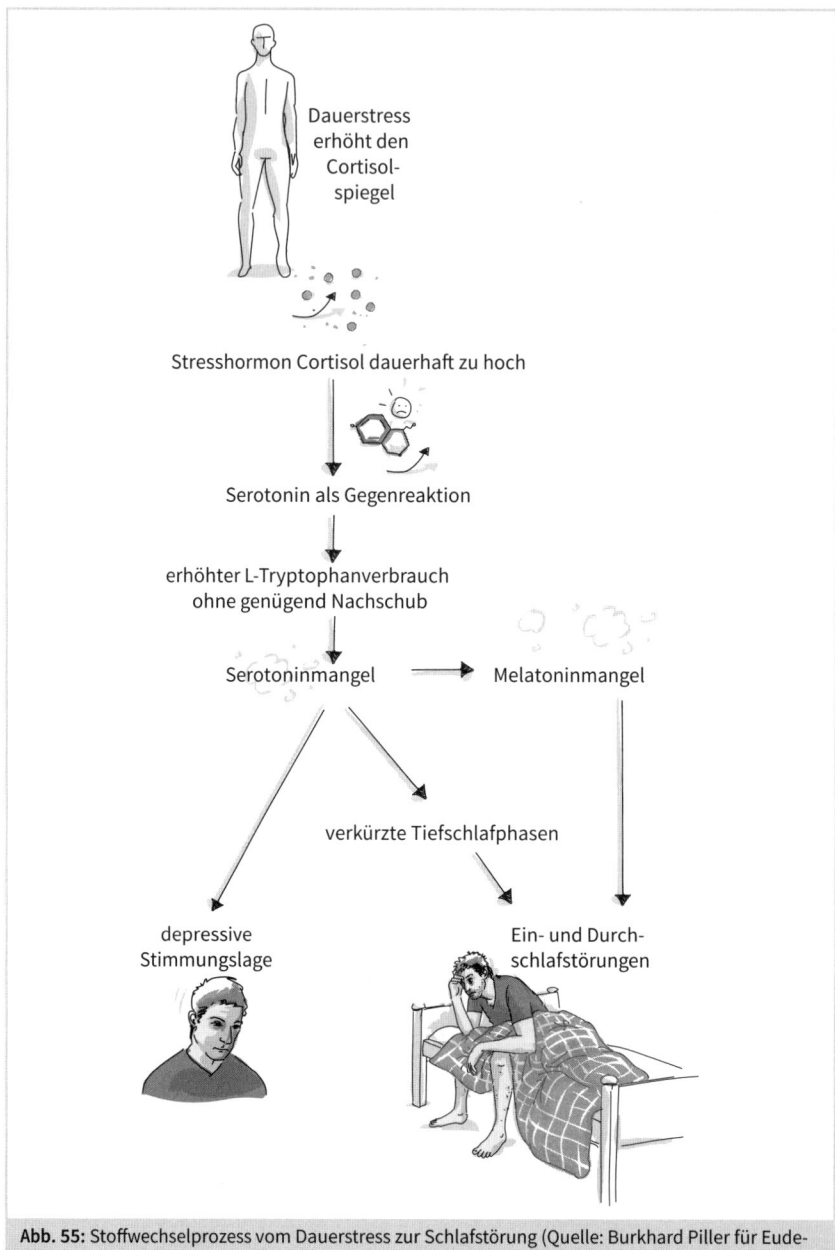

Abb. 55: Stoffwechselprozess vom Dauerstress zur Schlafstörung (Quelle: Burkhard Piller für Eudemos)

e) Schlafstörungen und Depressivität durch erhöhten Serotoninverbrauch

Ein häufig beobachtetes Phänomen sind Schlafstörungen und depressive Stimmungs-lagen durch Dauerstress. Die psychosomatische Interpretation stimmt hier nicht, viel-mehr tritt Serotonin als »Gegenspieler« zum Stresshormon Cortisol auf, um dessen Einfluss gegenzuregulieren. Der bei Dauerstress verstärkte Verbrauch von Serotonin und der ernährungsbedingt ungenügende Nachschub der essenziellen Aminosäure L-Tryptophan, die für die Produktion von Serotonin notwendig ist, führt recht schnell zu einem Serotoninmangel im Gehirn. Dadurch verringert sich auch die Produktion von Melatonin, der Neurotransmitter, der für das Einschlafen benötigt wird. Beides zusammen bedingt die depressive Stimmungslage sowie die Ein- und Durchschlafstö-rungen. Natürlich hilft letztlich nur eine Reduktion des Dauerstresses und der Stres-sursachen. Doch die Symptomatik würde ohne orthomolekulare Intervention (Sub-stitution der fehlenden Aminosäure L-Tryptophan, allerdings in der bioverfügbaren Vorstufe 5-http) mehrere Monate, wenn nicht Jahre dauern. Es gibt hierfür zwei Wege:

*   Über die Ernährung können tryptophanhaltige Lebensmittel bevorzugt verzehrt werden, etwa Walnüsse, Bananen, dunkele Schokolade, Hirse oder Kürbiskerne. Hier verweise ich erneut auf das Buch »Was die Seele essen will: Die Mood Cure« (Klett-Cotta 2017) von Julia Ross.
*   Die zweite Strategie umfasst ein Laborprofil »NeurostressProfil« oder »Neuro-hormonProfil« genannt. Dabei werden über Urin- und Speichelproben Korrelate der Neurotransmitterspiegel im Gehirn gemessen (etwa: www.lab4more.de) und eine entsprechende Aminosäuresubstitution ärztlich verordnet (siehe www.neu-rolab.eu). Nur wenige Ärzte in Deutschland sind darin ausgebildet. Suchbegriffe für Suchmaschinen sind: »orthomolekular arzt neurostress«. Auf www.neurolab. eu gibt es eine Ärzte- und Therapeutenliste.

f) Schädigung der Fruchtbarkeit

Chronischer Stress zeigt bei beiden Geschlechtern negative Auswirkungen auf die Fruchtbarkeit. Bei Frauen beobachtet man das Ausbleiben des Eisprungs sowie der Menstruation, Unregelmäßigkeiten des Menstruationszyklus bis hin zu vollständiger Unfruchtbarkeit. Demgegenüber findet man bei Männern eine verringerte Anzahl an Spermien und eine reduzierte Beweglichkeit dieser, veränderte Spermiengestalt, Impotenz und Ejakulationsprobleme (Ranabir et al., 2011).

Wirkmechanismus. Die zirkulierenden Sexualhormone (Gonadotropin, Gonaden Ste-roid Hormone, GnRH) werden durch Stressreaktionen gehemmt und können dement-sprechend nicht ihre natürliche Funktion erfüllen (ebd.).

g) Erzeugung von Übergewicht

Ständig erhöhte Cortisol-Level führen zu zwei klassischen Phänotypen des Überge-wichtes (Peters et al., 2015). Die einen nehmen insgesamt an Körpermasse zu und zeichnen sich durch einen korpulenten Körper mit relativ geringen Hüftumfang aus (hohes Maß an Unterhautfett). Die anderen nehmen durch chronischen Stress ab. Sie sind der schlanke Typ, welcher aber einen verhältnismäßig großen Hüftumfang aufweist (hohes Maß an Bauchinnenraumfett).

- **Birnentyp:** Der erste Typ mit einem hohen Maß an Unterhautfett hat trotz Stress keine erhöhte Mortalitätsrate für Herz-Kreislauf-Erkrankungen, gewinnt aber insgesamt an Körpergewicht. Dadurch werden Krankheiten wie Osteoarthritis begünstigt.
- **Apfeltyp:** Demgegenüber hat der zweite Typ mit hohem Maß an Bauchinnen-raumfett (viszerales Fett) ein hohes Risiko für eine herz-kreislaufbedingte Todes-ursache. Außerdem kommt es durch die viszerale Verfettung vermehrt zu stillen Entzündungen im Körper und es zeigen sich erhöhte Risiken für physische und psychische Krankheiten wie Depressionen.

Wirkmechanismus
Über jahrzehntelange Stressforschung hat sich herausgestellt, dass Menschen in soge-nannte *Habituators* und *non-Habituators* in Bezug auf ihren Umgang mit Stress kate-gorisiert werden können. Während Habituators als Reaktion auf chronischen Stress eine geringe Stress-Achsen-Aktivität entwickeln, sich also an den Stress gewöhnen (= habituieren), zeigen non-Habituators diese Anpassung nicht. Bei ihnen bleibt eine hohe Stressreaktivität erhalten. Da die Habituators nun schlecht über das herunterge-fahrene Stresssystem mit Energie versorgt werden können, müssen sie die benötigte Energie über eine vermehrte Nahrungsaufnahme gewährleisten. Dies führt insgesamt zur Gewichtszunahme. Non-Habituators mobilisieren durch ihr stark erhöhtes Stress-system viel Energie, weshalb sie insgesamt abnehmen. Gleichzeitig geht die erhöhte Stressaktivität mit notwendigen Anpassungen im Herz-Kreislauf-System einher (z. B. erhöhte Durchblutung und Versorgung des Gehirns mit Zucker) und Fetteinlagerung um die Organe (Bauchinnenraum). Diese beiden Faktoren in Kombination begünsti-gen z. B. die Verkalkung von Gefäßen (Peters et al., 2015).

g) Schädigung von ungeborenen Kindern
Die Schwangerschaft, Kindheit und Pubertät stellen sensible Perioden im Leben dar, in denen der Mensch sehr verwundbar durch Einwirkungen von Stress ist. Tritt zu die-sen Phasen erhöhter Stress auf, kann das Langzeitfolgen auf die weitere Entwicklung und die Stressreaktivität haben.

Wirkmechanismen
Durch die Plazenta werden Kind und Mutter während der Schwangerschaft miteinan-der verbunden. Nicht nur Nährstoffe werden an den Fötus weitergegeben, sondern auch eine Reihe an hormonellen Informationen. Ein Schutzmechanismus (Enzym: 11-beta-HSD) in der Plazenta sorgt für die Inaktivierung von mütterlichem Cortisol bei einer Stressreaktion der Mutter. Wird Stress allerdings chronisch, greift dieser Mecha-

nismus nicht mehr und aktives Cortisol dringt in den Fötus ein. Solch ein Stress in der Schwangerschaft kann bereits epigenetische Veränderungen (Aktivierung/Deaktivierung von Genen) mit sich bringen. Beobachtet werden ein verringertes Körpergewicht bzw. eine verringerte Körpergröße, erhöhtes Risiko für eine Frühgeburt, emotionale und kognitive Defizite im frühen Leben.

Direkt nach der Geburt sind Neugeborene in den ersten Lebensmonaten erneut sehr verwundbar für Stress. Die Leber ist noch nicht vollends ausgereift, was eine geringere Produktion von Proteinen bedeutet, welche in der Lage sind Cortisol zu inaktivieren. Dadurch können auch geringe Stressoren zu einem hohen Spiegel an aktivem Cortisol führen.

Stress in den ersten Lebensjahren zeigt zudem langfristige negative Folgen in Form von Stoffwechsel- und Herz-Kreislauf-Erkrankungen. Dabei scheinen diese Folgen durch frühkindlichen Stress sogar unabhängig von Lebensstilfaktoren wie Rauchen, Gewicht im Erwachsenenalter, sozialer Schicht, exzessivem Alkoholkonsum sowie einem sitzenden Lebensstil zu sein. Zudem führt chronischer Stress auch in diesen sensiblen Phasen zu Folgen wie hippocampaler Atrophie, erhöhter Aktivität der Amygdala, Unterdrückung des Immunsystems, kognitiven Defiziten sowie einem erhöhten Risiko für eine pathologische Entwicklung und Gesundheitsprobleme (Doom et al., 2013; Drake et al., 2007; O'donnell et al., 2013).

4.2.3   Prävention und Intervention

Zusammenfassend leiten sich viele negative Konsequenzen durch chronischen Stress aufgrund von Lebensstilfaktoren und neuen Stressoren der modernen Gesellschaft ab. Diesen Risiken ist man jedoch nicht ausweglos ausgeliefert. Aktuelle Studien aus den Bereichen Paarinteraktion, prosoziales Verhalten, Oxytocin, Bewältigungsstrategien, Achtsamkeit, Umwelteinflüsse, Gen-Umwelt-Interaktionen und Nährstoffversorgung liefern beeindruckende Implikationen für einen verbesserten Umgang mit Stress.

- **Paarinteraktion und prosoziales Verhalten**
  Eine hohe Beziehungsqualität geht einher mit einer geringeren kardiovaskulären Reaktivität während Konfliktdiskussionen und einem geringeren Risiko für Mortalität (Robles et al., 2014). Dem entgegengesetzt zeigt schlechtes Konfliktverhalten in der Partnerschaft Zusammenhänge mit einer verringerten Leistung des Immunsystems und erhöhten endokrinen Stressleveln: Eine verlangsamte Wundheilung und stärkere Ausschüttung von Entzündungsmarkern werden beobachtet (Kiecolt-Glaser et al., 2005).
- **Oxytocin**
  Zudem zeigen sich positive Effekte des »Kuschelhormons« Oxytocin. Oxytocin wird unter anderem vermehrt bei Körperkontakt ausgeschüttet. In einer Doppelblind-

studie zeigten sich signifikant reduziertes Speichelcortisol als auch positiveres Kommunikationsverhalten während eines Partnerkonflikts durch Oxytocin (oral verabreicht) im Vergleich zu einem Placebo (Ditzen et al., 2009).

- **Altruismus**
  Große stressige Lebensereignisse erhöhen das Risiko der Mortalität um bis zu 30 %. Allerdings zeigte sich dieses Risiko nicht bei Personen, die während des eigenen Stresserlebens etwas für andere Menschen taten, halfen bzw. diese unterstützten (Poulin et al., 2013).

- **Einfluss durch Nährstoffe**
  Positive Effekte zeigen sich bei Angstpatienten durch die Verabreichung von Omega 3. Angstpatienten wiesen eine erhöhte HPA-Achsen-Aktivität auf. Durch die Gabe von Omega 3 zeigte sich zwar keine Milderung der Stressantwort, jedoch einen Effekt auf die Regeneration nach Stressreaktionen: 20 % weniger Angstsymptome und weniger Entzündungsmarker (Kiecolt-Glaser et al., 2011).

- **Bewältigungsstrategien, Achtsamkeit**
  Sowohl Achtsamkeit als auch die kognitive Bewertung von Stress scheinen einen Einfluss auf die Stressreaktion zu haben. Personen zeigten eine geringere Stressreaktivität, wenn sie vor einer stressigen Situation über die positiv aktivierenden Aspekte von Stress informiert wurden (Bohlmeijer et al., 2010; Crum et al., 2013).

> **! Tipp**
>
> Für weitere Informationen dazu, wie man eine positive Wirkung von Stress erzielen kann, empfiehlt sich der TED-Talk »How to make stress your friend?« oder das Buch »The Upside of Stress: Why Stress Is Good for You, and How to Get Good at It« (Avery 2015) von Kelly McGonigal.

Fazit

Die Entstehung und Folgen von Stress sind äußerst komplex. Unsere Stresssysteme entstanden ursprünglich aus der Not, eine Lösung für akuten Stress zu liefern. Da heutzutage Stressoren nicht für Minuten, Stunden oder Tage wirken, sondern über Wochen, Monate oder sogar Jahre, entfalten sie ihre krankheitsfördernde Wirkung im ganzen Körper. Dabei ist Stress nicht allein durch die Psyche bedingt, sondern kann ebenso durch Lebensstilfaktoren wie Ernährung, mangelnde Bewegung und Schlafverhalten ausgelöst werden.

Wichtig ist die Art und Weise, wie mit Stress umgegangen wird. Erst wenn Stress als gesundheitsschädlich wahrgenommen wird, finden sich Zusammenhänge mit dem Vorliegen einer geringeren physischen und psychischen Gesundheit.

4.3   Ernährungswissen gegen Übergewicht und Diabetes

Weltweit hat sich die Anzahl der Übergewichtigen in den letzten 30 Jahren verdreifacht. 2016 gab es auf der Welt 1,9 Milliarden Erwachsene mit Übergewicht, darunter 650 Millionen Adipöse (BMI > 30).[26] Dabei geht allein schon Übergewicht (BMI > 25) mit einem erhöhten Risiko für Diabetes Mellitus Typ 2, Herz-Kreislauf-Erkrankungen, nichtalkoholische Fettleber und einem erhöhten Risiko für Arbeitsunfähigkeit einher (Ogden et al., 2007). Ebenso bringt Diabetes Typ 2 eine Reihe an Folgeerkrankungen mit sich, reduziert die Lebenserwartung und kostet die Patienten Lebensqualität sowie das Gesundheitswesen Ausgaben in Millionenhöhe (Forouhi et al., 2010).

Die Ernährung und Bewegung haben bei diesen beiden Krankheiten einen wesentlichen Einfluss auf die Entstehung und Aufrechterhaltung. Dabei kommt es zum einen darauf an, *wie* gegessen wird. Also wie häufig, wie viele Kalorien und wann über den Tag gegessen wird. Zum anderen spielt natürlich auch das *Was* eine Rolle. In diesem Kapitel soll auf das Was anhand der Beispiele Paleo-Ernährung, LOGI-Methode und die Vorschriften der deutschen Gesellschaft für Ernährung (DGE) eingegangen werden.

4.3.1   Wie wird gegessen?

Um Übergewicht zu reduzieren, gibt es unzählige Diäten, welche den gewünschten Effekt liefern sollen. Betrachtet man die Studienlage dazu, stellen Diäten, wie Saft- oder Entgiftungskuren, keine Lösungen für Übergewicht und Diabetes dar. Das liegt darin begründet, dass das kurzfristig verlorene Gewicht auf einer starken Kalorienrestriktion beruht, die nicht auf lange Zeit beibehalten werden kann. Deshalb werden die verlorenen Pfunde nach der Diät alsbald wieder zugenommen. **Gleichzeitig erhöht eine solch starke Kalorienrestriktion die Konzentration an Stresshormonen (z. B. Cortisol) im Körper, welche unter anderem die Schilddrüsenaktivität drosseln und zu Heißhungerattacken führen kann** (Obert et al., 2017).

> **Wichtig**   !
>
> Bitte unterstützen Sie im Rahmen des betrieblichen Gesundheitsmanagements *keine* Ernährungssysteme oder Angebote, die auf Kalorienreduktion basieren.

Anders verhält es sich beim **intermittierenden Fasten**. Hier wird an ein bis drei Tagen in der Woche eine verringerte Kalorienmenge zugeführt, wobei an den restlichen Tagen keine Kalorienrestriktion vorgenommen wird. Im Vergleich zur starken Kalori-

---

26   https://www.who.int/news-room/fact-sheets/detail/obesity-and-overweight, Zugriff: 20.02.2019.

enrestriktion wie bei Diäten zeigt sich intermittierendes Fasten als eine überlegene Methode gegen Übergewicht und Diabetes, wie sich über eine Vielzahl an Studien zeigt (Barnosky et al., 2014). Darüber hinaus hat intermittierendes Fasten positive Einflüsse auf Herz-Kreislauf-Erkrankungen, Krebs und neurologische Erkrankungen wie Alzheimer und Parkinson (Mattson et al., 2017; Horne et al., 2015).

Essenszeiten
Auch die Zeit, wann gegessen wird, ist entscheidend für die Gesundheit. So nahmen Probanden über 20 Wochen weniger Gewicht ab, wenn diese ihre größte Mahlzeit später im Laufe des Tages einnahmen. Ebenso war ein Indikator für Insulinresistenz (HOMA-Index) bei den Probanden, die später aßen, höher (Garaulet et al., 2013). Außerdem zeigt sich in Interventionsstudien, dass identische Mahlzeiten, die jedoch zu einem späteren Zeitpunkt eingenommen wurden, unterschiedliche Reaktionen im Körper bewirken. Späte Mahlzeiten gehen dabei unter anderem mit verminderter Glukosetoleranz einher (Wehrens et al., 2017).

Fasst man diese Ergebnisse zusammen, sollte die Nahrungsaufnahme bei Übergewicht sowie Diabetes am Nachmittag und Abend nur noch in geringem Maße erfolgen. Der Grund dafür liegt in den negativen Einflüssen später Mahlzeiten auf die Insulinsensibilität, welche insbesondere bei Diabetes aber auch bei Übergewicht stark verringert ist.

Mahlzeitenhäufigkeit
Zuletzt ist außerdem auch die Mahlzeitenfrequenz für die Gesundheit ausschlaggebend. Hierfür ist das Wissen um zwei Tatsachen entscheidend. Zum einen entzündet der Körper nach jeder Mahlzeit, was man als postprandiale Entzündung bezeichnet (Emerson et al., 2017). Dabei gilt, dass alles, was Kalorien enthält, eine Mahlzeit darstellt. Zum anderen sind viele chronische Krankheiten wie unter anderem Übergewicht und Diabetes durch einen chronischen niedriggradigen Entzündungszustand gekennzeichnet (Lumeng et al., 2011). In diesem Kontext zeigen Ernährungsinterventionen eine Verbesserung der Insulinsensibilität, wenn sie Entzündungsprozesse im Körper der Patienten verringern (Lumeng et al., 2011; Ghasemian et al., 2016). **Demnach stellt eine geringe Mahlzeitenfrequenz, bestehend aus zwei bis drei Mahlzeiten pro Tag, eine Interventionsmöglichkeit dar, niedriggradige Entzündungen bei Diabetes und Übergewicht zu reduzieren und damit eine Verbesserung der Symptome zu unterstützen.**

Ungeachtet der Wichtigkeit, was gegessen wird (vgl. Kapitel 4.3.2), zeigt alleine schon das *Wie* weitreichende Einflüsse auf die Gesundheit. Insgesamt sind intermittierendes Fasten, das Mahlzeitentiming (Daumenregel: Je später der Tag, desto kleiner die Mahlzeit) sowie die Mahlzeitenfrequenz von zwei bis drei Mahlzeiten wichtige Stellschrauben für die Gesundheit und insbesondere im Umgang mit Diabetes und Übergewicht.

4.3.2   Was wird gegessen?

Auf der Suche nach der »richtigen« und »gesunden« Ernährungsform stößt man auf viele verschiedene Meinungen. Beispiele sind hierfür drei Ernährungsformen, bei denen es viel mehr darum geht, die Ernährung langfristig nach einem bestimmten Prinzip zu gestalten, als um das kurze Einhalten einer Diät:

*   die Richtlinien der Deutschen Gesellschaft für Ernährung (DGE)
*   die Paleo-Ernährung
*   die LOGI-Methode

Richtlinien der Deutschen Gesellschaft für Ernährung (DGE)
Nach der Ernährungspyramide der DGE sollte die Basis der Ernährung aus Kohlenhydraten in Form von Vollkorngetreide, Getreideprodukten und Kartoffeln bestehen. Gefolgt hiervon wird ein hoher Anteil an Gemüse und Obst sowie Milchprodukten empfohlen. Einen eher geringen Anteil stellen Fleisch und Fisch (Empfehlung: nur ein bis zwei Mal in der Woche) dar. Fette und Öle sollten laut DGE den geringsten Anteil der Ernährung ausmachen und dabei soll vor allem auf pflanzliche Fette zurückgegriffen und gesättigte tierische Fette sowie Kokosöl eher vermieden werden.

Paleo-Ernährung
Die Paleo-Ernährung orientiert sich an der »Steinzeit-Ernährung« und legt hierbei viel Wert auf naturbelassene und unverarbeitete Produkte. Zudem sieht dieser Ernahrungsplan kein Getreide, keine Hülsenfrüchte, keine Milchprodukte und keinen industriellen Zucker vor. Fleisch, Fisch, Eier, Nüsse, Obst, Gemüse und Fette umfassen die Produkte, die einen hohen Stellenwert einnehmen.

LOGI-Methode
LOGI steht für »low glycemic Index« (= niedriger glykämischer Index). Ziel der LOGI-Ernährung ist es ebenfalls, wie bei der Paleo-Ernährung, den Kohlenhydratanteil stark zu reduzieren. Das bedeutet sowohl die Menge als auch die Kohlenhydratqualität im Sinne eines geringen glykämischen Index (GI) zu optimieren. Die Maßeinheit GI sagt etwas darüber aus, wie sich Nahrungsmittel auf den Blutzucker- und Insulinspiegel auswirken. Präferiert werden bei der LOGI-Ernährung Lebensmitteln, die den Blutzuckerspiegel nicht stark erhöhen (niedriger GI). Dabei gibt es keinen strengen Ernährungsplan, sondern nur ein Mengenverhältnis, welches die Anteile der täglich abzudeckenden Nahrungsmittel darstellt: 20-25 % Kohlenhydrate, 45-50 % Fett, 25-30 % Eiweiß. Die Ernährungsbasis soll aus stärkearmem Gemüse und Obst bestehen. Regelmäßige, geringe Mengen an Vollkornprodukten, Salzkartoffeln mit Schale und braunem Reis sowie Milchprodukten kommen hinzu.

Wissenschaftliche Belege für Ernährungsweisen gegen Übergewicht und Diabetes

Die zuvor kurz dargestellten Ernährungsweisen widersprechen sich hinsichtlich der Empfehlungen für eine »gesunde Ernährung«. Der aktuelle Forschungsstand unterstützt die Annahme, dass eine kohlenhydratarme, protein- und fettreiche Ernährung positive Effekte auf Übergewicht, Adipositas und Typ-2-Diabetes haben kann. Folgende Einblicke in die Forschungsergebnisse verdeutlichen diese Hypothese:

- **Überlegenheit der Paleo-Methode**
  Bereits eine kurzzeitige Paleo-Ernährungsumstellung von ca. drei Wochen führte zu einer stärkeren Verbesserung der Glukose- und Blutfettwerte bei Typ-2-Diabetes-Patienten im Vergleich zu einer konventionellen Diät mit moderatem Salzkonsum, fettarmen Milchprodukten, Vollkorn und Hülsenfrüchten (vergleichbar mit den Richtlinien der DGE). Zudem konnte nur bei der Paleo-Gruppe eine erhöhte Insulinsensitivität festgestellt werden (Masharani et al., 2015; Frassetto et al., 2009). Außerdem berichtet eine Vielzahl an Studien positive Effekte von Paleo-Ernährung auf Übergewicht, Diabetes und nichtalkoholische Fettleber (Tarantino et al., 2015). Diese Ergebnisse sprechen für eine Paleo-Ernährung als Intervention bei Übergewicht und Diabetes-Typ-2.

- **LOGI-Methode überlegen bei der Gewichtsabnahme**
  Eine Diät mit Lebensmitteln, die einen niedrigen GI enthielten, zeigte positive Effekte auf den Fetthaushalt (Triglyceride) und das HDL-Cholesterin. Je stärker die Insulinresistenz bei den Probanden vorlag, desto effektiver wirkte die Ernährungsumstellung auch auf die Gewichtsreduktion (Ebbeling et al., 2007). Eine Metaanalyse des Cochrane-Instituts kommt zu folgendem Schluss: Übergewichtige und adipöse Menschen verloren mehr Gewicht unter Diät mit niedrigem GI im Vergleich zu Diäten mit hohem GI oder anderen Gewichtsreduktionsdiäten und ihr kardiovaskuläres Risikoprofil verbesserte sich (Thomas et al., 2007).
  Weitere Befunde vieler Studien lassen sich wie folgt zusammenfassen: Übergewichtige, adipöse Diabetiker zeigen mithilfe einer Ernährungsumstellung nach der LOGI-Methode bzw. kohlenhydratarmer, protein- und fettreicher Ernährung signifikante Veränderungen auf den Stoffwechsel: Senkung der Triglyceride, des Entzündungsparameters CRP, des Gesamtcholesterins, des LDL, des Blutzuckers, des BMI, sogar eine Senkung der Harnsäure trotz proteinreicher Ernährung, Gewichtsreduktion, höhere Insulinsensitivität und ein völliger Wegfall der postprandialen (= nach dem Essen) Blutzuckerspitzen (Westman et al., 2007; Nuttall et al., 2006; Willibald et al., 2006; Heilmeyer et al., 2006; Nielsen et al., 2005).
  Diese Blutzuckerspitzen stehen normalerweise im Zusammenhang mit spätdiabetischen Komplikationen. Zudem konnte eine Ernährungsumstellung nach der LOGI-Methode die antidiabetische Medikation bei den Patienten massiv (um 76 %) reduzieren. Eine Kontrollgruppe, die kohlenhydratreich ernährt wurde, aber das gleiche Bewegungsprogramm erhielt, zeigte diese positiven Effekte nicht (Heilmeyer et al., 2006). Diese Befunde sprechen für eine Ernährungsumstellung nach der LOGI-Methode als Intervention für Übergewichtige und Diabetiker.

- **Fettverbrennung gehemmt**
  Des Weiteren zeigt sich, dass nach einer kohlenhydratreichen Mahlzeit (nach DGE) die Fettverbrennung noch bis zu vier Stunden nach der Mahlzeit gehemmt wird. Bei Patienten, die eine kohlenhydratarme Mahlzeit einnahmen (nach LOGI) zeigte sich diese Hemmung auf die Fettverbrennung nicht.[27]
- Wie bereits oben erwähnt, zeichnen sich Übergewicht und Diabetes durch chronische niedriggradige Entzündungen aus. Dabei weisen Omega-3-Fette, welche sich reichlich vor allem in fettigem Fisch und Nüssen finden, stark anti-entzündliche Eigenschaften auf (Rangel-Huerta et al., 2012). Das sind wissenschaftliche Erkenntnisse, die wiederum für eine fettreiche Ernährung sprechen, als auch für einen hohen Fischkonsum, der bei chronischen Krankheiten auch täglich sein kann.

Wichtig !

Aufgrund des teilweise hohen Schwermetallgehaltes in Seefisch[28] sollten Sie Fisch nicht uneingeschränkt empfehlen. Empfehlen Sie gering belastete Seefische oder Fische aus kontrolliert-biologischer Aquakultur.

- **Sport**
  Selbstverständlich hat auch Sport einen nicht zu unterschätzenden Einfluss auf die Gewichtsreduktion und die Insulinsensibilität. So zeigt hoch intensives Intervalltraining (HIIT) sowohl positive Effekte auf die Gewichtsreduktion als auch auf die Insulinsensibilität (Obert et al., 2017; Bird et al., 2017). Im direkten Vergleich von reinen Sport- und reinen Ernährungsinterventionen mit dem Ziel der Gewichtsreduktion erzielte die reine Ernährungsumstellung um 40 bis 80 % bessere Ergebnisse, wie eine Meta-Analyse über mehr als 700 Studien zusammenfasst (Miller et al., 1997).

Fazit

Die Zahl Übergewichtiger und von Diabetes-Patienten steigt weltweit und verzeichnet aktuell ihr Maximum seit Beginn der Aufzeichnung. Durch Veränderungen des *Wie* und *Was* der Ernährung kann direkt an den Ursachen der Erkrankungen angesetzt werden. Dabei stellen zum einen intermittierendes Fasten, das richtige Mahlzeiten-Timing und eine geringe Mahlzeitenfrequenz Ansatzpunkte dar. Daneben zeigen sich vor allem durch die Ernährungsformen der Paleo-Diät und der LOGI-Methode mit ihrem geringen Kohlenhydratkonsum, der protein- sowie fettreichen Ernährung positive Effekte auf die beiden thematisierten Krankheiten. Die Ansicht, dass fettreiche Nahrung per se schlecht, viele Kohlenhydrate (einfache sowie komplexe) gut und ein- bis zweimal

---

27   Masterarbeit: Lang, Sarah: https://www.thieme-connect.com/products/ejournals/html/10.1055/s-2008-1074486#RHEILMEYER-1

28   https://projekte.meine-verbraucherzentrale.de/DE-BY/welche-lebensmittel-sind-mit-schwermetallen-belastet-, Zugriff: 23.02.2019.

Fisch pro Woche ausreichend seien (konform nach DGE), sind veraltet und durch wissenschaftliche Erkenntnisse widerlegt. Mit dem Ziel der Gewichtsreduktion ist eine reine Ernährungsumstellung effektiver als Sport, wobei Sport auch im Sinne einer umfassenden Gesundheit selbstverständlich einen ganz wichtigen Stellenwert hat.

> **!**
>
> **Lesetipp zum Gesundheitssystem**
>
> → »Wirk+Kochbuch: Wirkung durch artgerechte Ernährung« (Bucher Verlag, 2014) von Leo Pruimboom, Daniel Reheis und Martin Rinderer. Das medizinische Kochbuch mit 70 Rezepten speziell entwickelt gegen Krankheiten.

4.4   Depressionen, Burnout, chronisches Erschöpfungssyndrom: Ist das Immunsystem Schuld? – Ein Gastbeitrag von Prof. Dr. Erich Kasten

Prof. Dr. Erich Kasten wurde in Travemünde (Ostsee) geboren und studierte Psychologie an der Universität Kiel. Promotion 1993, Habilitation im Bereich der Medizinischen Psychologie 1999. Er arbeitete wissenschaftlich unter anderem an den Universitätskliniken Magdeburg, Göttingen und Lübeck und hatte bereits um die Jahrtausendwende eine Gastprofessur an der Humboldt-Universität in Berlin. Seit 2013 ist er berufener W3-Professor an der Medical School in Hamburg. Er war fast 20 Jahre im Vorstand der Deutschen Gesellschaft für Medizinische Psychologie, ist Leiter der Fachgruppe Neuropsychologie im Berufsverband Deutscher Psychologen und Mitglied des internationalen Komitees »Clinical Neuropsychology« der European Federation of Psychologist Associations in Brüssel.

> **!**
>
> **Lesetipp**
>
> In seinem Buch → »Somatopsychologie – Körperliche Grundlagen psychischer Krankheiten« (Reinhardt-Verlag, 2019) belegt Prof. Dr. Erich Kasten eindrucksvoll, welche körperlichen Ursachen psychische Symptome haben können. Damit wird deutlich, dass die einseitige Strategie, im Umgang mit psychischen Erkrankungen auf Antidepressiva und Psychotherapie zu setzen, nicht zielführend ist. Eine detaillierte Ursachendiagnostik ist geboten.

4.4.1   Somatopsychologie: Der Körper macht die Seele krank

Psychische Störungen sind nicht immer durch psychosoziale Ursachen bedingt. Unser Denken und Fühlen basiert zu sehr auf körperlichen Prozessen, um hier eine klare Trennlinie ziehen zu können. Eine Vielzahl organischer Erkrankungen kann dazu führen, dass jemand nicht mehr belastbar ist und Ängste, Depressionen oder sogar Wahnvorstellungen entwickelt. Die Somatopsychologie, das Pendent zur bekannteren Psychosomatik, bemüht sich, solche körperlichen Erkrankungen zu identifizieren (Kasten, 2010).

An körperlichen Ursachen für psychische Störungen kann man z. B. unterscheiden:
- infektiöse,
- genetische,
- endokrine (hormonelle),
- metabolische und
- neurologische Störungen (Kasten et al., 2003).

Hinzu kommen Organerkrankungen. So wird das Gehirn etwa bei Blutarmut, Herzschwäche oder Lungenfunktionsstörungen nicht ausreichend versorgt, was zu einer Fülle von kognitiven Störungen führen kann.

Depressionen gelten heute geradezu als Volkskrankheit; moderner ist der Begriff »Burnout«, der die Schuld nicht dem betroffenen Individuum zuschiebt, sondern belastenden Umweltstrukturen einer Hochleistungsgesellschaft mitten in einer Weltwirtschaftskrise. Letztlich lässt sich die Burnoutsymptomatik aber kaum von einer Depression trennen.

Psychiater behandeln beides überwiegend mit Antidepressiva, da man einen zu niedrigen Spiegel des Botenstoffs »Serotonin« im Gehirn als Hauptverursacher ansieht. Depressionen werden aber heute immer weniger einzig auf eine Störung der Serotonin-Balance im Gehirn zurückgeführt, sondern zunehmend auf Störungen des **Hypothalamus-Hypophysen-Nebennieren-Systems**, kurz meist als »HPA-Achse« bezeichnet. Es kommt unter anderem zu **Adrenal Fatigue**. Das ist eine depressionsähnliche Symptomatik, die auf einer klinisch noch nicht auffälligen Schwäche der Nebennieren als Folge von chronischem Stress beruht. Als Anpassung an bedrohliche Situationen produziert die Nebenniere zunächst vermehrt Adrenalin und Cortisol, aber weniger Sexualhormone wie z. B. Testosteron. Nach Jahrzehnten chronischen Stresses bricht das System jedoch in sich zusammen, die Hormonproduktion der Nebennieren vermindert sich rapide. Typische Symptome sind Schlafstörungen, Schwindel, Unterzuckerung, Erschöpfung, Konzentrationsdefizite, Leistungsversagen, Depressionen, Potenzschwierigkeiten und Libidoverlust.

> **Lesetipp**   **!**
>
> → **»Nebennierenunterfunktion – Stress stört die Hormon-Balance«** (Zuckschwerdt Verlag, 2014) von Dr. med. Joachim Strienz
> Das Buch ist ein Patientenratgeber zur Unterfunktion der Nebenniere, die als physiologische Grundlage eines stressbedingten Erschöpfungssyndroms gilt. Es enthält genaue Angaben zur Ursache, Diagnostik und Therapie und ist laienverständlich geschrieben.

4.4.2 Psychische Störungen durch Immunreaktionen

Neben verminderten Neurotransmittern und der Hypothalamus-Hypophysen-Neben-nieren-Achse ist in den letzten Jahren das Immunsystem verstärkt in den Fokus der Suche nach den Ursachen der Depression geraten. Jemand, der krank ist, zeigt meist ein *sickness behaviour*, d.h. Symptome, die der Depression in vieler Hinsicht stark ähneln und als *Krankheitsverhalten* bezeichnet werden. Bereits ein lapidarer grippaler Infekt bewirkt psychische Veränderungen. Wenn Krankheitskeime in den Körper eingedrungen sind, verständigen die frei beweglichen Zellen des Immunsystems sich via Ausschüttung von Immun-Botenstoffen, die unter anderem dazu dienen, Lymphozyten zu aktivieren. Es gibt aber auch im Gehirn, bevorzugt im Limbischen System, Empfangsstationen dafür. Sobald das Nervensystem Kenntnis davon hat, dass das körpereigene Abwehrsystem sich hochfährt, produziert es das typische Krankheitsgefühl.

Biologisch macht das Sinn, denn auch die mit Verstand und Sprache nicht gesegneten Tiere musste Mutter Natur dazu bringen, sich im Krankheitsfall auszuruhen. Im Liegen funktioniert das Immunsystem deutlich besser, bei Arbeit und insbesondere unter Stress wird das Immunsystem gedrosselt. Also zwingt unser Nervensystem uns im Krankheitsfall durch massive Gefühle des Unwohlseins dazu, im Bett zu bleiben. Zusätzlich sorgen Konzentrationsstörungen dafür, dass wir ohnehin kaum etwas Sinnvolles arbeiten können. Und unter einer beginnenden Infektion neigen die meisten Menschen zum Rückzug aus dem sozialen Umfeld. Dies könnte den biologischen Sinn haben, die Ausbreitung der Erkrankung durch Ansteckung einzudämmen. Das depressive Gefühl ist also ein natürliches Zeichen des Körpers, sich auszuruhen und die Entzündung zu bewältigen.

Funktion des Immunsystems

Zellen des Immunsystems sind in der Regel frei beweglich und flottieren durch den Körper; sie müssen sich irgendwie untereinander verständigen und im Krankheitsfall auch das Gehirn informieren, dass ein Keim in den Körper eingedrungen ist. **Zytokine** steuern unter anderem Differenzierung und Wachstum von Zellen. Sie sind auch Vermittler im Immunsystem und werden von Zellen des Immunsystems produziert. **Typische Zytokine** sind: Interferone, Interleukine und der Tumor-Nekrose-Faktor, die zunächst kurz vorgestellt werden sollen:

- **Interferone** bringen Zellen des Immunsystems dazu, Stoffe zu bilden, um sich gegen im Körper befindliche Fremdkörper wie z. B. Viren zu wehren.
- **Interleukine** vermitteln die Kommunikation der Zellen des Immunsystems untereinander und koordinieren die Abwehr, z. B. durch Auslösung von Fieber und Durchblutungsverbesserung von entzündetem Gewebe.
- **Tumornekrosefaktor** (TNF-Alpha) wird von Makrophagen (»Fresszellen«) produziert, er kann den Zelltod beschädigter Zellen hervorrufen, aber auch die Ausschüttung anderer Zytokine steuern. Eine örtlich begrenzte TNF-Erhöhung führt

zu Entzündungsreaktionen mit Schwellung, Rötung und Schmerz; ein übermä-
ßiges Niveau kann sogar einen Schockzustand hervorrufen. TNF stimuliert über
vermehrte Ausschüttung des Corticotrophin-Releasing-Hormons (CRF) auch die
HPA-Achse (Hypothalamus-Hypophysen-Nebennieren), unterdrückt den Appetit
und führt über Bildung bestimmter Proteine in der Leber zu Veränderungen des
Fettstoffwechsels. Außerdem kann es langfristig zur Insulinresistenz kommen,
also zur Induktion von Diabetes Typ 2.

- **T1-Helfer-Zytokine** (TH1) leiten eine zellvermittelte Immunreaktion ein (z. B. die
  Interleukin IL12 oder Interferon-Gamma IFN-γ und TNF-Alpha). Die Zytokine der
  Th1-Zellen sind für die zelluläre Immunabwehr zuständig. Sie aktivieren Makrophagen und sind vor allem dann aktiv, wenn Viren und Bakterien schon in Körperzellen eingedrungen sind und dort von den Antikörpern des TH2-Immunsystems
  nicht mehr bekämpft werden können. Unter Cortisoleinfluss vermindert sich die
  TH1-Aktivität und es kommt zu einer verstärkten Infektanfälligkeit. Bei einer Erhöhung der TH1-Aktivität, wie es bei Burnoutprozessen im Spätstadium der Fall ist,
  kommt es zur Ausbildung von Autoimmunerkrankungen und es werden eigentlich
  gesunde Körperzellen durch z. B. TNF-Alpha zerstört.
- **T2-Helfer-Zytokine** (TH2) wirken auf hormoneller Basis (z. B. die Interleukine IL-3,-4,
  -5, -6, -10 und IL-13). Kommt es unter Cortisol-Überschuss zu einer Verminderung
  von TH1, dann erhöht sich die TH2-Wirkung und es bilden sich z. B. Allergien und
  Asthma.

Das Abwehrsystem besteht aber nicht nur aus einem aggressiven Teil, der eingedrun-
gene Antigene feststellt und dann mengenweise Stoffe zur Vernichtung dieser Keime
herstellt (z. B. die sog. Immunglobuline); das Immunsystem muss sich in seiner Selbst-
steuerung irgendwann auch wieder beruhigen können. Hierfür sind spezifische Hel-
ferzellen verantwortlich, die das Abwehrsystem irgendwann wieder herunterfahren.
Diejenigen Botenstoffe, die für das Entstehen einer aktiven Abwehrreaktion verantwortlich sind, nennt man **pro-inflammatorische Zytokine**. Diejenigen, die diese Entzündung dann wieder abschwächen und beenden, sind die **anti-inflammatorischen
Zytokine**.

Zytokine koordinieren die Balance des Immunsystems und vermitteln im virtuosen
Kreislauf zwischen Gesundheit und Krankheit. Bei Kontakt des Körpers mit einem ein-
gedrungenen feindlichen Antigen werden sie im Zuge der Immunantwort durch akti-
vierte Zellen gesteuert (Ameringer & Smith, 2011). Einige dieser Botenstoffe wie z. B.
TNF-Alpha spielen auch eine Rolle bei Autoimmunerkrankungen. Im Fall einer Entzündung vermitteln sie aber auch das sog. »*sickness behaviour*«, d. h. typische Verhaltensweisen, die ein krankes Lebewesen zeigt (siehe z. B. Ahrens et al., 2012; Raedler, 2012).

Um im Krankheitsfall ihre Aktivität an das Gehirn zu melden und das Lebewesen zur
Ruhe zu zwingen, beeinflussen Zytokine auch Gehirnbotenstoffe, neuroendokrine

Funktionen und die Aktivität bestimmter Hirnbezirke, unter anderem solche, die relevant für depressive Symptome sind (Wichers & Maes, 2002). So wird Interleukin-18 nicht nur von aktivierten Makrophagen irgendwo im Körper, sondern auch im Gehirn ausgeschüttet (Haastrup et al., 2012). **Neben körperlichen Reaktionen, wie z. B. Fieber, kommt es durch Zytokine auch zu dem typischen Krankheitsverhalten mit vermindertem Hunger, Vermeidung sozialer Kontakte, sexueller Unlust, Rückzug aus der Umwelt, Suche nach Wärme, Schläfrigkeit, kognitive Einschränkungen und oft der Einnahme einer gekrümmten Körperlage** (Hennessy et al., 2010). Das Ganze dient der Erhaltung von Energie zur Verbesserung der Abwehr gegen den Keim (Hart, 1988).

> **!**
>
> **Depression durch Interferon-Therapie**
>
> Es gibt ein wichtiges Argument, welches die These unterstützt, dass Zytokine an der Depressionsentstehung beteiligt sind: Eine schon seit Langem bekannte und gefürchtete Nebenwirkung für Patienten, die z. B. im Rahmen einer Krebstherapie eine Behandlung mit Zytokinen (insbesondere Interferon-Alpha) bekommen, ist die Entwicklung schwerer depressiver Symptome (Miyaoka et al, 1999; Bonaccorso et al., 2002; Raison et al., 2006; Lotrich et al., 2011; Zunszain et al., 2012).

Chronische Entzündungen können Ursache von Burnout und einer Depressionssymptomatik sein, ohne erkannt zu werden

Das Immunsystem fährt sich im günstigen Fall hoch, wenn Bakterien, Viren oder Pilze in den Körper eingedrungen sind, es vermehrt dann diejenigen Zellen, die in der Lage sind, dieses Antigen anzugreifen, und fährt sich anschließend selbst wieder herunter, wenn es den Eindruck hat, dass der Feind besiegt wurde. Leider klappt das nicht immer so reibungslos.

Problematisch werden die Auswirkungen eines aktivierten Immunsystems zum Beispiel, wenn die **Entzündung chronisch** geworden ist. Patienten mit hartnäckigen Allergien leiden nicht nur an Juckreiz, Niesen oder Durchfällen, sondern die Immunreaktion hat auch psychische Veränderungen zur Folge. Auch minimale Entzündungen, die sich irgendwo im Körper versteckt haben und kaum körperliche Schmerzen verursachen, sorgen dafür, dass der Patient sich ständig elend fühlt, keine Kraft mehr hat, morgens wie gerädert aufsteht, häufig unter Kopfschmerzen leidet, auf der Arbeit zunehmend mehr Fehler macht und sich aus dem sozialen Umfeld immer weiter zurückzieht.

Typische chronische Entzündungsquellen sind neben Allergien z. B. Zahnwurzelentzündungen, chronische Nasennebenhöhlenvereiterungen (Sinusitis), häufige Harnwegsinfekte usw. Wenn die Ärzte dann die Ursache solcher mitunter schleichend verlaufenden Erkrankungen nicht korrekt diagnostizieren und behandeln, wird der Patient aufgrund seiner dauerhaften Ruhebedürftigkeit nicht selten mit Burnout- oder Depressionsverdacht zum Psychotherapeuten geschickt.

Erhöhte Cortisol-Level drosseln das Immunsystem und fördern Depression

An Depressionen erkrankte Menschen haben zunächst meist einen hohen Cortisol-spiegel. Cortisol gehört zu den von der Nebenniere ausgeschütteten Gluko-Kortikoi-den; es ist das typische Stresshormon und aktiviert in einer *Kampf-und-Flucht*-Situa-tion letzte Energiereserven des Körpers. Da die Gefühle der Schlappheit als Folge eines aktivierten Immunsystems stören, wenn man gerade um sein nacktes Leben fürchten muss, wird auch das Immunsystem durch Cortisol gedrosselt. Die Cortisolausschüt-tung wird durch das oben bereits erwähnte Corticotrophin-Releasing-Hormon (CRF) gesteuert, ein sogenanntes Releasing-Hormon. Erwähnen muss man allerdings schon hier, dass sich im Fall eines *Fatigue*[29]-Syndroms nach jahrelangen Stress- und Angst-zuständen das System so erschöpfen kann, dass der Cortisolspiegel zu niedrig wird, d. h. das Immunsystem wird durch Cortisol nicht mehr gedämpft und neigt dann dazu, ständig auf hoher Flamme zu kochen.

> **Lesetipp**   !
>
> → »**Chronisches Fatigue-Syndrom: Chronisches Erschöpfungssyndrom – Systemische Belastungs-Intoleranz-Erkrankung**« (Verlagshaus der Ärzte, 2016) von Dr. med. Wolfgang A. Schuhmayer
> Das chronische Fatigue-Syndrom ist eine rätselhafte Krankheit, an der mehrere Millionen Menschen leiden. Sie wird häufig mit Burnout und Depression verwechselt. Die *Myalgische Enzephalomyelitis* deutet auf entzündliche Vorgänge im zentralen Nervensystem hin. Das Buch zeigt Diagnostik und Therapieansätze auf.

Depressive haben zunächst meist einen erhöhten Cortisolspiegel, d. h. sie haben durch die Drosselung des Abwehrsystems ein höheres Risiko, an Infektionen zu erkranken (Rama-subbu et al., 2012). Bekommen sie dann eine solche körperliche Krankheit, so verstärkt diese die depressiven Symptome im Sinne des »*sickness behaviours*« noch weiter. Das gilt auch für Patienten mit chronischen Angsterkrankungen. Angst unterdrückt die Immun-abwehr, häufige Erkrankungen sind die Folge und die ständigen Entzündungen führen zu einem höheren Risiko für kardiovaskuläre Erkrankungen (Joynt, Whellan & O'Connor, 2003), nicht zuletzt weil in einer Gefahrensituation in der freien Natur eine hohe Wahr-scheinlichkeit besteht, verletzt zu werden. Die Thrombozyten (Blutplättchen) werden unter Angst daher hochgradig agil und neigen dazu, sich zu verklumpen. Obwohl dies bei sozialem Stress keinen Sinn mehr macht, sind wir hier Opfer eines uralten biologischen Systems; chronische Angst erhöht daher das Risiko für Schlaganfälle und Herzinfarkte.

Zytokine senken den Serotoninspiegel im Gehirn

Klassische Theorien der Depression gehen von einem zu niedrigen Spiegel des Boten-stoffs Serotonin aus. Dieser Neuro-Transmitter scheint nach gültigen Theorien eine

---

29   *Fatigue-Syndrom* = Erschöpfungs- und Müdigkeitssyndrom schweren Ausmaßes.

wesentliche Rolle für emotionale Stabilität und Resilienz (Widerstandsfähigkeit) gegen Stress zu spielen. Depressionen werden mit Antidepressiva behandelt; am häufigsten handelt es sich um Medikamente, die eine Wiederaufnahme (Re-uptake) des Botenstoffs Serotonin in die ausschüttende Zelle verhindern. Hierdurch soll der Serotoninspiegel im Intrazellulärraum erhöht werden. Sie zeigen etwa bei zwei Drittel der Patienten einen positiven Einfluss auf die Stimmung, wobei ein Wirkungseintritt aber sonderbarerweise in der Regel erst nach zwei bis drei Wochen zu verzeichnen ist. Das Gehirn gewöhnt sich an die Zufuhr des Medikaments, bei Absetzen zeigen sich zum Teil erhebliche Entzugserscheinungen. Die wesentliche Frage ist hier vor allem: Warum haben Depressive einen abgesenkten Level dieses Neurotransmitters?

Serotoninmangel

Tryptophan ist eine Aminosäure, die im Körper zu Serotonin umgewandelt wird, sie kann aber vom Menschen nicht selbst hergestellt werden, so dass man auf die Aufnahme durch tryptophanreiche Nahrungsmittel angewiesen ist (z. B. in Walnüssen, Bananen, Kakao und Fleisch). Erhöhte proinflammatorische Aktivität führt zur Verminderung der Serotoninherstellung aus Tryptophan, was dann eine Reduzierung des Serotoninspiegels im ZNS zur Folge hat; man fühlt sich mies, unzufrieden, unglücklich und motivationslos und es zieht einen magisch in Richtung Bett, da die Zytokine einen Krankheitszustand signalisieren (Anderson et al., 2012; Hayley et al., 2005; Miura et al., 2008).

Aller Wahrscheinlichkeit nach ist die Absenkung des Serotoninspiegels eine der Hauptwaffen unseres Immunsystems, damit wir uns bei einer Erkrankung auch wirklich »krank« fühlen und gezwungenermaßen ins Bett legen. **Der erniedrigte Serotoninspiegel im Gehirn von Depressiven wäre damit nicht die Ursache, sondern nur eine Sekundärfolge einer Immunreaktion.** Erhöhte proinflammatorische Aktivität kann offenbar dazu führen, dass die Serotonin-Synthese verringert wird. Leider wird das betroffene Lebewesen durch mangelnde emotionale Stabilität dann erst Recht anfällig für Stressoren (Hayley et al., 2005; Miura et al., 2008).

> **!** **Wichtig**
>
> Eine der Kernbotschaften dieses Absatzes ist: **Depression kann eine Folge von chronischen Entzündungen sein,** die vor allem durch falsche Ernährungsgewohnheiten und damit verbundene Darmveränderungen entstehen. Darüber hinaus gibt es jedoch unzählige weitere körperliche und psychische Ursachen.

Man weiß aber inzwischen noch mehr darüber, wie diese Zytokine uns dazu bringen, den Arbeitstag im Krankheitsfall lieber im Bett zu verbringen: In Versuchen an Ratten konnten Wissenschaftler nachweisen, dass diese Zytokine im Gehirn den Adenosin-A2A-Rezeptor aktivieren, der sich unter anderem in beruhigenden GABA-Neuronen im Striatum des Gehirns findet. Die Stimulation dieses Gamma-Aminosäure-Buttersäure-Rezeptors macht müde und schläfrig. Die Aktivierung dieses Rezeptors führt darüber hinaus zu einer funktionellen Verminderung des Einflusses des motivations-fördernden Neuro-Transmitters Dopamin, was zu einem Rückzugsverhalten der Tiere führte (Hanff, Furst und Minor, 2010).

Depressive haben höhere Interleukin-Spiegel

Wenn die Annahme eines Zusammenhanges zwischen psychischen Störungen und der Aktivität des Immunsystems richtig ist, müssten Depressive deutlich höhere Niveaus an proinflammatorischen Zytokinen haben. Die Forschung bestätigt das:

- Viele Patienten mit affektiven Störungen zeigen tatsächlich **erhöhte Level an entzündungsfördernden Substanzen** (Kronfol, 2002; Lotrich et al., 2011). Verglichen mit psychisch Gesunden hatten in der Studie von Prossin und Kollegen (2011) Patientinnen, die unter einer Depression litten, bereits in der Eingangsuntersuchung weitaus höhere Niveaus des Interleukins IL-18.
- Häuser und Mitarbeiter (2011) fanden bei **Colitis-ulcerosa-Patienten**[30], die unter akuter Entzündung litten, heraus, dass ihre Depression umso stärker war, je schwerer ihre Entzündung im Darm ausgeprägt war. Die Forscher maßen das Ausmaß der Entzündung anhand der Interleukine IL-8 bzw. IL-1ß (r=0.47 bis r=0.51).
- In einer Studie an über 1.000 älteren Patienten stellten Baune und Co-Autoren im Jahr 2012 fest, dass **Depressionen mit einem erhöhten Level an Interleukinen IL-6 und IL-8** einhergingen.
- Brietzke et al. (2009) beschäftigten sich mit dem **Status proinflammatorischer Zytokine im Verlauf einer manisch-depressiven Erkrankung.** Die 81 Patienten unterschieden sich in Zeiten normaler Stimmung in immunologischer Hinsicht nicht signifikant von der Kontrollgruppe von 25 psychisch Gesunden. Sowohl in den Spitzen der Phasen der Manie wie auch der Depression stiegen die Entzündungsfaktoren IL-2, IL-4 und IL-6 stark an. Es gab einen direkten Zusammenhang von Entzündung und Depression.
- In einer Studie von Fagundes und Mitarbeitern (2012) zeigten depressive Patienten unter Stress einen deutlich höheren Level des proinflammatorischen Interleukins-6 als Gesunde. Die Autoren halten das IL-6-Niveau sogar für einen zuverlässigen Prädiktor für Lebensqualität, Erkrankungswahrscheinlichkeit und frühe Sterblichkeit.
- Eine Meta-Analyse von 12 Studien über Patienten mit psychischen Störungen durch Gray und Bloch (2012) fand, konform mit den Vermutungen, ein erhöhtes Niveau des Tumornekrosefaktors TNF bei Patienten mit comorbider Depression.

Ernährung und Depression

Ernährung kann sich positiv auf entzündliche Prozesse auswirken (Sengül & Kasten, 2009). Laut Siriwardhana und Co-Autoren (2012) haben mehrfach ungesättigte

---

30   Colitis ulcerosa ist eine chronisch-entzündliche Darmerkrankung.

N-3-Fettsäuren (n-3-PUFA) mehrere gesundheitliche Vorteile (z. B. bei Bluthochdruck und anderen Herz-Kreislauf-Erkrankungen, Prävention von Krebs, vorzeitiger Hautalterung und Arthritis). Außerdem haben sie antidepressive Wirkungen. Die n-3 PUFAs haben antioxidative Wirkungen und wirken durch proinflammatorische Antagonisierung der Prostaglandine (PGEs). Aufgrund dieser Reaktion wirken sie sogar entzündungshemmend auf die Aktivierung des Kernfaktors KB, der ein proinflammatorisches Cytokin induziert (z. B. Interleukin-6 oder Tumornekrosefaktor-α). Deacon et al. (2017) haben die Ätiologie und Pathophysiologie von Depressionen untersucht und die Rolle solcher mehrfach ungesättigten Omega-3-Fettsäuren (n-3-PUFA) getestet. Diese Autoren wiesen darauf hin, dass Fettsäuren nicht nur in der Kindheit für die Entwicklung und das Funktionieren des zentralen Nervensystems entscheidend sind. Zunehmende Erkenntnisse aus epidemiologischen, Labor- und randomisierten, placebokontrollierten Studien legen nahe, dass der Mangel an n-3-PUFAs in der Nahrung zur Entwicklung von Stimmungsstörungen beitragen kann, und eine Ergänzung mit n-3-PUFAs kann eine neue Behandlungsoption darstellen (Sengül & Kasten, 2009).

Mantzorou et al. (2018) fanden in einer Untersuchung von mehr als 2.000 älteren Menschen heraus, dass eine hohe Prävalenz von Unterernährung direkt mit kognitiven Beeinträchtigungen und Depressionen verbunden war. Opie und Co-Autoren (2017) gaben auf der Grundlage der veröffentlichten Erkenntnisse wichtige Empfehlungen zur Verhütung von Depressionen durch bessere Ernährung. Diese bestehen aus: (1) »traditionelle« Ernährungsgewohnheiten wie der mediterranen, norwegischen oder japanischen Diät; (2) den Verbrauch von Obst, Gemüse, Hülsenfrüchten, Vollkorngetreide, Nüssen und Samen erhöhen; (3) einen hohen Verbrauch an Nahrungsmitteln, die an mehrfach ungesättigten Omega-3-Fettsäuren reich sind; (4) ungesunde Lebensmittel durch gesunde, nahrhafte Lebensmittel ersetzen; (5) die Aufnahme von verarbeiteten Lebensmitteln, »Fast Food«, gewerblichen Backwaren und Süßigkeiten begrenzen.

Beweise legen nahe, dass eine Kombination gesunder Ernährungspraktiken das Risiko einer Depression reduzieren kann. Daten unterstützen die Rolle des Fettsäurestatus bei der Depressionanfälligkeit und weisen auf die oben erwähnte Rolle von Omega-3-Fettsäuren bei der Prävention von entzündungsbedingter Depression hin (Lotrich et al., 2013). Omega-3-Fettsäuren sind im Laufe des Lebens mit gesundem Altern verbunden. Die Omega-3-Fettsäuren Eicosapentaensäure (EPA) und Docosahexaensäure (DHA) wurden z. B. mit fötaler Entwicklung, kardiovaskulärer Funktion und Alzheimer-Krankheit in Verbindung gesetzt (Swanson et al., 2012; Che et al., 2018). Bei medikamentenfreien Patienten, die an einer schweren Depression leiden, fanden Ter Horst und Co-Autoren (2018) signifikante Unterschiede zwischen Patienten und Kontrollen im Verhältnis zu ihren Fettsäuren. Da Omega-3-Fettsäuren beim Menschen nicht effizient synthetisiert werden, ist es notwendig, ausreichende Mengen durch Ernährung zu erhalten.

Omega 3 (früher Vitamin F genannt) ist eine Untergruppe der ungesättigten Omega-n-Fettsäuren. Sie sind in Algen und Pflanzen enthalten. Fische nehmen die meisten Fettsäuren EPA und DHA über Algenfutter auf, können sie aber auch selbst synthetisieren. Omega-3-Fettsäuren sind in verschiedenen Pflanzenölen enthalten, z. B. Chiaöl (60 %), Leinöl (60-70 %), Perillaöl (60 %), Rapsöl (10 %), Sojabohnenöl (8 %), Walnussöl (13 %) und in Fischen, z. B. in Atlantiklachs (1,8 %), Sardine (1,4 %), Hering (1,2 %), Makrele (1,0 %). Gemäß dem Artikel von Harris (2007) wird eine tägliche Aufnahme zwischen 100 mg und 600 mg von 250 mg EPA und/oder DHA pro Tag empfohlen.

Koopman und El Aidy (2017) fanden heraus, dass mehrere neurobiologische Veränderungen mit der Entwicklung von Depressionen in Zusammenhang stehen. Sie schlugen vor, dass eine ausgewogene mikrobielle Gemeinschaft, die durch die Ernährung moduliert wird, ein Schlüsselregulator der Wirtsphysiologie ist. Laut diesen Autoren scheint es gut zu sein, dass Darmbakterien eine Rolle bei Depressionen spielen. Kelly et al. (2016) gehen davon aus, dass Depressionen mit einem Rückgang der Darmflora in Zusammenhang gebracht werden. Sie transplantierten Mikrobiota von depressiven Patienten auf Ratten, die an Mikrobiota leiden, und bewiesen, dass dies zu typischen Depressionssymptomen bei den Tieren führt, einschließlich Anhedonien und angstähnlichem Verhalten. Wong und Co-Autoren (2018) konzentrierten sich auf die aktuelle Literatur über vegane Diäten und ihre Auswirkung auf die Darmflora und berichteten über die Vorteile einer veganen Ernährung für die Darmflora. Cannon (2015) zitierte eine Geschichte von einem Mann namens Tom Spector, der zehn Tage lang ausschließlich »Fast Food« aß. Die Analyse ergab, dass seine mikrobielle Darmökologie infolge einer massiven Schädigung weitgehend zerstört worden war, mit einem massiven Verlust an Schutzbakterien. Cannon warnte, dass »Junk Food« sowie die Einnahme von Antibiotika einen negativen Einfluss auf die Mikrobiota haben und diese dann auch die Stimmung der Menschen beeinflussen.

Die Feststellung, dass einige Arten von psychischen Erkrankungen von Ernährungsdefiziten abhängen, legt andererseits nahe, dass eine positive Stimmung verbessert werden kann, wenn bestimmte Nahrungsmittel konsumiert werden, die reich an den oben genannten Nährstoffen sind (Sengül & Kasten, 2009). Essentielle Fettsäuren waren die wirksamsten Stimmungsverstärker, gefolgt von Kohlenhydraten und Proteinen. Riachi (2016) fand heraus, dass ein Frühstück, das aus Walnüssen, Pistazien, Oliven, Avocados und Früchten bestand, eine gute Grundlage für einen glücklichen Tag ist, während eiweißreiche Mahlzeiten (Eier, Milchprodukte, Schweinefleisch usw.) nicht zu einer erhöhten Stimmung führen.

Wie in den oben genannten Studien gezeigt, kann die Ernährung unsere Emotionen beeinflussen (Wallin & Rissanen, 1994). Viele affektive Störungen weisen starke Korrelationen mit Essstörungen auf, beispielsweise bei Patienten, die an Magersucht leiden (Gero, 1952; Davison & Neale, 1998). Patienten, die an saisonalen affektiven Störungen leiden, haben oft einen starken Hunger nach Süßigkeiten (Berman et al., 1993). Funktionsstörungen des serotonergen Systems können zu verschiedenen Essstörungen führen, wie z. B. Binge Eating oder Anorexia nervosa. Das serotonerge System stimuliert den Hypothalamus und sendet Signale, um den Hunger bei Sättigungsgefühl zu hemmen (Beutler et al., 2017). Wenn der Serotoninmangel im Zentralnervensystem unzureichend ist, erreichen diese Signale den Hypothalamus nicht, was zu anhaltendem Essverhalten führt und in Fettleibigkeit enden kann. Eine Depression kann, wie bereits oben gesagt, durch unzureichendes Tryptophan induziert werden, das im Körper in Serotonin umgewandelt wird (Kaluzna-Czaplinska et al., 2017). Ananas, Tofu und Nüsse sind reich an Tryptophan. Da eine psychische Störung durch dysfunktionale Essgewohnheiten hervorgerufen werden kann, können Informationen über das Essverhalten eines Patienten helfen, eine maßgeschneiderte Behandlung für psychische Störungen zu entwickeln (Wallin & Rissanen, 1994).

Mehrere Studien fanden heraus, dass hohe EPA- und DHA-Konzentrationen mit positiveren Gefühlen korrelieren und Depressionen vorbeugen (siehe z. B. Freeman et al., 2006; Ferrucci et al., 2006; Hibbeln 2002; Nemets et al., 2006; Robles. et al., 2005; Smuts et al., 2003; Sublette et al., 2006; Sengül & Kasten, 2009). In einer zweiwöchigen Studie von Beezhold (2012) berichteten Veganer die beste Stimmung, gefolgt von Pescatarians (die Fisch und Eier, aber kein Fleisch verzehren) und schließlich Omnivoren (»Allesfresser«). Wie oben erwähnt, müssen Omega-2-Fettsäuren nicht aus Fisch gewonnen werden, da sie in vielen pflanzlichen Lebensmitteln vorkommen, z. B. in den Algen, von denen sich Fische ernähren.

In einer anderen Studie untersuchte Beezhold (2010) 138 gesunde Männer und Frauen mit unterschiedlichen Ernährungsstilen. Eine vegetarische Ernährung wurde im Gegensatz zu Omnivoren mit erhöhten Stimmungszuständen in Verbindung gebracht. Untersucht wurde dies z. B. mit Tests, die subjektive Stressniveaus untersuchten, z. B. mit dem POMS (Profile of Mood States), einem standardisierten validierten psychologischen Test von McNair et al. (1971). Der Fragebogen enthält 65 Wörter/Aussagen, die subjektive Gefühle beschreiben. Für den Test muss der Teilnehmer für jedes Wort oder jede Aussage angeben, wie oft er/sie das Gefühl in der vergangenen Woche einschließlich des Testtages erlebt hat. Die Ergebnisse der psychologischen Tests waren positiv mit Omega-3-Fettsäuren korreliert, was mit pflanzlichen Diäten in Einklang steht.

Die meisten der gegenwärtigen psychologischen Studien haben sich auf die Auswirkungen der Ernährung auf die Stimmung konzentriert, vernachlässigten jedoch häufig die Unterschiede zwischen veganen, vegetarischen und Omnivoren, d. h. »Allesfresser«-Essgewohnheiten (z. B. Clarys et al., 2014). Zum Beispiel werden vegane und vegetarische Teilnehmer häufig in eine Gruppe eingeschlossen, weil sie den Fleischkonsum vermeiden (z. B. Piccoli et al., 2015; Attini, 2016). Omnivoren und Vegetarier verzehren jedoch tierisches Protein (z. B. in Milchprodukten). Laut Matta und Co-Autoren

(2018) ist der Zusammenhang zwischen depressiven Symptomen und vegetarischer Ernährung umstritten. In ihrer Studie wurde der Zusammenhang zwischen depressiven Symptomen und vegetarischer Ernährung untersucht. Unter 90.380 Probanden wurden depressive Symptome durch einen Score von ≥19 auf einer Depressions-Skala (CES-D) des Zentrums für epidemiologische Studien definiert. Die Ernährungstypen (Allesfresser, Pesco-Vegetarier, Lacto-Ovo-Vegetarier und Veganer) wurden anhand eines Fragebogens zur Häufigkeit von Nahrungsmitteln bestimmt. Die Zusammenhänge zwischen depressiven Symptomen und Ernährung wurden durch logistische Regressionen unter Berücksichtigung der soziodemografischen Merkmale, anderer Nahrungsmittel, des Alkohol- und Tabakkonsums, der körperlichen Aktivität und der gesundheitlichen Bedenken abgeschätzt. Spezifitätsanalysen berücksichtigten den Ausschluss jeder anderen Lebensmittelgruppe. Depressive Symptome wurden mit pesko-vegetarischen und lakto-ovo-vegetarischen Diäten in multivariablen Analysen (Odds Ratio: 1,43 bzw. 1,36) assoziiert, insbesondere bei niedriger Leguminosen-Aufnahme (p für Interaktion <0,0001) sowie mit dem Ausschluss jeglicher Lebensmittelgruppen (z. B. 1.37, 1.40, 1.71 für Ausschluss von Fleisch, Fisch und Gemüse). Unabhängig von der Art der Nahrung erhöhte sich die Quote der depressiven Symptome mit der Anzahl der ausgeschlossenen Lebensmittelgruppen allmählich (p <0,0001). In der Studie wurden depressive Symptome mit dem Ausschluss ausgewählter Gruppen von Nahrungsmitteln in Verbindung gebracht, darunter insbesondere tierische Produkte.

Angst und Zytokine

Depressionen gehen häufig mit Angstzuständen einher. Hoge und Co-Autoren publizierten 2009 eine Studie über den immunologischen Status von 48 Patienten mit Panikstörungen und posttraumatischer Belastungsstörung. Gemessen wurde unter anderem das Niveau von IL-1-Alpha, IL-1-Beta, IL-6, IL-8 und IFN-Alpha. 87 % der Angstpatienten, aber nur 25 % der parallelisierten mental gesunden Kontrollgruppe zeigten eine Erhöhung von mindestens sechs proinflammatorischen Zytokinen. Die Autoren schließen daraus, dass **auch bei Angstpatienten eine generalisierte, allgemeine Entzündungsreaktion** zu finden ist.

Gesundheitsverhalten wirkt positiv

Die Sachlage ist aber nicht so einfach wie sie auf den ersten Blick scheint. 2011 war in einer anderen Studie zwar gleichfalls festgestellt worden, dass depressive Symptome bei Patienten mit koronaren Herzinfarkten mit erhöhten Interleukinwerten IL-6 einhergingen. Aus der Stärke der Entzündung ließ sich das Ausmaß der Depression jedoch nicht vorhersagen. Außerdem verlor die Verbindung zwischen dem Ausmaß der emotionalen Störung und der Inflammation ihre statistische Signifikanz, nachdem man die Daten nach Gesundheitsverhalten der Teilnehmer (Inaktivität, Rauchen, Übergewicht) adjustiert hatte. Diese Autoren schlussfolgerten, dass das **Gesundheitsverhalten** einen Mediator darstellt (Duivis et al., 2011).

> **! Wichtig**
>
> Gerade diese letzte Botschaft macht Mut: Menschen sind ihren depressiven Reaktionen aufgrund von chronischen Entzündungen nicht einfach ausgeliefert. **Das Gesundheitsverhalten hat einen Einfluss auf die Schwere der Reaktion.** Lesen Sie dazu Kapitel 4.3, in dem wir Ernährungsformen vorstellen, die beispielsweise die postprandialen Entzündungsreaktionen absenken können.

Positiver Stress wirkt immunsystemstärkend

Seit Aufkommen der Psychosomatik ist Stress ein Erklärungsmodell für viele Erkrankungen im Übergangsfeld von Körper und Seele. Erste Daten belegten, dass Stress eine Unterdrückung des Immunsystems zur Folge hat; wenn man in einer Natur, in der es ums Fressen oder Gefressenwerden geht, gerade um sein Leben kämpfen muss, ist die Immunreaktion erst einmal zweitrangig. Bei ständigem Stress hat man dadurch aber eine höhere Wahrscheinlichkeit krank zu werden, da der Körper ständig gezwungen wird, die Abwehrreaktion hintenan zu stellen.

Diese Annahme war jedoch zu einfach, denn **bestimmte Stressarten führen zu einer Verbesserung der Immunantwort**. Weitere Theorien unterschieden dann zunächst den angenehmen Eustress, der das Immunsystem aktiviert, vom belastenden Distress, der immunsuppressive Wirkung hat. Forschungen der 1980er-Jahre bezogen auch Autoimmunerkrankungen mit ein, wonach es in Ruhe-Situationen nach einer belastenden Stress-Situation zum »cholinergen Gegenschlag« kommt, in dem das Immunsystem nach der Suppression dann wie eine zusammengedrückte und losgelassene Spiralfeder übermäßig stark reagierte, was dementsprechend psychosomatisch bedingte allergische Erkrankungen unterstützt.

Das System kippt, wenn körperliche Erkrankungen hinzukommen

Die klinische Erfahrung lehrt, dass Menschen erhebliche berufliche und private Belastungssituationen über Jahre und Jahrzehnte hinweg wegstecken können, ohne depressiv zu werden. Typischerweise erkranken sie dann an einer beliebigen körperlichen Störung und kommen danach nicht mehr »auf die Füße«. Stress alleine reicht also nicht, erst in der Addition mit einer körperlichen Störung entgleist dann das System nach dem Prinzip umfallender Dominosteine.

Davis und Mitarbeiter (2008) fanden signifikante Korrelationen von Depression und Interleukin IL-6 bei Patienten mit rheumatoider Arthritis nur, wenn zwischenmenschlicher Streit hinzukam. Stress alleine kann also offenbar bestimmte proinflammatorische Zytokine aktivieren und zu einem dezenten »*sickness behaviour*« führen, das von dem betroffenen Lebewesen aber vermutlich noch lange Zeit kompensiert werden kann. Oft kippt das System möglicherweise erst, wenn zusätzlich noch eine echte Entzündung hinzukommt oder wenn dieser instabile Zustand einfach zu lange dauert.

4.4.3   Stress und Zuckerkrankheit

In Zuständen, die als gefährlich eingestuft werden, aktiviert der Körper Stresshormone wie z. B. das oben bereits mehrfach erwähnte Cortisol, das unter anderem zur Glukoneogenese führt, d. h. zur Bereitstellung von erhöhtem Blutzucker, um der Kampf-oder-Flucht-Situation gewachsen zu sein. Patienten mit Ängsten und Depressionen leben aber in einem ständigen Stresszustand; es wundert daher nicht, dass der Blutzuckerhaushalt langfristig entgleisen kann. In ihrer Studie weisen Chen et al. (2010) darauf hin, dass affektive Störungen insbesondere in den symptomatischen Phasen oft mit Insulin-Resistenz (also Diabetes Typ 2) verbunden sind und die Patienten entsprechend einen erhöhten Glukose-Level im Blut zeigen, d. h. überschüssige Glukose wird nicht als Fett gespeichert.

Heilung der Depression durch Heilung der Entzündungsreaktion
Wenn Depression eine Folge von Entzündungen ist, dann sollte eine Beseitigung der körperlichen Erkrankung die depressive Symptomatik mindern. Dies scheint tatsächlich der Fall zu sein.

- Fehér und Co-Autoren (2011) weisen darauf hin, dass eine zunehmende Anzahl von Studien nachweisen konnte, dass z. B. die medizinische Behandlung gastro-intestinaler Erkrankungen mit Antibiotika, Vitamin-B und -D oder Omega-3-Fettsäuren die depressiven Symptome verringerten und die Lebensqualität erhöhten. **Allerdings sei darauf verwiesen, dass Antibiotika mittelfristig eine dauerhafte Mikrobiom-Schädigung verursachen und damit das Immunsystem dauerhaft schwächen. Es braucht nach jeder Antibiose eine probiotische Rehabilitierung des Mikrobioms sowie eine Kontrolle auf antibiotikumbedingtem Pilzbefall.**

- Kicolt-Glaser und Co-Autoren konnten 2011 in einer doppelblinden, Placebo-kontrollierten Studie an Medizinstudenten im Vergleich einer stressarmen Phase mit einer Phase kurz vor dem Examen zeigen, dass die **Gabe zusätzlicher Omega-3-Fettsäuren** sowohl das Niveau der proinflammatorischen Zytokine (IL-6 und TNF, -14 %) wie auch **Angstgefühle** (-20 %) **absenken** konnte.

- Koo und Duman (2009) stellten in ihrem Übersichtartikel dar, dass langfristig auch über Interleukin-Rezeptor-Antagonisten wie z. B. IL-1Ra, welche die Wirkung der proinflammatorischen Zytokine blockieren, eine Verminderung des *sickness-behaviour* möglich werden könnte. Nach Gabe von anti-inflammatorischen Zytokinen (z. B. MSH-α, Indomethacin, IL-10) bildete sich zumindest im Tierversuch dieses krankheitstypische Rückzugsverhalten auch tatsächlich wieder zurück (Bluthe et al., 1999; Schiml-Webb, 2006; Hennessy et al., 2007).

- In der Rheuma-Therapie werden bereits TNF-Alpha-hemmende Medikamente eingesetzt. Über den Einsatz bei depressiven Erkrankungen gibt es hier bislang jedoch noch keine Studien.

Fazit

Die einseitige Rückführung von Depression auf psychische Ursachen und die Serotoninmangel-Hypothese greifen oft zu kurz und erklären depressive und Erschöpfungssymptome nicht immer. Die Verbindung mit chronischen-niedrigschwelligen Entzündungen im Körper, insbesondere durch Ernährung und dem modernen Lebensstil, ist wichtig und die Diagnostik muss zwingend über das aktuell von Krankenkassen abgedeckte Spektrum hinausgehen. Die nationale Katastrophe eines stetig steigenden Krankheitsaufkommens von psychischen Erkrankungen kann nur durch neue diagnostische und therapeutische Wege gelöst werden. Bislang sind Arbeitgeber die Leidtragenden, die das Versagen des Gesundheitssystems kostenmäßig auffangen müssen. Die wirtschaftlichen Schäden für die Unternehmen sind enorm und die einseitige Schuldzuweisung mit dem Verweis auf erhöhten Arbeitsstress ist unangemessen und falsch.

4.5   Körperliche Ursachen von psychischen Erkrankungen

Prof. Dr. Erich Kasten listet in seinem Buch »*Somatopsychologie*« körperliche Ursachen für psychische Symptome auf. Viele Studien und Publikationen der letzten Jahre stützen seine Hypothese, dass die Mehrzahl psychischer »Erkrankungen« (besser: Symptomlagen) eine körperliche Differenzialdiagnose haben. Im Folgenden stelle ich in Auszügen die Auflistung von Erich Kasten zum Bereich »Erschöpfung und Depression« vor und ergänze sie um weitere Zusammenhänge. Dabei fokussiere ich häufigere Ursachen und solche, die in der Standarddiagnostik meist übersehen werden:

- **Adrenal Fatigue bzw. Nebenniereninsuffizienz**
  Die adrenale *Fatigue* ist eine Nebennierenunterfunktion, die durch chronischen beruflichen, privaten, krankheitsbedingten oder lebensstilbedingten Stress ausgelöst wird. Die Nebennieren produzieren vermehrt Adrenalin und Cortisol, dafür aber weniger DHES und Testosteron. Nach mehrjährigem chronischem Stress bricht das System zusammen und die Produktion der Nebenniere kommt zum Erliegen, bei voller *Burnoutsymptomatik*.
  Literatur: → »**Nebennierenunterfunktion**« (Zuckschwerdt Verlag, 2010) von Dr. med. Joachim Strienz.
- **Hashimoto-Thyroiditis**
  Hashimoto-Thyroiditis ist eine Autoimmunerkrankung mit chronischer Schilddrüsenentzündung. Anfänglich liegen Symptome einer Schilddrüsenüberfunktion vor, danach tritt eine Unterfunktion ein. Die Schilddrüse wird schleichend zerstört. Hashimoto wird bei aktueller Standarddiagnostik mit THS und T4-Labor übersehen. Auch die einmalige Messung des TPO-Antikörpers ist nicht ausreichend, da die Werte von Messung zu Messung variieren. Für eine genaue Diagnostik sollte des TPO-Antikörpers etwa vier Mal mit Abstand von einer Woche gemessen werden.

!

Lesetipp

→ »**Schilddrüsenunterfunktion und Hashimoto anders behandeln**« (VAK Verlag, 2016) von Dr. med. Datis Kharrazian
Der Endokrinologie unterscheidet 22 verschiedene Typen von Schilddrüsenunterfunktionen und zeigt typische Fehldiagnosen und falsche Therapieansätze, die zu Gesundheitsschäden führen. So führt die in Deutschland übliche Standardtherapie mit L-Tyroxin bei mehreren Unterfunktionstypen zu einer Verschlimmerung der Krankheit.

- **Histamin-Intoleranz**
  Es handelt sich um eine Unverträglichkeit von Histamin, das in bakteriell fermentierten Lebensmitteln enthalten ist, wie Räucherfleisch und -fisch, reifem Käse, Sauerkraut, Hefe und Bier. Es fehlt das Enzym Diaminoxidase. Neben dem Erschöpfungsgefühl sind Magenstechen, Hautrötungen, Herzrasen und Herzrhythmusstörungen, Kopfschmerzen und Atembeschwerden symptomatisch.

- **Schilddrüsenunterfunktion**
  Es handelt sich um eine zu geringe Wirkung des T3-Schilddrüsenhormons an den Zielzellen. Diese Definition ist wichtig, weil es Unterfunktionen gibt, die trotz einer gesunden Schilddrüse entstehen. Laut Dr. med. Datis Kharrazian sind bei der Konversionstörung – dabei ist die Umwandlung des Transporthormons T4 in das bioaktive T3 gestört – und bei der Schilddrüsenhormonresistenz – hier wird das T3 von den Zielzellen nicht akzeptiert – die Schilddrüsen intakt. Mittels der eingeschränkten in Deutschland üblichen Diagnostik von TSH und T4 lassen sich diese Unterfunktionstypen nicht entdecken und es steht zu vermuten, dass ein größerer Teil von Depressionen und Erschöpfungssymptomen auf solche unentdeckten Schilddrüsenunterfunktionen zurückgehen.

- **Östrogendominanzsyndrom**
  Bei der Östrogendominanz tritt relativ zum Progesteron-Hormon zuviel Östrogen auf. Die Ursachen sind die *Antibabypille*, Lebensphasen (Pubertät, Schwangerschaft, Wechseljahre), Insulinresistenz, *Übergewicht*, *chronischer Stress*, Rauchen und übermäßiger Alkoholkonsum, *Vitaminmängel* (B6, B12, C, E, Selen, Magnesium), Östrogenrückstände in konventionellem Fleisch.
  Literatur: → »**Östrogen-Dominanz: Die wahre Ursache für PMS und Wechseljahresbeschwerden**« (emv Verlag, 2016) von Eva Marbach

- **Prämenstruelles Syndrom**
  Hormonell bedingte Veränderungen kurz vor der Menstruation mit Erschöpfungs- und depressiven Symptomen sowie starken Schmerzen. Geht hauptsächlich auf die Östrogendominanz zurück, kann aber auch mit einem nichtanämischen Eisenmangel verwechselt werden.

- **Zu viel Kalzium**
  Kalzium ist ein wichtiges Mineral für Nerven, Herz, Muskulatur und Knochen. Zu viel Kalzium kann durch einen zu hohen Parathormonspiegel entstehen, weitere

Ursachen sind gutartige Adenome an der Nebenschilddrüse, Knochenkrebs, Medikamente (*Lithium, Blutdrucksenkende Diuretika*, zuviel Vitamin A und D).

- **Borreliose**
  Die Lyme-Borreliose wird durch Zecken, Mücken und Bremsen übertragen. Etwa 10 % aller Borreliose-Infektionen (auch ohne charakteristische Wanderröte) bleiben als chronische Neuroborreliose bestehen. Auch bei scheinbar erfolgreicher Behandlung nach den schulmedizinischen Leitlinien kommt es zu Spätfolgen mit chronischen Kopfschmerzen, ständiger Müdigkeit, Fieberschüben und Nackensteife, Konzentrationsproblemen, schnelle Erschöpfbarkeit und Depressivität. Bei Verdacht sollte ein auf Borreliose spezialisierter Naturheilkundearzt aufgesucht werden. Linktipp: www.borreliose-gesellschaft.de

- **Halswirbelsyndron (HWS-Syndrom)**
  Erstmals von Dr. med. Bodo Kuklinski beschrieben ist das HWS-Syndrom eine mögliche Ursache für schwere Erschöpfungssymptome bis hin zur Fehldiagnose Multiple Sklerose. Durch minimale Verschiebungen eines Halswirbels kommt es zu einer lokalen Entzündung im Rückenmarkskanal und damit zu einer schwellungsbedingten Verengung des Kanals. Es treten charakteristisch meist einseitige nervliche Störungen wie Kribbeln, Taubheit, Einschlafen von Hand oder Fuss meist gegen Nachmittag auf. Die Tagesrhythmik erklärt sich durch die nachlassende Entzündungshemmung durch das Cortisolhormon. Bei Orthopäden ist dieses Syndrom nicht bekannt und auch Osteopathen kennen den Stoffwechselbezug nicht. Kuklinski beschreibt in seinem Buch, dass es zu erhöhtem nitrosativem Stressgeschehen kommt. Die Erhöhung des Stickstoffmonoxydgehaltes im Blut beschädigt die Mitochondrientätigkeit in den Körperzellen. Es kommt zu Abgeschlagenheit, Energiearmut, Erschöpfung und Schmerzen. Ursachen sind Schleudertraumata, Stürze auf das Steißbein, falsche Sitzhaltung bei Bürotätigkeiten oder ungünstige Arbeitshaltungen sowie falsche Schlafhaltungen oder ungeeignete Kopfkissen. Therapieansätze sind eine Korrektur der Fehlstellung durch Osteopathen und eine gleichzeitige orthomolekulare Behandlung der nitrosativen Stressgeschehens.
  Quelle und Literatur: → »**Das HWS-Syndrom**« (Aurum Verlag, 2018) von Dr. med. Bodo Kuklinski

- **Perniziöse Anämie bzw. Vitamin-B12-Mangel**
  Es handelt sich um eine Blutarmut mit stark vergrößerten roten Blutkörperchen infolge eines Vitamin-B12-Mangels. Die Ursachen sind:
  - mehrmonatige Einnahme von Magensäureblockern (Omeprazol, Pantoprazol, Esomeprazol)
  - die Einnahme der Antibabypille
  - vegan-vegetarische Ernährung
  - genetischer Intrinsic-Factor-Mangel (ca. 1 %)
  - chronisch entzündliche Darmerkrankungen (Morbus Crohn, Reizdarm, Colitis ulcerosa, Sickerdarm-Syndrom)
  - Wurmbefall im Darm

- Alkoholismus
- Alter

Die Symptome reichen von Müdigkeit, Erschöpfung, Muskelschmerzen bis hin zu ernsten kognitiven Leistungseinschränkungen, Lern- und Merkfähigkeitsstörungen mit Demenzcharakter. Eine Studie der AOK von 2015 belegt einen Zusammenhang zwischen einer mehrjährigen Einnahme von Magensäureblockern und der um 44 % erhöhten Wahrscheinlichkeit einer Demenzentwicklung (Gomm et al., 2016). Trotz unstrittiger Genese des Mangelsyndroms wird es fast immer übersehen. Die Labordiagnostik über die Serumbestimmung ist nicht sensitiv, d. h. die Krankheit wird nicht entdeckt. Die notwendigen Laborbestimmungen von Holo-Transcobalamin (HTC im Vollblut) und Methylmalonsäure (MMA im Urin) sind Selbstzahlerleistungen. Die Krankheit lässt sich durch Injektionen von **Hydroxocobalamin** oder **Methylcobalamin** innerhalb weniger Tage heilen, sofern keine irreversiblen Nervenschädigungen eingetreten sind. Das meistverkaufte Cyanocobalamin ist nahezu unwirksam, da es nur eine geringe Bioverfügbarkeit aufweist. Die teuren oralen Präparate sind ebenfalls meist unwirksam, weil es sich häufig nicht um eine Unterversorgung, sondern eine Aufnahmestörung des Darms handelt.
Quelle und Linktipp: www.vitaminb12.de

- **Schlaf-Apnoe**
Die Krankheit ist eine zeitweise Blockierung der Luftröhre durch eine zurücksinkende Zunge. Selten sind anatomische Fehlbildungen die Ursache, häufig dagegen eine Verfettung der Zunge. Die Krankheit führt zu Atemaussetzern von 30 bis 120 Sekunden in der Nacht, begleitet durch starkes Schnarchen und schreckhaftes Aufwachen. Betroffen sind meist übergewichtige Männer und Frauen sowie Menschen, die Schlaf- und Beruhigungsmittel sowie Antihistaminika einnehmen oder zuviel Alkohol trinken. Die Krankheit ist äußerst ernst zu nehmen, da es zu signifikantem Sauerstoffmangel und tagsüber zu Sekundenschlaf (etwa beim Autofahren) kommt. Diagnostik über ein Schlaflabor. Therapie: CPAP-Atemmasken und Operationen sind nur im schlimmsten Fall anzuwenden. Gut wirksam ist eine Reduktion des Übergewichts und die Beendigung der Einnahme von Medikamenten (unter ärztlicher Aufsicht) sowie Alkoholabstinenz.

- **Restless-legs-Syndrom**
Diese neurologische Störung führt zu ruhelos zuckenden Beinen und Armen in der Nacht. Ursächlich könnte eine Störung des Dopaminstoffwechsels sein. Es wird jedoch vermutet, dass auch ein starker Eisenmangel schuld sein könnte. Neben Schlafstörungen, Kopfschmerzen und Albträumen kommt es zu Antriebslosigkeit, Erschöpfung und Depression.

- **Schwermetallvergiftungen (Quecksilber)**
Quecksilber tritt bei Zimmertemperatur als hochgiftiger Dampf auf. Es ist in Amalgamfüllungen der Zähne enthalten. Bei chronischen Quecksilbervergiftungen tritt ein metallischer Geschmack im Mund auf. Symptome sind Schwäche, Schwindel,

Haarausfall, Schmerzen, erhöhte Infektanfälligkeit, Antriebslosigkeit, Depression, Reizbarkeit und Gedächtnisstörungen. Ursachen können neben Kontakt mit freiem Quecksilber (eher selten), Amalgam in Zahnfüllungen und bestimmte Fischsorten sein (Aal, Stör, Rotbarsch, Schwertfisch, Heilbutt, Hecht, Thunfisch).[31]

* **Nichtanämischer Eisenmangel**
Der nichtanämische Eisenmangel dürfte die bedeutendste Ursache für depressive Stimmungslagen, Erschöpfungssymptomatik, Leistungsschwäche, Kopfschmerzen und mentruellen Beschwerden bei Frauen sein. Er hat damit umfassende Bedeutung für das betriebliche Gesundheitsmanagement. Während schulmedizinische Ärzte einen Eisenmangel erst mit Anämieanzeichen anerkennen und der von gesetzlichen Krankenkassen übernommene Labortest Hämoglobin nicht sensitiv ist, behandeln naturheilkundliche Ärzte den Eisenmangel ohne Anämie bereits ab einem Ferritin-Laborwert unter 50 ng/ml. Ferritin ist das Speichereisen. Der Laborwert ist hochsensitiv und wird regulär bei Schwangeren zur Entdeckung eines Eisenmangels eingesetzt. Neben vegan-vegetarischer Ernährung ist die Antibabypille die wichtigste Ursache des Eisenmangels, da sie die Eisenaufnahme im Darm stört. Damit sind junge Mädchen, deren Periode gerade eingesetzt hat, die die Pille nehmen und womöglich noch vegetarisch leben eine Hochrisikogruppe.

!

Lesetipp

→ »**Eisenmangel**« (Verlagshaus der Ärzte, 2014) von Prof. Dr. Michaela Döll und Margit Weichselbraun

Dieses Buch befasst sich mit dem weltweit häufigsten Nährstoffmangel, der auch in der westlichen Welt große Bedeutung hat. Von Eisenmangel sind etwa 15 % der mitteleuropäischen Männer und fast 60 % der mitteleuropäischen Frauen betroffen. Da Eisen für viele Körperfunktionen unverzichtbar ist, kann sich eine unzureichende Versorgung zu ernsten gesundheitlichen Problemen auswachsen. Doch viele und relativ unspezifische Anzeichen wie Konzentrationsstörungen, allgemeiner Leistungsabfall, trockene Haut, Haarausfall oder Einriss an den Mundwinkeln werden in der Regel nicht ernst genommen.

* **Gluten-, ATI- und Lektinunverträglichkeit**
Während die Zöliakie, die hochallergische Reaktion auf Gluten, ein anerkanntes und seltenes Krankheitsbild ist, stellt sich zunehmend heraus, dass es auch andere getreidebezogene Krankheitsbilder gibt, etwa die einfache Glutenunverträglichkeit ohne Allergie oder die Lektin- und Amylase-Trypsin-Inhibitoren-Unververträglichkeit. Unter dem sperrigen Namen Nicht-Zöliakie-Nicht-Weizenallergie-Weizenunverträglichkeit finden betroffene Menschen ein diagnostisches Zuhause. Der Nachweis gelingt im Moment nur durch Ausschlussdiagnostik.

---

31 https://mobil.bfr.bund.de/de/presse/presseinformationen/1999/07/bgvv_empfiehlt_waehrend_der_ schwangerschaft_und_stillzeit_den_verzehr_bestimmter_fischarten_einzuschraenken-866.html

- **Amylase-Trypsin-Inhibitoren (ATI)**
Dieser Stoff ist ein Protein der Aleuronschicht. ATI ist ein Schutzstoff der Pflanze gegen Fressfeinde. Man könnte ihn auch ein natürliches Insektizid nennen. ATI löst Entzündungsreaktionen im Darm aus. Sie sind damit eine Ursache von chronisch-entzündlichen Darmerkrankungen, wie Reizdarm oder Morbus Crohn. ATI sind beispielsweise in Dinkel und in Hafer relativ gering vorhanden. Das erklärt, warum einige Menschen mit getreidebezogenen Beschwerden Dinkel und Hafer gut vertragen. Menschen mit solchen Beschwerden erhalten die Diagnose NCGS (englisch für *Non Celiac Gluten Sensitivity*, Glutensensitivität).

- **Lektine**
Auch die Lektine entwickelten sich, um die Pflanze vor Fressfeinden zu schützen. Auf Käfer und andere Insekten wirken sie meist tödlich. Besonders schädlich für den Menschen ist das Weizenkeim-Lektin. Es ist hitzebeständig und säurestabil und in allen weizenhaltigen Produkten enthalten. Vollkornprodukte haben einen deutlich höheren Lektingehalt. Die Wirkung von Weizenkeim-Lektin findet an der Dünndarmschleimhaut statt. Es kommt auch hier zu einem Sickerdarm-Syndrom (löchriger Darm) und zu Entzündungsreaktionen. Es verhindert auch die Heilung von geschädigten Darmwandzellen und fördert damit das Eindringen von Bakterien und Giftstoffen in den Blutkreislauf. Weizenkeim-Lektin dringt auch selbst in den Blutkreislauf ein und fördert an vielen Stellen chronische Entzündungsreaktionen. Es wird verantwortlich gemacht für Morbus Crohn und auch für rheumatoide Arthritis. Roggen-Lektin hat ähnlich aggressive Eigenschaften. Die Lektine von Dinkel, Gerste und Hafer, Hirse, Quinoa und Amaranth sind dagegen weniger problematisch.
Literatur: → »**Lektine – das heimliche Gift**« (Riva Verlag, 2017) von Miriam Schaufler und Walter A. Drössler (Quellen: Cordain et al., 2008; Ewen et al., 1999; Katsuya et al., 2007; Keller, 2003; Milward et al., 2004; Perlmutter, 2014; Pusztai et al., 1993; Sandro, 2006; Schnitzer, 2016)

- **Laktose- und Fruktose-Unterverträglichkeit**
Nichterkannte Unverträglichkeiten gegen Laktose, Fruktose und – weniger bekannt – gegen FODMAPs können burnoutähnliche Symptome und Depression auslösen. Diagnostik und Therapie sind bekannt und unstrittig. FODMAP sind Zuckeralkohole, die quer über Getreide, Obst, Gemüse und Milchprodukte vorkommen und für Betroffene zu Unverträglichkeitsreaktionen führen. Diese denken häufig, sie hätte eine Gluten-Laktose-Fruktose-Unverträglichkeit und fühlen sich deutlich eingeschränkt. Die gute Nachricht: FODMAPs sind nur in ganz bestimmten Lebensmitteln enthalten, weshalb eine gesunde und abwechslungsreiche Ernährung auch für Betroffene möglich ist.
Literatur: → »**Der Ernährungsratgeber zur FODMAP-Diät**« (Zuckschwerdt Verlag, 2017) von Prof. Dr. Martin Storr.

- **Progesteronüberschuss**
  Ein Progesteronüberschuss tritt häufig in der zweiten Hälfte der Wechseljahre auf und kann zu Schläfrigkeit und Depressionen führen.

- **Cortisonmedikation**
  Bei hochdosierter Cortisontherapie kann es zu Depressionen kommen.

- **Intrauterinpessar**
  Sie werden auch »Spirale« genannt und sind sogenannte Langzeitverhütungs-mittel. Nebenwirkungen der Spirale sind Entzündungen, Zyklusveränderungen, Migräne, Haarwuchs, Rückenschmerzen, Kopf- und Bauchschmerzen, Ängste, Unruhe, Schlafstörungen und Depressionen. Die Nebenwirkungen treten häufiger auf, als aufgrund der Packungsbeilage zu vermuten wäre.
  Quelle und Linktipp: www.netzwerk-frauengesundheit.com/hormonspirale-man-gelnde-aufklaerung-und-viele-nebenwirkungen/

- **Noradrenalinmangel**
  Der Neurotransmitter Noradrenalin kann bei langanhaltendem Dauerstress in die Unterversorgung gehen. Symptomatisch sind Erschöpfung und Depression. Diag-nostiziert werden Neurotransmitter über ein sogenanntes Neurostressprofil bzw. Neurohormonprofil (etwa bei: www.lab4more.de). Ausgebildete Ärzte findet man beim Therapeutenfinder auf www.neurolab.eu.

- **Dopamin**
  Auch Dopamin ist ein Neurotransmitter, zuständig für Motivation und Antrieb. Dopaminmängel treten zum Beispiel bei exzessiven Computerspielern, bei Kon-sum von Kokain und bei Dauerstress auf und können zu schweren Depressionen führen.

- **Folsäuremangel**
  Ein Mangel des Vitamins führt zu Abgeschlagenheit, Müdigkeit und Erschöpfung.

5 Themenkampagnen und Gesundheitswissen – Beispiele aus der Praxis

Vorüberlegungen

Es gibt wohl kaum ein Unternehmen, dass nicht in den Anfängen seines betrieblichen Gesundheitsmanagements eine Wasser-, Obstkorb- oder Schrittzähler-Aktion durchgeführt hat. Einige hatten sich sogar eine BGM-Uhr mit 12 Themen für 12 Monate vorgenommen. Diese Aktionen waren genau das, was Laien von einem BGM erwarteten und – sie hatten keinen bzw. kaum Einfluss auf die Gesundheit der Mitarbeiterinnen und Mitarbeiter und schon gar nicht auf die wirtschaftlichen Ziele des Gesundheitsmanagements.

Im ursprünglichen BGM-Konzept aus den Anfängen der 1990er-Jahre war die Idee bestechend, man könne über primärpräventive Angebote die Entstehung von Krankheiten verhindern, und es gibt heute immer noch Anbieter und Institutionen, die an dieser Prämisse festhalten. Ihre Argumentation ist, dass Krankheiten in die Hände von Ärzten gehören und ihr Angebot beschränkt sich auf verhaltenspräventive Gesundheitsförderangebote.

Die betriebliche Wirklichkeit sieht anders aus – ich hoffe, es ist mir bis hierhin gelungen, dies zu vermitteln. Seit etwa 35 Jahren entwickeln Mitarbeiterinnen und Mitarbeiter – nicht jeder, aber viele – Vorstufen von lebensstilbedingten Erkrankungen. Die Ursachengemengelage ist komplex, doch hauptsächlich ist eine Ernährungsweise, die so grundfalsch und schädlich ist, dass man mit Fug und Recht sagen kann, sie sei der Ursprung allen Übels. In der Folge kommt eine interessengruppengeleitete Ausgestaltung des Gesundheitssystems dazu, die mit unzureichender Diagnostik, unzureichendem Versorgungsangebot und einer weitgehenden Ignoranz gegenüber Erkenntnissen aus Stressmedizin, Psycho-Neuro-Immunologie und der Darmgesundheit die lebensstil- und stressbedingten Krankheitsvorkommen nicht auffangen kann.

In diesem Dilemma sind die Arbeitgeber gefangen. Wenngleich ich nicht abstreite, dass es Arbeitgeber gibt, die mit einer ungünstigen Führungs- und Unternehmenskultur, mit ungünstigen Arbeitsprozessen und schlechten Arbeitsbedingungen zum Krankheitsgeschehen beitragen, einige sogar sehr, so ist doch der größte Teil um seine Mitarbeiter bemüht, so mein Eindruck. Der öffentliche Diskurs sieht die Schuld etwa für die krasse Zunahme von psychischen Erkrankungen überwiegend bei den Arbeitgebern. Es wird verkannt bzw. ignoriert, dass die Ursachen vor allem auf gesellschaftlich bedingte Lebensstilfaktoren zurückgehen, die privaten Lebensumstände ihren Teil dazu beitragen und die Arbeit häufig nur das i-Tüpfelchen ist.

Am Beispiel der grippalen Infektwellen, die jährlich gefühlt »halb Deutschland lahmlegen«, möchte ich das Dilemma einmal darstellen:

Wirksamkeit der Grippeschutzimpfung

Jedes Jahr wiederholt sich das Ritual. Mit Postern wird zur **Grippeschutzimpfung** aufgerufen und das Händewaschen angemahnt. Dabei wird ignoriert, dass die Wirksamkeit von Grippeimpfungen in der Normalbevölkerung nicht nachgewiesen ist. Eine Cochrane-Analyse (Demicheli et al., 2018) findet sehr kleine Effekte von 6 %. Damit müssen 30 Personen geimpft werden, um bei einer Person eine Influenza zu verhindern. Jefferson (2012) untersuchte in einer Cochrane-Analyse über 300.000 Fälle und stellte fest, dass Nasenspray-Impfungen mit Lebendimpfstoff bei Kindern unter 16 Jahren leicht besser wirken als Injektionen mit totem Impfstoff. Für Kinder unter zwei Jahren wurde keine Wirkung für die Grippeimpfung mit totem Impfstoff gefunden. Die Nasenspray-Impfung ist bei unter Zweijährigen nicht zugelassen.

!   **Unterschied zwischen relativer und absoluter Risikoreduktion**

Die Ursache für stark abweichende Nutzenaussagen von Medikamenten und Impfungen liegt in einem für Laien kaum nachvollziehbarem Unterschied in der Darstellung der Risikoreduktion. Die Aussage, ein Medikament senkt das Erkrankungsrisiko um 60 %, wirkt imposant, im Vergleich zu der Aussage, dass die absolute Risikoreduktion 0,6 % sei.

An der Cochrane-Analyse zur Schutzwirkung der Grippeimpfung bei Älteren von Jefferson (2012) können wir das gut nachvollziehen. Auf 1.000 Personen bezogen erkranken 59 nichtgeimpfte und 24 geimpfte Personen an der Grippe. Damit senkt die Grippeimpfung die Anzahl der erkrankten Personen um 35. Teilen wir 35 durch 59, so sinkt das relative Risiko bei Älteren um **59,3 %** (RR 0.417, bei 95 % CI). Betrachten wir diesen Effekt mit absoluten Zahlen, so teilen wir 35 durch 1.000. Die Impfung reduziert das Erkrankungsrisiko absolut um 3,5 %. Es müssen also 100 Menschen geimpft werden, um bei 3,5 Personen eine Grippeerkrankung zu verhindern. Beide Aussagen sind – juristisch und rechnerisch gesehen – korrekt, doch die Nutzenwahrnehmung ist deutlich unterschiedlich. So stellten Jefferson und seine Kollegen fest:

»Ein früherer systematischer Review von 274 Grippeimpfungsstudien bis 2007 ergab, dass herstellerfinanzierte Studien, die in angeseheneren Journalen publiziert wurden, auch deutlich mehr zitiert wurden (wissenschaftlich Währung des Ansehens einer Studie) als unabhängig finanzierte Studien mit gleicher methodologischer Qualität und Größe. Studien, die öffentlich finanziert wurden, zeigten signifikant weniger häufig eine positive Wirkaussage für Impfungen. Der Review zeigt, dass es nur einen sehr dünnen Wirknachweis für die Grippeimpfung gibt, es aber Hinweise auf eine weitreichende Manipulation der Schlussfolgerungen und des Verbreitungsgrades der Studien gibt.«[32] (Übersetzung durch den Autor)

Zudem sind die meisten Atemwegsinfekte keine Influenzagrippe, sondern grippale Infekte, die durch andere virale Erreger verursacht werden, gegen die die Grippeschutzimpfung gar nicht wirkt.

---

32   https://www.ncbi.nlm.nih.gov/pubmed/22895945 (Zugriff: 04.03.2019).

Händedesinfektion oder einfaches Händewaschen?

Das Robert Koch-Institut vertritt zudem die Meinung, dass **Händewaschen** gegen virale Erreger ausreiche. Hübner et al. (2010) konnten jedoch nachweisen, dass sowohl die Anzahl von Erkältungen, Fieber und Magen-Darm-Erkrankungen, also auch die Anzahl der Fehltage infolge dieser Krankheiten, durch die Händedesinfektion zurückgingen und damit dem einfachen Händewaschen überlegen sind. Gleichwohl denke ich, dass Desinfektionsmaßnahmen nicht *über das ganze Jahr* notwendig sind, sondern lediglich während der Erkältungssaison und für Menschen, die sich viel im öffentlichen Raum bewegen oder Kundenkontakt haben.

Es gibt mittlerweile sehr deutliche Nachweise, dass eine ausreichende Versorgung mit **Vitamin D** Krankheiten wie Grippe, grippale Infekte und Atemwegsinfekte deutlich senken können. Dennoch empfehlen viele Betriebsärzte, kein Screening im Rahmen des BGMs durchzuführen.

Auch der Einsatz des Lebensmittels **Colostrum**, ein Milchpulver, das aus der Biestmilch von Kühen gewonnen wird und deutliche Effekte auf die Verhinderung von Grippe und grippalen Infekten zeigt, soll im BGM möglichst nicht erfolgen.

Das **Heilmittelwerbegesetz** verbietet die Bewerbung von Lebensmitteln mit Heilaussagen. Das ist grundsätzlich gut, führt aber dazu, dass die Darstellung von Colostrum als naturheilkundliches Mittel zur Verhinderung von grippalen Infekten mit Abmahnungen bedroht wird.

Es entsteht der Eindruck, als sollten sämtliche wirksame Maßnahmen nicht umgesetzt werden, während die Grippeschutzimpfung überhöht dargestellt wird. Das Standardargument ist: *Es gäbe noch nicht genügend Belege für eine Wirksamkeit und man könne die Risiken nicht einschätzen.* Dies suggeriert dem Laien: Es gibt Risiken. Aber diese Aussage stimmt beim Colostrum schlicht nicht, denn sonst hätte es keine Einstufung als Lebensmittel. Auch beim Vitamin D wird vor der theoretischen Überdosierung mit der Entwicklung von Nierensteinen gewarnt. Dass eine solche Überdosierung erst ab einer Einmaldosis von 2.000.000 IE[33] oder ab einer mehrmonatigen täglichen Dosis von über 40.000 IE eintritt, wird verschwiegen und es wird bei den empfohlenen Mengen von 5.000 IE täglich völlig zu Unrecht Angst geschürt. Wenn man diese Argumentationsweise auf Medikamente anwendet, würde dies bedeuten, dass als sicher dargestellte Medikamente wie Paracetamol sofort ihre Zulassung verlieren würden, wie Brune (2015) in einem Fachaufsatz beschreibt: »*Paracetamol ist eines der verbreitetsten Medikamente weltweit. Gleichzeitig ist es eines der gefährlichsten. Es verursacht hunderte von Todesfällen in allen Industrieländern durch akutes Leberversagen [...] und*

---

33   *IE = Internationale Einheiten* ist eine Maßeinheit für viele in der Medizin verwendete Substanzen.

ist verantwortlich für Entwicklungsstörungen bei Föten und Neugeborenen, wenn es während der Schwangerschaft oder Stillzeit eingenommen wird.« Sie verstehen, dass hier mit zweierlei Maß gemessen wird.

Ein Gesundheitsmanagement, das sich die Entwicklung von Gesundheitswissen und Gesundheitskompetenz vorgenommen hat, ist im Interesse von Arbeitgebern. Denn sie tragen die finanzielle Last eines gesellschaftlichen Problems nahezu allein, ohne dies maßgeblich zu verursachen.

Im Folgenden möchte ich Überlegungen für die **Entwicklung von Gesundheitswissens-Themenkampagnen** darlegen und aufzeigen, wie solche Kampagnen entwickelt werden können.

5.1   Zielsetzung und Struktur von Themenkampagnen

Die Wirksamkeit einer Themenkampagne hängt von einer genauen und konkreten Zielformulierung ab. Kampagnen sollten nicht einfach nur gemacht werden, weil Sie glauben, dass sie irgendwie positiv auf die Gesundheit einwirken. Begründungen wie »Die Mitarbeiter müssen einfach verstehen, wie wichtig eine gesunde Ernährung ist« sind keine gültigen Ziele.

> **!**   **Beispiele für konkrete Kampagnenzielsetzungen**
>
> - Wir wollen erreichen, dass mittels einer **Diabetes-Früherkennung** Mitarbeiterinnen und Mitarbeiter, die sich im Frühstadium einer Diabetes-Typ-2-Entwicklung befinden, auf diesen Krankheitsprozess aufmerksam werden. Durch ein Angebot an Lebensstilveränderungen, wie Sportkurse und ein Paleo-Ernährungsprogramm für Diabetiker, soll die Krankheitsentwicklung möglichst gestoppt werden.
> - Wir wollen erreichen, dass durch die Aufklärung über das Phänomen **Winkelfehlsichtigkeit** und das Angebot einer Winkelfehlsichtigkeitsprüfung durch die Firma »Optik Müller« betroffene Mitarbeiterinnen und Mitarbeiter mit Spannungskopfschmerz und verwandten Kopfschmerzarten sowie mit Nackenschmerzen frühzeitig auf diesen möglichen Ursachenfaktor aufmerksam werden und gegebenenfalls Gegenmaßnahmen etwa in Form einer Winkelkorrekturbrille treffen.
> - Wir wollen **Nichtsportler auf den Firmenlauf vorbereiten** und so die Quote von Mitarbeiterinnen und Mitarbeitern, die regelmäßig Ausdauersport machen, erhöhen.

Jede Kampagne folgt einem Schema, das an Modellen der Handlungstheorie orientiert ist. Das Schema basiert auf dem Dreiklang: **Problembewusstsein schaffen, Veränderungsbereitschaft erzeugen, Handlungsausführung unterstützen.**

5.1.1   Phase 1: Aufmerksamkeit erzeugt Problembewusstsein

Eine Verhaltensänderung beginnt immer mit Problembewusstsein. Nur wer weiß, dass er ein Problem hat, denkt über eine Verhaltensänderung überhaupt nach. Das Gewinnen von Aufmerksamkeit ist im betrieblichen Kontext nicht einfach, weil viele Interessenten um die Aufmerksamkeit von Führungskräften und Mitarbeitern buhlen.

Das Gesundheitsmarketing verwendet ähnliche Werkzeuge wie die Werbeindustrie. Mit kurzen, zugespitzten Botschaften wird Aufmerksamkeit erzeugt.

Ich verwende hier manchmal den Begriff *Rasterfahndung*, obwohl der Begriff eher negativ besetzt ist. Doch das Prinzip dahinter macht durchaus Sinn. Nicht jeder Mitarbeiter hat Kopfschmerzen und bei nicht jeder Mitarbeiterin liegt ein Eisenmangel vor, der durch die Antibabypille verursacht wurde. Doch erreichen wir mit einer zugespitzten Botschaft die 10 bis 20 % der Mitarbeiterinnen, die von einem Eisenmangel betroffen sind, und gelingt es uns, Problembewusstsein für unnötige Kopf- und Menstruationsschmerzen und unnötige Müdigkeit und Erschöpfung zu erzeugen, ist viel erreicht. Andere Mitarbeiterinnen und Mitarbeiter reagieren vielleicht auf die Botschaft, dass es Schilddrüsenunterfunktionen gibt, die mit einer Standarddiagnostik nicht entdeckt werden, und bewerten ihre Erschöpfungssymptome neu. Sie suchen ihren behandelnden Arzt auf und bitten um eine exaktere Diagnostik.

Im Grunde ist dieses Rasterfahndungsprinzip das Äquivalent zur Gefährdungsbeurteilung psychischer Belastung und ihrer punktgenauen Problemerkennung mit passendem Lösungsangebot, nur im Selbstfürsorgebereich.

Folgende Werkzeuge bieten sich an:
* Toilettenposter
* Tablettauflieger
* Kurzvideos im Intranet
* Vorträge auf Gesundheitstagen oder Führungskräftekonferenzen

5.1.2   Phase 2: Wissensvermittlung erzeugt Orientierung und Handlungswissen

Phase 2 greift den emotionalen Handlungsimpuls, den wir mit dem Problembewusstsein schaffen, auf und untermauert ihn durch eine Vertiefung des Gesundheitswissens. Die Wissensvermittlung sollte den Kriterien einer ausgewogenen Gesundheitsberichterstattung entsprechen (Link: https://www.stiftung-gesundheit.de/pdf/zertifizierungen/richtlinien-zur-zertifizierung-print.pdf).

Hierfür stehen beispielsweise die folgenden Werkzeuge zur Verfügung:
- Artikel (Intranet oder Print)
- Broschüren zur Themenkampagne
- Zeitung zur Themenkampagne
- praktische Lernwerkstätten oder Kurzworkshops

5.1.3   Phase 3: Aktionen kanalisieren die Handlungsmotivation

Verstärkt Phase 2 die Handlungsabsicht, so erzeugt Phase 3 konkrete Handlungen. Deswegen sollten Themenkampagnen – sofern sinnvoll möglich – eine Aktion beinhalten. Dies sind typische Beispiele für eine solche Aktion:
- Vitamin-D-Labortest durchführen
- Bestimmung der Insulinresistenz, um Diabetes frühzeitig zu erkennen
- Überprüfung auf Winkelfehlsichtigkeit auf einem Gesundheitstag
- Bioimpedanzanalyse, um den Körperfettanteil zu bestimmen
- Teilnahme an einer Schrittzählerkampagne zur Vorbereitung auf den Firmenlauf
- Überprüfung des Speichereisens (Ferritin)
- Teilnahme an einem Kochkurs

Die Entwicklung und Auswahl sinnvoller Aktionen braucht Fachwissen, denn einige meiner Vorschläge sind mit schulmedizinisch ausgerichteten Betriebsärzten nicht konsensfähig. Gleichzeitig werden – auch von Krankenkassen – Checks angeboten, die medizinisch nicht haltbar sind, wie die Messung der Knochendichte per Ultraschall. Orthopäden weisen zurecht darauf hin, dass die Knochendichte nur mittels eines Röntgenverfahrens ermittelt werden kann. Auch der Einsatz von Körperfettmessungen mittels Zwei-Punkt-Ableitungen ist nicht seriös und führt zu falschen Aussagen.

5.1.4   Phase 4: Lösungswege fördern eine langfristige Verhaltensänderung

Die Aktionen sind natürlich nur der erste Schritt. Ist zum Beispiel ein Labortest positiv, zeigt er also einen Mangel oder eine Krankheitsentstehung an, müssen weitere Schritte erfolgen, etwa das Aufsuchen eines Facharztes oder eines Therapeuten. Dabei treten die bekannten und benannten Hürden auf: »Zu welchem Facharzt sollte ich gehen?« »Werden diese Kosten von der Krankenkasse bezahlt?« »Wie lange dauert es, bis ich einen Termin bekomme?«

Jede Kampagne muss diese Hürden benennen und sollte Lösungswege aufzeigen:
- Es gibt Unternehmen, die einen Sozialfond eingerichtet haben und einen Zuschuss zu privat zu tragenden Behandlungskosten beim Arzt gewähren. Das erfordert

allerdings ein transparentes und gerechtes Zuteilungsverfahren, um einen Missbrauch zu verhindern.

- Andere schließen betriebliche Krankenzusatzversicherungen ab oder bieten eine Hotline zur interdisziplinären Gesundheitsberatung.
- Ein Unternehmen hat einen Beratervertrag mit einem Naturheilkundearzt geschlossen. Mitarbeiter dürfen sich bei medizinischen Fragen bis zu zwei Stunden im Jahr von ihm beraten lassen, unter ärztlicher Schweigepflicht.
- Eine Kampagne zur Diabetes-Prophylaxe stellt Diabetes-Beratungszentren und spezielle Diabetes-Sportkurse sowie Ernährungsberatungen vor und weist auf Zuzahlungsmöglichkeiten durch Krankenkassen hin.
- Eine Bank hat einen Vertrag mit einem Stressmediziner und übernimmt einen Teil der Beratungskosten von Mitarbeiterinnen und Mitarbeitern mit Erschöpfungs- und Depressionssymptomen.

Eine **Orientierung für das Erstellen von medizinischen Texten** bietet die Stiftung Gesundheit aus Hamburg. Sie zertifiziert digitale und Printmedien mit Gesundheitsinhalten anhand eines umfangreichen Kriterienkatalogs.

Prüfung und Zertifizierung medizinischer Publikationen !

Die Stiftung Gesundheit bietet eine **Prüfung und Zertifizierung medizinischer Publikationen** wie Artikel, E-Learnings oder Themenkampagnen an (siehe: www.stiftung-gesundheit.de/zertifizierung/zertifizierte-ratgeber.htm). Im Gegensatz zu anderen Zertifikaten findet hier eine aktive Begutachtung durch ein Gremium statt. Die Preise sind moderat und das Gutachten listet detailliert Verbesserungsvorschläge auf, die Ihnen für zukünftige Projekte helfen.

Meine Empfehlung ist, nicht jeden Artikel einzeln prüfen zu lassen. Vielmehr können Sie die erste größere Kampagne prüfen und zertifizieren lassen und die Rückmeldungen für die weitere Arbeit berücksichtigen.

5.2 Praxisbeispiel: Eindämmung von Atemwegsinfektionen durch seriöse naturheilkundliche Maßnahmen

5.2.1 Ziel der Kampagne

Die Kampagne hat folgende Ziele: Stärkung der Immunabwehr, verbessertes Hygieneverhalten und Eindämmung der Ausbreitung von Krankheitserregern im Unternehmen, Reduktion von Fehlzeiten durch Atemwegsinfektionen. Das Ziel ist erreicht, wenn die Mehrheit der Mitarbeiterinnen und Mitarbeiter ihren Vitamin-D-Spiegel optimieren und Colostrum als präventive Ernährungsergänzung nutzen sowie sich in der Hochphase der Grippesaison die Hände desinfizieren.

5.2.2   Phase 1: Aufmerksamkeit erzeugen

Eine der wirksamsten Methoden, um Mitarbeiterinnen und Mitarbeiter flächendeckend zu erreichen, lässt sich von den Toiletten auf Raststätten abschauen. Dort hängen Werbeposter über den Pissoirs der Männer und an den Innenseiten der Kabinentüren. Die Aufmerksamkeit ist garantiert. Wir setzen solche Toilettenposter als preiswerte Aufmerksamkeitsmethode mit großer Reichweite ein, mit den folgenden Botschaften:

Die Wirkung von Vitamin D* auf das Immunsystem	Studienergebnisse:** Colostrum in der Grippeprävention	Bakterien, Viren und Pilze auf Handydisplays: So sieht es auf deinem Handydisplay aus! Deswegen lohnt sich Desinfektion.
Wie lange braucht ein Virus, bis er ¾ aller Mitarbeiter erreicht hat? 4 Stunden! Desinfektion hilft.	Hausmittel bei Grippe und Erkältungen: Hände weg von Grippekomplexmitteln. Hausmittel: Tees, Inhalieren usw.	Krank zur Arbeit: Besser nicht! Gründe zur Vermeidung von Präsentismus bei ansteckenden Erkrankungen

Beispiele für Toilettenposter

* Beachten Sie unbedingt das Heilmittelwerbegesetz und denken Sie an einen Medizindisclaimer.
** Beachten Sie unbedingt das Heilmittelwerbegesetz. Machen Sie keine Aussagen über die Wirkung von Colostrum, sondern berichten Sie über die Studienergebnisse im Sinne einer journalistischen Berichterstattung. Nennen Sie keine Hersteller oder Präparate, animieren Sie nicht zum Kauf bestimmter Marken oder Präparate. Denken Sie an einen Medizindisclaimer.

Die Poster in DIN-A3-Größe können Sie professionell gestalten lassen oder einfach in PowerPoint anlegen. Gute Bilder brauchen Sie dennoch. Die gibt's bei https://stock.adobe.com.

Die folgenden Abbildungen zeigen zwei Beispiele aus einem Kundenprojekt. Ein Kampagnenslogan verbindet alle visuellen Elemente und die Bilder kehren beispielsweise auf Artikeln oder der Kampagnenbroschüre wieder.

Dieses Jahr wollen wir die Grippewelle ausfallen lassen. Helfen Sie mit?

Die Grippe- und Erkältungsviren wehrt man am besten mit einem guten Immunsystem ab. Dabei scheint Colostrum von Kühen ziemlich gut zu helfen. Colostrum wirkt laut mehrerer Studien* deutlich besser als eine Grippeschutzimpfung ... und es ist ein Lebensmittel.

Cestarone, M. R., Belcaro, D., Di Renzo, A., Dugall, M., Cacchio, M., Ruffini, I., ... & Bottari, A. (2007). Prevention of influenza episodes with colostrum compared with vaccination in healthy and high-risk cardiovascular subjects: the epidemio-logic study in San Valentino. Clinical and Applied Thrombosis/Hemostasis, 13(2), 130–136.

(5) Belcaro, G., Cesarone, M. R., Cornelli, U., Pellegrini, L., Ledda, A., Grossi, M. G., ... & Stuard, S. (2010). Prevention of flu episodes with colostrum and Bifivir compared with vaccination: an epidemiological, registry study. Panminerva medi-ca, 52(4), 269–275.

Colostrum schützt gegen Grippe und Erkältung*

Wir lassen die Grippe ausfallen.

Abb. 56 und 57: Zwei Beispiele für Toilettenposter einer Grippe-Kampagne. Beachten Sie, dass aus rechtlichen Gründen die Posteraussagen mit wissenschaftlichen Quellen belegt werden und bei Colostrum die weiche Formulierung »scheint ... gut zu helfen, laut mehrerer Studien« verwendet wird.

5.2.3   Exkurs: Studien belegen Wirksamkeit von Colostrum gegen Influenza und grippale Infekte

Jedes Jahr in den Wintermonaten steht die nächste Grippewelle vor der Tür. Husten, Schnupfen, Gliederschmerzen, plötzlich einsetzendes Fieber sowie extreme Schwäche sind typische Symptome der Grippe. Eine Grippeimpfung ist für viele das Mittel der Wahl, dieser Virusinfektion aus dem Weg zu gehen. Dabei wissen nur wenige, dass diese Impfung lediglich einen moderaten Schutz vor der Grippe darstellt [1]. Darüber hinaus bieten diese Impfstoffe überhaupt nur dann einen geeigneten Schutz, wenn sie mit dem umhergehenden Grippevirus übereinstimmen. Diese Übereinstimmung kann jedoch aufgrund der raschen Veränderungsfähigkeit des Grippevirus schnell nicht mehr gegeben sein [2], und die meisten Erkältungen sind gar keine Grippe, sondern lediglich grippale Infekte. Grippale Infekte werden durch über 200 Viren ausgelöst, gegen die die Grippeimpfung nicht wirkt.

Dabei scheint es Alternativen zu geben, welche effektiver in der Vorbeugung von Grippe und darüber hinaus auch noch kostengünstiger sind [5-6]. Die Rede ist von Colostrum [5], das wir in diesem Exkurs beleuchten.

Was ist Colostrum?
Die Substanz ist eine Mischung aus Mineralien, Vitaminen, Wachstumsfaktoren und vor allem Stoffen, die das Immunsystem unterstützen [7]. Säugetiere produzieren Colostrum in den ersten 48 bis 73 Stunden nach der Geburt der Nachkommen, denn in dieser Phase ist das Neugeborene höchst empfindlich gegenüber Krankheitserregern. Mit Colostrum erhalten die Abwehrkräfte lebensnotwendige Unterstützung unter anderem im Kampf gegen Bakterien und Viren, wodurch die Überlebenswahrscheinlichkeit der Nachkommen maßgeblich erhöht wird.

Interessanterweise können nicht nur Neugeborene von Colostrum profitieren. So zeigt sich in wissenschaftlichen Untersuchungen auch ein stark positiver Effekt von Colostrum in der Prävention der Grippe und grippaler Atemwegsinfekte bei Erwachsenen [5]. Diese Studien stelle ich Ihnen im Folgenden vor.

Studienaufbau
In der Studie [5] wurden vier Gruppen gebildet. Die Gruppen A und B hatten in den letzten zwei Wochen vor dem Studienstart eine Grippeimpfung bekommen. Gruppe B nahm während der Studie zusätzlich Colostrum ein. Gruppe C nahm ebenfalls Colostrum ein, hatte aber keine Impfung erhalten. Gruppe D wurde weder geimpft noch nahmen Probanden aus dieser Gruppe Colostrum ein.

Gruppe A:	Impfung
Gruppe B:	Impfung und Colostrum
Gruppe C:	Colostrum
Gruppe D:	keine präventiven Maßnahmen

Colostrum wurde zwei Monate lang jeden Tag um 8:00 Uhr am Morgen in Tabletten-form von den Gruppen B und C eingenommen. Eine Tablette enthielt 400 mg entfette-tes und gefriergetrocknetes Kuh-Colostrum. Es ist klar, dass menschliches Colostrum nicht in Frage kommt.

Ergebnisse
Die Teilnehmer aus Gruppe B und C hatten im Durchschnitt 0,34 Grippevorfälle pro Person innerhalb der zwei Monate, in denen sie Colostrum einnahmen.

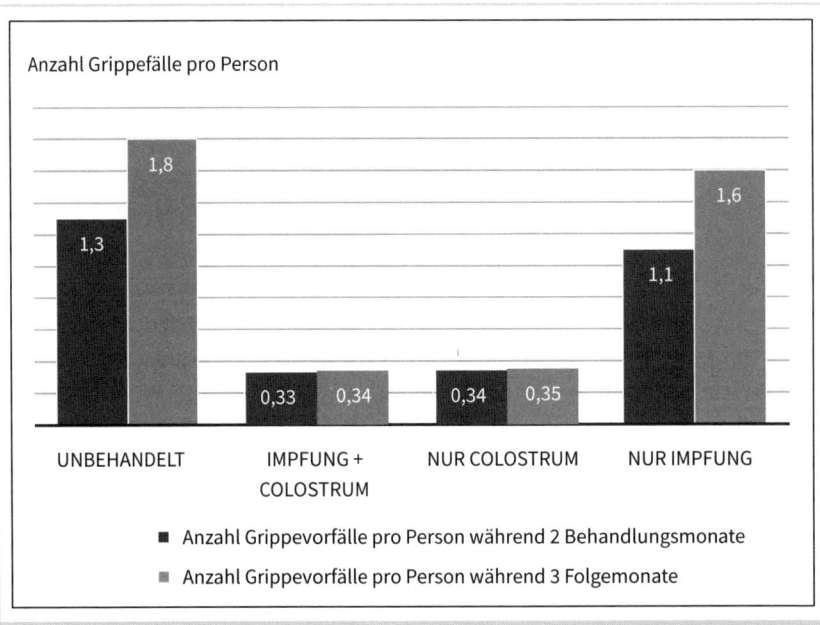

Abb. 58: In dieser Studie wurden zwei Zeiträume überwacht: zum einen die zwei Monate *während* der Behandlung mit Colostrum und zum anderen die drei Monate *nach* der Behandlung mit oder ohne Colostrum. So lesen Sie die Ergebnisse: Es wird die Anzahl nachgewiesener Grippeerkrankun-gen pro Studienteilnehmer dargestellt. In der Gruppe »Unbehandelt« traten pro Person 1,8 Grippe-fälle in den drei Folgemonaten auf. In der Gruppe »Nur Colostrum« traten nur 0,35 Grippefälle pro Person in den drei Folgemonaten auf. Das entspricht einer absoluten Verringerung der Infektionsrate um 70 %.

Dieser Durchschnitt liegt damit deutlich unter dem der Gruppe A (1,3 Fälle pro Person) und der Gruppe D (1,1 Fälle pro Person). Das bedeutet laut Studie, dass Colostrum besser vor einer Grippe-Erkrankung schützt als eine reine Grippeimpfung (Gruppe A) und ebenso besser ist als keine präventiven Maßnahmen (Gruppe D). Außerdem war die Zahl der Krankheitstage in Gruppe C um 75 % geringer als die in Gruppe D und um 70 % geringer als in Gruppe A. Somit waren die Teilnehmer aus Gruppe C nicht nur seltener krank, sondern auch im Falle einer Erkrankung schneller wieder gesund. Gruppe B hatte insgesamt betrachtet vergleichbare Ergebnisse wie Gruppe C.

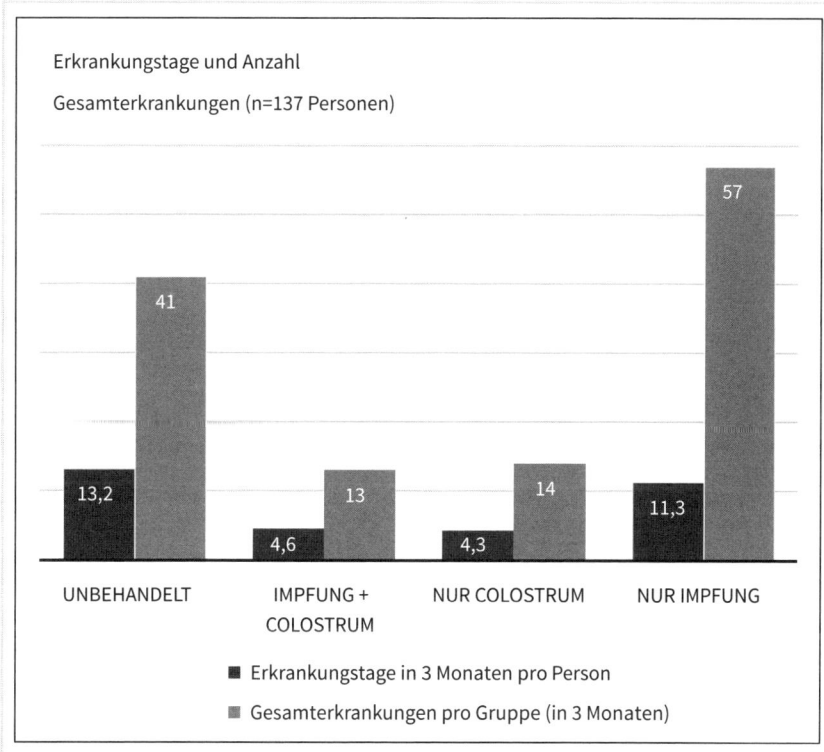

Abb. 59: Colostrum wirkt nicht nur gegen die Influenza-Grippe, sondern auch gegen andere Krankheiten. Die Anzahl der Fehltage sank in den Colostrum-Gruppen stark ab. So lesen Sie die Ergebnisse: In den drei Folgemonaten traten in der Gruppe »Unbehandelt« 13,2 Fehltage auf, während die Gruppe »Nur Colostrum« nur 4,3 Fehltage hatte. Die hellgrauen Balken zählen die Gesamtzahl der Krankheiten (nicht nur Grippe).

Die Fehltage lagen in den beiden Colostrumgruppen bei 4,6 bzw. 4,3 Erkrankungstagen pro Person in drei Monaten. Die Placebo- und die Grippeimpfungsgruppe wiesen 13,2 bzw. 11,3 Fehltage im selben Zeitraum auf. Darüber hinaus wiesen die beiden Colostrum-Gruppen B und C geringere Kosten für krankheitsbedingte Arbeitsausfälle und Behandlungskosten im Krankenhaus sowie für Medikamente im Vergleich zu den Gruppen A und D auf.

Risikopatienten

In einer Folgestudie wurde das gleiche Studiendesign bei Patienten mit schweren Herz-Kreislauf-Erkrankungen angewendet. Zusammenfassend stellte sich hier heraus, dass in der Gruppe ohne Colostrum doppelt so viele Patienten an der Grippe erkrankten und davon ein Patient an den Folgen der Erkrankung verstarb, ebenso wie in der Gruppe B »nur Colostrum«. In beiden Studien wurden keine Nebenwirkungen durch die regelmäßige Einnahme von Colostrum beobachtet.

Wissenswertes

Wenn Sie sich für die Einnahme von Colostrum entscheiden, sollten Sie drei Aspekte beachten:

- Colostrum von Kühen scheint – laut Herstellerangaben – auch für Menschen mit einer Laktoseintoleranz geeignet, wenn sie zusätzlich Laktase (= Laktose spaltendes Enzym) einnehmen [7].
- Wichtig ist darüber hinaus, dass das Colostrum von Kühen stammt, welche kontrolliert-biologisch gehalten wurden. Dadurch kann ausgeschlossen werden, dass Medikamentenrückstände wie Antibiotika im Colostrum enthalten sind.
- Zudem lässt die artgerechte Gewinnung den Kälbchen die benötigte Menge an Colostrum und verwendet nur den sowieso nicht gebrauchten Teil für die Produktion.
- Da die natürlichen Inhaltsstoffe von Colostrum hitzeempfindlich sind, sollten entsprechende Präparate nur kurzzeitig auf maximal 40 Grad Celsius erhitzt werden.

Fazit

Wie die vorgestellte Studie zeigt, scheint Colostrum nicht nur besseren präventiven Schutz als typische Grippeimpfungen zu bieten, es hat darüber hinaus auch keine bisher bekannten Nebenwirkungen (mit Ausnahme von laktoseintoleranten Menschen). Beim Einkauf von Colostrum sollte auf die Aufbereitung sowie die Herkunft geachtet werden.

Warum stellen wir eine Studie vor?

Aufgrund des Heilmittelwerbegesetzes ist es nicht erlaubt, Lebensmittel mit Heilaussagen darzustellen. Colostrum ist ein Lebensmittel, kein Medikament. Wir stellen in diesem Artikel Studienergebnisse vor, aus denen keine Empfehlung abzuleiten ist. Fragen Sie Ihren Arzt oder Apotheker über die Sicherheit der Einnahme von Colostrum, wenn Sie sich unsicher sind. Der Artikel stellt keine Diagnostik und keine Therapieempfehlung dar und soll den Arztbesuch nicht ersetzen. Bei anhaltenden Symptomen und Beschwerden suchen Sie umgehend einen Arzt auf.

Quellen

[1] Osterholm, M. T., Kelley, N. S., Sommer, A., & Belongia, E. A. (2012). Efficacy and effectiveness of influenza vaccines: a systematic review and meta-analysis. The Lancet infectious diseases, 12(1), 36-44.

[2] Darvishian, M., Bijlsma, M. J., Hak, E., & van den Heuvel, E. R. (2014). Effectiveness of seasonal influenza vaccine in community-dwelling elderly people: a meta-analysis of test-negative design case-control studies. The Lancet Infectious Diseases, 14(12), 1228-1239.

[3] Shaw, C. A., & Tomljenovic, L. (2013). Aluminum in the central nervous system (CNS): toxicity in humans and animals, vaccine adjuvants, and autoimmunity. Immunologic research, 56(2-3), 304-316.

[4] Tomljenovic, L., & A Shaw, C. (2011). Aluminum vaccine adjuvants: are they safe?. Current medicinal chemistry, 18(17), 2630-2637.

[5] Cesarone, M. R., Belcaro, G., Di Renzo, A., Dugall, M., Cacchio, M., Ruffini, I., ... & Bottari, A. (2007). Prevention of influenza episodes with colostrum compared with vaccination in healthy and high-risk cardiovascular subjects: the epidemiologic study in San Valentino. Clinical and Applied Thrombosis/Hemostasis, 13(2), 130-136.

[6] Belcaro, G., Cesarone, M. R., Cornelli, U., Pellegini, L., Ledda, A., Grossi, M. G., ... & Stuard, S. (2010). Prevention of flu episodes with colostrum and Bifivir compared with vaccination: an epidemiological, registry study. Panminerva medica, 52(4), 269-275.

5.2.4   Phase 2: Wissen vermitteln

Sobald uns die Aufmerksamkeit sicher ist (Phase 1), müssen wir das Gesundheitswissen vermitteln. Hier ist eine zielgruppengerechte Formulierung und Gestaltung wichtig. Sie müssen das Sprachniveau dem Bildungsniveau Ihrer Mitarbeiter anpassen, notfalls bietet die Kampagne zwei unterschiedliche Informationstiefen:

- **Artikel als HTML oder PDF im Intranet**: Artikel vermitteln Gesundheitswissen. Achten Sie auf eine einfache Sprache und eine ausgewogene Berichterstattung, ohne Ängste zu schüren oder übertriebene Hoffnungen zu wecken. Artikel sollten immer einen »So geht's«-Abschnitt oder einen »Das können Sie tun«-Ausblick haben.
- **Kampagnenzeitung**: Für Mitarbeiter ohne Intranetzugang und mit einfacher Sprache.

Kampagne: Wir lassen die Grippe ausfallen

Gegen Grippe und Erkältung ist kein Kraut gewachsen, oder doch?

von Nils Strack

Jedes Jahr in den Wintermonaten steht die nächste Grippewelle vor der Tür. Husten, Schnupfen, Gliederschmerzen, plötzlich einsetzendes Fieber sowie extreme Schwäche sind typische Symptome der Grippe. Eine Grippeimpfung ist für viele das Mittel der Wahl dieser Virusinfektion aus dem Weg zu gehen. Dabei wissen nur wenige, dass diese Impfung lediglich einen moderaten Schutz vor der Grippe darstellt [1]. Darüber hinaus bieten diese Impfstoffe überhaupt nur dann einen geeigneten Schutz, wenn sie mit dem umhergehenden Grippevirus übereinstimmen. Diese Übereinstimmung kann jedoch aufgrund der raschen Veränderungsfähigkeit des Grippevirus schnell nicht mehr gegeben sein [2] und die meisten Erkältungen sind gar keine Grippe, sondern lediglich grippale Infekte. Grippale Infekte werden durch über 200 Viren ausgelöst, gegen die die Grippeimpfung nicht wirkt.

Dabei scheint es Alternativen zu geben, welche effektiver in der Vorbeugung von Grippe und darüber hinaus auch noch kostengünstiger sind [5-6]. Die Rede ist von Colostrum [5], das wir in diesem Artikel beleuchten und Vitamin D, das wir im Folgeartikel näher vorstellen.

Was ist Colostrum? Die Substanz ist eine Mischung aus Mineralien, Vitaminen, Wachstumsfaktoren und vor allem immunsystem-unterstützenden Stoffen. [7] Säugetiere produzieren Colostrum in den ersten 48 bis 73 Stunden nach der Geburt der Nachkommen, denn in dieser Phase ist das Neugeborene höchst empfindlich gegenüber Krankheitserregern. Mit Colostrum erhalten die Abwehrkräfte lebensnotwendige Unterstützung im Kampf gegen u. a. Bakterien und Viren, wodurch die Überlebenswahrscheinlichkeit der Nachkommen maßgeblich erhöht wird.

Interessanterweise können nicht nur Neugeborene von Colostrum profitieren. So zeigt sich in wissenschaftlichen Untersuchungen auch ein stark positiver Effekt von Colostrum in der Prävention der Grippe und grippaler Atemwegsinfekte bei Erwachsenen [5]. Diese Studien stelle ich Ihnen im folgenden Kasten vor.

Abb. 60: Beispiel für einen Artikel zur Gesundheitskampagne im PDF-Format

Tipp: Lassen Sie freie Medizinjournalisten für sich schreiben   !

Es gibt derzeit noch kaum Anbieter, die schlüsselfertige Themenkampagnen erstellen und anbieten. Bei der Auswahl kommt es darauf an, die Offenheit gegenüber seriösen, belegten naturheilkundlichen Konzepten zu prüfen, da auch Medizinjournalisten eine Meinung haben. Hier finden Sie Medizinjournalisten:

- www.berlinermedizinjournalisten.de
- www.muenchner-medizinjournalisten.de
- www.medizintexte.com

Die inhaltliche Steuerung obliegt Ihnen, d. h. Sie sollten sich schon so weit ins Thema eingelesen haben, dass Sie genau sagen können, welche Themen in einem Artikel enthalten sein sollen. Es genügt nicht, zu sagen: »Schreiben Sie was zur Schilddrüsenunterfunktion!« Vielmehr sollten Sie den Themenschwerpunkt setzen: »Differenzierte Betrachtung der 22 Subtypen von Schilddrüsenunterfunktionen nach Datis Kharrazian«

Freie Zeichner: Illustratoren liefern Ihnen digital gezeichnete Bilder. Achten Sie bei der Preisverhandlung darauf, dass die Nutzungsrechte vollständig Ihnen gehören und Sie keine Lizenzgebühr bei Veröffentlichung zahlen müssen:

- www.dasauge.de/profile/designer →Illustratoren auswählen
- www.illustratoren.de
- www.designenlassen.de

Die Kampagnenzeitung

Eine Kampagnenzeitung (schrecken Sie nicht vor dem Begriff *Zeitung* zurück) ist dann notwendig, wenn es eine größere Mitarbeitergruppe gibt, die nicht regelmäßig mit digitalen Medien arbeitet. Reguläre Mitarbeiterzeitungen sind für eine solche Kampagne in der Regel nicht geeignet, weil sie nicht genügend Raum zur Verfügung stellen. Eine Kampagnenzeitung umfasst zwischen 4 und 12 Seiten im DIN-A4-Format (jedes andere Format ist ebenfalls geeignet).

Artikel mit medizinischem Ratgebercharakter sollten *grundsätzlich* von einem Arzt geschrieben werden. Greifen Sie hier auf Medizinjournalisten zurück, die eine entsprechende Ausbildung haben, nicht wenige tragen den Titel »Dr. med.«.

Hausmittel helfen
Von Tee bis Dampfbad.

Eine einfache Erkältung kann man auch ohne Arztbesuch auskurieren. Gerade bei leichten Infekten können Hausmittel die Heilung gut unterstützen. Auch bei viralen Infektionen, gegen die kein Antibiotikum hilft, sind Hausmittel besonders wichtig, um die Symptome zu lindern. Dennoch gilt: sind die Symptome schlimm, suchen Sie einen Arzt auf. Dieser Artikel soll Sie nicht davon abhalten.

Atemwege desinfizieren

Gurgeln. Verwenden Sie **Salbeitee** zum Gurgeln.

Nase freibekommen

Nasendusche. Eine Nasendusche ist ein Gefäß, in das handwarmes Wasser und etwas Salz eingefüllt wird. Angesetzt an einem Nasenloch läuft das Wasser durch den Naseninnenraum hindurch und durch das andere Nasenloch wieder ab. Der Vorgang löst auch verkrustetes Nasensekret und ermöglicht das Abfließen von grippalem oder bakteriellem Nasenschleim QR-Code: Videoanleitung.

Nasenspray mit Meersalz. Abschwellende Nasensprays sind bei akuter Nebenhöhlenentzündung kurzfristig sinnvoll, dürfen jedoch nicht länger als ein paar Tage verwendet werden, da sie abhängig machen und die Schleimhäute schädigen. Unbedenklich sind Meersalzwasser-Sprays. Die gibt es in Apotheken und Drogeriemärkten.

Inhalieren mit Thymian. Inhalieren Sie mit aufgebrühtem Thymian oder ein paar Tropfen Thymianöl. Thymian wirkt schleimlösend und entkrampfend.

Lebensmittel. Auch über die Nahrung können Sie eine schleimlösende Wirkung erzielen, etwa mit der Verwendung von Chili, Wasabi oder Meerrettich in Ihrem Essen.

Gliederschmerzen lindern

Baden. Nehmen Sie ein warmes (nicht zu heißes) Bad. Geben Sie dem Wasser Kampfer-, Eukalyptus-, Thymian-, Rosmarin- oder Kiefernnadelöl zu.

Hilft bei Fieber und Kopfweh

Ein Tee aus Weidenrinde hilft bei Kopfschmerzen und Fieber. Weidenrinde enthält Salicin und gilt als Vorstufe von Acetylsalicylsäure (Wirkstoff z. B. in Aspirin®), ohne die Nebenwirkung von Magenblutungen.

Richtig Nase putzen

An dieser Stelle noch ein kleiner Exkurs zum Thema richtiges Naseputzen: Die wissenschaftliche Meinung ist dabei gespalten. Und zwar zwischen dem festen Ausatmen nacheinander durch das linke und das rechte Nasenloch, wobei das jeweils andere zugehalten wird, oder dem Hochziehen des Schleims (mit anschließendem Schlucken), wodurch die Viren durch die Magensäure ein jähes Ende finden. Klar ist: Schnauben mit zugepressten Nasenlöchern ist der schnellste Weg zu einer Mittelohrentzündung.

Im Intranet finden Sie den ausführlichen Artikel zu Hausmitteln.

Abb. 61: Beispielseite einer Kampagnenzeitung zur »Wir lassen die Grippe ausfallen«-Kampagne, mit QR-Code oder einem Verweis auf einen ausführlicheren Artikel im Intranet

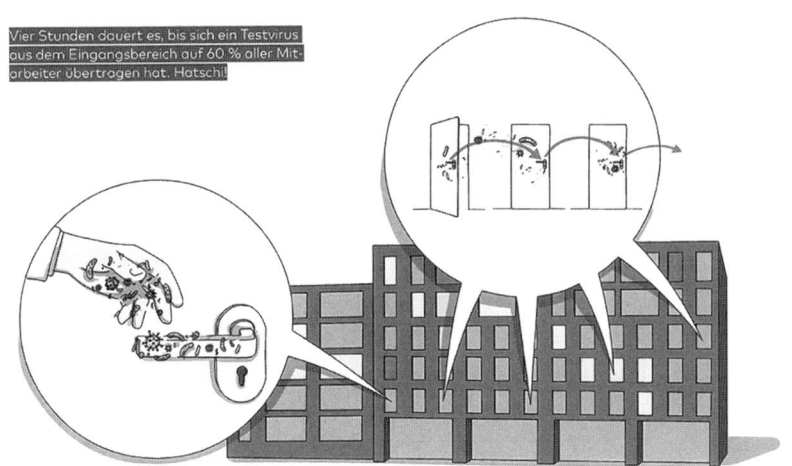

Nur trockene Hände desinfizieren

Es gibt einen Kardinalfehler bei der Händedesinfektion: Sie dürfen niemals nasse Hände desinfizieren und niemals die Hände nach dem Desinfizieren waschen!

Das Desinfektionsmittel löst den natürlichen Fettfilm der Haut. Verreiben Sie das Mittel auf den Händen, so wird das gelöste Hautfett auch wieder eingerieben und der Schutzfilm bleibt erhalten.

Waschen Sie jedoch das gelöste Fett auch noch mit Seife hinterher ab, so werden Ihre Hände rauh und rissig.

So geht's richtig: Händedesinfektion

- Sind die Hände sauber, brauchen Sie sie nicht waschen. Dann genügt die Desinfektion allein.

- Waschen Sie Ihre Hände VOR der Desinfektion. Verwenden Sie Papierhandtücher zum Abtrocknen. Die Hände sollten ganz trocken sein.

- Benetzen Sie beide Hände großzügig mit Desinfektionsmittel, das gegen Viren wirkt.

- Verteilen Sie das Mittel auf beiden Händen, auch auf dem Handrücken, zwischen den Fingern und an den Fingerkuppen.

- Lassen Sie das Desinfektionsmittel an der Luft trocknen. Benutzen Sie KEIN Handtuch oder ähnliches.

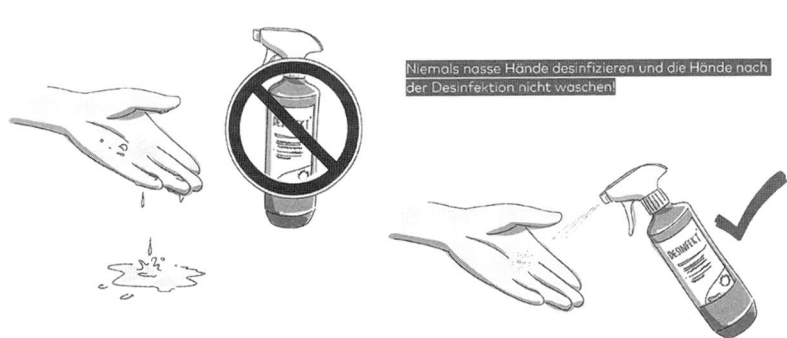

Abb. 62: Zweite Beispielseite aus der Kampagnenzeitung, hier zum Thema Desinfektion. Die Zeichnung oben gehört zu einer vorherigen Seite, auf der die Verbreitungsgeschwindigkeit von Viren in öffentlichen Gebäuden dargestellt wurde.

Krank zur Arbeit
Besser nicht.

„Ich habe doch nur einen Schnupfen, und der Husten ist nicht halb so schlimm!", sagt der Mitarbeiter zu seinen Kollegen. Das birgt bei ansteckenden Erkrankungen drei Gefahren:

Die Gefahr der Ansteckung anderer Kollegen und die Gefahr der längeren Heilzeit. Und das Arbeitsunfallrisiko steigt, weil man sich krank schlechter konzentrieren kann.

Natürlich ist es nicht bei allen Krankheiten notwendig, zuhause zu bleiben. Nicht aber bei ansteckenden Krankheiten. Je engagierter ein Mitarbeiter ist, je kleiner das Team, je dringender die Arbeitsaufträge, desto mehr neigen Mitarbeiter dazu, am Arbeitsplatz präsent zu bleiben, obwohl sie eigentlich nicht mehr leistungsfähig sind. Oberstes Gebot ist jedoch die Eindämmung der Ansteckungs-Gefahr, was durch vier Schritte gelingt.

1. Kein Heldentum zeigen

Es gilt: Zeigen Sie kein falsch verstandenes Heldentum. Bei einer Grippe bleiben Sie zuhause. Wenn Sie etwas für die Kollegen und die Firma tun wollen, beachten Sie die Hinweise in dieser Broschüre zu Vitamin D und Colostrum. Da verläuft der Heilungsprozess möglicherweise deutlich schneller.

2. Ansteckung vermeiden

Gleichzeitig gilt: Vermeiden Sie Kontaktflächen, an denen Sie sich anstecken könnten:

· Begrüßung ohne Händekontakt

· Husten und Niesen in die Ellenbeuge, nicht in die Hand

· nur Einmaltaschentücher und Papierhandtücher benutzen

· regelmäßige Händedesinfektion in Eigenverantwortung

· Reinigung von gemeinsam genutzten Arbeitsmitteln mit den Bacillol Tissues von Bode / Hartmann.

3. Vertretung organisieren

Regeln Sie mit Ihrem Vorgesetzten die Vertretung von kranken Mitarbeitern und weisen Sie auf drohende Unterbesetzung aktiv hin.

4. Desinfektion organisieren

Organisieren Sie Desinfektion selbstständig in Ihrem Arbeitsbereich. Nutzen Sie dazu die Desinfektionstücher.

Das einzige was hilft: Hände desinfizieren und Kontaktflächen desinfizieren. Übrigens: Dadurch lässt sich die Infektionsrate um 80 % reduzieren.

Abb. 63: Dritte Beispielseite der Kampagnenzeitung, hier zum Thema »Präsentismus«. Diese Inhalte müssen vorab auch mit Führungskräften abgestimmt sein, weil eine Aufforderung zum »Zuhausebleiben« durchaus auf Widerstand treffen kann.

5.2.5   Phase 3: Aktionen der Kampagne

Mögliche Aktionen im Rahmen einer Gesundheitskampagne sind:
· Messung des Vitamin-D-Spiegels von Mitarbeitern
· Verteilung von antiviralen Händedesinfektionsmitteln

- Verteilung von Desinfektionstüchern für die teamgesteuerte Desinfektion von Ansteckungsflächen
- Teambesprechung des Verbotes, mit Symptomen zur Arbeit zu kommen

Messung des Vitamin-D-Spiegels

Beginnen wir mit der Organisation eines Angebotes zur Vitamin-D-Messung im Rahmen eines Aktionstages. Der Aufwand ist nicht unerheblich. Es gibt zwei Vorgehensweisen:

> **Aktion 1**   !
>
> Angebot eines Vitamin-D-Screenings durch ein Labor und Besprechung des Befundes durch einen Arzt vor Ort im Unternehmen.

Sie benötigen dazu ein örtliches Labor, das in der Lage ist, einen Vitamin-D-Test durchzuführen. Vereinbaren Sie bei größeren Kontingenten einen Preis, der unter dem 1,0-fachen Satz laut Gebührenordnung für Ärzte liegt. Eine andere Verhandlungsoption ist, dass das Labor medizinisches Personal zur Blutentnahme zur Verfügung stellt.

Ein Terminsystem sollte Mitarbeiterinnen und Mitarbeitern ein 6-Minuten-Zeitfenster zuweisen (bzw. buchbar machen), so dass die Blutentnahme im 6-Minuten-Takt erfolgen kann.

Eine Möglichkeit zur anonymen Verteilung von Befunden ist die **Vergabe von Codenummern**. Da alle Blutproben und jeder Laborbogen ohnehin mit einem Barcode-Etikett versehen werden, sollte das Labor diesen Code auch dem Mitarbeiter aushändigen. Die Laborbefunde werden nun anonym ohne Namen erstellt und in einem Umschlag mit dem Code bereitgestellt (z. B. beim Betriebsrat). Mitarbeiter können nun unter Vorzeigen des Codes ihren Befund dort abholen.

Eleganter geht es mit einer kleinen Download-Programmierung im Intranet. In einem Kundenprojekt stellte das Labor uns die Befunde (anonym) als separate PDFs zur Verfügung. Der Dateiname entsprach dem Code. Eine einfache Programmierung im Intranet erlaubte den Download des entsprechenden PDFs durch Eingabe des Codes. Da die Codes zufällige Nummernfolgen waren und keinerlei personenbezogene Angaben enthielten, ist diese Vorgehensweise datenschutzrechtlich in Ordnung.

Es ist notwendig und vorgeschrieben, dass ein persönliches ärztliches Befundgespräch angeboten werden muss. Hierzu wird ein Arzt engagiert, der mit interessierten Mitarbeitern (ca. 15 Minuten pro Person) deren Befundbogen bespricht. Diesen bringen die Mitarbeiter selbst mit. Eine Verordnung von Vitamin D kann über ein *grünes*

Rezept erfolgen, das jedoch keine Kostenerstattung durch eine Krankenkasse vor-
sieht.

Beachten Sie, dass keine Präparats- oder Dosierungsempfehlungen von nichtärztli-
chem Personal gegeben werden dürfen. Auch sollte im Rahmen der Kampagne von
einer Eigentherapie bzw. Selbstdosierung abgeraten und auf die Gefahr einer Überdosierung hingewiesen werden.

! **Beispiel: Vitamin-D-Screenings bei einem Kundenunternehmen**

Im Rahmen eines **Vitamin-D-Screenings bei einem Kundenunternehmen** im Dezember 2016
wurden 326 Mitarbeiterinnen und Mitarbeiter untersucht. 54 % der Mitarbeiter (< 20 ng/ml)
zeigten einen aktiven Osteoporoseprozess. Weitere 32 % lagen gemäß naturheilkundlicher
Definition (< 30 ng/ml) in einem Bereich, bei dem die Infektabwehr des Immunsystems geschwächt ist. Lediglich bei 15 % der Stichprobe lag ein angemessener Vitamin-D-Spiegel vor.

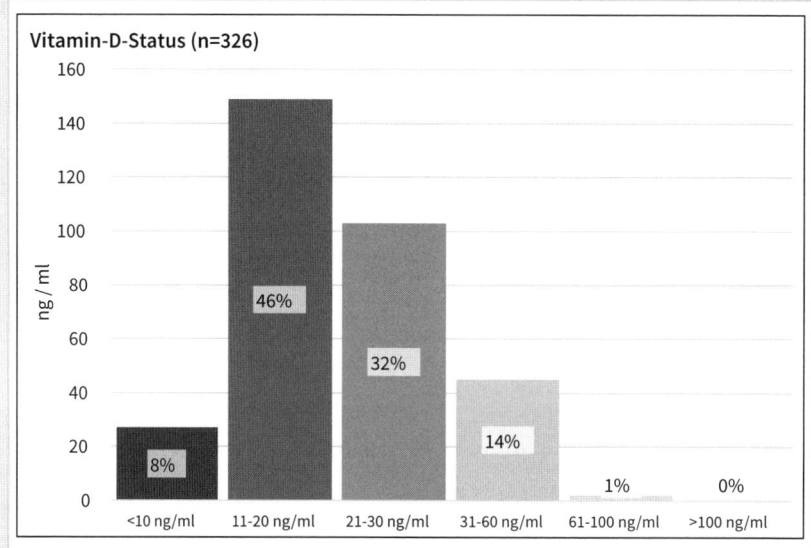

Abb. 64: Vitamin-D-Status der Mitarbeiterinnen und Mitarbeiter eines Unternehmens (Quelle:
eigene Darstellung, eigene Messung, 2016)

Bei dieser Vorgehensweise sind mit Kosten von ca. 40 bis 50 EUR (brutto) pro Mitarbeiter zu rechnen. Sie sollten einen Eigenanteil von Ihren Mitarbeiterinnen und Mitarbeitern verlangen. Dieser sollte bei 10 bis 20 EUR liegen. Ein eigener Kostenbeitrag
schützt vor Mitnahmeeffekten, bei denen viele Mitarbeiter kostenlos am Test teilnehmen, aber nicht die Absicht haben, ihren Vitamin-D-Spiegel zu verändern. Hier würde
das Kampagnenziel nicht erreicht werden. Durch den Eigenanteil erhält die Aktion
eine »Wertigkeit«. Viele Menschen haben die Einstellung »Wenn ich jetzt schon den
Test bezahlt habe, dann soll es sich aber auch auszahlen.«

Aktion 2

Verteilung von Selbsttest-Kits zur Vitamin-D-Messung.

!

Kostengünstiger und deutlich weniger aufwendig sind Vitamin-D-Selbsttest-Kits. Diese Testkits enthalten alle Materialien zur eigenen Entnahme von Blutstropfen aus dem Finger. Die Blutprobe wird vom Mitarbeiter mit dem bereitgestellten Versandmaterial portofrei ans Labor geschickt. Ein vom Laborarzt begutachteter Befundbogen sowie eine ausführliche Anleitung zur weiteren Vorgehensweise wird vom Labor an den Mitarbeiter nach Hause geschickt.

Unternehmen können mit den Anbietern solcher Tests eine Vereinbarung über Kommission und Rabatt treffen. Das bietet den Vorteil, dass unbenutzte Testkits zurückgesendet werden können.

Ein aktueller Marktüberblick zu in Deutschland verfügbaren Selbsttest-Kits sowie Gespräche über mögliche Rabatte ergaben Kosten in Höhe von 23 bis 29 EUR pro Person.

Diese Vorgehensweise hält den Vorgang der Blutentnahme und Befundzusendung komplett aus dem Unternehmen heraus, da die Mitarbeiterinnen und Mitarbeiter den Laborbogen mit ihrer privaten Anschrift ausfüllen. Eine Rückmeldung von Laborergebnissen ist dann allerdings nicht möglich, weil das Labor keine Möglichkeit hat, die Befunde zu filtern. Zudem fehlt die Wirkung eines aktivierenden ärztlichen Befundgespräches, so dass Sie hier eine Abwägung vornehmen müssen. Denn es ist zu befürchten, dass Mitarbeiter auch aus einem Vitamin-D-Mangelbefund keine Konsequenzen ziehen.

Desinfektionsmittel für Hände

Die Beschaffung von wirksamen Desinfektionsmitteln gegen Grippe- und Erkältungsviren sollte in Zusammenarbeit mit einer Fachkraft für Arbeitssicherheit erfolgen.

Linktipp

Eine Liste von Händedesinfektionsmitteln, die durch das Robert-Koch-Institut zugelassen sind, finden Sie hier:
https://www.rki.de/DE/Content/Infekt/Krankenhaushygiene/Desinfektionsmittel/Desinfektionsmittellist/Desinfektionsmittelliste_node.html (ab Seite 1279, Abschnitt 2.3)

!

Desinfektionstücher für Flächen

Es ist in Unternehmen nicht üblich, dass die Räumlichkeiten nach Krankenhausstandard gereinigt werden. Dies ist grundsätzlich auch nicht notwendig. In der Grippesaison sollte es jedoch möglich sein, die wichtigsten Ansteckungsflächen zu desinfizieren, zur Not auch durch die Mitarbeiterinnen und Mitarbeiter selbst, etwa wenn

Arbeitsplätze und Arbeitsmittel gemeinsam benutzt werden. Dazu eignen sich Desinfektionstücher. Achten Sie darauf:

- Die Desinfektionstücher sollten für empfindliche Oberflächen und technische Geräte zugelassen sein, um Abrieb, Verfärbungen und Beschädigungen zu vermeiden.
- Die Tücher sollten von Ihrer Sicherheitsfachkraft genehmigt werden. Gegebenenfalls ist eine Einweisung in die sichere Anwendung erforderlich.

Kein falsches Heldentum – Nicht krank zur Arbeit kommen
Allgemein freuen sich Führungskräfte nicht, wenn Mitarbeiter sich krankschreiben lassen. Doch im Fall von ansteckenden Erkrankungen brauchen Führungskräfte die Einsicht, dass Präsentismus den größeren Schaden verursacht. Führungskräfte sollten mit ihren Teams zu Beginn der Erkältungssaison eine Besprechung abhalten. Darin sollten die folgenden Punkte besprochen werden:

- Alle Mitarbeiter werden angewiesen, bei **eindeutigen grippalen Infektsymptomen** den Arbeitsplatz nicht mehr aufzusuchen (siehe: https://www.hno-aerzte-im-netz.de/krankheiten/influenza/anzeichen-und-verlauf.html).
- Es werden **Vertretungsregeln und Notfallpläne** für den Fall einer umfassenden Ansteckung der Abteilung gemacht. Diese Vorsorge hat zweierlei Effekte:
  - Mitarbeiterinnen und Mitarbeiter können ohne schlechtes Gewissen krank sein, weil sie wissen, dass ihre Arbeit nicht liegenbleibt.
  - Die Brisanz einer Ansteckung der ganzen Abteilung durch *falsches Heldentum* wird deutlich, so dass Mitarbeiter fürsorglich zu Hause bleiben.
- Bei **gemeinsam genutzten Arbeitsplätzen und Arbeitsmitteln** (Telefone, Tastaturen, Tische, Werkzeuge, Lenkräder usw.) **wird ein Desinfektionsplan im Team vereinbart**. Das erzeugt zunächst Unwillen, weil Mitarbeiter und Führungskräfte erwarten, dass die Reinigungskräfte dies durchführen. Da Reinigungsteams jedoch meist an Subunternehmen ausgelagert sind, ist eine korrekte Umsetzung der Desinfektion von Ansteckungsflächen nicht möglich bzw. nicht bezahlbar.

5.2.6   Phase 4: Lösungswege fördern

- Bei der Grippekampagne sind die Lösungswege im Falle einer Erkrankung vorhanden. Es sollte der Hausarzt aufgesucht werden.
- Für die Heilungsunterstützung wird Gesundheitswissen vermittelt und der Artikel »*Hausmittel bei Grippe und Erkältungen*« verteilt.
- Für die Verabreichung von Colostrum dürfen Sie keine Kaufempfehlung abgeben (!). Hier können Sie lediglich auf die Wirkung der vorgestellten Studienergebnisse im Artikel oder der Kampagnenzeitung hoffen, oder auf Mundpropaganda.
- Für die Verabreichung von Vitamin D dürfen Sie ebenfalls keine Präparate oder Markennamen nennen. Hier ist die Qualität des ärztlichen Befundgesprächs bzw. die Qualität der Befundmappe des Selbsttest-Kit-Labors entscheidend.

Fazit

Die »Wir lassen die Grippe ausfallen«-Kampagne gehört zu den aufwendigeren Kampagnen. Sie sollten etwa vier bis sechs Monate Vorbereitungszeit einplanen, da umfangreiche Gespräche mit verschiedenen Partner zu führen sind. Unterschätzen Sie auch die rechtliche Dimension nicht. Ich empfehle die Themen Datenschutz, unerlaubte Werbung und Heilmittelwerbegesetz von einem Rechtsanwalt prüfen zu lassen. Medizinische Ratgeberartikel sollten grundsätzlich von Ärzten geschrieben sein. Selbstgeschriebene Artikel sollten ausschließlich journalistisch berichten und sämtliche Aussagen mit wissenschaftlichen Quellen belegen können.

Lohnt es sich? Nun, um diese Frage beantworten zu können, sollten Sie prüfen, ob Ihr Krankenstand so aussieht wie in der folgenden Grafik (Abb. 65). Hatten Sie in den vergangenen Jahren einen »Erkältungshügel« im Krankenstand? Dann lohnt sich der Aufwand für diese Kampagne.

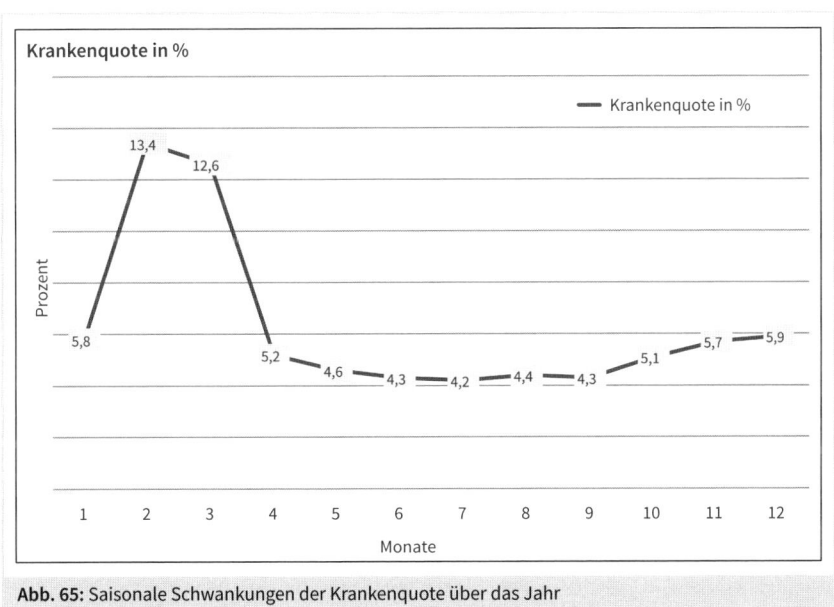

Abb. 65: Saisonale Schwankungen der Krankenquote über das Jahr

5.3   Angebote der aufsuchenden Gesundheitsförderung

Unter dem Stichwort *aufsuchende Gesundheitsförderung* werden Angebote verstanden, die an den Arbeitsplatz der Mitarbeiterinnen und Mitarbeiter herangetragen werden, anstatt in Kursräumen stattzufinden.

5.3.1 Beispiel 1: Rückenschule auf dem Büroflur

In einer Bank mit etwa 800 Mitarbeiterinnen und Mitarbeitern an einem Standort wurden Rückenschulkurse mit mäßigem Erfolg in einem Kursraum angeboten. Die Konzeptänderung sah vor, dass die beiden Rückentrainer in der Zeit von 11:15 bis 12:30 Uhr jeweils 30-minütige Kurse auf den Bürofluren anboten. Sie gingen dazu durch den jeweiligen Flur und luden die Mitarbeiterinnen und Mitarbeiter zum Mitmachen ein. Wichtiges Kurskriterium war, dass die Teilnehmer sich nicht umziehen mussten und nicht ins Schwitzen geraten durften. Die anfängliche Schüchternheit ist nach dem ersten Kurs und seinen spürbaren Effekten verschwunden. Mit dieser Vorgehensweise wurden ca. 400 Mitarbeiterinnen und Mitarbeiter innerhalb weniger Monate erreicht.

5.3.2 Beispiel 2: Rollendes Fitnessstudio

Gerade die Zielgruppe der gewerblichen Mitarbeiterinnen und Mitarbeiter wird mit Gesundheitsfördermaßnahmen kaum erreicht. Sie sind in Schichtpläne eingebunden oder arbeiten Akkord. Zudem besteht bei ihnen selten die Bereitschaft, vor oder nach der Arbeit im Unternehmen Angebote wahrzunehmen. Da insbesondere die Muskel-Skelett-Erkrankungen in Produktionsbereichen problematisch ist, werden immer mehr Angebote entwickelt, die direkt in der Produktionshalle am Band stattfinden können. In einigen Werken gibt es beispielsweise ein rollendes Fitnessstudio. Hier werden Übungen angeboten, die maximal drei bis fünf Minuten dauern. Aus einer Arbeitsgruppe verlassen immer nur wenige Mitarbeiter gleichzeitig ihren Arbeitsplatz für fünf Minuten, so dass kein Produktionsstop verursacht wird. Das rollende Fitnessstudio wird von Arbeitsgruppe zu Arbeitsgruppe geschoben und ein Trainer weist die Mitarbeiterinnen und Mitarbeiter in die Übungen und Geräte ein.

> **!** **Linktipp**
>
> Das **Institut für Betriebliche Gesundheitsberatung (IFBG)** ist ein Zusammenschluss aus Forschern der Universität Karlsruhe, München und Konstanz. Angebote zur aufsuchenden Gesundheitsförderung sind *Gesundheitslotsen*, *Gesundheitsexpress*, *Gesundheitsmobil* und *Gesundheitsstreife*. Link: www.ifbg.eu

5.3.3 Beispiel 3: Tour de REWE

Die REWE Group entwickelte einen Gesundheitsbus, der sich dem Thema Rückengesundheit für Mitarbeiterinnen und Mitarbeiter der REWE-Märkte widmet. In 2017 fand die *Tour de REWE* statt. Der Bus war ausgestattet mit verschiedenen Diagnosegerätschaften zur Rückengesundheit und zur Messung von Blutfettwerten, BMI, Bauchumfang sowie Stress- und Fitnesslevel, eine Medimouse für die Vermessung der

Wirbelsäule, ein Mobee-fit-System zur Vermessung der Beweglichkeit von Schultern und Nacken und einen Venencheck-Gerät. Ein Personaltrainer begleitete die Untersuchungen. Das Gesundheitsmobil fuhr REWE- und Penny-Märkte in NRW, Bremen, Hamburg und Niedersachsen an. Link: www.rewe-hu.de/betriebliches-gesundheits-management-tour-de-rewe-2017/

5.3.4   Beispiel 4: Physiotherapie inhouse

Wiederum auf die Rückengesundheit und den inneren Schweinehund abzielend gehen Unternehmen dazu über, Praxisräume für Physiotherapeuten auf dem Werksgelände und ein Terminbuchungssystem anzubieten. Ergänzt wird das Angebot durch eine Betriebsvereinbarung, die es Mitarbeiterinnen und Mitarbeitern erlaubt, innerhalb der Arbeitszeit – allerdings mit Ausstempeln – Physiotherapietermine wahrzunehmen. Durch die wegfallenden Wegezeiten sinkt die Teilnahmeschwelle und es kann eine frühzeitige Sekundärprävention eingeleitet werden. In Unternehmen mit einem hohen gewerblichen Mitarbeiteranteil oder mit einem niedrigen Lohnniveau sollten Physiotherapeuten vor Ort sein. In Unternehmen mit einem höheren Lohnniveau und einem höheren Bildungsstatus können auch Osteopathen inhouse angesiedelt werden. Da Osteopathen allerdings ziemlich gefragt sind, kann sich die Suche schwierig gestalten.

Darauf sollten Sie achten:
- Vermieten Sie die Räume an den Physiotherapeuten ordnungsgemäß. Damit gelten die Räume als Praxisräume außerhalb Ihrer Zuständigkeit. Der Physiotherapeut haftet für seine Arbeit allein. Um die Arbeit des Physiotherapeuten zu unterstützen, können Sie eine symbolische Miete festlegen.
- Der Physiotherapeut arbeitet auf eigene Rechnung und wird über die Krankenkassen der Mitarbeiterinnen und Mitarbeiter bezahlt. Die Mitarbeiter müssen ihre Gesundheitskarte mitbringen. Der Physiotherapeut erhält keinen Lohn vom Unternehmen. Ausnahmen sind etwa Schnupperangebote an Gesundheitstagen oder zur Einführung und Bewerbung des Angebotes.
- Die Behandlung gilt nicht als Arbeitszeit, sollte aber innerhalb der Arbeitszeiten stattfinden dürfen. Die Mitarbeiter müssen die Zeit also *ausstempeln*, dürfen aber ihre (Schicht-)Arbeit unterbrechen.
- Stellen Sie dem Physiotherapeuten unbedingt ein innerbetriebliches Terminbuchungssystem zur Verfügung, dass er von extern einsehen kann, damit er nicht umsonst in der Praxis erscheint, wenn keine Buchungen vorliegen. Legen Sie Stornoregelungen und Regelungen für Nichterscheinen fest, bei der die Kosten für den Termin dennoch fällig werden und der Mitarbeiter diese privat bezahlen muss. Nur so erzeugen Sie Termintreue.

5.4   Praxisbeispiel: Eindämmung von Muskel-Skelett-Erkrankungen

Ein Unternehmen aus der Gesundheitsbranche entwickelte 2017 zusammen mit der Berufsgenossenschaft für Gesundheitsdienst und Wohlfahrtspflege (BGW) ein herausragendes **Ergolotsen-Konzept**. Dabei ging es um die Eindämmung von Muskel-Skelett-Erkrankungen durch ein umfangreiches Ergoscout-Projekt bei einem medizinischen Versorgungsbetrieb in Kooperation mit der BGW.

Das Unternehmen mit über 100 Standorten und mehr als 4.000 Mitarbeiterinnen und Mitarbeitern, höherem Altersdurchschnitt und spezifisch rückenbelastenden Tätigkeiten bildete Ergolotsen aus: Die Ausbildung umfasste nicht nur ergonomische Fachthemen, sondern auch Gesprächsführung und Ansprache von Mitarbeitern *auf kollegialer Ebene* sowie Schulungsangebote für Führungskräfte und eine ergänzende Ausstattung mit ergonomischen Hilfsmitteln. Grundbedingung für den Erfolg war, dass die Führungskräfte als Erstes eine Schulung zum Thema »Gesund führen« absolvieren. Die BGW entwickelte das Ausbildungskonzept gemeinsam mit dem Unternehmen und stellte die Schulungsleiter zur Verfügung.

Das Projekt wurde evaluiert. Dazu wurden Mitarbeiter und Führungskräfte mehrerer Pilotstandorte vor der Schulungsmaßnahme befragt. Zusätzlich wurde eine Evaluationspostkarte entwickelt, die die Gesprächsqualität einzelner Beratungsgespräche zwischen Ergolotsen und Mitarbeitern bewertet.

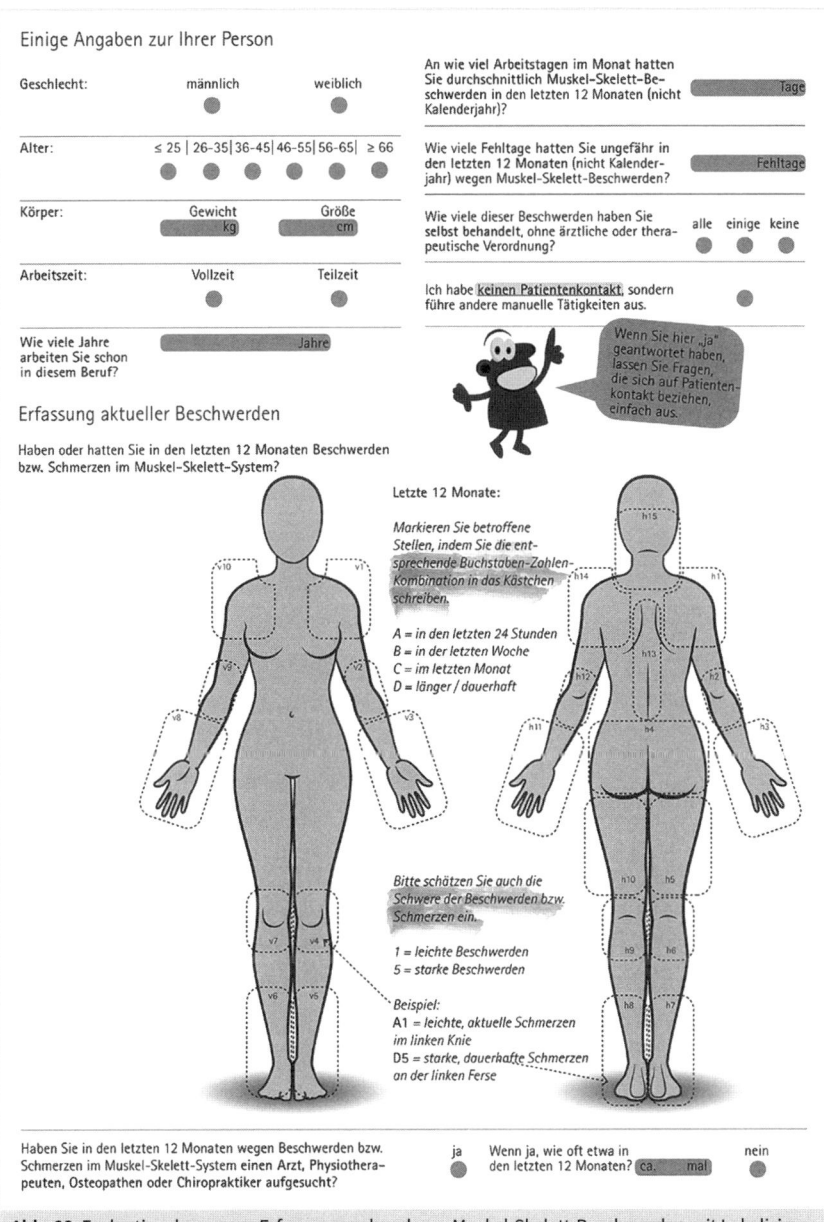

Einige Angaben zur Ihrer Person

Geschlecht: männlich   weiblich

Alter: ≤ 25 | 26-35| 36-45| 46-55| 56-65| ≥ 66

Körper: Gewicht   Größe
                        kg   cm

Arbeitszeit: Vollzeit   Teilzeit

Wie viele Jahre   Jahre
arbeiten Sie schon
in diesem Beruf?

An wie viel Arbeitstagen im Monat hatten
Sie durchschnittlich Muskel-Skelett-Be-
schwerden in den letzten 12 Monaten (nicht   Tage
Kalenderjahr)?

Wie viele Fehltage hatten Sie ungefähr in
den letzten 12 Monaten (nicht Kalender-   Fehltage
jahr) wegen Muskel-Skelett-Beschwerden?

Wie viele dieser Beschwerden haben Sie   alle einige keine
selbst behandelt, ohne ärztliche oder therapeutische Verordnung?

Ich habe keinen Patientenkontakt, sondern
führe andere manuelle Tätigkeiten aus.

*Wenn Sie hier „ja"
geantwortet haben,
lassen Sie Fragen,
die sich auf Patienten-
kontakt beziehen,
einfach aus.*

Erfassung aktueller Beschwerden

Haben oder hatten Sie in den letzten 12 Monaten Beschwerden
bzw. Schmerzen im Muskel-Skelett-System?

Letzte 12 Monate:

*Markieren Sie betroffene
Stellen, indem Sie die entsprechende Buchstaben-Zahlen-
Kombination in das Kästchen
schreiben.*

*A = in den letzten 24 Stunden
B = in der letzten Woche
C = im letzten Monat
D = länger / dauerhaft*

*Bitte schätzen Sie auch die
Schwere der Beschwerden bzw.
Schmerzen ein.*

*1 = leichte Beschwerden
5 = starke Beschwerden*

*Beispiel:
A1 = leichte, aktuelle Schmerzen
im linken Knie
D5 = starke, dauerhafte Schmerzen
an der linken Ferse*

Haben Sie in den letzten 12 Monaten wegen Beschwerden bzw.   ja   Wenn ja, wie oft etwa in   nein
Schmerzen im Muskel-Skelett-System einen Arzt, Physiothera-   den letzten 12 Monaten? ca.   mal
peuten, Osteopathen oder Chiropraktiker aufgesucht?

Abb. 66: Evaluationsbogen zur Erfassung vorhandener Muskel-Skelett-Beschwerden mit Lokalisierung der Beschwerden und Einschätzung des subjektiven Schweregrades und des Beschwerdezeit-
raums.

Selbstfürsorge & Gesundheitskompetenz

	fast immer	oft	manch-mal	fast nie
Wenn ich bei mir Krankheitssymptome wahrnehme, suche ich möglichst umgehend einen Arzt oder geeigneten Therapeuten auf.	●	●	●	●
Es kommt vor, dass ich Krankheitssymptome ignoriere, weil ich keine Zeit habe, mich darum zu kümmern, auch wenn es besser wäre.	●	●	●	●
Wenn ich Schmerzen habe, kann es vorkommen, dass ich lieber ein Schmerzmittel nehme, als mich frühzeitig darum zu kümmern.	●	●	●	●

	ziemlich genau	ungefähr	eher nicht	
Ich kenne Osteopathie und weiß, wofür ich diese Therapieform bei mir einsetzen kann.	●	●	●	

	fast immer	oft	manch-mal	fast nie
Obwohl ich die rückenschädigende Wirkung von nichtergonomischem Arbeiten kenne, achte ich nicht auf meinen Rücken, wenn es arbeitsplatzbezogene Hindernisse gibt.	●	●	●	●

	ziemlich genau	ungefähr	eher nicht	
Ich glaube, dass Rückenschmerzen nicht so schlimm sind, solange es kein Bandscheibenvorfall ist.	●	●	●	

Grad der Selbstfürsorge

Selbstfürsorge meint, wie sehr man sich um seine Gesundheit kümmert, einen einigermaßen gesunden Lebensstil führt, oder sich bei Krankheitsanzeichen frühzeitig darum kümmert.

Auf einer Skala von 1–10, für wie selbstfürsorglich halten Sie sich?

geringe Selbstfürsorge   hohe Selbstfürsorge

Abb. 67: Der Aspekt »Selbstfürsorge und Gesundheitskompetenz« wurde in die Evaluation aufgenommen, weil eine Hypothese war, dass es hier Handlungsbedarf gibt.

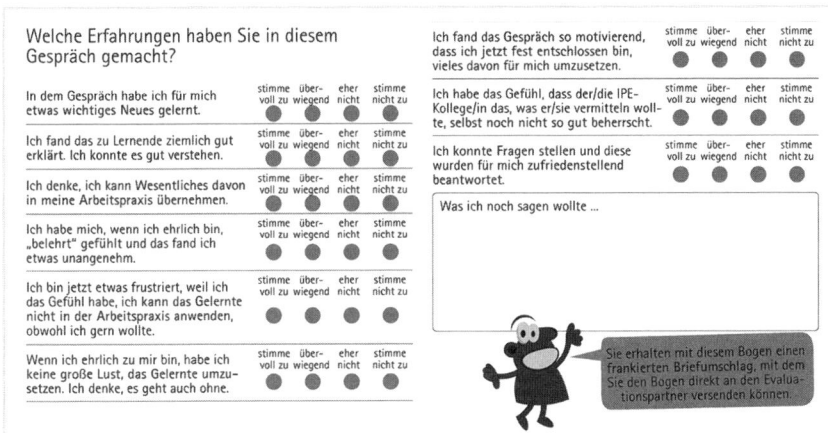

Abb. 68: Postkarte zur Evaluation von Gesprächsinteraktionen zwischen Ergolotsen und Mitarbeitern. Die Bewertung soll – ohne Rückschluss auf einzelne Ergolotsen – die Schulung der Gesprächsführung verfeinern.

In der **Erst-Evaluation** fanden sich einige spannende Befunde: So zeigte sich ein enger Zusammenhang zwischen dem Body-Mass-Index (BMI) und der Anzahl von Beschwerdetagen durch Muskel-Skelett-Erkrankungen.

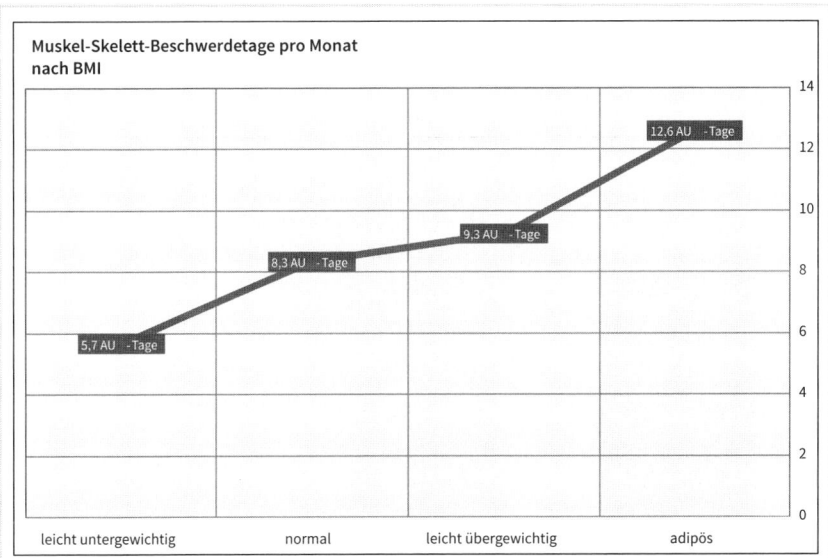

Abb. 69: Erst-Evaluationsergebnisse von 86 Mitarbeitern. Der Zusammenhang zwischen den Fehltagen aufgrund von Muskel-Skelett-Erkrankungen und dem BMI ist deutlich und zeigt, dass bei Kampagnen zur Reduktion von Muskel-Skelett-Erkrankungen Übergewicht und Ernährung ebenso thematisiert werden müssen. (Quelle: Eudemos, 2018)

Auch zeigte sich die vermutete **niedrige Gesundheitskompetenz bzw. Selbstfürsorge**. Viele Betroffene suchen einfach keine Hilfe auf.

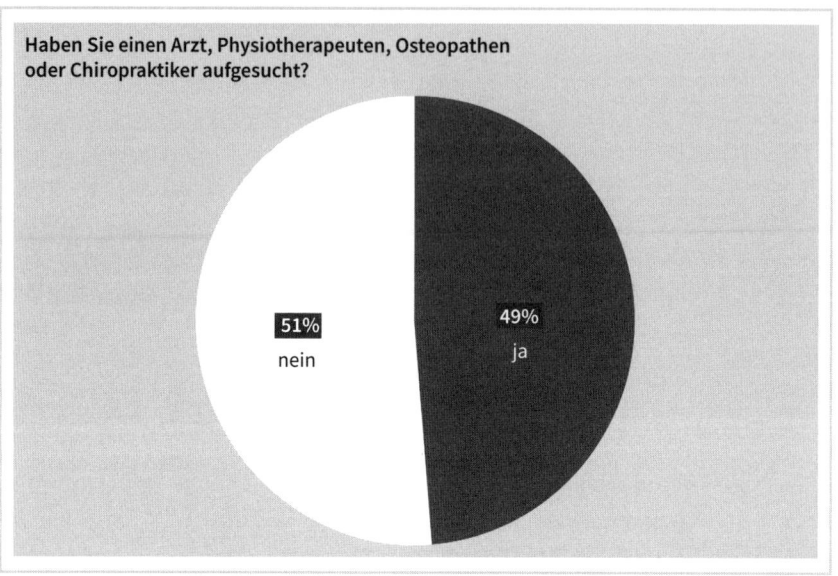

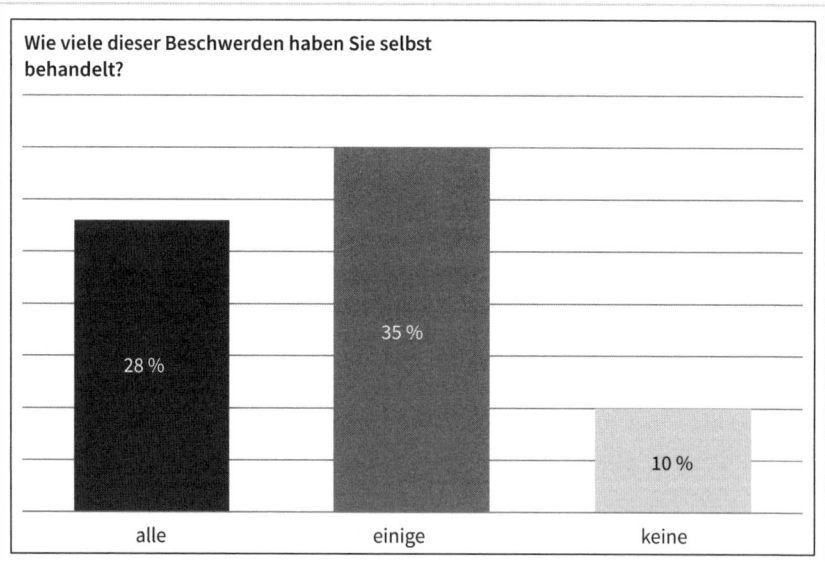

Abb. 70 und 71: Die Hälfte der Befragten gab an, bei einer bestehenden Muskel-Skelett-Erkrankung keine therapeutische Hilfe aufzusuchen. 28 % behandeln alle ihre Beschwerden selbst und nur 10 % suchen immer therapeutische Hilfe auf. (Quelle: Eudemos, 2018)

5.5   Praxisbeispiel: Körperliche Ursachen von psychischen Erkrankungen

Im Rahmen einer psychischen Gefährdungsbeurteilung fiel bei einer regionalen Bank mit etwa 2.000 Mitarbeiterinnen und Mitarbeitern ein deutlich erhöhter Wert von Erschöpfungssymptomen auf. Die arbeitsbezogenen Ursachen wurden erkannt und im Rahmen eines größeren Change- und Führungskräfteentwicklungs-Konzeptes adressiert. Eine zweite Hypothese lautete, dass die Erschöpfungssymptome durch den höheren Frauenanteil und einen erhöhten Eisenmangel ohne Anämieanzeichen mitverursacht worden sei. Im Rahmen einer Blutuntersuchung wurden 239 weibliche Mitarbeiter der Bank auf Ferritin im Serum untersucht.

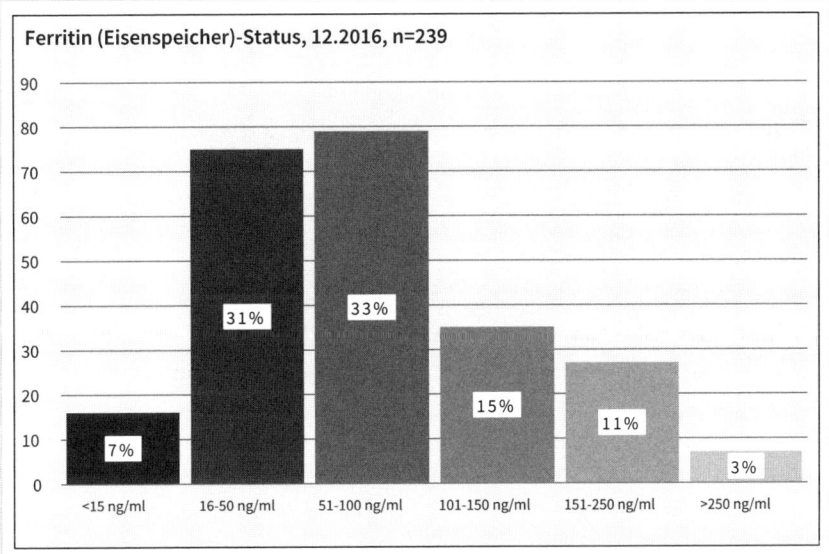

Abb. 72: Messung des Eisenspeicher-Laborwertes Ferritin bei 239 Frauen einer regionalen Bank. Die schulmedizinische Definition eines Eisenmangels beginnt bei Werten unter 15 ng/ml, wovon 7 % der Frauen betroffen waren. Eisenmangel ohne Anämie beginnt bereits bei deutlich höheren Ferritin-Serumwerten. Erschöpfung tritt auch unterhalb von 50 ng/ml auf. (Soppi, 2018; und Lang et al., 2014)

Dabei waren mindestens 38 % der Frauen von einem starken bis sehr starken Eisenmangel betroffen. Abbildung 72 zeigt die Serumwerte des Eisenspeichers Ferritin. Unterhalb von 15 ng/ml gilt das Vorliegen einer Anämie als erwiesen. Doch schon unterhalb von 50 ng/ml treten die typischen Erschöpfungssymptome, Müdigkeit, Kopf- und Menstruationsschmerzen sowie depressive Symptome auf. Lang et al. (2014) betonen, dass etwa die Hälfte der betroffenen Patientinnen durch die alleinige Messung des Hämoglobin-Wertes nicht erkannt wird, doch das ist gängige Praxis in Deutschland.

Als dritte Maßnahme wurde eine **digitale Informationskampagne zu den körperlichen Ursachen von psychischen Erkrankungen** entwickelt.

5.5.1 Ziel der Kampagne

Die Kampagne hat folgende Ziele: Verkürzung der Zeit zwischen Wahrnehmung von psychischen Symptomen und dem Aufsuchen eines geeigneten Arztes oder Therapeuten durch Aufklärung sowie Angebot einer niedrigschwelligen, geschützten Kontaktfläche.

5.5.2 Programmbestandteile der Kampagne

- **Vortragsfilm zum Auftakt:** Etwa einstündiger, »digitaler« Vortrag, der in das Thema einführt und im Rahmen eines Teammeetings angeschaut werden soll.
- **Zwei digitale Lernmodule:** Ein digitales Lernmodul zur Psychologie von Burnout, also zu den psychologischen Ursachen, und ein digitales Lernmodul zu den Differenzialdiagnosen von Burnout und Depression, also den eher körperlichen Ursachen.
- **Interdisziplinäre Gesundheitsberatung:** Die Mitarbeiterinnen und Mitarbeiter haben die Möglichkeit, bei gesundheitlichen (körperlichen oder psychischen) Beschwerden anonym die interdisziplinäre Gesundheitsberatung in Anspruch zu nehmen.
- Eine Reihe von **vertiefenden Artikeln** zu den unterschiedlichen Ursachen von psychischen Symptomen.
- **Zusätzlich für Führungskräfte:** Ein digitales Lernmodul »Früherkennung und Fürsorge« erläutert, wie Führungskräfte frühzeitig Mitarbeiterinnen und Mitarbeiter fürsorglich ansprechen und unterstützen können.

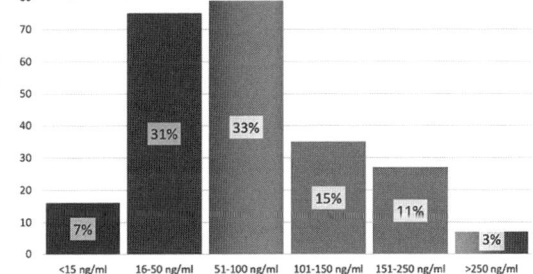

30 SEKUNDEN FÜR IHRE GESUNDHEIT

Wenn ein Burnout kein Burnout ist. Bei Erschöpfung, Depression & Co. liegen meist körperliche Ursachen zugrunde: z. B. Eisenmangel.

Als wir im November 2016 das Vitamin D- und Eisen-Screening organisierten, haben wir nicht mit diesen Ergebnissen gerechnet: 17 der untersuchten 239 Mitarbeiterinnen (7 %) der ～‸‸ ▮ ▮ ▮▰▰ ▰wiesen Anzeichen einer schweren Eisenmange-

lanämie auf. Und weitere 74 Mitarbeiterinnen (31 %) haben einen Eisenmangel ohne Anämie.

Die typischen Symptome eines Eisenmangels sind:

» Erschöpfung & Müdigkeit

» depressive Verstimmungen

» Menstruationsschmerzen

» Konzentrationsprobleme

» schlechteres Immunsystem

Einige dieser betroffenen Mitarbeiterinnen werden vermutlich eine Diagnose „Burnout" oder „Depression" und eine Verordnung von Antidepressiva erhalten haben.

Die Liste der körperlichen Krankheiten, Nährstoffmängel und hormonellen Veränderungen, die als Haupt- oder Nebensymptomatik depressive und Erschöpfungssymptome auf-

weisen, ist lang. Dazu gehören Nahrungsmittelunverträglichkeiten, Nebenwirkungen von Medikamenten, chronische Darmentzündungen, Veränderungen im Gehirnstoffwechsel, nicht erkannte Schilddrüsenunterfunktionen

Ferritin (Eisenspeicher)-Status, 12.2016, n=239

7%	<15 ng/ml
31%	16-50 ng/ml
33%	51-100 ng/ml
15%	101-150 ng/ml
11%	151-250 ng/ml
3%	>250 ng/ml

Ergebnisse des Eisen-Screenings im November/Dezember 2016 in der Berliner Volksbank.

oder eine Schlafapnoe. Deswegen startet das Gesundheitsmanagement eine Aufklärungskampagne zum Thema „Psychische und körperliche Ursachen von Burnout, Depression & Angst".

Wie Sie diese Kampagne in Ihrem Team starten können, erfahren Sie im Gesundheitsportal.

fit work
... auch von
zu Hause nutzbar

Abb. 73: Beispielposter der Kampagne (Quelle: eigene Darstellung)

5.5.3   Phase 1: Aufmerksamkeit erzeugen

Zum Einsatz kamen mehrere Toilettenposter und kurze Hinweisartikel im Intranet, das von allen Mitarbeiterinnen und Mitarbeitern regelmäßig gelesen wird. Zudem wurden die Führungskräfte über das Angebot informiert.

Andere Unternehmen, die diese Kampagne umgesetzt haben, integrieren sie beispielsweise in ihre betrieblichen Eingliederungsgespräche (BEM-Gespräche).

Da die regionale Bank viele verstreut liegende Filialen hatte, konnte kein Vortragsangebot realisiert werden. Stattdessen wurde ein **Vortragsfilm** erarbeitet. Der Film gab, analog zu einem Live-Vortrag, eine kurzweilige Übersicht über das Themenspektrum und stellte die im Folgenden dargestellten vertiefenden Lern- und Aktionsangebote vor.

5.5.4   Phase 2: Wissen vermitteln

Da Erschöpfung sowohl auf psychische als auch auf physiologische Ursachen zurückgehen kann, wurde die Entscheidung getroffen, **zwei digitale E-Learningmodule** zu entwickeln, die beide Themen mit jeweils etwa 60 Minuten Lernzeit vertieften.

Daneben gab es im **digitalen Gesundheitsportal**, einem Bereich des Intranets, **mehrere Artikel**, die einzelne Themen zusätzlich vertieften, etwa zur Schilddrüsenunterfunktion oder den inneren Leistungstreibern. Interessierte konnten so ihr Gesundheitswissen weiter vertiefen.

Abb. 74 und 75: Beispielartikel aus der digitalen Themenkampagne. Hier zu den Themen Glutenunverträglichkeit und Psyche sowie zum Zusammenhang von psychischem Stress und der biochemischen Entstehung von Schlafstörungen und Depression.

5.5.5   Phase 3: Aktionen der Kampagne

Folgende Angebote rund um die Kampagne wurden vorgehalten:
- psychosoziale Mitarbeiterberatung über einen EAP-Dienst
- Achtsamkeits-Workshops
- interdisziplinäre Gesundheitsberatung

Was ist eine interdisziplinäre Gesundheitsberatung?
Die interdisziplinäre Gesundheitsberatung wird als Äquivalent zur psychosozialen Mitarbeiterberatung konzipiert, allerdings mit einem interdisziplinären Ansatz. Mitarbeiterinnen und Mitarbeiter können sich mit gesundheitlichen Fragen an das interdisziplinäre Beratungsteam wenden. Das Beraterteam sollte einen nicht nur schulmedizinischen, sondern auch einen wissenschaftlich fundierten komplementärmedizinischen Blickwinkel mit Schwerpunkten in der Stressmedizin, der Ernährungsmedizin und Darmgesundheit, der Psycho-Neuro-Immunologie sowie der funktionalen Medizin haben.

An wen richtet sich die Beratung?
Die Gesundheitsberatung sollte sich insbesondere an belastete Mitarbeiterinnen und Mitarbeiter mit folgenden Auffälligkeiten richten:

- **Erschöpfungsanzeichen** (Schlafstörungen, Konzentrationsschwäche, nachlassende Leistungsfähigkeit, depressiv-bedrückte Stimmungslage, Müdigkeit nach der Arbeit usw.)
- **häufige Infekte**, Grippe und Erkältungen
- **Tinnitus**
- **Erschöpfungszustand nach Krebstherapie** oder Operation
- **psychische Auffälligkeiten**, depressive oder Angstsymptome
- **Kopfschmerzen, Migräne**
- Frauen mit **Menstruationsschmerzen** oder dem **prämenstruellen Syndrom**
- Menschen mit **Allergien** und **Nahrungsmittelunverträglichkeiten** und deren Folgeerscheinungen
- **Menschen, die einen Burnout hatten**, nun wieder arbeiten kommen, aber erneut Anzeichen von Überlastung zeigen
- Menschen mit **multipler chemischer Sensitivität**, Fibromyalgie, Elektrosensibilität usw.

Diese Auswahl ist nicht zufällig. Die Gesundheitsberatung soll eine Versorgungslücke schließen für häufige Erkrankungen, für die es im Moment noch keine ausreichende Versorgung gibt bzw. diese nur Symptome korrigiert, ohne Ursachenbehebung zu betreiben.

Ersetzt die Beratung einen Arztbesuch? Auf keinen Fall. Eine solche Beratung sollte mit dem Anbieter klar als eine *den Arztbesuch vorbereitende Orientierung* vereinbart werden.

Was ist das Ergebnis? Konkrete Handlungsoptionen und Orientierung im Gesundheitssystem sowie Unterstützung bei der Arzt- und Therapeutenwahl.

Was ist typischerweise der Gesprächsinhalt? Krankengeschichte und familiäre Vorbelastungen, aktuelle Symptome, frühere und jetzige Medikamenteneinnahme, private Lebenssituation, arbeitsbezogene Ursachen sowie bisherige durchgeführte Diagnostik und Therapien.

Wer bietet diese Art von Beratung an? Es gibt meines Wissens noch keine EAP-Anbieter, die dieses Thema aufgegriffen haben. Zum einen kommen Ärzte mit einer Spezialisierung auf Stressmedizin, Psycho-Neuro-Endokrino-Immunologie und naturheilkundlich arbeitende Neurologen und Psychiater in Frage (Letztere sind sehr selten).

Mögliche Partner:

- www.netzwerk-ganzheitsmedizin-berlin.de/aerzte.html →Fachrichtung »Psychiatrie« auswählen
- www.anthro-kliniken.de/deutschland.html
- Suchbegriffe: »naturheilkundliche Psychiatrie«

5.5.6   Phase 4: Lösungswege fördern

Die größte Hürde sind Selbstzahlerleistungen in der naturheilkundlichen Medizin. Gerade bei den körperlichen Ursachen von psychischen Erkrankungen sind teilweise aufwendige Laboruntersuchungen notwendig, die zwischen 100 und 500 EUR kosten können. Diese finanzielle Hürde macht es Menschen mit mittleren und niedrigen Einkommen häufig unmöglich, ein solches Angebot anzunehmen.

Eine probate Lösung stellt das Angebot einer betrieblichen Krankenzusatzversicherung dar, die auf den folgenden Seiten beschrieben wird.

5.6   Betriebliche Krankenzusatzversicherungen: Nutzen und Grenzen

In Deutschland besteht in großen Teilen der Bevölkerung der Anspruch, dass alle gesundheitlich relevanten Leistungen durch den Krankenkassenbeitrag abgedeckt sein müssen. Die Notwendigkeit, gerade im präventiven Bereich Zuzahlungen zu leisten, ist häufig nicht vermittelbar. In der gesetzlichen Krankenversorgung gibt es insbesondere in der Hausarztversorgung aufgrund des Vergütungssystems kaum Handlungsspielraum. Hausärzte, die wirtschaftlich arbeiten wollen, können ausführliche Patientengespräche und eine umfangreichere Diagnostik nicht leisten. Laborbudgets sind zu gering und die drohenden Strafzahlungen bei Budgetüberziehung motivieren nicht dazu, eine ursachenergründende Medizin zu betreiben. Die angedachte Überweisung an einen Spezialisten scheitert in der Praxis an langen Wartezeiten, woran auch die gesetzliche Termingarantie mangels Akzeptanz wenig ändert. Immer noch nehmen Arztpraxen gegen Ende eines Quartals keine gesetzlich versicherten Patienten mehr an, während Privatversicherte innerhalb weniger Tage einen Termin bekommen.

Es ist nicht die Aufgabe des betrieblichen Gesundheitsmanagements, politisch wirksam zu werden. Lassen Sie uns vielmehr nach **praktikablen Workarounds** suchen.

Eine praktikable Lösung ist – in Abhängigkeit einer intelligenten Vermarktung – der Abschluss einer betrieblichen Krankenzusatzversicherung. Sie hat folgende Effekte:

- **Einsparung von Kosten** bei betrieblich organisierten Vorsorgeuntersuchungen
- **Verbesserung der ambulanten Versorgung** und **Verkürzung von Wartezeiten**
- Stärkung der **Arbeitgeberattraktivität**
- **Bindung** von Leistungsträgern, Fach- und Führungskräften

Welche Tarife gibt es und welcher ist sinnvoll? Die Tariflandschaft ändert sich ständig, so dass es hier keinen Anspruch auf Vollständigkeit geben kann. Im Wesentlichen lassen sich die Angebote in die folgenden vier Kategorien einteilen:

- Vorsorgeuntersuchung und Check-up
- verbesserte Krankenhausversorgung
- Einzeltarife
- ambulante Versorgungsaufstockung

5.6.1 Vorsorgeuntersuchung und Check-up

In diesen Tarif-Paketen werden Vorsorgeuntersuchungen, die über den gesetzlichen Leistungskatalog hinausgehen, bis zu einer bestimmten Deckelung innerhalb eines Zeitraums bezahlt.

Ein Vorsorgetarif eignet sich für Angestellte und gewerbliche Mitarbeiter mit einem niedrigen Lohnniveau und sollte *arbeitgeberfinanziert* werden, da meiner Erfahrung nach diese Mitarbeitergruppen keine Bereitschaft für Zuzahlungen haben. Die Tarife lagen 2018 etwa bei 8 bis 12 Euro pro Mitarbeiter und Monat.

Bei Durchsicht der Tarife konnten wir berechnen, dass die Kosten eines solchen Tarifes etwa 50 bis 60 % der maximalen Leistungen entsprechen. Ein solcher Tarif macht also nur dann wirtschaftlich Sinn, wenn Vorsorgeuntersuchungen arbeitgeberseitig im Rahmen des BGMs organisiert werden und eine hohe Nutzungsquote erreicht wird.

Sie müssen damit rechnen, dass die Versicherungsgesellschaft bei einer hohen Schadenquote (so nennt eine Versicherungsgesellschaft die Nutzung ihrer Tarife) nach ein paar Jahren den Vertrag kündigt oder den Beitrag erhöht.

Eine positive Ausnahme bietet ein Unternehmen, dass mit Gutscheinheften arbeitet. Hier erhält der versicherte Arbeitnehmer ein Coupon-Heft mit – je nach Alter und Geschlecht – sieben bis zehn definierten Vorsorgeuntersuchungen. Der Arbeitnehmer kann zu jedem Facharzt gehen und diese Untersuchung durchführen lassen. Der Arzt reicht den Coupon bei der Versicherung ein und erhält sein Honorar ausgezahlt.

Kritik: Bei Prüfung des Vertragswerks einzelner Vorsorgetarife sind uns Einschränkungen auf bestimmte GOÄ-Ziffern[34] aufgefallen. So wird zum Beispiel eine vorsorgliche Überprüfung des Vitamin-D-Spiegels von einzelnen Versicherungsgesellschaften nicht übernommen. Auch in den an sich praktischen Coupon-Heften fehlen relevante Vorsorgeuntersuchungen aus dem Naturheilkundebereich.

5.6.2   Verbesserte Krankenhausversorgung

Diese Tarife sind bekannt als »Chefarzt-/Einzelzimmer-Aufstockung« und umfassen eine Reihe von Verbesserungen der Krankenhausversorgung.

Meine Einschätzung ist, dass diese Tarife bei höheren Führungskräften *arbeitgeberfinanziert* als Bindungsinstrument geeignet sind, im betrieblichen Gesundheitsmanagement aber keine Wirkung im Sinne der Ziele entfalten, weil die Krankenhausaufenthalte schlicht zu selten vorkommen und die verbesserte Versorgung sich nicht auf die Geschwindigkeit der Heilung auswirkt.

5.6.3   Einzeltarife

In dieser Kategorie wird eine ganze Reihe von Tarifen angeboten, die nur einzelne Aspekte betreffen:

- **Zahnzusatz:** Es werden Kosten für teure Zahnbehandlungen, Brücken und Kronen übernommen. Der Tarif ist an sich sinnvoll, wirkt als Bindungsinstrument und stärkt die Arbeitgeberattraktivität. Er wirkt sich aber nicht auf die Ziele des Gesundheitsmanagements aus.
- **Brille:** Es werden Kosten für ein Brillengestell und Gläser übernommen. Für Brillenträger sehr sinnvoll, jedoch keine Zielwirkung im BGM.
- **Heilpraktiker:** Es werden Kosten für Heilpraktiker-Leistungen bis zu einer bestimmten Leistungsgrenze innerhalb eines Zeitraums übernommen. Da die Qualität von Heilpraktikern stark schwankt – die Bandbreite reicht von Arztniveau bis Scharlatan –, ist der Nutzen nur schwer abzuschätzen. Da insbesondere Frauen und Mitarbeiter mit höheren Bildungsniveau und Sozialberufe zur Nutzung von Heilpraktikern tendieren, sollten Sie anhand Ihrer Mitarbeiterschaft einen solchen Tarif *arbeitnehmerfinanziert* anbieten.
- **Telemedizin:** Spannend finde ich die Entwicklung von telemedizinischen Angeboten. Hier profitieren vor allem Firmen außerhalb von Städten und Ballungszentren, denn Mitarbeiterinnen und Mitarbeiter haben häufig längere Anfahrtswege zu

---

34   Gebührenordnung für Ärzte: Leistungskatalog, nach dem Ärzte bezahlt werden.

Ärzten. Durch das 24 Stunden täglich verfügbare Telemedizin-Beratungsangebot könnte der Präsentismus sinken und das frühzeitige Konsultieren eines Arztes außerhalb der Arbeitszeiten erfolgen. Eine klare Empfehlung für den ländlichen Raum.

5.6.4   Ambulante Versorgungsaufstockung

Zum Schluss möchte ich den aus meiner Sicht wichtigsten Tarif in Bezug auf die BGM-Ziele vorstellen. Der Tarif hat unterschiedliche Bezeichnungen, wird bei den Versicherungsgesellschaften intern als Kostenerstattungstarif bezeichnet.

Die Versicherung übernimmt beispielsweise 80 bis 100 % aller privatärztlich-ambulanten Leistungen meist bei Vorleistung einer gesetzlichen Krankenkasse. Hier liegt der Teufel im Detail und der Tarif braucht eine intensive Vermarktung, um genutzt zu werden:

Viele Versicherungsgesellschaften lassen eine Deckungslücke von etwa 10 % für den privatärztlichen Leistungsteil. Das ist an sich nicht problematisch. Dies wird an einem Rechenbeispiel deutlich: Ein Arzt führt Leistungen mit Kosten in Höhe von 1.400 EUR durch. Davon entfallen 400 EUR auf Leistungen der gesetzlichen Krankenkasse. Der Krankenzusatzversicherer übernimmt 90 % vom Rest, so dass die Zuzahlung nur noch 100 EUR beträgt.

Allerdings gibt es bei einigen Versicherungsgesellschaften die Vorbedingung, dass eine gesetzliche Krankenkasse einen Teil der Leistung bezahlen muss, sonst sinkt der Zuzahlungsanteil zum Beispiel auf 60 % und man muss selbst 40 % übernehmen. Bei 1.400 EUR Kosten trägt der Krankenzusatzversicherer nur 840 EUR und der Patient zahlt 560 EUR.

Die dritte Hürde ist das Kostenerstattungsverfahren. Bevor man diesen Tarif nutzen kann, muss der Mitarbeiter für einen bestimmten Zeitraum in das Kostenerstattungsverfahren wechseln. Er erhält vom Arzt eine Rechnung nach Hause geschickt und muss diese a) bei seiner gesetzlichen Krankenkasse und b) beim Krankenzusatzversicherer einreichen. Die Erstattung erfolgt auf sein privates Konto und er muss die Arztrechnung bezahlen.

Das ist an sich kein Problem, da die Auszahlung erfahrungsgemäß schnell erfolgt und man die Arztrechnung solange »liegen lassen kann«. Doch dieser Vorgang ist für Menschen, die die Zusammenarbeit mit privaten Krankenversicherungen nicht kennen, fremd und angstbesetzt.

Einige gesetzliche Krankenkassen sind hier wenig zuvorkommend. Sie legen in ihren Bestimmungen fest, dass ein solcher Wechsel hinein und wieder heraus aus dem Kostenerstattungsverfahren nur einmal jährlich möglich ist. Andere lassen bereits nach drei Monaten das Zurückwechseln wieder zu.

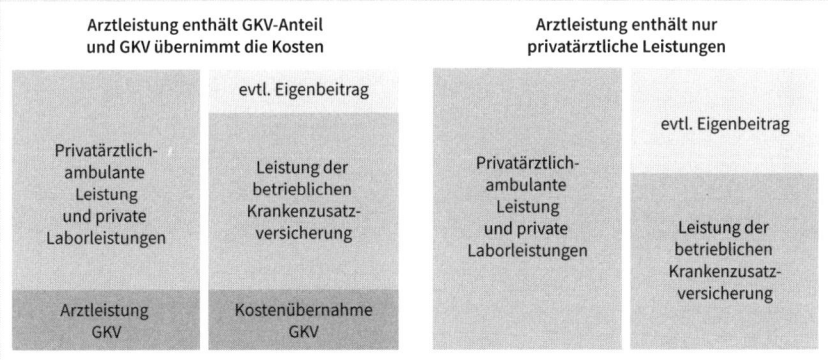

Abb. 76: Darstellung der Kostenübernahme bei Kostenerstattungstarifen, abhängig vom Vorhandensein von Leistungen der gesetzlichen Krankenversicherung (GKV).

6 Gesundheitsorientiertes Führen

Themen in diesem Kapitel

Das Angebot von »Gesund Führen« ist breit und unstrukturiert. Es werden unterschiedliche Konzepte und Lernaufträge miteinander vermischt. Die fehlende Differenzierung macht es Laien schwer, passende Angebote auszuwählen. Häufig hofft man darauf, dass der Anbieter schon wisse, was er tut, und möchte lediglich erreichen, dass Führungskräfte »sich für das Thema öffnen«. Doch leider geht das regelmäßig schief.

Die Motivation von Führungskräften für eine gesundheitsorientierte Führung gelingt mit diesen drei Schritten: **Verhältnisse** schaffen, **Haltung** bearbeiten und **Verhaltensänderungen** üben und verlangen. Dafür ist die Entwicklung bestimmter Werkzeugkompetenzen zwingend erforderlich. Zudem ist das Einrichten einer digitalen Toolbox für Führungsthemen, Gesundheitswissen und Lösungsangebote notwendig, um Führungskräfte zu entlasten.

Die **Gestaltung von Lernen** sollte sich am vorgestellten Strukturmodell *nachhaltiges Lernen* orientierten. In Kapitel 6.3 erfahren Sie, wie von der Kommunikation bis zur Transferbegleitung eine gelingende Lernkampagne aufgebaut werden sollte.

6.1 Gesund Führen: eine Begriffsverwirrung

Als etwa 2009 das Thema »Gesund Führen« aufkam, trieb dies einige Stilblüten hervor, über die man schon damals den Kopf schütteln konnte. So verband ein Anbieter *Leadership* mit *Marathon* und forderte von Führungskräften, ihre Zielstrebigkeit, die sie als »Leader« bräuchten, durch Extremsport weiter zu entwickeln. Kritisch sehe ich auch Seminare zur *Achtsamkeit in der Führung*, die zu einem sehr frühen Zeitpunkt in der BGM-Arbeit angesetzt werden. Nicht, weil ich Achtsamkeit ablehne (ganz im Gegenteil), sondern weil dieses Thema keinesfalls zu früh behandelt werden sollte. Unvorbereitete Führungskräfte, denen die Grundlagen partnerschaftlicher Menschenführung fehlen, die keine vorbereitete Haltung und Offenheit für Achtsamkeit haben, können damit wenig anfangen und reduzieren das betriebliche Gesundheitsmanagement auf *»so einen Quatsch«*.

Es haben sich im Laufe der Zeit mehrere vernünftige Konzepte am Markt etabliert, die sich in vier Gruppen kategorisieren lassen:

* In **Gesundheitsseminaren für Führungskräfte** geht es um eigene Lebensstilthemen und Stressbewältigungskompetenzen.

- **Achtsamkeitsseminare für Führungskräfte** zielen auf die verbesserte Stressbewältigung bzw. Stressmodulation der Führungskräfte und auf ein verändertes Führungsverhalten. Dieses Thema sollte meines Erachtens später behandelt werden.
- **Psychologie der Führung** beschreibt Seminare, in denen psychologisches Handwerkszeug vermittelt wird, etwa eine einfühlsame Gesprächsführung oder die psychologischen Grundbedürfnisse von Menschen.
- Als **Werkzeugkompetenz-Seminare** werden Lehrgänge bezeichnet, die spezifisches Werkzeugwissen vermitteln, etwa »Suchterkrankungen am Arbeitsplatz« oder »Rückkehrgespräche«.

Jedes dieser Themen hat seine Berechtigung, doch nur dann, wenn Sie ein klares übergeordnetes Ziel und konkrete Lernziele formuliert haben. Ein solches übergeordnetes Ziel ist die Etablierung einer sensiblen Früherkennung gesundheitlicher Fehlentwicklungen und das ebenso frühzeitige Anbieten passgenauer Lösungsoptionen, wie in Kapitel 1.3 beschrieben.

Eine Gesund-Führen-Strategie braucht klar benannte Ziele
In Kapitel 1.3 beschreibe ich die **Strategie einer sensiblen Früherkennung gesundheitlicher Fehlentwicklungen bei Mitarbeiterinnen und Mitarbeitern und das passgenaue Lösungsangebot**. Dies ist meines Erachtens die wesentliche Aufgabe von Führungskräften im betrieblichen Gesundheitsmanagement. Auch andere Ansätze, wie die Etablierung eines partnerschaftlichen Führungsstils, sind nur Teilaspekte der Früherkennungsstrategie. Ein partnerschaftlicher Führungsstil reduziert die sozialen Stressoren und damit seelischen Stress, ermöglicht Sinnerleben und Werteverwirklichung (bzw. vermeidet Werteverletzungen) am Arbeitsplatz und schafft eine vertrauensvolle Beziehung, die Früherkennung aufgrund vertrauensvoller Gespräche erst möglich macht.

Für eine »Gesund-Führen-Strategie« lassen sich die folgenden **Ziele** formulieren:
- Unsere Führungskräfte sollen die Notwendigkeit einer gesundheitsorientierten Führungskultur verstanden und akzeptiert haben. Sie können sie in Bezug zum Unternehmenserfolg setzen und wesentliche wirtschaftliche und nichtwirtschaftliche Erfolgsfaktoren benennen. (→ Haltungsziel)
- Unsere Führungskräfte haben die Wichtigkeit einer frühzeitigen Ansprache von gesundheitlichen Fehlentwicklungen und gerade das Beheben arbeitsbezogener Belastungsfaktoren verstanden und setzen diese Strategie dauerhaft um. (→ Haltungs- und Verhaltensziel)
- Unsere Führungskräfte entwickeln zunehmend eine gute Gesundheitskompetenz, interessieren sich für die angebotenen Gesundheitswissensangebote und nehmen Vorsorgeangebote gut an. (→ Haltungsziel)
- Sie kennen die relevanten Werkzeuge zur Früherkennung, wie das Rückkehrgespräch, das Fürsorgegespräch und das Fehlzeitengespräch, und wissen, was das betriebliche Eingliederungsmanagement ist. (→ Verhaltensziel)

- Sie kennen die Themen der Toolbox und lernen nach und nach die dort angebotenen Themen. (→ Verhaltensziel)
- Sie kennen die relevanten Lösungsangebote, Gesundheitswissensangebote und Unterstützungspartner und setzen sie im Rahmen ihrer Fürsorgearbeit gezielt ein. (→ Verhaltensziel)

Sie sehen, dass die Aufgabe allein schon durch die Zielformulierung klarer wird. Denken wir vom gewünschten Verhalten her und nicht von den Maßnahmen, so richten sich die Maßnahmen auf die formulierten Ziele aus und nicht umgekehrt. Am Anfang jeder Überlegung steht immer die Frage: »Wer soll am Ende was genau tun oder nicht mehr tun?« Wenn das klar ist, überlegen Sie, wie sich das erreichen lässt. Sie denken nicht: »Welche Maßnahme könnte ich denn heute einsetzen?«

6.2 Grundstruktur eines Gesund-Führen-Curriculums

Im Folgenden entwickle ich eine Grundstruktur für das Thema »Gesundheitsorientiertes Führen«, die sämtliche Gesundheitsangebote sinnvoll einordnet und notwendige Querbezüge und Wirkvoraussetzungen aufzeigt.

Seminare verpuffen in ihrer Wirkung meist innerhalb weniger Wochen und es tritt keine dauerhafte Verhaltensänderung bei Führungskräften hin zu einem gesundheitsorientierten Führen ein. Für eine dauerhafte Verhaltensänderung braucht es drei sogenannte **Veränderungsbedingungen**:

- Zunächst eine **Haltungsveränderung**, etwa die Einsicht, dass ein partnerschaftlicher Führungsstil tatsächlich eine hohe Relevanz für den Unternehmenserfolg hat und Rückkehrgespräche dabei helfen, frühzeitig auf gesundheitliche Fehlentwicklungen aufmerksam zu werden.
- Verschiedene **Verhaltensanweisungen und Werkzeugkompetenzen** – etwa Rückkehrgespräche –, um gewünschte Verhaltensweisen auch konkret zeigen zu können.
- Passende **Verhältnisse**, die eine Verhaltensänderung auch ermöglichen, also zum Beispiel eine Betriebsvereinbarung, die Rückkehrgespräche als mitbestimmungspflichtigen Gesprächstyp auch wirklich erlauben.

Nicht überstürzt handeln

»Wir machen erstmal ein Führungskräfteseminar.« So beginnen viele Unternehmen mit ihrem betrieblichen Gesundheitsmanagement. Mein Rat: »Nein, machen Sie das erst viel später!« Denn es ist zwar verhältnismäßig einfach, Führungskräfte zu einer Haltungsänderung zu bewegen, doch Sie sollten im Vorfeld festlegen, welche Werkzeugkompetenzen gebraucht werden und welche Verhältnisanpassungen notwendig sind. Am Beispiel **Suchterkrankungen am Arbeitsplatz** möchte ich im Folgenden verdeutlichen, warum planvolles Vorgehen essenziell ist:

- Bevor überhaupt irgendwer geschult wird, sollte eine **Meinungsbildung** in kleinem Kreis stattfinden. Dabei wird geklärt, welche Regeln im Unternehmen überhaupt gelten sollen. Punktnüchternheit (alkoholfreie Zeiten), Stufenplan, Kündigung mit Wiedereinstellungsgarantie?
- Wenn das steht, brauchen Sie eine **Betriebsvereinbarung** mit dem Betriebs- oder Personalrat.
- Dann sollten Sie die **Regeln schriftlich aufbereiten**, etwa in Form von Broschüren, einem E-Learning und Erklärfilmen.
- Erst jetzt erfolgt die **Schulung der Führungskräfte** mit zwei Zielen:
    - einer Haltungsänderung, die zur Folge hat, dass Führungskräfte die Relevanz des Themas begreifen und verinnerlichen, und
    - eine Werkzeugkompetenzvermittlung bezüglich rechtssicherem Verhalten im Umgang mit akut berauschten Mitarbeitern und der Gesprächsführung im Stufenplan.

    Führungskräfte werden in diesen Schulungen nach konkreten Anweisungen fragen, an denen sie sich orientieren können.
- Nach der Schulung erfolgt ein **Rollout im gesamten Unternehmen**, bei dem die Führungskräfte eng eingebunden sind.

Zwischen dem Start und der Führungskräfteschulung liegen sechs bis zwölf Monate und das Projekt ist ziemlich umfangreich.

Im Folgenden lernen Sie ein umfassendes Führungskräfte-Curriculum »Gesund Führen« kennen. Achten Sie bitte auf die Querverweise und Abhängigkeiten.

Verhältnisse	Haltung	Verhalten
<ul><li>Betriebsvereinbarungen</li><li>kulturelle Erlaubnis für gewünschte Verhaltensweisen</li><li>Lösungspartner (psychologische Mitarbeiterberatung, Employee Assistent Programs, Sozialberatung u. v. m.)</li><li>Gesundheitswissensangebote im Intranet oder in Kampagnen für Mitarbeiter</li><li>betriebliche Krankenzusatzversicherung</li></ul>	<ul><li>Vortrag: »Betriebswirtschaftliche Aspekte von BGM«</li><li>Vortrag: »Körperliche Ursachen von psychischen Erkrankungen«</li><li>Vortrag: »Wie entsteht Krankheit – das multifaktorielle Krankheitstrichtermodell«</li><li>Vorsorge-Screening*</li><li>Gesundheitsseminare</li><li>Psychologie der Führung**</li></ul>	<ul><li>Früherkennung und Fürsorgegespräche</li><li>Rückkehrgespräche</li><li>Umgang mit Mobbing</li><li>Suchterkrankungen am Arbeitsplatz</li><li>Arbeitssicherheits-Unterweisungen</li><li>Vorsorge-Screening</li><li>Anleitungen zur Ergebnisaufarbeitung der Gefährdungsbeurteilung psychischer Belastungen</li></ul>

Verhältnisse	Haltung	Verhalten
• Führungskräfte-Toolbox • Vorsorge-Screening • Gefährdungsbeurteilung psychischer Belastungen	• Grundlagen der partnerschaftlichen Führung	• Gesundheitsförder-Angebote (Sport, Ernährung, Stressbewältigung)
* Das Vorsorge-Screening taucht im Modell dreimal auf, weil es erstens ein Lösungsangebot ist, zweitens sehr stark die Haltung von Menschen verändert und drittens maßgeblich das Verhalten motiviert. ** Teile davon gehören in die dritte Spalte »Verhalten«.		

Tab. 12: Beispiele für die drei Veränderungsbedingungen

Verhältnisse schaffen

Diese drei Veränderungsbedingungen setzen Sie von links nach rechts um. Schaffen Sie zunächst die **Verhältnisse**, verhandeln Sie Betriebsvereinbarungen, stellen Sie unbedingt eine digitale Führungskräfte-Toolbox mit einer Sammlung aller Lösungs- und Unterstützungsangebote und -partner zusammen, bereiten Sie die Möglichkeit der Vermittlung von Gesundheitswissen vor. Auch die Gefährdungsbeurteilung gehört zu den Verhältnissen, mit denen Sie den Boden bereiten, um eine Haltungsänderung einzuleiten.

Haltung verändern

Die **Haltung** insbesondere von Führungskräften ändern Sie am einfachsten über Selbsterfahrung. Wirksam sind hier Gesundheitsseminare in Kombination mit einer vorgelagerten Vorsorgeuntersuchung. Hier sollten Sie nicht nur die üblichen Screenings machen, die viele Kliniken anbieten, sondern auch mit einem Stressmediziner zusammenarbeiten, der eine wesentlich feinere Analyse von neuro-endokrino-immunologischen Stressschäden vornehmen kann. Das Seminar selbst bieten Sie möglichst nicht in einem Hotel an. Wählen Sie stattdessen ein ländliches Seminarhaus mit Bio-Verköstigung und der Möglichkeit, Sport, Meditation, Yoga und andere Praxiseinheiten durchführen zu können.

Verhaltensänderung

Ist die Haltung der Führungskräfte für das Thema geöffnet, folgt nun die Vermittlung von Werkzeugkompetenzen und Handlungswissen, also die **Verhaltensänderung**. Hier bietet sich eine ganze Bandbreite von Lernmodulen an: digitale und Präsenz-Lernwerkstätten, Vorträge, Lernfilme, Handbücher bzw. Beiträge in der Führungskräfte-Toolbox.

Abbildung 77 zeigt eine umfangreiche Lernlandschaft aus einem mehrjährigen Projekt zur Einführung eines gesundheitsorientierten Führungsstils. Folgendes sollten Sie dabei beachten:

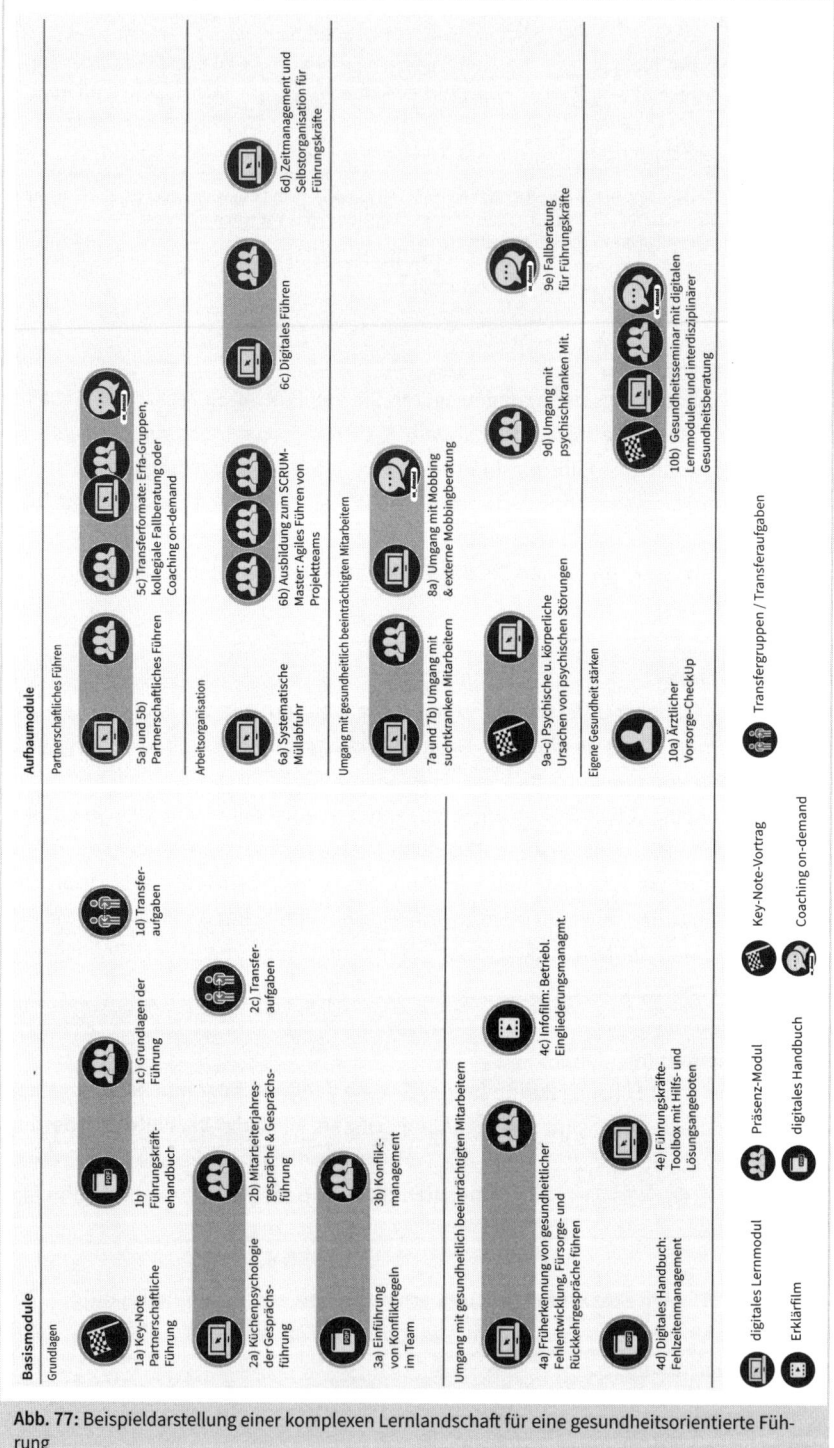

Abb. 77: Beispieldarstellung einer komplexen Lernlandschaft für eine gesundheitsorientierte Führung

- Sie benötigen für ein solches Projekt eine oder mehrere **Auftaktveranstaltungen mit verbindlicher Teilnahme**, in der Sie die Führungskräfte mit einem inhaltlichen Vortrag, etwa zu den *betriebswirtschaftlichen Aspekten von Gesundheitsmanagement,* abholen und öffnen.

- Beginnen Sie mit den **Grundlagen von Führung**, Modulen zur *Küchenpsychologie,* den *Basis-Mitarbeitergesprächen* und einfachen Modulen zum *Konfliktmanagement.*

- Alle Lerneinheiten benötigen eine Transfersicherung über sogenannte »**Erfa-Gruppen**«. Das sind halbtägige Veranstaltungen von Führungskräften, in denen das Gelernte wiederholt wird und Erfahrungen, Schwierigkeiten und Erfolgserlebnisse ausgetauscht werden. Zudem wird mit kollegialer Fallberatung eine Intervision oder, falls erforderlich, eine Supervision durchgeführt.

- In der Kategorie **Umgang mit gesundheitlich beeinträchtigten Mitarbeitern** gehören die Themen *Früherkennung von gesundheitlichen Fehlentwicklungen, Fürsorgegespräche, Rückkehrgespräche, Fehlzeitengespräche* und das *betriebliche Eingliederungsmanagement.*

- Wichtig ist, dass hier bereits die **Führungskräfte-Toolbox** mit allen Hilfs- und Lösungsangeboten, Kontaktdaten zu Lösungspartnern und weiteren Ansprechpartnern bereitsteht, damit Fürsorge- und Rückkehrgespräche auch erfolgreich geführt werden können. Ohne eine solche Toolbox gelingen diese Gespräche nicht.

- In den Aufbaumodulen sollte das Thema **partnerschaftliche Führung** vertieft werden. Es geht hier um Themen der Partizipation, Vertrauensentwicklung, Verbindlichkeit, transparente Kommunikation und die Berücksichtigung sogenannter psychologischer Grundbedürfnisse in der Führungsarbeit. Hier sind die *Erfa-Gruppen* oder ein bedarfsorientiertes Coaching für die Transfersicherung unerlässlich.

- Zu den Aufbaumodulen gehören Werkzeugkompetenzen, wie der **Umgang mit suchtkranken Mitarbeitern** oder der **Umgang mit Mobbing** *im Team.*

- Vielleicht überraschend, aber letztlich verständlich, gehören Themen zur Verbesserung der **Arbeitsorganisation** in Teams oder eine Werkzeugkompetenz wie das **digitale Führen** oder **Zeit- und Selbstmanagement für Führungskräfte** zur Lernlandschaft, weil diese – wenn sie fehlen – häufig als Stressoren benannt werden. Möglicherweise könnte hier für bestimmte Teams auch die Arbeit nach Scrum (*agiles Arbeiten im Team*) eingeführt werden.

- Aufbauwissen für den Umgang mit gesundheitlich beeinträchtigten Mitarbeitern vertieft das Verständnis für die **Psychologie von Burnout** oder auch das Spezialwissen über **körperliche Ursachen von psychischen Erkrankungen**. Beides verhilft Führungskräften zu einem entspannteren Umgang mit psychisch auffälligen Mitarbeitern und es gelingt eine Vermittlung in die Hilfestrukturen deutlich besser als ohne dieses Wissen.

- Die Angebote zur **Stärkung der eigenen Gesundheit** können auch ganz zu Anfang gesetzt werden. Sie sind Teil der Haltungsarbeit bei Führungskräften.

Ich habe nicht den Anspruch, dass diese Lernlandschaft vollständig und allgemeingültig ist. Vielmehr möchte ich Ihnen ein Ordnungsprinzip aufzeigen und die Notwendigkeit von wechselseitig sich unterstützenden Lernelementen vermitteln.

Lerncredits, obligatorische und optionale Lernbestandteile
Ein Grund, warum solche Entwicklungsprogramme für Führungskräfte häufig scheitern, ist die fehlende Verbindlichkeit des Angebotes. Auf der einen Seite braucht es eine sehr überzeugte Geschäftsleitung, die einen größeren Teil der Lernmodule für obligatorisch erklärt. Das kostet vor allem wertvolle Führungskräftezeit. Auf der anderen Seite gelingen rein freiwillige Angebote in der Regel nicht, denn Führungskräfte glauben, keine Zeit zu haben.

In mehreren Projekten habe ich eine Vorgehensweise entwickelt, die eine Zwischenlösung darstellt:
- **Lerncredits:** Jedes Lernmodul, sei es ein Vortrag, eine Lernwerkstatt oder ein Präsenzseminar, ein digitales Lernmodul oder ein Artikel, wird mit einem oder mehreren Lerncredits versehen. Kurze Module erhalten etwa 1 Credit, während ein zweitägiges Seminar durchaus 10 Credits bringen kann.
- Für die **Erfüllung der Credit-Berechtigung** ist entweder die Anwesenheit bei Präsenzveranstaltungen erforderlich oder das Bestehen einer digitalen Prüfung, also einer kurzen Lernstandkontrolle, wie sie eigentlich alle Lernmanagement-Systeme (LMS) bieten. Diese Vorgehensweise ist üblich. Die Lernstandkontrolle sollte nicht mehr als fünf bis zehn Fragen umfassen, die aus dem Durcharbeiten des Lernmoduls heraus beantwortbar sind, ohne zu schwierig zu sein.
- Setzen Sie die **Keynote-Veranstaltung** und **die wichtigsten Haltungs- und Verhaltens-Lernmodule** dennoch **obligatorisch** fest.
- Geben Sie nun allen Führungskräften ein **Punktziel** von zum Beispiel 60 Lerncredits, die innerhalb von zwei bis drei Jahren zu erarbeiten sind. Damit geben Sie ihnen Wahlfreiheit und das Lernen kann bedarfs- und interessengeleitet erfolgen.

Technisch benötigen Sie hierfür ein **Lernmanagement-System**. Die Lernprinzipien in der hier vorgeschlagenen Lernlandschaft werden im folgenden Exkurs beschrieben.

6.3   Exkurs: Nachhaltiges Lernen

Nachdem im vorherigen Abschnitt die Inhalte eines Gesund-Führen-Curriculums strukturiert wurden, führe ich nun ein dazu passendes Lernprinzip ein. Das **Strukturmodell Lernen** habe ich aus meinen Beratungsprojekten zur Entwicklung von Führungskräfteentwicklungs-Kampagnen abgeleitet. Es gilt für alle Lernprozesse in einem Unternehmen und dient dazu, menschliches Lernen anhand psychologischer Modelle zur Verhaltensänderung zu strukturieren.

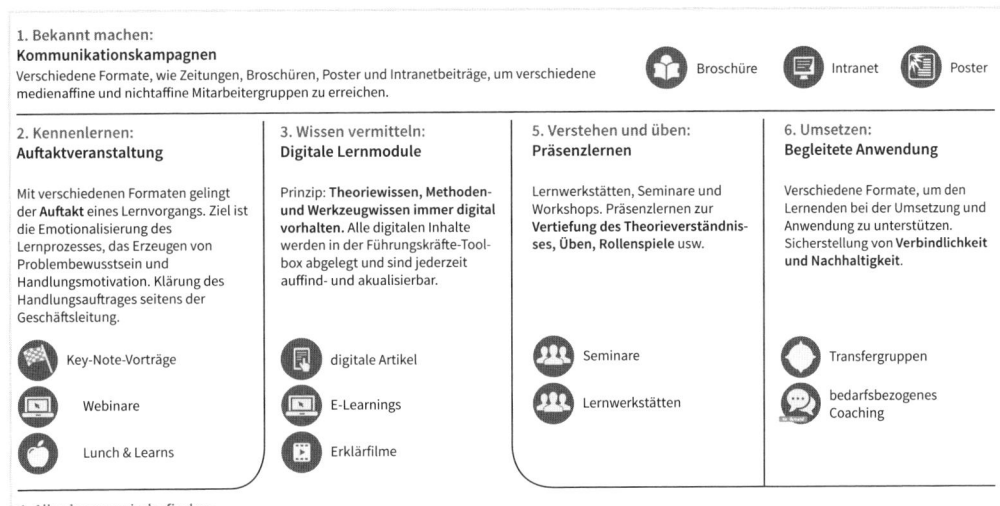

Abb. 78: Strukturmodell Nachhaltiges Lernen
(Hinweis: Die Grafik finden Sie als PDF-Datei in den Arbeitshilfen online zum Buch.)

1. Bekannt machen: Kommunikationskampagnen

Lernprozesse brauchen zunächst Aufmerksamkeit. Die Lernenden müssen zunächst mitbekommen, dass etwas zu lernen ist. Es muss die Information vermittelt werden: *Achtung, jetzt passiert etwas! Das kommt auf dich zu.* Typische Formate sind: Intranetartikel oder Artikel in Mitarbeiterzeitungen, eine Kurzbroschüre oder ein Poster. Je nach Zielgruppe funktionieren allgemeinzugängliche Poster nicht, wenn nur bestimmte Mitarbeiter oder Führungskräfte angesprochen werden sollen. Die Auswahl der Kommunikationskanäle erfolgt anhand von Gewohnheiten und der herrschenden Kultur im Unternehmen.

2. Kennenlernen: Auftaktveranstaltung

Nicht alle Lernprozesse sind verbindlich für alle Führungskräfte oder Mitarbeiter. Häufig werden Themen auch freiwillig zum Lernen angeboten und gerade dann ist ein gemeinsamer Auftakt und eine begleitende Kommunikationskampagne essenziell, da Führungskräfte meist arbeitsmengenmäßig überfordert sind und freiwillige Angebote untergehen.

Die Auftaktveranstaltung hat die Funktion, das Lernthema zu emotionalisieren und ein Problembewusstsein zu erzeugen. Auch wenn es zynisch klingen mag, aber eine Verhaltensänderung bzw. ein Problembewusstsein erfolgt fast immer durch die Basisemotion Angst. Dazu ein Beispiel:

❗ Beispiel: Auftaktveranstaltung Einführung eines betrieblichen Gesundheitsmanagements

In einer mittelständischen Bank, die ich bei der Einführung eines betrieblichen Gesundheitsmanagements und einer Gefährdungsbeurteilung beraten habe, zog die gesamte Führungs-
mannschaft bei diesem Thema nicht mit. Es gab offenen und verdeckten Widerstand und
die humanistische Argumentation des Vorstands (»Die Gesundheit der Mitarbeiter liegt uns
am Herzen«) verfing nicht. Es war kurz vor Weihnachten und gemeinsam mit dem Vorstand
luden wir alle Führungskräfte zu einem Mehrgänge-Lunch-and-Learn in ein vornehmes
Restaurant ein. Zwischen den einzelnen Gängen hielt ich einen mehrteiligen Vortrag zum
Thema »Betriebswirtschaftliche Aspekte des betrieblichen Gesundheitsmanagements:
Absentismuskosten und Produktivitätsverluste«. Der Vortrag zeigte unter anderem anhand
der Altersstruktur der Belegschaft, der Verwendung von Diagrammen aus Krankenkassen-
Gesundheitsberichten und eigenen Unternehmenszahlen (vgl. Kapitel 1) die prognosti-
zierte Entwicklung des Krankenstandes und der verdeckten Produktivitätsverluste auf. Die
dargestellten Fakten deckten sich mit den Erfahrungen der Führungskräfte. Im Ergebnis
überzeugte diese Aktion die Mannschaft und das Projekt konnte umgesetzt werden. Seither
gehört dieser Vortrag zum Standardauftakt in Wirtschaftsunternehmen. Es versteht sich von
selbst, dass er nicht für den öffentlichen Dienst und für soziale Unternehmen geeignet ist,
weil hier die Wertestrukturen völlig andere sind.

Die Auftaktveranstaltung transportiert auch das Commitment von Vorstand oder
Geschäftsleitung zum Thema und vermittelt Informationen über den Lernvorgang an
sich. Die Dauer sollte 60 Minuten nicht überschreiten. Präsenz-Keynotes und *Lunch &
Learns* sind zu bevorzugen, Webinare sollten nur dann als Auftakt eingesetzt werden,
wenn sie gängige Praxis im Unternehmen sind.

❗ Tipp

Ideal für eine Auftakt-Keynote ist ein viertel- oder halbjährlich stattfindendes Führungsfo-
rum, bei dem sich sowieso alle Führungskräfte treffen.

3. Wissen vermitteln: Digitale Lernmodule

Auch digital wenig affinen Unternehmen möchte ich die Einführung und Nutzung digitaler Wissensvermittlung ans Herz legen. Bei technisch ungeübten Mitarbeiterinnen
und Mitarbeitern darf das Argument noch gelten, nicht aber bei Führungskräften. Von
ihnen ist digitales Lernen zu verlangen. Digitales Lernen sollte auf die Vermittlung von
Wissen und Werkzeugkompetenzen beschränkt werden. Haltungsthemen, bei denen
Menschen erst zu einer positiven Haltung geführt werden müssen, sollten nicht digital
angelegt sein. Es kann daher sein, dass Sie die Reihenfolge von Punkt 3 »digitale Lernmodule« und Punkt 5 »Präsenzlernen« in Abbildung 78 vertauschen müssen, da die
Haltungsänderung Voraussetzung für die Bereitschaft zum Erlernen von Werkzeugkompetenzen ist.

Digitales Lernen beschränkt sich nicht auf sogenannte *webbased trainings*. Setzen Sie auch digitale Artikel oder Erklärfilme (bis max. 10 Minuten Länge) ein. Auch digitale Nachschlageorte (wie Punkt 4 in Abb. 78 »Alles immer wiederfinden: Führungskräfte-Toolbox«) gehören zum digitalen Lernen.

Aus Kostengründen sollte die Wissensvermittlung vor das Präsenzlernen gesetzt werden:

- Die Vermittlung von Wissen und Werkzeugkompetenz ist im Präsenzlernen unnötig teuer. Bereits ab drei Durchläufen eines Präsenzseminares lohnt sich ein digitales Lernmodul. Die Präsenzveranstaltungen können dadurch verkürzt werden.
- Durch unterschiedliche Lerngeschwindigkeiten und Vorwissensunterschiede langweilt sich im Präsenzlernen die eine Hälfte und die andere ist überfordert.
- Wissen und Werkzeugkompetenzen müssen regelmäßig überprüft werden, etwa wenn das Lernen schon etwas zurückliegt. Daher braucht es ein digitales Repository, eben die Führungskräfte-Toolbox, in der alle Lernmodule jederzeit auffindbar sind.

Beispiel: Digitale Lernmodule sind Nachschlagewerke

Am Beispiel von Schulungen zum Umgang mit suchtkranken Mitarbeiterinnen und Mitarbeitern wird deutlich, wie notwendig das digitale Bereitstellen von Lerninhalten ist: Eine Führungskraft hat vor einem Jahr am Lehrgang »Suchterkrankungen am Arbeitsplatz« teilgenommen. Sie wird nun mit einem akut berauschten Mitarbeiter konfrontiert, findet jedoch ihre Teilnehmerunterlagen von damals nicht mehr. Sie erinnert sich noch, dass sie bestimmte rechtliche Dinge beachten muss, wenn es um den Heimtransport des angetrunkenen Mitarbeiters geht, weiß es aber nicht mehr genau. Sie kann in dieser Situation in der Führungskräfte-Toolbox praktische Informationen und Handlungsoptionen abrufen.

4. Alles immer wiederfinden: Die Führungskräfte-Toolbox

Die Toolbox ist der zentrale Ort für sämtliches nichtfachliches Führungswissen. Hier hinein gehören Gesprächsleitfäden, Anweisungen und Anleitungen zur Personalarbeit, die relevanten Gesetze, digitale Lernmodule, Vortrags-Videomitschnitte, Artikel und Erklärfilme. Eine saubere Strukturierung und sortierte Darbietung der Inhalte erhöht die Nutzungswahrscheinlichkeit.

In Kapitel 6.5, Abbildung 83 ist eine solche Toolbox-Startseite aus einem Kundenprojekt abgebildet. Die Themen reichen von notwendigem Gesetzeswissen zu Familie & Beruf über digitale Lernmodule, Hinweise, wie man einen Psychotherapeuten findet, oder Vertiefungswissen etwa zu psychischen Erkrankungen, Mobbing oder Suchterkrankungen. Abbildung 84 zeigt die Beispielseite *Familie & Beruf* einer solchen Toolbox. Hier sind zum Beispiel Informationsbroschüren von der Bundesregierung, Hinweise zu unternehmensspezifischen Regeln und Formulare sowie Checklisten zu finden. Abbildung 85 zeigt eine Beispielseite mit einem digitalen Lernmodul zu Rückkehrgesprächen, die von diesem Kunden lieber »Ça va« genannt wurden. Neben einer Vorbereitung auf ein Präsenz-Modul, in dem Rückkehrgespräche geübt und vertieft werden können, dient ein solches Modul auch der Wiederholung und Vorbereitung auf ein Gespräch. Begleitende Dokumente, wie Dokumentationsvorgaben oder Vorlagen können hier zentral verfügbar gemacht werden.

5. Verstehen und üben: Präsenzlernen

In unserer Lernlogik wechseln wir nach dem digitalen Lernen, in dem vornehmlich Wissen vermittelt wird, zum Präsenzlernen, das bei allen Haltungsthemen immer notwendig ist und auch bei Werkzeugkompetenzen, die geübt werden müssen, eingesetzt werden sollte. Reine Wissensthemen können auch nur digital vermittelt werden.

Die Verkürzung der Präsenzlernzeiten durch die Vorschaltung von digitalen Lernelementen hat Kostendegressionseffekte. Aus einer Projektkalkulation stelle ich Ihnen eine Gegenüberstellung für ein Seminarprogramm mit entweder zwei Präsenztagen oder einem Präsenztag sowie zwei digitalen Lernmodulen mit jeweils 90 Minuten Lernzeit vor. Die Rechnung ist immer abhängig von den Einkaufspreisen und einer Verringerung der Lernmodulkosten pro Lerner bei größeren Einkaufsmengen, aber im Prinzip können Sie schon bei geringen Lernerzahlen eine Kostendegression erzielen.

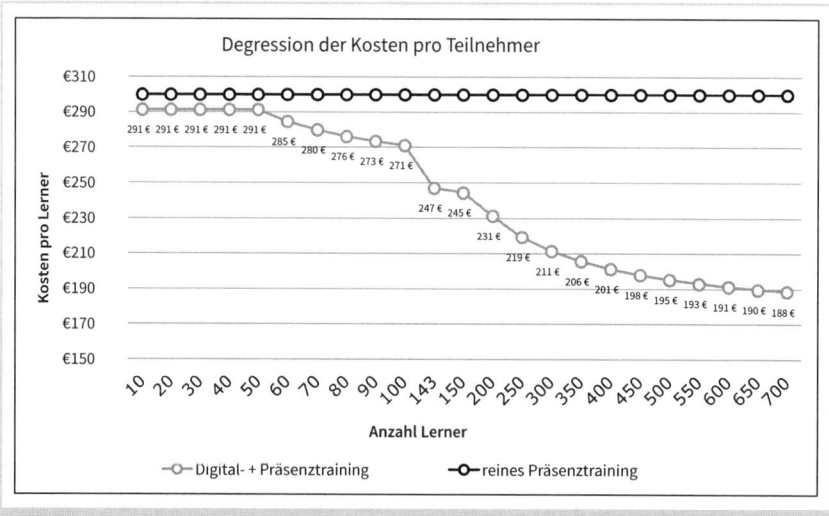

Abb. 79: Kostendegression durch die Reduktion von Präsenzlernzeit und den Einsatz von digitalen Lernmodulen.

Voraussetzung für diesen Effekt ist die verbindliche Vorbereitung der Lernziele und das *muss* kontrolliert und geprüft werden. Deswegen hat es sich als sinnvoll erwiesen, ePrüfungen bzw. kurze Lernstandskontrollen am Ende jedes digitalen Lernmoduls durchzuführen und das Bestehen zur Zugangsvoraussetzung für die Präsenzmodule zu machen.

An die Trainer werden besondere Anforderungen gestellt, denn sie müssen sich auf die Inhalte der digitalen Vorarbeit beziehen und bei der Gruppe bestimmte Lernstände voraussetzen.

Im Präsenzlernen kommen jetzt mehrere Stränge zusammen, die wir bisher vorbereitet hatten. Bei einem Seminar zu Fürsorgegesprächen etwa üben die Teilnehmer anhand von echten Fällen, wie eine fürsorgliche Ansprache von gesundheitlich auffälligen Mitarbeitern gelingt. Dabei greifen sie auf Lösungsinhalte der Führungskräfte-Toolbox zurück, die den Führungskräften im digitalen Lernmodul vorgestellt worden sind. Die Gespräche verlaufen damit wesentlich leichter und die Führungskräfte können ihre Überforderungsängste abbauen.

6. Umsetzen: Begleitete Anwendung

Im Präsenzlernen erhalten die Lerner die Hausaufgabe, Rückkehrgespräche zu führen und drei schwierige Fälle, mit denen sie in den kommenden drei Monaten zu tun haben, aufzuschreiben. Nach drei Monaten findet eine Erfa-Gruppe statt. Hier treffen sich Teilnehmerinnen und Teilnehmer des Präsenzlernens, die mit der Methodik der kollegialen Fallberatung die gesammelten schwierigen Fälle aufarbeiten. Es werden damit zwei Dinge erreicht. Durch die kontrollierte Hausaufgabe wird ein Umsetzungsdruck erzeugt. Durch die kollegiale Beratung lösen sich Schwierigkeiten auf.

Ein anderes Beispiel ist ein Coaching-on-Demand-Angebot, bei dem Führungskräfte sich mit schwierigen Fragen an einen Coach oder eine EAP-Hotline (Employee Assistance Program) wenden können.

Erfa-Gruppen sollten für Nachwuchsführungskräfte mehrmals angeboten werden, für erfahrene Führungskräfte mindestens einmal jährlich.

6.4 Mögliche Inhalte eines Gesund-Führen-Curriculums

Relevante Inhalte eines Gesund-Führen-Curriculums lassen sich in vier Kategorien unterteilen:

6.4.1 Partnerschaftliches Führen

Der Begriff »partnerschaftliches Führen« setzt sich gegenüber dem meiner Ansicht nach zu engen Begriff des »gesundheitsorientierten Führens« durch. Letzterer wird häufig falsch verstanden, weil Führungskräfte denken, sie müssten ihren Mitarbeiterinnen und Mitarbeitern Gesundheitstipps geben. Partnerschaftlichkeit bezeichnet eine Grundhaltung der Menschenorientierung. Der früher angewandte Führungsstil

der Aufgabenorientierung (»Tue das bis dann genau so, damit dies und jenes herauskommt«) lässt sich gerade bei gut ausgebildeten jüngeren Mitarbeitern nicht mehr
umsetzen. Mit der Menschenorientierung kommen Konzepte von **Vertrauensentwicklung, Verbindlichkeit, Partizipation bei der Entscheidungsfindung, vollständige
Delegation, Handlungsspielraum, Sinnerleben bei der Arbeit, intrinsische Motivation**[35] und **Arbeitsglück** in den Fokus.

Es empfiehlt sich, im Rahmen dieser Haltungsarbeit die Theorie der psychologischen
Grundbedürfnisse von Prof. Dr. Klaus Grawe oder eine andere Grundbedürfnis- oder
Motivtheorie einzubeziehen, um Führungskräften ein Verständnis für Motiventste-
hung zu vermitteln.

6.4.2   Die eigene Gesundheit stärken

Führungskräfte sind wichtige Leistungsträger und häufig echte Gesundheitsmuffel.
Aus purem Eigennutz sollten Unternehmen die Kosten für hochwertige Vorsorgeuntersuchungen und Gesundheitsseminare nicht scheuen. Doch auch niedrigschwellige
Angebote – wie Gesundheitsvorträge, spezielle Gesundheitstage nur für Führungskräfte oder das Angebot einer interdisziplinären Gesundheitsberatung – sind wirksame Interventionen sowohl bei der Haltungs- als auch bei der Verhaltensänderung.

!   **Beispiel: Selbstversorger-Gesundheitsseminar**

In 2016 reiste eine Gruppe von zwölf Führungskräften und drei Vorständen in ein Seminar-
haus in der Vulkaneifel mit Selbstversorgerküche. Die Einzelzimmer waren gemütlich, jedoch
kein Hotelstandard, das Haus in der Natur gelegen. Es standen mehrere Seminarräume zur
Verfügung.
Das Seminar wurde von einem Seminarleiter (als Gastgeber), einer Sport- und Bewegungs-
trainerin sowie einer Ernährungsberaterin durchgeführt. In Teilzeit kam ein Yogalehrer dazu.
Unterstützt wurde die Gruppe durch eine Küchenhilfe.
Das Seminar bot einen Lern- und Praxisraum mit kurzen und für mehrere Kleingruppen
parallelen Lernangeboten. So begann der Tag mit drei Angeboten: der Frühstücksvorberei-
tung mit didaktischen Elementen (Warum welche Lebensmittel?), Frühsport und Achtsam-
keitsmeditation. Nach einer anschließenden Morgenrunde fanden zwei bis drei parallele
Programmpunkte statt: Einführung in Ausdauersport, Grundlagen gesunder Ernährung,
interdisziplinäre Gesundheitsberatung (Einzelgespräch) und Ernährungsberatung (Einzelgespräch). Weitere Angebote waren ein Kaminabend zur Psychologie von Burnout, den
körperlichen Ursachen von psychischen Erkrankungen sowie ein Vortrag zum Umgang mit
Medikamenten: Risiken und Nebenwirkungen sowie ein gesunder Umgang mit Medikamenten, Einführung in Achtsamkeit, Iyengar-Yoga zur Tiefenentspannung, Rückenschule.

---

35 »in sich liegend«, d. h. aus der Arbeit selbst kommende Motivation.

In der interdisziplinären Gesundheitsberatung wurde auf Basis des jeweiligen Gesundheitszustandes der Führungskraft ein Vorsorge-Check bei einem bestimmten Arzt zusammengestellt. Es standen mehrere Ärzte aus der Region zur Auswahl. In einem Fall wurde an einen Spezialisten für Darmgesundheit verwiesen, bei anderen war es ein Stressmediziner oder ein Schilddrüsenspezialist.

6.4.3 Umgang mit gesundheitlich beeinträchtigten Mitarbeitern

Der dritte Themenblock enthält viele Werkzeugkompetenzen:

- **Sensibilisierung der Führungskräfte für Früherkennung von gesundheitlicher Fehlentwicklung**. Dabei geht es nicht um diagnostische Kompetenzen, die nur Ärzten und Therapeuten zustehen, sondern um das sensible Gewahrwerden von Veränderungen und eine fürsorgliche Ansprache, die dem Mitarbeiter signalisiert, dass die Führungskraft besorgt ist.
- **Fürsorgliche Erstansprache** ist eine notwendige Gesprächskompetenz.
- **Rückkehrgespräche und Fehlzeitengespräche** sind zwei Gesprächsformen, die beherrscht werden müssen.
- **»Umgang mit Teamkonflikten«** und **»Was tun bei Verdacht auf Mobbing?«** sind Themen, die regelmäßig im Kompetenzrahmen von Führungskräften gefragt sind.
- **»Umgang mit suchtkranken Mitarbeitern«** ist ein Thema, bei dem ein rechtssicheres Verhalten und eine korrekte, abgestimmte Vorgehensweise notwendig sind.

Ergänzen Sie diese Kategorie um unternehmens- oder situationsspezifische Themen, etwa Interventionskenntnisse bei besonderen Arbeitsplatzgefährdungen.

6.4.4 Werkzeuge zur Verbesserung der Arbeitsorganisation

Der vierte Themenblock wurde notwendig, weil wir in Gefährdungsbeurteilungen psychischer Belastungen herausgefunden haben, dass viele Fehlbelastungen durch arbeitsplatzbezogene Probleme, Prozessprobleme, Schnittstellenprobleme oder persönliche Zeit- und Selbstmanagementdefizite entstehen. Die im Folgenden vorgeschlagenen Weiterbildungsthemen fallen nicht in den Aufgabenbereich des BGMs, sollten aber im Lösungsportfolio vorhanden sein, damit Führungskräfte und auch Mitarbeiter darauf zurückgreifen können, wenn solche Fehlbelastungen auftreten:

- Zeit- und Selbstmanagement für Führungskräfte
- digitale Zusammenarbeit: Instrumente für das Arbeiten in virtuellen Teams
- agiles Projektmanagement mit Scrum (oder ähnliche Ansätze)
- die systematische Müllabfuhr als regelmäßiger »Entrümpelungsprozess« von Teamarbeitsweisen, im Sinne eines kontinuierlichen Verbesserungsprozesses (KVP) und *Lean Management*
- Fachberatung zur Prozess- und Schnittstellenoptimierung als Inhouse-Consulting-Angebot für Teams

- Informationsveranstaltung und Einzelberatung zur besseren Vereinbarkeit von Beruf, Familie und Privatleben

E-LEARNING: PARTNERSCHAFTLICHES FÜHREN

ZUSAMMENFASSUNG

Dieses interaktive Lernprogramm zeigt in fünf Kapiteln auf, was unter partnerschaftlicher Führung zu verstehen ist und warum dieser Führungsstil geeignet ist, Gesundheit und Leistungsfähigkeit Ihrer Mitarbeiter zu fördern.

- Zunächst erfahren Sie, welche Zusammenhänge es zwischen Führung und Gesundheit gibt.
- Anschließend zeigt das Lernmodul, wie Krankheiten entstehen und welchen Einfl uss die Arbeitswelt darauf hat.
- Das dritte Kapitel geht auf die psychologischen Grundbedürfnisse ein, die alle Menschen teilen. Es vermittelt anhand von anschaulichen Beispielen, was geschieht, wenn diese Bedürfnisse bedroht sind. In dem Verständnis dieser Grundbedürfnisse liegen die stärksten Hebel für die Führungskraft.
- Darauf aufbauend erklären wir die Entstehung von Stress. Anhand eines ganzheitlichen Modells wird vermittelt, unter welchen Voraussetzungen Mitarbeiter in Stress geraten und wann sie dagegen eine Aufgabe als positive Herausforderung annehmen können.
- Abschließend zeigt das Lernmodul, welche Gründe für Minderleistung es bei Mitarbeitern geben kann und welche

ORIENTIERUNG, KONTROLLE UND AUTONOMIE

Ansatzpunkte eine Führungskraft hat, mit den betreffenden Mitarbeitern ins Gespräch zu kommen bzw. darauf zu reagieren.

Das E-Learning hat eine große didaktische Vielfalt. So wechseln sich Videosequenzen und Lerneinheiten mit interaktiven Modellen ab. Material zum Weiterlesen vervollständigt das Angebot.

INHALTE

- Kapitel 1: Warum wir uns überhaupt mit partnerschaftlicher Führung beschäftigen
- Kapitel 2: Die Entstehung von Krankheiten
- Kapitel 3: Die psychologischen Grundbedürfnisse des Menschen
- Kapitel 4: Die Entstehung von Stress, Eustress und Distress: Das Stressscherenmodell

LERNHINWEISE

Termine: ...
Punkte: 3
Dauer: 1 Stunde

Punktekriterium: Prüfungsfragen im Anschluss an das E-Learning
Obligatorisch: ja

Abb. 80: Seitenauszug aus einer Lernlandschafts-Broschüre mit Beschreibung eines digitalen Lernmoduls

LERNWERKSTATT: PARTNERSCHAFTLICHES FÜHREN

ZUSAMMENFASSUNG

In der Lernwerkstatt erhalten Sie eine Vertiefung der Inhalte, die im E-Learning vermittelt werden. Hier werden wir auf spezifische Führungssituationen eingehen und diese vor dem theoretischen Hintergrund beleuchten und neue Lösungswege erarbeiten. Der Fokus liegt auf der Reflektion Ihrer eigenen Führungstätigkeit und der Umsetzung der partnerschaftlichen Führung. Gemeinsam mit einem erfahrenen Trainer analysieren Sie konkrete Führungssituationen und diskutieren, wie diese im Sinne eines partnerschaftlichen Führungsstils optimiert werden können. Sie werden für das Auftreten typischer Stressoren sensibilisiert und probieren Möglichkeiten aus, diesen wirkungsvoll zu begegnen. In der Lernwerkstatt werden außerdem die weiteren Angebote aus der Führungskräftetoolbox vorgestellt.

INHALTE

- **Das Können-Wollen-Dürfen-Modell:** Die Herausforderung des Leistungsmanagements im Spannungsfeld von Motivation, Kompetenzen, Werkzeugen, Ressourcen und Kulturgestaltung.
- Die **Rolle der Führungskraft** im partnerschaftlichen Führen

- Analyse von konkreten **Führungssituationen**
- Verweis auf Werkzeuge, die in der **Toolbox** enthalten sind

LERNHINWEISE

Termine:
Punkte: 10
Dauer: 8 Stunden

Punktekriterium: Teilnahme
Vorbereitung: E-Learning Partnerschaftliches Führen obligatorisch

Abb. 81: Seitenauszug aus einer Lernlandschafts-Broschüre mit Beschreibung der dazu passenden Lernwerkstatt

6.5   Führungskräfte-Toolbox: Führungswissen an einem Platz

Die Führungskräfte-Toolbox ist der letzte Baustein in der Umsetzung der Strategie des frühzeitigen Erkennens von gesundheitlichen Fehlentwicklungen und einer punktgenauen Maßnahmenanwendung.

> **!   Die Führungskräfte-Toolbox**
>
> Die Führungskräfte-Toolbox ist der zentrale Ort für nichtfachliches Führungswissen. Sie enthält sämtliche Werkzeuge, Anweisungen, Vorlagen und Hintergrundinformationen, die eine Führungskraft für die tägliche Führungsarbeit braucht.

6.5.1   Aufbau der Toolbox

Der Aufbau der Führungskräfte-Toolbox ist denkbar einfach. Technische Voraussetzung ist ein Intranet, das ein rechtebasiertes Nutzungskonzept hat, so dass Führungskräfte spezielle Inhalte sehen können, Mitarbeiter jedoch nicht.

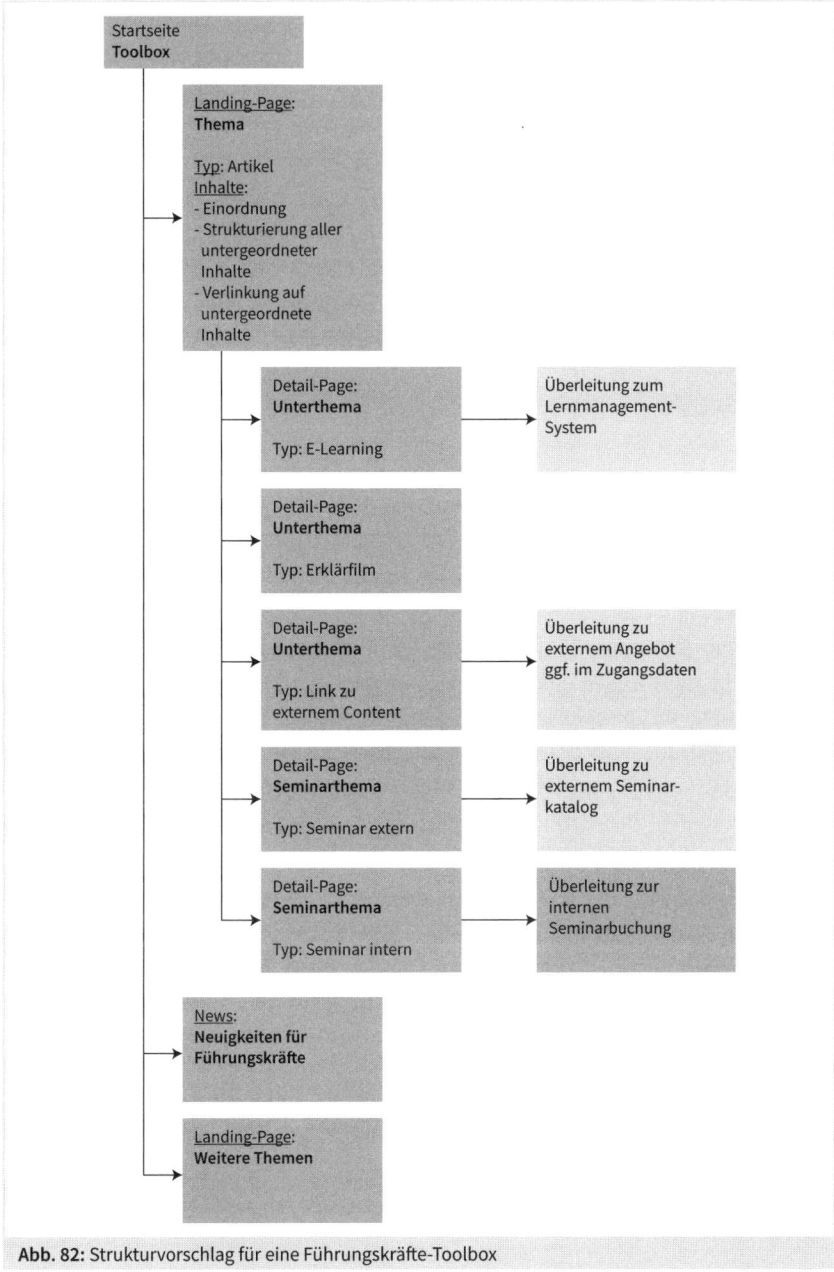

Abb. 82: Strukturvorschlag für eine Führungskräfte-Toolbox

Es empfiehlt sich, alle Themen *inhaltlich* zu clustern, also nicht nach Formattypen. Der Fehler, nach Formattypen zu sortieren, wird häufig gemacht, weil es aus Gründen der Ordnerverwaltung einfacher ist. So würde die Verwaltung alle Angebote eines E-Learninganbieters in einer Broschüre darstellen und alle Seminare eines anderen Lernanbieters in einem Flyer.

Doch aus Sicht des Nutzers, also der Führungskraft, macht diese Sortierung keinen Sinn. Deshalb empfehle ich eine *Sortierung nach Themen*, die die Angebote unterschiedlicher Herkunft zusammenfasst.

6.5.2 Was gehört in die Toolbox?

Folgende Inhaltstypen gehören in die Toolbox:

*   **Landingpage:** Der englische Begriff bedeutet »Landeseite« und meint die Seite, die einem Thema den Rahmen gibt. Hier stehen keine langen Erklärungen, sondern es wird eine thematische Einordnung vorgenommen und dann auf Unterseiten verwiesen.
*   **Artikel:** In Form eines Erklärtextes werden Inhalte dargestellt. Verlinkungen auf weiterführende Seiten (auch außerhalb des Intranets) sind hilfreich. Broschüren oder Vorlagen können ebenfalls verlinkt werden.
*   **Erklärfilme oder Vortragsmitschnitte:** Grundsätzlich sollten wegweisende Vorträge, die für Führungskräfte eine Pflichtveranstaltung sind, mitgeschnitten werden. So können abwesende und nachrückende Führungskräfte sich auch rückwirkend informieren.
*   **E-Learning-Module:** Sofern Sie ein eigenes Lernmanagement-System haben, sollten Sie die dort vorgehaltenen E-Learning-Module dennoch in der Toolbox themensortiert verlinken. So verweisen Sie z.B. bei einem Lernmodul »Suchterkrankungen am Arbeitsplatz« von der Landingpage auf eine Unterseite, die das Lernmodul kurz vorstellt. Vor dort geht ein Link zum Lernmanagement-System, ggf. erfolgt hier eine Verlinkung ins Extranet zu einem Anbieter.
*   **Inhalte externer Anbieter:** Es ist sinnvoll, Inhalte, die nicht firmenspezifisch sind, wie z.B. bestimmte Gesetzestexte, über einen externen Anbieter zu verlinken.

Ein Beispiel für eine optische Darstellung einer Startseite:

Toolbox für Führungskräfte

Liebe Führungskräfte

die Führungskräfte-Toolbox ist eine Sammlung von Hilfs- und Unterstützungsseiten, die Ihre Führungsarbeit erleichtern soll.

- Gleichzeitig erhalten Sie hier die Information über verbindliche Regelungen, die bei uns gelten.
- Sie finden digitale Lernmodule, die Grundlagenwissen über Führungswerkzeuge vermitteln und jederzeit abrufbar sind.
- Sie finden Hinweise zu gesetzlichen Regelungen und Informations-Tools von Behörden und Ministerien, die Sie an Mitarbeiter weitergeben können.

Damit Sie sich dabei sicher und vorbereitet fühlen können, stellen wir diese Informationen zusammen und ergänzen sie laufend. Ich hoffe, dass Sie dies tatsächlich als Unterstützung und Arbeitserleichterung erkennen und nutzen.

Abb. 83: Beispieldarstellung einer Führungskräfte-Toolbox (Quelle: Eudemos)

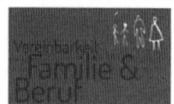

Toolbox-Kategorie: Familie & Beruf ▸

Führungskräfte-Toolbox

Vereinbarkeit von Beruf und Familie

Die Vereinbarkeit Berufs- und Privatleben gilt - gut erforscht - als ein wesentlicher Einflussfaktor auf die Mitarbeitergesundheit. Insbesondere die Entwicklung eines Erschöpfungssyndroms (Burnout) steht in engem Zusammenhang mit einer schlechten Vereinbarkeit von Familie und Beruf.

Es ist daher unbedingt wichtig, dass Sie als Führungskraft diesem Punkt aktiv Gewicht geben und die vorhandenen gesetzlichen Lösungen und unternehmensspezifischen Angebote kennen und betroffenen Mitarbeitern weitergeben.

Informieren Sie sich umfassend über gesetzliche Regelungen und Angebote Ihres Unternehmens

* Lesen Sie diese Seite sorgfältig durch.
* Lesen Sie die Broschüren und Merkblätter.

Infotool Familie

Das Infotool dient der umfassenden und schnellen Orientierung über einem selbst zustehende Leistungen. Anhand der persönlichen Familiensituation, Anzahl und Alter der Kinder, pflegende Angehörige usw. wird ermittelt, welche Leistungen möglich sind und wie diese zu beantragen sind. Ein unverzichtbarer Ratgeber. [Link]

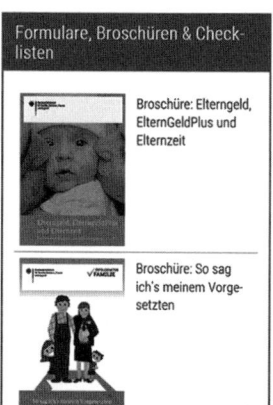

Formulare, Broschüren & Checklisten

Broschüre: Elterngeld, ElternGeldPlus und Elternzeit

Broschüre: So sag ich's meinem Vorgesetzten

Abb. 84: Beispielseite einer Führungskräfte-Toolbox mit einem Artikel zur Vereinbarkeit von Familie und Beruf (Quelle: Eudemos)

Die Abbildung 84 zeigt ein Beispiel für eine Landingpage für das Thema *Vereinbarkeit von Beruf und Familie.*

Hinter dem Begriff „Ça va" verbirgt sich das französische „Wie geht's?" Das „Ça-va"-Gespräch dient der Begrüßung von tatsächlich allen Mitarbeitern, die gefehlt haben, unabhängig davon, ob die Ursache krankheitsbedingt, urlaubsbedingt oder eine andere war .

Dieses kulturstiftende „Wie geht's"-Gespräch hat dennoch eine Wirkung auf den Krankenstand insbesondere von Kurzzeiterkrankungen ohne Krankenschein. Mitarbeiter merken, dass sie beachtet werden. Die Überleitung zu Rat- und Hilfsangeboten im Rahmen des BGM ist dann sehr früh möglich.

Inhalt

- Warum ein „Ça-va" kulturverändernd wirkt.
- Struktur und Inhalte eines „Ça-va"-Gesprächs
- Gesprächsbeispiele
- Dos und Don'ts eines „Ça-va"-Gesprächs

Mit interaktiven Fallbeispielen.

Abb. 85: Beispielseite mit einem digitalen Lernmodul (Quelle: Eudemos)

Abbildung 85 zeigt eine Unterseite zum Thema *Rückkehrgespräche*. Hier wird auf das Lernmodul in einem internen Lernmanagement-System (LMS) verlinkt. Gegebenenfalls muss sich die Führungskraft dann mit anderen Login-Daten anmelden.

Literaturverzeichnis

Adiels, M., Olofsson, S. O., Taskinen, M. R. & Borén, J. (2008). Overproduction of very low–density lipoproteins is the hallmark of the dyslipidemia in the metabolic syndrome. Arteriosclerosis, thrombosis, and vascular biology, 28(7), 1225-1236.

Ahrens C, Schiltenwolf M & Wang H: [Zytokines in psychoneuroendocrine immu-nological context of nonspecific musculoskeletal pain.] Schmerz. 2012; 4.

Altinoprak AE, Ersel M & Bayrakci A: An unusual suicide attempt: a case with psychosis during an acute porphyric attack. European Journal Emergency Medici-ne. 2009; 16(2): 106-108.

Amarnani, A., Rosenthal, K. S., Mercado, J. M. & Brodell, R. T. (2014). Concurrent treatment of chronic psoriasis and asthma with ustekinumab. Journal of Derma-tological Treat-ment, 25(1), 63-66.

Amat, J., Paul, E., Zarza, C., Watkins, L. R. & Maier, S. F. (2006). Previous expe-rience with behavioral control over stress blocks the behavioral and dorsal raphe nucleus activating effects of later uncontrollable stress: role of the ventral medial prefrontal cortex. Journal of Neuroscience, 26(51), 13264-13272.

Anderson G., Maes M. & Berk M.: Biological underpinnings of the commonalities in depres-sion, somatization, and Chronic Fatigue Syndrome. Medical Hypotheses. 2012; 78(6): 752-756

Antonovsky A. (1991). The structural sources of salutogenic strengths. In Cooper CL, Payne R, (eds): Personality and Stress: Individual Differences in the Stress Process. Oxford: John Wiley & Sons; 67–104.

Antonovsky A. (1997) Salutogenese: Zur Entmystifizierung der Gesundheit. Forum für Ver-haltenstherapie und psychosoziale Praxis.

Antonovsky A. (1996). The salutogenic model as a theory to guide health promotion. Health Promot Int. 11: 11–18.

Atkinson M, Bromley H, Williams F, Capewell S (2015). Building healthy food systems. [Deve-lopment] World 6, 11-12, 833-844.

Attini R, Leone F, Parisi S, Fassio F, Capizzi I, Loi V, Colla L, Rossetti M, Gerbino M, Maxia S, Alemanno MG, Minelli F, Piccoli E, Versino E, Biolcati M, Avagnina P, Pani A, Cabiddu G, Todros T, Piccoli GB. Vegan-vegetarian low-protein supplemented diets in pregnant CKD patients: fifteen years of experience. BMC Nephrol. 2016 Sep 20;17(1):132. doi: 10.1186/s12882-016-0339-y.

Baghai TC, Varallo-Bedarida G, Born C, Häfner S, Schüle C, Eser D, Rupprecht R, Bondy B, von Schacky C. Major depressive disorder is associated with cardiovas-cular risk factors and low Omega-3 Index. Journal Clinical Psychiatry. 2011; 72(9): 1242-1247.

Bailey, M. T. & Coe, C. L. (1999). Maternal separation disrupts the integrity of the intestinal microflora in infant rhesus monkeys. Developmental Psychobiology: The Journal of the International Society for Developmental Psychobiology, 35(2), 146-155.

Barnosky, A. R., Hoddy, K. K., Unterman, T. G. & Varady, K. A. (2014). Intermit-tent fasting vs daily calorie restriction for type 2 diabetes prevention: a review of human findings. Translational Research, 164(4), 302-311.

Basta M, Chrousos GP, Vela-Bueno A, Vgontzas AN. CHRONIC INSOMNIA AND STRESS SYS-TEM. Sleep Med Clin. 2007; 2(2):279-291.

Baune BT, Smith E, Reppermund, S, Air, T, Samaras K, Lux O, Brodaty H, Sachdev P & Trollor JN: Inflammatory biomarkers predict depressive, but not anxiety symptoms during aging: The prospective Sydney Memory and Aging Study. Psychoneuroendocrinology, 2012.

Beezhold BL (2010). Vegetarian diets are associated with healthy mood states: a cross-sectional study in Seventh Day Adventist adults. Nutrition Journal; 9:26. doi: 10.1186/1475-2891-9-26.

Beezhold, B. L. (2012). Restriction of meat, fish, and poultry in omnivores improves mood: A pilot randomized controlled trial. Nutrition Journal; 11:9.

Berman K, Lam RW & Goldner EM (1993). Eating attitudes in seasonal affective disorder and bulimia nervosa. Journal Affective Disorder; 29(4): 219-225.

Besedovsky H, del Rey A, Sorkin E, Dinarello CA. Immunoregulatory feedback between interleukin-1 and glucocorticoid hormones. Science. 1986; 233:652-654.

Beutler LR, Chen Y, Ahn JS, Lin YC, Essner RA & Knight ZA (2017). Dynamics of Gut-Brain Communication Underlying Hunger. Neuron. 96(2):461-475.e5. doi: 10.1016/j.neuron.2017.09.043.

Beyer, I., Mets, T. & Bautmans, I. (2012). Chronic low-grade inflammation and age-related sarcopenia. Current Opinion in Clinical Nutrition & Metabolic Care, 15(1), 12-22.

Bilbo SD, Newsum NJ, Sprunger DB, Watkins LR, Rudy JW, Maier SF. Differential effects of neonatal handling on early life infection-induced alterations in cogniti-on in adulthood. Brain, Behav Immun. 2007; 21:332-342.

Bilbo SD, Rudy JW, Watkins LR, Maier SF. A behavioural characterization of ne-onatal infection-facilitated memory impairment in adult rats. Behav Brain Res. 2006; 169:39-47.

Bilbo SD, Wieseler J, Barrientos RM, Watkins LR, Maier SF. Rats infected early in life with bacteria exhibit exaggerated fever, sickness beavior, and lack of endoto-xin tolerance in adulthood. Brain Behav Immun. 2008a;22 (Supplement): 3-4.

Bilbo SD, Yirmiya R, Amat J, Paul ED, Watkins LR, Maier SF. Bacterial infection early in life protects against stressor-induced depressive-like symptoms in adult rats. Psychoneuroendocrinol. 2008b; 33:261-269.

Bird, S. R. & Hawley, J. A. (2017). Update on the effects of physical activity on in-sulin sensitivity in humans. BMJ open sport & exercise medicine, 2(1), e000143.

Bischoff, S. C., Barbara, G., Buurman, W., Ockhuizen, T., Schulzke, J. D., Serino, M., ... & Wells, J. M. (2014). Intestinal permeability–a new target for disease pre-vention and therapy. BMC gastroenterology, 14(1), 189.

Black PH. The inflammatory response is an integral part of the stress response: Implications for atherosclerosis, insulin resistance, type II diabetes and metabolic syndrome X. Brain, Behavior, and Immunity. 2003; 17:350-364.

Blanchard H, Chang L, Rezvani AH, Rapoport SI, Taha AY. (2015). Brain Arachidonic Acid Incorporation and Turnover are not Altered in the Flinders Sensitive Line Rat Model of human Depression. Neurochem Res.40(11):2293-303. doi: 10.1007/s11064-015-1719-6.

Bluthe RM, Castanon N, Pousset F, Bristow A, Ball C, Lestage J, Michaud B, Kelley KW, Dantzer R. Central injection of IL-10 antagonizes the behavioural effects of lipopolysaccharide in rats. Psychoneuroendocrinology. 1999; 24:301-311.

Bogerts, B. (1990): Die Hirnstruktur Schizophrener und ihre Bedeutung für die Pathophysiologie und Psychopathologie der Erkrankung. Stuttgart: Thieme.

Bohlmeijer, E., Prenger, R., Taal, E. & Cuijpers, P. (2010). The effects of mindfulness-based stress reduction therapy on mental health of adults with a chronic medical disease: a meta-analysis. Journal of psychosomatic research, 68(6), 539-544.

Bonaccorso S, Marino V, Biondi M, Grimaldi F, Ippoliti F, Maes M. Depression in-duced by treatment with interferon-alpha in patients affected by hepatitis C vi-rus. Journal of Affective Disorders. 2002; 72:237-241.

Bower JE, Ganz PA, Aziz N. Altered cortisol response to psychologic stress in breast cancer survivors with persistent fatigue. Psychosom Med. 2005; 67:277-280.

Bowlby J, Robertson J, Rosenbluth D. A two-year-old goes to the hospital. Psychoanal Study Child. 1952; 7:82-94.

Bradley RG, Binder EB, Epstein MP, Tang Y, Nair HP, Liu W, Gillespie CF, Berg T, Evces M, Newport DJ, Stowe ZN, Heim CM, Nemeroff CB, Schwartz A, Cubells JF, Ressler KJ. Influence of child abuse on adult depression: moderation by the corti-cotropin-releasing hormone receptor gene. Arch Gen Psychiat. 2008; 65:190-200.

Brietzke E, Stertz L, Fernandes BS, Kauer-Santànna M, Mascarenhas M, Escoste-guy Vargas A, Chies JA & Kapcinski F: Comparison of Zytokine levels in depressed, manic and euthymic patients with bipolar disorder. Jpournal Affective Disorder. 2009; 116(3): 214-217.

Brune, K., Renner, B. and Tiegs, G. (2015), 130 years of aniline analgesics. EJP, 19: 953-965. doi:10.1002/ejp.621.

Buckley, T. M. & Schatzberg, A. F. (2005). On the interactions of the hypotha-lamic-pituitary-adrenal (HPA) axis and sleep: normal HPA axis activity and circadian rhythm, exemplary sleep disorders. The Journal of Clinical Endocrinology & Metabolism, 90(5), 3106-3114.

Bundespsychotherapeutenkammer (2006): Neue Aufgabenverteilungen und Ko-operationsformen zwischen Gesundheitsberufen Anhörung des Sachverständigen-rates zur Begutachtung der Entwicklung im Gesundheitswesen am 24.08.2006. BPtK.

Cannon G. Antibiotics make you fat. World Nutrition 6 (7-8): 591-602.

Che H, Zhou M, Zang T, Zjang L, Ding L, Yanagita T, Xu J, Xue C & Wang Y (2018). Comparative study of the effects of phosphatidylcholine rich in DHA and EPA on Alzheimer's disease and the possible mechanisms in CHO-APP/PS1 cells and SAMP8 mice. Food Funct. 24:9(1). doi: 10.1039/c7fo01342f.

Chen YC, Lin WW, Chen YJ, Mao WC & Hung YJ: Antidepressant Effects on Insulin Sensitivity and Proinflammatory Zytokines in the Depressed Males. Mediators of Inflammation. 2010. Online; Doi: 10.1155/2010/573594.

Cho, Y., Ryu, S. H., Lee, B. R., Kim, K. H., Lee, E. & Choi, J. (2015). Effects of ar-tificial light at night on human health: A literature review of observational and experimental studies applied to exposure assessment. Chronobiology international, 32(9), 1294-1310.

Chrousos, G. P. (2009). Stress and disorders of the stress system. Nature reviews endocrino-logy, 5(7), 374.

Ciechanowski PS, Katon WJ, Russo JE. Depression and diabetes: impact of depres-sive symptoms on adherence, function, and costs. Archives of Internal Medicine. 2000;160(21):3278-3285.

Clarys P, Deliens T, Huybrechts I, Derimaeker P, Vanaeslt B, DeKeyzer W, Hebbelinck M & Mullie P (2014). Comparison of nutritional quality of the vegan, vegetarian, semi-vegetarian, pesco-vegetarian and omnivorous diet. Nutrients. 6(3):1318-32. doi: 10.3390/ nu6031318.

Coe CL, Rosenberg LT, Levine S. Prolonged effect of psychological disturbance on macro-phage chemoluminescence in the squirrel monkey. Brain Behav Immun. 1988; 2:151-160.

Cordain L et al: Modulation of immune function by dietary lectins in rheumatoid arthritis. British Journal of Nutrition 2000/83/ 207-217.

Coussons-Read ME, Okun ML, Nettles CD. Psychosocial stress increases in-flammatory mar-kers and alters Zytokine production across pregnancy. Brain, Be-havior, and Immunity. 2007; 21:343-350.

Coussons-Read ME, Okun ML, Schmitt MP, Giese S. Prenatal stress alters Zytoki-ne levels in a manner that may endanger human pregnancy. Psychosomatic Me-dicine. 2005; 67:625-631.

Cremaschi, G. A., Gorelik, G., Klecha, A. J., Lysionek, A. E. & Genaro, A. M. (2000). Chronic stress influences the immune system through the thyroid axis. Life Sciences, 67(26), 3171–3179.doi:10.1016/s0024-3205(00)00909-7.

Cristian LM, Franco A, Glaser R & Iams J: Depressive symptoms are associated with elevated serum proinflammatory Zytokines among pregnant women. BBrain Behav. Immuno-logy. 2009; 23(6): 750-754.

Crum, A. J., Salovey, P. & Achor, S. (2013). Rethinking stress: The role of mindsets in determi-ning the stress response. Journal of Personality and Social Psychology, 104(4), 716–733. doi:10.1037/a0031201.

Danese A, Pariante CM, Caspi A, Taylor A, Poulton R. Childhood maltreatment predicts adult inflammation in a life-course study. Proc Nat Acad Sci. 2007; 104:1319-1324.

Danesh, J., Whincup, P., Walker, M., Lennon, L., Thomson, A., Appleby, P., ... & Pepys, M. B. (2000). Low grade inflammation and coronary heart disease: pros-pective study and updated meta-analyses. Bmj, 321(7255), 199-204. [4] France-schi, C. & Campisi, J. (2014). Chronic inflammation (inflammaging) and its potential contribution to age-associated diseases. Journals of Gerontology Series A: Biomedical Sciences and Medical Sciences, 69(1), 4-9.

Darnall BD, Aickin M & Zwickey H: Pilot study of inflammatory responses follo-wing a negative imaginal focus in persons with chronic pain: analysis by sex/gender. Gender Medicine. 2010; 7(3): 247-260.

Davis MC, Zautra AJ, Younger J, Motivala SJ, Attrep J, Irwin MR. Chronic stress and regu-lation of cellular markers of inflammation in rheumatoid arthritis: Im-plications for fatigue. Brain, Behavior, and Immunity. 2008; 22:24-32.

Davison GC & Neale JM (1998). Klinische Psychologie, 5. Auflage. Weinheim: Beltz Psycholo-gie Verlags Union.

De Punder, K. & Pruimboom, L. (2015). Stress Induces Endotoxemia and Low-Grade Inflam-mation by Increasing Barrier Permeability. Frontiers in Immunology, 6.doi:10.3389/fimmu.2015.00223.

Deacon G, Kettle C, Hayes D, Dennis C, Tucci J. (2017). Omega 3 polyunsaturated fatty acids and the treatment of depression. Crit Rev Food Sci Nutr. 2;57(1):212-223.

Demicheli V, Jefferson T, Di Pietrantonj C, Ferroni E, Thorning S, Thomas RE, Rivetti A. Vac-cines for preventing influenza in the elderly. Cochrane Database of Systematic Reviews 2018, Issue 2. Art. No.: CD004876. DOI: 10.1002/14651858.CD004876.pub4.

Dinan, T. G. & Cryan, J. F. (2012). Regulation of the stress response by the gut microbiota: implications for psychoneuroendocrinology. Psychoneuroendocrinolo-gy, 37(9), 1369-1378.

Dinu M, Abbate R, Gensini GF, Casini A, Sofi F (2017) Vegetarian, vegan diets and multiple health outcomes: A systematic review with meta-analysis of observational studies. Crit Rev Food Sci Nutr. 22;57(17):3640 3649. doi: 10.1080/10408398 2016 1138447.

Dinu M, Abbate R, Gensini GF, Casini A, Sofi F (2017). Vegetarian, vegan diets and multiple health outcomes: A systematic review with meta-analysis of observational studies. Crit Rev Food Sci Nutr.;57(17):3640-3649. doi: 10.1080/10408398.2016.1138447.

Ditzen, B., Schaer, M., Geider, B., Bodenmann, Guy, Ehlert, U. & Heinrichs, M. (2009). Intra-nasal Oxytocin Increases Positive Communication and Reduces Cortisol Levels During Couple Conflict. Biological Psychiatry, 65, 728-731.

Doom, J. R. & Gunnar, M. R. (2013). Stress physiology and developmental psycho-pathology: past, present and future. Development and Psychopathology, 25, 1359-1373.

Dowlati Y, Herrmann N, Swardfager W, Liu H, Sham L, Reim EK & Lanctôt KL: A meta-analysis of Zytokines in major depression. Biological Psychiatry. 2010; 67(5): 446-457.

Dowlati Y, Herrmann N, Swardfager W, Liu H, Sham L, Reim EK, Lanctôt KL. A meta-analysis of Zytokines in major depression. Biological Psychiatry. 2010; 67:446-457.

Drake, A. J., Tang, J. I. & Nyirenda, M. J. (2007). Mechanisms underlying the role of glucocor-ticoids in the early life programming of adult disease. Clinical science, 113(5), 219-232.

Drake, M. T. (2018, September). Hypothyroidism in Clinical Practice. In Mayo Cli-nic Procee-dings (Vol. 93, No. 9, pp. 1169-1172). Elsevier.

Duivis HE, de Jonge P, Penninx BW, Na BY, Cohen BE & WWhooley MA: Depressive symp-toms, health behaviors, and subsequent inflammation in patients with coronary heart disease: prospective findings from the heart and soul study. Jornal Psychiatry. 2011; 168(9).

D'Andreamatteo C, Davison KM & Vanderkooy P (2016). Defining Research Priorities for Nutrition and Mental Health: Insights from Dietetics Practice. Canadian Journal Diet Pract. Research. 77(1):35-42. doi: 10.3148/cjdpr-2015-033.

Ebbeling C. B., Leidig M. M., Feldman H. A., Lovesky M. M. & Ludwig D. S. (2007). Effects of a low-glycemic load vs low-fat diet in obese young adults: a randomized trial. JAMA, 297, 2092-2102.

Ehrmann, D. A. (2005). Polycystic ovary syndrome. New England Journal of Medicine, 352(12), 1223-1236.

Eilles-Matthiessen, Scherer (2011). Bindung, Leistung, Kontrolle und Selbstwert-schutz: Die Motive des Mitarbeiters als Perspektive sozial kompetenten Füh-rungsverhaltens, in: Fehlzeitenreport 2011. BKK Bundesverband.

Ekmekcioglu C: Are proinflammatory Zytokines involved in an increased risk for depression by unhealthy diets? Medical Hypotheses. 2012; 78(2): 337-340.

Ellencweig NN, Schoenfeld N & Zemishlamy Z: Acute intermittent porphyria: psy-chosis as the only clinical manifestation. Israelic Journal Psychiatry Related Sci-ence. 2006; 43(1): 52-56.

Emerson, S. R., Kurti, S. P., Harms, C. A., Haub, M. D., Melgarejo, T., Logan, C. & Rosenkranz, S. K. (2017). Magnitude and timing of the postprandial inflammatory response to a high-fat meal in healthy adults: a systematic review. Advances in Nutrition, 8(2), 213-225.

Euteneuer F, Schwarz MJ, Hennings A, Riemer S, Stapf T, Selberdinger V & Rief W. Depression, Zytokines and experimental pain: evidence for sex-related associ-ation patterns. Journal Affective Disorders. 2011; 131(1-3): 143-149.

Ewen SW et al. Effect of diests Containing Genetically Modfied Potatoes expressing Galan-thus Nivalis Lectin on Rat Small Intestine, 1999, Lancet 354 Nr. 9187, 1353-1354.

Fagundes CP, Glaser R, Hwang BS, Malarkey WB && Kiecolt-Glaser JK: Depressive symptoms enhance stress-induced inflammatory responses. Brain Behavioural Immunology. 2012.

Fehér J, Kovács, I & Balacco Gabrieli C: [Role of gastrointestinal inflammations in the development and treatment of depression]. Orv. Hetil. 2011; 152(37): 1477-1485.

Ferrucci L, Cherubini A, Bandinelli S, Bartali B, Corsi A, Lauretani T et al. (2006). Relationship of plasma polyunsaturated fatty acids to circulating inflammatory markers. Journal of Clinical Endocrinology & Metabolism, 91, 439- 446.

Forestell CA, Nezlek JB (2018). Vegetarianism, depression, and the five factor model of personality. Ecol Food Nutr.;57(3):246-259. doi: 10.1080/03670244.2018.1455675.

Forouhi, N. G. & Wareham, N. J. (2010). Epidemiology of diabetes. Medicine, 38(11), 602-606.

Frassetto, L. A., Schloetter, M., Mietus-Synder, M., Morris Jr, R. C. & Sebastian, A. (2009). Metabolic and physiologic improvements from consuming a paleoli-thic, hunter-gatherer type diet. European journal of clinical nutrition, 63(8), 947.

Freeman MP, Hibbeln JR, Wisner KL, Brumbach BH, Watchman M, & Gelenberg A.J (2006). Randomized dose-ranging pilot trial of omega-3 fatty acids for postpartum depression. Acta Psychiatric Scandanavica; 113, 31-35.

Frey D., Oßwald S., Peus C., Fischer P. (2006) Positives Management, ethikorien-tierte Führung und Center of Excellence – Wie Unternehmenserfolg und Entfaltung der Mitarbeiter durch neue Unter-nehmens- und Führungskulturen gefördert werden können. In: Ringlstetter MJ (Hrsg.) Positives Management. Zentrale Konzepte und Ideen des Positive Organizational Scholarship. Deutscher Universi-tätsverlag, Wiesbaden.

Frey, Traut-Mattausch, Greitemeyer, Streicher (2006). Psychologie der Innovationen in Orga-nisationen. Roman-Herzog-Institut.

Fydrich T. & Martin A. (2010): Schwerpunktheft zum Thema Somatopsychologie. Psychothe-rapeut 2, S. 189-193.

Gabbay V, Klein RG, Guttman LE, Babb JS, Alonso CM, Nishawala M, Katz Ym Gai-te MR & Gonzalez CJ: A Preliminary Study of Zytokines in Suicidal and Nonsuici-dal Adolescents with Major Depression. Journal of Child and Adolescence Psychopharmacology. 2009; 19(4): 423-430.

Gabbay V. Klein RG. Alonso CM. Babb JS. Nishawala M. De Jesus G. Hirsch GS. Hottinger-Blanc PM. Gonzalez CJ. Immune system dysregulation in adolescent major depressive disorder. J Affect Disord. 2009; 115:177-182.

Garaulet, M., Gómez-Abellán, P., Alburquerque-Béjar, J. J., Lee, Y. C., Ordovás, J. M. & Scheer, F. A. (2013). Timing of food intake predicts weight loss effectiven-ess. International journal of obesity, 37(4), 604.

Gero G. (1952). Anorexie – ein Äquivalent von Depression? Psyche. 5(11): 641-652.

Ghasemian, M., Owlia, S. & Owlia, M. B. (2016). Review of anti-inflammatory herbal medici-nes. Advances in pharmacological sciences, 2016.

Ghimire S, Baral BK, Pokhrel BR, Pokhrel A, Acharya A, Amatya D, Amatya P, Mishra SR (2010). Depression, malnutrition, and health-related quality of life among Nepali older patients. BMC Geriatr.;18(1):191. doi: 10.1186/s12877-018-0881-5.

Glaser, R. & Kiecolt-Glaser, J. K. (2005). Stress-induced immune dysfunction: implications for health. Nature Reviews Immunology, 5(3), 243.

Gomm W, von Holt K, Thomé F, et al. Association of Proton Pump Inhibitors With Risk of De-mentia: A Pharmacoepidemiological Claims Data Analysis. JAMA Neurol. 2016;73(4):410–416. doi:10.1001/jamaneurol.2015.4791.

Goujon E, Laye S, Parnet P, Dantzer R. Regulation of Zytokine gene expression in the central nervous system by glucocorticoids: Mechanisms and functional conse-quences. Psycho-neuroendocrinology. 1997;22(Suppl 1): 75-80.

Gragnoli, C.: Depression and type 2 diabetes: cortisol pathway implication and investigatio-nal needs. Journal Cell Physiology. 2012; 227(6): 2318-2322.

Grawe, Klaus (2004). Neuropsychotherapie. Hogrefe Verlag.

Gray SM & Bloch MH: Systematic review of proinflammatory Zytokines in obses-sive-com-pulsive disorder. Current Psychiatry Report.2012; 14(3): 220-228.

Gröber, U. (2009). Interaktionen-Arzneimittel und Mikronährstoffe (2). Wissenschaftliche Verlagsgesellschaft.

Haastrup E, Bukh JD, Bock C, Vinberg M, Thørner LW, Hansen, T, Werge T, Kessing LV & Ullum H: Promoter variants in IL18 are associated with onset of depres-sion in patients previously exposed to stressful-life events. Journal Affective Dis-orders. 2012; 136(1-2): 134-138.

Halbreich U, Kahn LS (2001). Role of estrogen in the aetiology and treatment of mood disorders. CNS Drugs; 15(10):797-817.

Hanff TC, Furst SJ & Minor TR: Biochemical and anatomical substrates of depres-sion and sickness behavior. Israelic Journal Psychiatric Related Sciences. 2010;47(1):64-71.

Harlow HF, Harlow MK. Effects of various mother-infant relationships on rhesus monkey behaviors. In: Foss BM, editor. Determinants of Infant Behavior IV. Me-thuen; London: 1969. 15-36.

Harris WS (2007). International recommendations for consumption of long-chain omega-3 fatty acids. Journal Cardiovasc Med (Hagerstown). Suppl 1: S50–S52.

Hart BL. Biological basis of the behavior of sick animals. Neurosci Biobehav Rev. 1988; 12:123–137.

Hausmann, M. & Bayer, U. (2009): Hormonelle Harmonie. Gehirn & Geist, 9., S. 60-65.

Hayley S, Lacosta S, Merali Z, van Rooijen N, Anisman H. Central monoamine and plasma corticosterone changes induced by a bacterial endotoxin: sensitization and cross-sensi-tization effects. Eur J Neurosci. 2001; 13:1155-1165.

Hayley S, Poulter MO, Merali Z, Anisman H. The pathogenesis of clinical depres-sion: stressor- and Zytokine-induced alterations of neuroplasticity. Neuroscience. 2005; 135: 659-678.

Heilmeyer, P., Kohlenberg, S., Dorn, A., Faulhammer, S. & Kliebhan, R. (2006). Ernährungs-therapie bei Diabetes mellitus Typ 2 mit kohlenhydratreduzierter Kost (LOGI-Methode). Internetausgabe des Tagungsbandes, 460.

Heim C, Nemeroff CB. The role of childhood trauma in the neurobiology of mood and anxi-ety disorders: preclinical and clinical studies. Biol Psychiat. 2001; 49:1023-1039.

Heim C, Newport DJ, Mletzko T, Miller AH, Nemeroff CB. The link between child-hood trauma and depression: insights from HPA axis studies in humans. Psycho-neuroendo-crinol. 2008; 33:693-710.

Helmchen, H., Henn, F., Lauter, H. & Sartorius, N. (1999): Psychische Störungen bei körperli-chen Erkrankungen. Springer Verlag.

Hennessy MB, Deak T & Schiml-Webb PA: Early Attachment-Figure Separation and Increased Risk for Later Depression: Potential Mediation by Proinflammatory Processes. Neurosci-ence Behaviour Review. 2010; 34(6): 782-790.

Hennessy MB, Deak T, Schiml-Webb PA, Barnum CJ. Immune influences on beha-vior and endocrine activity in early-experience and maternal separation para-digms. In: Czerbska MT, editor. Psychoneuroendocrinology Research Trends. Nova Science Publishers; Hauppauge, NY: 2007a. pp. 293-319.

Hennessy MB, Paik KD, Caraway JD, Schimi PA && Deak T: Proinflammatory Acti-vity and the Sensitization of Depressive-Like Behavior during Maternal Separation. Behaviopural Neuroscience. 2011, 125(3): 426-433.

Herpertz, S.C. (2003): Emotional processing in personality disorder. Current Psy-chiatry Report. 5(1), S. 23-27.

Hibbeln JR (2002). Seafood consumption, the DHA content of mothers' milk and prevalence rates of postpartum depression: A cross-national, ecological analysis. Journal of Affective Disorders; 69, 15-29.

Hibbeln JR, Northstone K, Evans J, Golding J (2017). Vegetarian diets and depressive symptoms among men. J Affect Disord.;225:13-17. doi: 10.1016/j.jad.2017.07.051.

Hills P, Argyle M (2002). The Oxford Happiness Questionnaire: a compact scale for the measurement of psychological well-being. Personality and Individual Differences, 33 (7): 1073-1082. doi.org/10.1016/S0191-8869(01)00213-6.

Hirano D, Nagashima M, Ogawa R, Yoshino S. Serum levels of interleukin 6 and stress related substances indicate mental stress condition in patients with rheumatoid arthritis. Journal of Rheumatology. 2001; 28:490-495.

Hoge EA, Brandstetter K, Moshier S, Plooack MH, Wong KK & Simon NM: Broad spectrum of Zytokine abnormalities in panic disorder and posttraumatic stress disorder. Depression Anxiety. 2009; 26/5): 447-455.

Holzboer, F: Plädoyer für eine individualisierte Therapie – molekulare und sys-temische Depressionsforschung. Trilium Bibliothek. 2010.

Horne, B. D., Muhlestein, J. B. & Anderson, J. L. (2015). Health effects of inter-mittent fasting: hormesis or harm? A systematic review. The American journal of clinical nutrition, 102(2), 464-470.

Hotamisligil, G. S. (1999). Mechanisms of TNF-α-induced insulin resistance. Experimental and clinical endocrinology & diabetes, 107(02), 119-125.

Hung Y-J, Hsieh C-H, Chen Y-J, et al. Insulin sensitivity, proinflammatory mar-kers and adiponectin in young males with different subtypes of depressive disor-der. Clinical Endocrinology. 2007;67(5):784-789.

Hutchison, A. T. & Heilbronn, L. K. (2016). Metabolic impacts of altering meal frequency and timing–does when we eat matter? Biochimie, 124, 187-197.

Härter, M., Baumeister, H. & Bengel, J. (2006): Psychische Störungen bei körperlichen Erkrankungen. Springer Verlag.

Häuser W, Schmidt C & Stallmach A: Depression and mucosal proinflammatory Zytokines are associated in patients with ulcerative colitis and pouchitis – A pilot study. Journal Crohns Colitis. 2011; 5(4): 350-355.

Hübner NO, Hübner C, Wodny M, Kampf G, Kramer A. Effectiveness of alcohol-based hand disinfectants in a public administration: impact on health and work performance related to acute respiratory symptoms and diarrhoea. BMC Infect Dis. 2010;10:250. Published 2010 Aug 24. doi:10.1186/1471-2334-10-250.

Ilias I, Mastorakos G. The emerging role of peripheral corticotropin-releasing hormone (CRH) J Endocrinol Invest. 2003; 26:364-371.

Iverson, Lewis, Caputi & Knopse (2010). The cumulative Impact and Associative Costs of Multiple Health Conditions on Employee Productivity. JOEM, Vol. 52, 12.

Janssen M, Busch C, Rödiger M, Hamm U (2016). Motives of consumers following a vegan diet and their attitudes towards animal agriculture. Appetite.;105:643-51. doi: 10.1016/j.appet.2016.06.039.

Jefferson T, Rivetti A, Di Pietrantonj C, Demicheli V, Ferroni E. Vaccines for preventing influenza in healthy children. Cochrane Database of Systematic Reviews 2012, Issue 8. Art. No.: CD004879. DOI: 10.1002/14651858.CD004879.pub4.

Joynt KE, Whellan DJ, O'Connor CM. Depression and cardiovascular disease: me-chanisms of interaction. Biological Psychiatry. 2003;54(3):248-261.

Kahleova H, Fleeman R, Hlozkova A, Holubkov R, Barnard ND (2018). A plant-based diet in overweight individuals in a 16-week randomized clinical trial: metabolic benefits of plant protein. Nutr Diabetes; 8(1):58. doi: 10.1038/s41387-018-0067-4.

Kaluzna-Czaplinksa J, Gatarek P, Chirumbolo S, Chartrand MS & Bjorklung G. (2017). How important is tryptophan in human health? Critical Review Food Science Nutrition. 11:1-17. doi: 10.1080/10408398.2017.1357534.

Kasten E (2011a). Ruled by the body. Scientific American – Mind. (3): 52-57.

Kasten E (2011b): Le cerveau malade du corps – De nombreuses maladies psychiques résultent de troubles du metabolism. Cerveau & Psycho, Dec.: 74- 79.

Kasten E (2015). Can infection give you the blues? An overactive immune response can seed psychological illnesses. Scientific American – Mind. May/June: 46 – 49. http://www.scientificamerican.com/article/can-infection-give-you-the-blues/

Kasten, E (2019). Somatopsychologie – Körperliche Grundlagen psychischer Krankheiten. München: Reinhardt-Verlag.

Kasten, E. (2010): Somatopsychologie – Körperliche Grundlagen psychischer Krankheiten. München: Reinhardt-Verlag. 2010.

Kasten, E., Gothe, J. & Müller, I. (2003): Psychische Störungen nach Hirnschädi-gung. Psychomed. 15(4); S. 214-221.

Katsuya M et al: Lectin based Food Posoning: A New Mechanism of Protein Toxi-city, 2007, PloS ONE 2, Nr. 8.

Keen-Rhinehart E, Michopoulos V, Toufexis DJ, Martin EI, Nair H, Ressler KJ, Davis M, Owens MJ, Nemeroff CB, Wilson ME. Continuous expression of corticotro-pin-releasing factor in the central nucleus of the amygdala emulates the dysre-gulation of the stress and reproductive axes. Mol Psychiat. 2008.

Keller, A., Litzelman, K., Wisk, L. E., Maddox, T., Cheng, E. R., Creswell, R. D. & Witt, W. P. (2012). Does the Perception that Stress Affects Health Matter? The Association with Health and Mortality. Health Psychology, 31(5), 677-684.

Keller, K.-M.: Klinische Symptomatik: Zöliakie, ein Eisberg. IN: Monatsschrift Kinderheilkunden (2003) 151: 706-714.

Kelly JR, Borre Y, O‹ Brien C, Patterson E, El Aidy S, Deane J, Kennedy PJ, Beers S, Scott K, Moloney G, Hoban AE, Scott L, Fitzgerald P, Ross P, Stanton C, Clarke G, Cryan JF, Dinan TG. (2016). Transferring the blues: Depression-associated gut microbiota induces neu-robehavioural changes in the rat. Journal Psychiatr. Research. 82:109-18. doi: 10.1016/j.jpsychires.2016.07.019.

Kiecolt-Glaser JK, Belury MA, Andridge R, Malarkey WB & Glaser R: Omega-3 supplemen-tation lowers inflammation and anxiety in medical students: a rando-mized controlled trial. Brain Behavioural Immunology. 2011; 25(8): 1725-1734.

Kiecolt-Glaser, J. K. (2010). Stress, food, and inflammation: psychoneuroimmu-nology and nutrition at the cutting edge. Psychosomatic medicine, 72(4), 365.

Kiecolt-Glaser, J. K., Belury, M. A., Andridge, R., Malarkey, W. B. & Glaser, R. (2011). Omega-3 supplementation lowers inflammation and anxiety in medical students: a randomized controlled trial. Brain, behavior, and immunity, 25(8), 1725-1734.

Kiecolt-Glaser, J. K., Loving, T. J., Stowell, J. R., Malarkey, W. B., Lemeshow, S., Dickinson, S. L. & Glaser, R. (2005). Hostile Marital Interactions, Proinflammato-ry Cytokine Produc-tion, and Wound Healing. Archives of General Psychiatry, 62(12), 1377.doi:10.1001/arch-psyc.62.12.1377.

Kim YK. Lee SW. Kim SH. Shim SH. Han SW. Choi SH. Lee BH. Differences in Zy-tokines between non-suicidal patients and suicidal patients in major depression. Prog Neuro-psychopharmacol Biol Psychiatry. 2008; 32:356-361.

Knieps F, Pfaff H (Hrsg.) BKK Gesundheitsreport 2018. MWV Medizinisch Wissenschaftliche Verlagsgesellschaft, Berlin 2018.

Koekkoek LL, Mul JD & LaFleur SE (2017). Glucose-Sensing in the Reward System. Front Neurosci. 19; 11:716. doi: 10.3389/fnins.2017.00716.

Koo JW & Duman RS: Evidence for IL-1 receptor blockade as a therapeutic strategy for the treatment of depression. Current Opinion Investig. Drugs. 2009; 10(7): 664-671.

Koopman M, El Aidy S & MIDtrauma consortium (2017). Depressed gut? The microbiota-diet-inflammation trialogue in depression. Curr Opin Psychiatry; 30(5):369-377. doi: 10.1097/YCO.0000000000000350.

Kronful Z. Immune dysregulation in major depression: A critical review of exis-ting evi-dence. Int J Neuropsychopharm. 2002; 5:333-343.

Kubera M, Holan V, Mathison R, Maes M. The effect of repeated amitriptyline and desipra-mine administration on Zytokine release in C57BL/6 mice. Psychoneuro-endocrinology. 2000; 25:785-797.

Köhler, T. (2006): Medizin für Psychotherapeuten. DGVT-Verlag.

Lang, A. T., Johnson, S., Sturm, M., & O‹Brien, S. H. (2014). Iron Deficiency without Anemia: A Common Yet Under-Recognized Diagnosis in Young Women with Heavy Menstrual Bleeding. Blood, 124(21), 3510. Accessed March 04, 2019. Retrieved from http://www.bloodjournal.org/content/124/21/3510.

Laugeray A, Launay JM, Callebert J, Surget A, Belzung C & Barone PR: Peripheral and cereb-ral metabolic abnormalities of the tryptophan-kynurenine pathway in a murine model of major depression. Behavioural Brain Research. 2010; 210(1): 84-91.

Lehrke, M., Broedl, U. C., Biller-Friedmann, I. M., Vogeser, M., Henschel, V., Nassau, K. ... & Parhofer, K. G. (2008). Serum concentrations of cortisol, inter-leukin 6, leptin and adiponectin predict stress induced insulin resistance in acute inflammatory reactions. Critical Care, 12(6), R157.

Lessiani, G., Santilli, F., Boccatonda, A., Iodice, P., Liani, R., Tripaldi, R. ... & Da-vì, G. (2016). Arterial stiffness and sedentary lifestyle: role of oxidative stress. Vascular pharmacology, 79, 1-5.

Lewis DA, Kathol RG, Sherman BM, Winokur G, Schlesser MA. Differentiation of depressive subtypes by insulin insensitivity in the recovered phase. Archives of General Psychiatry. 1983; 40(2):167-170.

Leyfer, O., Woodruff-Borden, J. & Mervis, C.B. (2009): Anxiety Disorders in Children with Williams Syndrome, Their Mothers, and Their Siblings: Implica-tions for the Etiology of Anxiety Disorders.Journal Neurodevelopment Dosorders. 1(1), S. 4-14.

Liebers F, Brendler C, Latza U, Berufsspezifisches Risiko für das Auftreten von Arbeitsunfä-higkeit durch Muskel-Skelett-Erkrankungen und Krankheiten des Herz-Kreislauf-Systems – Bestimmung von Berufen mit hoher Relevanz für die Prävention (2016) www.baua.de/dok/7491834, DOI: 10.21934/baua:bericht20160629.

Liu HW, Liu JS, Kuo KL (2018). Vegetarian diet and blood pressure in a hospital-base study. Ci Ji Yi Xue Za Zhi 30(3):176-180. doi: 10.4103/tcmj.tcmj_91_17.

Lotrich FE, El-Gabalawa H, Guenther LC & Ware CE: The role of inflammation in the patho-physiology of depression: different treatments and their effects. Journal Rheumatol. Supplement. 2011, 88: 48-54.

Lotrich FE, Sears B, McNamara RK. (2013). Elevated ratio of arachidonic acid to long-chain omega-3 fatty acids predicts depressiondevelopment following interferon-alpha treatment: relationship with interleukin-6. Brain Behav Immun; 31:48-53. doi: 10.1016/j.bbi.2012.08.007.

Lumeng, C. N. & Saltiel, A. R. (2011). Inflammatory links between obesity and metabolic disease. The Journal of clinical investigation, 121(6), 2111-2117.

Maier SF, Watkins LR. Zytokines for psychologists: implications of bidirectional immune-to-brain communication for understanding behavior, mood, and cogni-tion. Psychological Review. 1998; 105:83–107.

Mantzorou M, Vadikolias K, Pavlidou E, Serdari A, Vasios G, Tryfonos C, Giaginis C (2018). Nutritional status is associated with the degree of cognitive impairment and depressivesymptoms in a Greek elderly population. Nutr Neurosci.; 19:1-9. doi: 10.1080/1028415X.2018.1486940.

Marchesini, G., Brizi, M., Morselli-Labate, A. M., Bianchi, G., Bugianesi, E., McCullough, A. J. ... & Melchionda, N. (1999). Association of nonalcoholic fatty liver disease with insulin resistance. The American journal of medicine, 107(5), 450-455.

Marketon, J. I. W. & Glaser, R. (2008). Stress hormones and immune function. Cellular immu-nology, 252(1-2), 16-26.

Martincz JM, Garakani A, Yehuda R & Gorman JM: Proinflammatory and »resi-liency« prote-ins in the CSF of patients with major depression. Depression Anxiety. 2012; 29(1): 32-38

Marx W, Moseley G, Berk M, Jacka F (2017). Nutritional psychiatry: the present state of the evidence. Proc Nutr Soc.; 76(4):427-436. doi: 10.1017/S0029665117002026.

Masharani, U., Sherchan, P., Schloetter, M., Stratford, S., Xiao, A., Sebastian, A., ... & Fras-setto, L. (2015). Metabolic and physiologic effects from consuming a hunter-gatherer (Paleolithic)-type diet in type 2 diabetes. European journal of clinical nutrition, 69(8), 944.

Matheson, A., O'brien, L. & Reid, J. A. (2014). The impact of shiftwork on health: a literature review. Journal of Clinical Nursing, 23(23-24), 3309-3320.

Matta J, Czernichow S, Kesse-Guyot E, Hoertel N8, Limosin F, Goldberg M, Zins M, Lemogne (2018). Depressive Symptoms and Vegetarian Diets: Results from the Constances Cohort. Nutrients.;10(11). pii: E1695. doi: 10.3390/nu10111695.

Mattson, M. P. (2005). Energy intake, meal frequency, and health: a neurobiolo-gical perspective. Annu. Rev. Nutr., 25, 237-260.

Mattson, M. P., Longo, V. D. & Harvie, M. (2017). Impact of intermittent fasting on health and disease processes. Ageing research reviews, 39, 46-58.

McEwen, B. S. (2004). Protection and Damage from Acute and Chronic Stress: Allostasis and Allostatic Overload and Relevance to the Pathophysiology of Psy-chiatric Disorders. Annals of the New York Academy of Sciences, 1032(1), 1-7.

McGonigal, K. (2016). The upside of stress: Why stress is good for you, and how to get good at it. Penguin.

McNAIR et al. (1971). Manual for the Profile of Mood States. San Diego, CA: Educational and Industrial Testing Service.

Meaney MJ, Diorio J, Francis D, Widdowson J, LaPlante P, Caldji C, Sharma S, Seckl JR, Plotsky PM. Early environmental regulation of forebrain glucocorticoid receptor gene expression: implications for adrenocortical responses to stress. Dev Neurosci. 1996; 18:49-72.

Mendlovic S. Mozes E. Eilat E. Doron A. Lereya J. Zakuth V. Spirer Z. Immune ac-tivation in non treated suicidal major depression. Immunol Lett. 1999; 67:105-108.

Miller AH, Maletic V, Raison CL. Inflammation and its discontents: the role of Zy-tokines in the pathophysiology of depression. Biological Psychiatry. 2009; 65:732–741.

Miller, W. C., Koceja, D. M. & Hamilton, E. J. (1997). A meta-analysis of the past 25 years of weight loss research using diet, exercise or diet plus exercise inter-vention. International journal of obesity, 21(10), 941.

Milward C, Ferriter M, Calver S, Connell-Jones G. Gluten- and casein-free diets for autistic sprectrum disorder. Cochrane Database Syst Rev. 2004; (2): CD003498.

Miura H, Ozaki N, Sawada M, Isobe K, Ohta T, Nagatsu T. A link between stress and de-pression: shift in the balance between the kynurenine and serontonin pa-thways of tryptophan metabolism and the etiology and pathophysiology of de-pression. Stress. 2008; 11:198-209.

Miyaoka H, Otsubo T, Kamijima K, Ishii M, Onuki M, Mitamura K. Depression from interferon therapy in patients with Hepatitis C. Am J Psychiat. 1999; 156:1120.

Moutsopoulos, N. M. & Madianos, P. N. (2006). Low⊠Grade Inflammation in Chronic Infectious Diseases. Annals of the New York Academy of Sciences, 1088(1), 251-264.

Musselman DL, Betan E, Larsen H, Phillips LS. Relationship of depression to dia-betes types 1 and 2: epidemiology, biology, and treatment. Biological Psychiatry. 2003; 54(3):317-329.

Müller, N. & Schwarz, M.J. (2007): Immunologische Aspekte bei schizophrenen Störungen. Der Nervenarzt, 78(3); S. 253-263

Nabi, H., Kivimäki, M., Batty, G. D., Shipley, M. J., Britton, A., Brunner, E. J., ... & Singh-Manoux, A. (2013). Increased risk of coronary heart disease among indivi-duals reporting adverse impact of stress on their health: the Whitehall II prospec-tive cohort study. European heart journal, 34(34), 2697-2705.

Nagata, Tomohisa, Mori, Koji, Ohtani, Makoto, Nagata, Masako, Kajiki, Shigeyuki, Fujino, Yoshihisa, Matsuda, Shinya, Loeppke, Ronald (2018) Total Health-Related Costs Due to Absenteeism, Presenteeism, and Medical and Pharmaceutical Expen-ses in Japanese Employers, Journal of Occupational and Environmental Medicine: May 2018 – Volume 60 – Issue 5 – p. e273–e280, doi: 10.1097/JOM.0000000000001291.

Nemets H, Nemets B, Apter A, Bracha Z, & Belmaker RH (2006). Omega-3 treatment of child-hood depression: A controlled, double-blind pilot study. American Journal of Psychiatry; 163, 1098-1100.

Nielsen, J. V., Jönsson, E. & Nilsson, A. K. (2005). Lasting Improvement of Hy-perglycaemia and Bodyweight: Low-carbonhydrate Diet in Type 2 Diabetes.-A Brief Report. Upsala journal of medical sciences, 110(1), 69-74.

Norra, C., Mrazek, M., Tuchtenhagen, F., Gobbelé, R., Buchner, H., Sass, H. & Herpertz, S.C. (2003): Enhanced intensity dependence as a marker of low sero-tonergic neurotransmis-sion in borderline personality disorder. Journal of Psychi-atry Research, 37(1), S. 23-33.

Null G, Pennesi L, Feldman M (2017). Nutrition and Lifestyle Intervention on Mood and Neu-rological Disorders. J Evid Based Complementary Altern Med.;22(1):68-74.

Nuttall, F. Q. & Gannon, M. C. (2006). The metabolic response to a high-protein, low-carbo-hydrate diet in men with type 2 diabetes mellitus. Metabolism, 55(2), 243-251.

Obert, J., Pearlman, M., Obert, L. & Chapin, S. (2017). Popular weight loss strate-gies: a review of four weight loss techniques. Current gastroenterology reports, 19(12), 61.

Ogden, C. L., Yanovski, S. Z., Carroll, M. D. & Flegal, K. M. (2007). The epide-miology of obe-sity. Gastroenterology, 132(6), 2087-2102.

Opie RS, Itsiopoulos C Parletta N, Sanchez-Villegas A, Akbaraly TN2, Ruusunen A, Jacka FN (2017). Dietary recommendations for the prevention of depression. Nutr Neurosci.; 20(3):161-171. doi: 10.1179/1476830515Y.0000000043. Epub 2016 Mar 2.

Owen L & Corfe B (2017). The role of diet and nutrition on mental health and wellbeing. Preedings Nutrition Society. 76(4):425-426. doi: 10.1017/S0029665117001057.

O'donnell, K., O'connor, T. G. & Glover, V. (2009). Prenatal stress and neurodevelopment of the child: focus on the HPA axis and role of the placenta. Develop-mental neuroscience, 31(4), 285-292.

Pace TWW, Mletzko TC, Alagabe O, Musselman DL, Nemeroff CB, Miller AH, Heim CM. Increa-sed stress-induced inflammatory responses in male patients with major depression and increased early life stress. Am J Psychiat. 2006; 163:1630-1633.

Paridon, Hiltraut (2015) Gefährdungsbeurteilung psychischer Belastungen – Tipps zum Einstieg, IAG-Report 1/2013.

Perlmutter, D. Dumm wie Brot. Wie Weizen schleichend Ihr Gehirn zerstört. Goldmann Verlag, München, 2014.

Peters, A. & McEwen, B. S. (2015). Stress habituation, body shape and cardiovas-cular mortality. Neuroscience & Biobehavioral Reviews, 56, 139-150.

Piccoli GB, Clari R, Vigotti FN, Leone F, Attini R, Cabiddu G, Mauro G, Vastelluccia N, Colombi N, Capizzi I, Pani A, Todros T & Avagnina T (2015). Vegan-vegetarian diets in pregnancy: danger or panacea? A systematic narrative review. BJOG. 2015 Apr;122(5):623-33. doi: 10.1111/1471-0528.13280.

Players MS & Peterson LE: Anxiety disorders, hypertension, and cardiovascular risk: a review. International Journal Psychiatry Medicine. 2011; 41(4): 365-377.

Pollare, T., Lithell, H. & Berne, C. (1990). Insulin resistance is a characteristic feature of primary hypertension independent of obesity. Metabolism, 39(2), 167-174.

Poulin, M. J., Brown, S. L., Dillard, A. J. & Smith D. M. (2013). Giving to others and the association between stress and mortality. Am J Public Health, 103(9),1649-55.

Pressemitteilung des IDW 01.08.2016: Leibniz-Forschungsprojekt »»Wheatscan« zur Aufklärung der Ursache für Weizenunverträglichkeiten, Kontakt Univ.-Prof. Dr. Dr. Detlef Schuppan, Institut für Translationale Immunologie Univ. Mainz.

Prossin, AR, Koch AE, Campbell PL, McInnis MG, Zalcman SS & Zubieta JK: Association of plasma interleukin-18 levels with emotion regulation and µ-opioid neurotransmitter function in major depression and healthy volunteers. Biological Psychiatry. 2011; 15;69(8): 808-812.

Pusztai A et al: Antinutritive effects of wheat-germ agglutinin and other N- ace-tylglucosamine-specific lectins. British Journal of Nutrition 1993/70/S. 313-321.

Pyler LM, Pineros V, Galang JA, McClintock MK &Prendergast R I: Peripheral tu-mors induce depressive-like behaviors and Zytokine production and alter hypo-thalamic-pituitary-adrenal axis regulation. Proceedings National Academic Sci-ences USA. 2009; 106(22): 9069-9074.

Raedler TJ: Inflammatory mechanisms in major depressive disorder. Current O-pinion Psychiatry. 2011; 24(6): 519-525.

Raison CL, Capuron L, Miller AH. Zytokines sing the blues: inflammation and the pathogenesis of depression. Trends in Immunology. 2006; 27:24-31.

Raison CL, Lowry CA & Rook GA: Inflammation, sanitation, and consternation: Loss of contact with coevolved, tolerogenic microorganisms and the pathophysio-logy and treatment of major depression. Archiv General Psychiatry. 2010; 67(12): 1211-1224.

Ramasubbu R, Beaulieu S, Taylor VH, Schaffer A & McIntyre RS: The CANMAT task force recommendations for the management of patients with mood disorders and comorbid medical conditions: diagnostic, assessment, and treatment princip-les. Annals of Clin. Psychiatry. 2012; 24(1): 82-90.

Ranabir, S. & Reetu, K. (2011). Stress and hormones. Indian journal of endocrino-logy and metabolism, 15(1), 18.

Rangel-Huerta, O. D., Aguilera, C. M., Mesa, M. D. & Gil, A. (2012). Omega-3 long-chain polyunsaturated fatty acids supplementation on inflammatory bioma-kers: a systematic review of randomised clinical trials. British Journal of Nutrition, 107(S2), 159-S170.

Rao TS, Asha MR, Ramesh BN, Rao KS (2008). Understanding nutrition, depression and mental illnesses. Indian Journal of Psychiatry; 50(2):77-82. doi: 10.4103/0019-5545.42391.

Redecke, V., Häcker, H., Datta, S. K., Fermin, A., Pitha, P. M., Broide, D. H. & Raz, E. (2004). Cutting edge: activation of Toll-like receptor 2 induces a Th2 im-mune response and promotes experimental asthma. The Journal of Immunology, 172(5), 2739-2743.

Remesy C & Fardet A (2015). The need for eco-vegetarian diets. [Nutrition, nutrients, nourishment]. World Nutrition; 6 (9-10): 704-710.

Rensing, L., Koch, M., Rippe, B. & Rippe, V. (2006). Mensch im Stress: Psyche, Körper, Moleküle. Elsevier, Spektrum Akad. Verlag.

Riachi C (2016). How does Food Affect Mood at Work? Journal of Medical and Health Sciences. http://www.rroij.com/open-access/how-does-food-affect-mood-at-work-.php?aid=75965

Richardson, S., Shaffer, J. A., Falzon, L., Krupka, D., Davidson, K. W. & Edmond-son, D. (2012). Meta-analysis of perceived stress and its association with incident coronary heart disease. The American journal of cardiology, 110(12), 1711-1716.

Robles TF, Glaser R, Kiecolt-Glaser JK (2005). Out of balance: A new look at chronic stress, depression, and immunity. Current Directions in Psychological Science; 14: 111-115.

Robles, T. F., Slatcher, R. B., Trombello, J. M. & McGinn, M. M. (2014). Marital quality and health: a meta-analytic review. Psychological Bulletin, 140(1), 140-187.

Rodrigues SM, LeDoux JE, Sapolsky RM. The influence of stress hormones on fear circuitry. Annual Review of Neuroscience. 2009; 32:289-313.

Roehrs, T. & Roth, T. (2008). Caffeine: sleep and daytime sleepiness. Sleep medi-cine reviews, 12(2), 153-162.

Romagnani, S. (2004). Immunologic influences on allergy and the TH1/TH2 ba-lance. Journal of Allergy and Clinical Immunology, 113(3), 395-400.

Rook GA, Raison CL & Lowry CA: Can we vaccinate against depression? Drug Discovery Today. 2012; 17(9-10): 451-458

Räikkönen, K., Seckl, JR, Pesonen, AK., Simons, A. van den Bergh, BR: Stress, glucocorticoids and liquorice in human pregnancy: programmers of the offspring brain. Stress. 2011; 14(6): 590-603.

Saedisomeolia A, Djalali M, Moghadam AM, Ramezankhani O, Najmi L. Folate and vitamin B12 status in schizophrenic patients. J Res Med Sci. 2011;16 Suppl 1(Suppl1): 437-41.

Saito, S., Nakashima, A., Shima, T. & Ito, M. (2010). Th1/Th2/Th17 and regulatory T cell paradigm in pregnancy. American journal of reproductive immunology, 63(6), 601-610.

Salazar A, Gonzalez-Rivera BL, Redus L, Parrott JM & O'Connor JC: Indoleamine 2,3-dioxygenase mediates anhedonia and anxiety-like behaviors caused by peri-pheral lipopolysaccharide immune challenge. Horm. Behaviour. 2012.

Sandro Drago et al. Gliadin, Zonulin, and Gut Permeability. Effects on Celiac and Non-Celiac Intestinal Mucosa and Intestinal Cell Lines. 2006 Scandinavian Journal of Gastroenterology 41, No. 4, 408-419.

Schaeffer D, Pelikan J (Hrsg.) Health Literacy: Forschungsgegenstand und Perspektiven (2016), Göttingen: Hogrefe, Vorabdruck: https://aok-bv.de/imperia/md/aokbv/presse/

pressemitteilungen/archiv/2016/08_pk_buchauszugweb.pdf, abgerufen am 28.12.2018, 08:06 Uhr.

Schiml-Webb PA, Deak T, Greenlee TM, Maken DS, Hennessy MB. Alpha-melanocyte stimulating hormone reduces putative stress-induced sickness beha-viors in isolated guinea pig pups. Behav Brain Res. 2006; 168:326-330.

Schnitzer, S.: Bestandteile glutenhaltiger Getreidesorten und ihr Einfluss auf Stoffwechsel und Immunsystem, Grenzfläche und Milieu, In: OM & Ernährung (2016), 157, F30-F36.

Scorrano L, Penzo D, Petronilli V, Pagano F, Bernardi P (2001). Arachidonic acid causes cell death through the mitochondrial permeability transition. Implications for tumor necrosis factor-alpha aopototic signaling. J Biol Chem;276 (15):12035-40.

Segerstrom, S. C. & Miller, G. E. (2004). Psychological stress and the human immune system: a meta-analytic study of 30 years of inquiry. Psychological bulle-tin, 130(4), 601.

Sengül, P & Kasten E (2018). The influence of plant-based nutrition and level of oestrogen on life satisfaction – Results of a pilot study – World Nutrition;9(3): 241-253.

Shanks N, Larocque S, Meaney MJ. Neonatal endotoxin exposure alters the deve-lopment of the hypothalamic-pituitary-adrenal axis: early illness and later responsivity to stress. J Neurosci. 1995; 15:376-384.

Shanks N, Windle RJ, Perks PA, Harbuz MS, Jessop DS, Ingram CD, Lightman SL. Early-life exposure to endotoxin alters hypothalamic-pituitary-adrenal function and predisposition to inflammation. Proc Nat Acad Sci. 2000;97: 5645-5650.

Shin-Chang Kuo, Chin-Bin Yeh, Yi-Wei Yeh, Nian-Sheng Tzeng, Schizophrenia-like psychotic episode precipitated by cobalamin deficiency, General Hospital Psychiatry, Volume 31, Issue 6, 2009, Pages 586-588, https://doi.org/10.1016/j.genhosppsych.2009.02.003.

Siriwardhana N, Kalupahana NS & Moustaid-Moussa N (2012). Health benefits of n-3 poly-unsaturated fatty acids: eicosapentaenoic acid and docosahexaenoic acid. Advances of Food Nutrition Research; 65_211-222.

Smuts CM, Huang M, Mundy D, Plasse T, Major S, Carlson SE (2003). A randomized trial of docosahexaenoic acid supplementation during the third trimester of pregnancy. Obstetrics & Gynecology; 101: 469-479.

Song C, Halbreich U, Han C, Leonard BE & Luo H: Imbalance between pro- and anti-inflammatory Zytokines, and between Th1 and Th2 Zytokines in depressed patients: the effect of electroacupuncture or fluoxetine treatment. Pharmacopsy-chiatry. 2009; 42(5): 182-188.

Soppi ET. Iron deficiency without anemia – a clinical challenge. Clin Case Rep. 2018;6(6):1082-1086. Published 2018 Apr 17. doi:10.1002/ccr3.1529.

Soundravally R, Goswami K, Nandeesha H, Koner BC & Sethuraman KR: Acute in-termittent porphyria: Diagnosis per chance. Indian Journal Pathol. Microbiology. 2008; 51(4): 551-552.

Spinas, G.A. & Fischli, S. (2001): Endokrinologie und Stoffwechsel. Thieme-Verlag.

Spitz RA. Anaclitic depression: an inquiry into the genesis of psychiatric conditi-ons in early childhood: II. Psychoanal Study Child. 1946;2: 313–342.

Stratakis CA, Chrousos GP. Chrousos GP, McCarty R, Pacák K, Cizza G, Sternberg E, Gold PW, Kventňanský R, editors. Neuroendocrinology and the pathophysiology of the stress system. Annals of the New York Academy of Sciences. 1995; 771:1–18. Stress: basic mechanisms and clinical implications.

Straub R, Schmitt K, Krapf F, Walter U, Mess F, Arps W, Hombrecher M, Ahlers G (2017). #whatsnext – GESUND ARBEITEN IN DER DIGITALEN ARBEITSWELT, Studie des IFBG, der Techniker Krankenkasse und des Personalmagazins, Haufe Verlag, abgerufen am 04.01.2019: https://www.tk.de/resource/blob/2012962/d64eb5a912d260d-628182f02292ebba1/trendstudie-whatsnext-data.pdf

Sublette ME, Hibbeln JR, Galfalvy H, Oquendo MA, & Mann JJ (2006). Omega-3 polyunsaturated essential fatty acid status as a predictor of future suicide risk. American Journal of Psychiatry, 163: 1100-1102.

Suchan, B., Busch, B., Schulte, D., Grönemeyer, D., Herpertz, S., Vocks, S. (2010): Reduction of gray matter density in the extrastriate body area in women with anorexia nervosa. Behavioral Brain Research, 206(1), S. 63-67.

Susser LC1, Hermann AD (2017) Protection against hormone-mediated mood symptoms. Arch Womens Ment Health. 20(2):355-356. doi: 10.1007/s00737-016-0702-9.

Swanson D, Block R, Mousa SA. (2012). Omega-3 fatty acids EPA and DHA: health benefits throughout life. Adv Nutr.;3(1):1-7. doi: 10.3945/an.111.000893.

Sánchez-Villegas A, Álvarez-Pérez J, Toledo E, Salas-Salvadó J, Ortega-Azorín , Zomeño MD, Vioque J, Martínez J, Romaguera D, Pérez-López J, López-Miranda J, Estruch R, Bueno-Cavanillas A, Arós F, Tur JA, Tinahones FJ, Lecea O, Martín V, Ortega-Calvo M, Vázquez C, Pintó X, Vidal J, Daimiel L, Delgado-Rodríguez M, Matía P, Corella D, Díaz-López A, Babio N, Muñoz MÁ, Fitó M, García de la Hera M, Abete I García-Rios A, Ros E, Ruíz-Canela M, Martínez-González MÁ, Izquierdo M, Serra-Majem L (2018). Seafood Consumption, Omega-3 Fatty Acids Intake, and Life-Time Prevalence of Depression in the PREDIMED-Plus Trial. Nutrients. 18;10(12). pii: E2000. doi: 10.3390/nu10122000.

Sørensen, K., Van den Broucke, S., Fullam, J., Doyle, G., Pelikan, J., Slonska, Z., & Brand, H. (2012). Health literacy and public health: A systematic review and in-tegration of definitions and models. BMC Public Health, 12:80. http://www.biomedcentral.com/1471-2458/12/80.

Tarantino, G., Citro, V. & Finelli, C. (2015). Hype or reality: should patients with metabolic syndrome-related NAFLD be on the hunter-gatherer (Paleo) diet to de-crease morbidity. J. Gastrointestin. Liver Dis, 24(3), 359-368.

Ter Horst DM, Chene AH, Figueroa CA, Assies J, Lok A, Bockting CLH, Ruhé HG & Mocking RFT (2018). Cortisol, dehydroepiandrosterone sulfate, fatty acids, and their relation in recurrent depression. Psychoneuroendocrinology. 100: 203-212. doi: 10.1016/j.psyneuen.2018.10.012.

Thomas, D., Elliott, E. J. & Baur, L. (2007). Low glycaemic index or low glycaemic load diets for overweight and obesity. Cochrane Database of Systematic Reviews, (3).

Tonelli LH. Stiller J. Rujescu D. Giegling I. Schneider B. Maurer K. Schnabel A. Moller HJ. Chen HH. Postolache TT. Elevated Zytokine expression in the or-bitofrontal cortex of victims of suicide. Acta Psychiatr Scand. 2008; 117:198-206.

Tudor-Locke, C. & Bassett, D. R. (2004). How many steps/day are enough? Sports medicine, 34(1), 1-8.

Tuomi K. (Hrsg.): Eleven-year follow-up of ageing workers. Scand. J. Work En-viron. Health 23 (1997): Suppl.1.

van den Berg TI, Robroek SJ, Plat JF, Koopmanschap MA, Burdorf A. The im-portance of job control for workers with decreased work ability to remain produc-tive at work. Int Arch Occup Environ Health. 2010;84(6):705-12.

van den Berg TIJ, Elders LAM, de Zwart BCH, et alThe effects of work-related and individual factors on the Work Ability Index: a systematic reviewOccupational and Environmental Medicine 2009;66:211-220.

Vanbesien-Mailliot CCA, Wolowczuk I, Mairesse J, Viltart O, Delacre M, Khalife J, Chartier-Harlin M-C, Maccari S. Prenatal stress has pro-inflammatory conse-quences on the immune system in adult rats. Psychoneuroendocrinol. 2007; 32:114-124.

Vgontzas, A. N., Zoumakis, E., Bixler, E. O., Lin, H. M., Follett, H., Kales, A. & Chrousos, G. P. (2004). Adverse effects of modest sleep restriction on sleepiness, performance, and inflammatory cytokines. The Journal of Clinical Endocrinology & Metabolism, 89(5), 2119-2126.

Vigil P, Orellana RF, Cortés ME, Molina CT, Switzer BE & Klaus H: Endocrine mo-dulation of the adolescent brain: a review. Journal Pedriatry Adolescence Gyneco-logy. 2011; 24(6): 330-337.

Walker AK, Nakamura T, Byrne RJ, Naicker S, Tynan RJ, Hunter M, Hodgson DM. Neonatal lipopolysacchride and adult stress exposure predisposes rats to anxiety-like behavi-our and blunted corticosterone responses: Implications for the double-hit hypothesis. Psychoneuroendocrinology. 2009; 34:1515-1525. Ameringer S & Smith WR. Emerging Biobehavioral Factors of Fatigue in Sickle Cell Disease. Journal Nurs. Scholarsh., 2011; 43(1): 22-29.

Wallin MS & Rissanen AM. (1994). Food and mood: relationship between food, serotonin and affective disorders. Acta Psychiatr Scand; 377: 36-40.

Wang H, Buchner M, Moser MT, Daniel V & Schiltenwolf M: The role of IL-8 in patients with fibromyalgia: a prospective longitudinal study of 6 months. Clinical Journal Pain. 2009; 25(1): 1-4.

Wehrens, S. M., Christou, S., Isherwood, C., Middleton, B., Gibbs, M. A., Archer, S. N., ... & Johnston, J. D. (2017). Meal timing regulates the human circadian sys-tem. Current Biology, 27(12), 1768-1775.

Wen S, Wang C, Gong M & Zhou L (2018). An overview of energy and metabolic regulation. Sci China Life Science. doi: 10.1007/s11427-018-9371-4.

Westman, E. C., Feinman, R. D., Mavropoulos, J. C., Vernon, M. C., Volek, J. S., Wortman, J. A., ... & Phinney, S. D. (2007). Low-carbohydrate nutrition and me-tabolism. The Ameri-can journal of clinical nutrition, 86(2), 276-284.

281

Wichers M, Maes M. The psychoneuroimmuno-pathophysiology of Zytokine-induced depression in humans. International Journal of Neuropsychopharmacolo-gy. 2002;5(04):375-388.

Wiggins, J. L. & Monk, C. S. (2013). A translational neuroscience framework for the development of socioemotional functioning in health and psychopathology. Development and psychopathology, 25(4pt2), 1293-1309.

Willibald, M., Kohlenberg, S. & Heilmeyer, P. (2006). Veränderung wichtiger Stoffwechsel-parameter, Befindlichkeit und sportlicher Leistungsparameter bei übergewichtigen Patienten im Laufe eines Rehabilitationsaufenthaltes und KH-reduziertem Ernährungs-regime (LOGI-Methode) und individualisierter Bewe-gungsintervention. Proc Germ Nutr Soc, 8, 77.

Winokur A, Maislin G, Phillips JL, Amsterdam JD. Insulin resistance after oral glucose tolerance testing in patients with major depression. American Journal of Psychiatry. 1988;145(3):325-330.

Wolf, O. T. (2003). HPA axis and memory. Best Practice & Research Clinical En-docrinology & Metabolism, 17(2), 287-299.

Wong MW, Yi CH, Liu TT, Lei WY, Hung JS, Lin CL, Lin SZ, Chen CL (2018). Impact of ve-gan diets on gut microbiota: An update on the clinical implications. Ci Ji Yi Xue Za Zhi.;30(4):200-203. doi: 10.4103/tcmj.tcmj_21_18.

Worm N. (2009) Heilkraft D – Wie das Sonnenvitamin vor Herzinfarkt, Krebs und anderen Zivilisationskrankheiten schützt. Systemed.

Zhang Y, Hodgson NW, Trivedi MS, et al. Decreased Brain Levels of Vitamin B12 in Aging, Autism and Schizophrenia. PLoS One. 2016;11(1):e0146797. Published 2016 Jan 22. doi:10.1371/journal.pone.0146797.

Zimmermann M, Bonaccurso C, Valerius C & Hamann GF: Akute intermittierende Porphyrie: Ein klinisches Chamäleon: Einzelfallstudie einer 40jährigen Patientin. Nervenarzt. 2006; 77(12): 1501-1515.

Zoeller, R. T., Tan, S. W. & Tyl, R. W. (2007). General background on the hypo-thalamic-pitui-tary-thyroid (HPT) axis. Critical reviews in toxicology, 37(1-2), 11-53.

Zunszain PA, Hepgul N & Pariante CM: Inflammation and Depression. Current Topics in Behavioural Neuroscience. 2012.

Abbildungsverzeichnis

Tabellenverzeichnis

Stichwortverzeichnis

Über den Autor

 **Thomas Artmann** wurde in Heiligenstadt (Eichsfeld) geboren. Er studierte Psychologie an der Justus-Liebig-Universität Gießen und schloss 2000 mit Diplom ab. Er arbeitet seit 2000 als Unternehmensberater, Autor und Key-Note-Speaker und gründete 2009 sein Unternehmen Eudemos, mit dem er Unternehmen insbesondere aus dem größeren Mittelstand bei der Einführung und Umsetzung von betrieblichem Gesundheitsmanagement begleitet.

Nebenberuflich arbeitete er als privater Psychotherapeut in seiner Praxis in Bonn, wo er sich spezialisiert auf Depression, Angststörungen und Erschöpfungserkrankungen und deren stressmedizinische und körperliche Bezüge. Zwei persönliche Krankheitserlebnisse beeinflussten ihn früh bei seiner Ausrichtung auf körperliche Ursachen von psychischen Krankheiten. Er entwickelte aufgrund eines bis dahin nichtbekannten Gendefekts eine perniziöse Anämie aufgrund eines massiven Vitamin B12-Mangels und bildete mit 22 Jahren demenzähnliche Gedächtnisstörungen aus. Durch den Hinweis einer befreundeten Ernährungswissenschaftlerin fand er die Ursache und therapierte sich zusammen mit einem aufgeschlossenen Arzt. Innerhalb von 48 Stunden nach der ersten Vitamin-B12-Injektion bildete sich die Symptomatik vollständig zurück. Dieses und weitere Krankheitserlebnisse in der eigenen Familie sowie seine therapeutischen Erfahrungen und seine Kooperation mit Ärzten und Therapeuten anderer Professionen beeinflussten die Entwicklung des Produktportfolios von Eudemos stark.

Seit 2015 setzt Thomas Artmann konsequent auf Gesundheitskompetenzentwicklung und die Früherkennung von gesundheitlichen Fehlentwicklungen in seiner Beratung und Konzeption betrieblicher Gesundheitsmanagementansätze. Seine Konzepte basieren auf immer aktuellen wissenschaftlichen Erkenntnissen und er traut sich unorthoxe Wege zu gehen.

Seit 2016 baute er den zertifizierten Lehrgang »Ausbildung zu betrieblichen Gesundheitsmanager« mit und für die Haufe Akademie auf, wo er seitdem unzählige Gesundheitsmanager deutscher Unternehmen ausbildet.

Exklusiv für Buchkäufer!

Ihre Arbeitshilfen zum Download:

 ▶ http://mybook.haufe.de/

▶ **Buchcode:** URI-1207